本书由国家林业和草原局林业和草原改革发展司资助

中国林产工业创新文集

中国林产工业协会 编

中国林业出版社
·北 京·

图书在版编目(CIP)数据

中国林产工业创新文集/中国林产工业协会编. —北京：中国林业出版社，2022.4
ISBN 978-7-5219-1656-0

Ⅰ.①中… Ⅱ.①中… Ⅲ.①林产工业–技术革新–中国–文集 Ⅳ.①F426.88-53

中国版本图书馆CIP数据核字(2022)第070844号

中国林业出版社

责任编辑： 李　顺　薛瑞琦
出版咨询： (010)83143595

出　　版	中国林业出版社(北京市西城区刘海胡同7号　100009)
网　　站	http://www.forestry.gov.cn/lycb.html
印　　刷	河北京平诚乾印刷有限公司
发　　行	中国林业出版社
电　　话	(010)83143595
版　　次	2022年6月第1版
印　　次	2022年6月第1次
开　　本	889 mm×1194 mm　1/16
印　　张	13.25
字　　数	350千字
定　　价	99.00元

本书可按需印刷，如有需要请联系我社。

《中国林产工业创新文集》
编 委 会

主　任：石　峰
副主任：傅　峰　　钱小瑜　　陈天全　　周永红　　傅万四
　　　　张忠涛
委　员：吕　斌　　邓　侃　　陈志林　　吕少一　　刘玉鹏
　　　　杨建华　　刘　嘉　　李东妍　　张秋岭

主　编：陈志林　　吕少一
副主编：张龙飞　　姜　鹏　　李善明
成　员：刘玉鹏　　杨建华　　梁善庆　　韩雁明　　朱北平
　　　　周建波　　刘　嘉　　余养伦　　龚迎春

三十年新起点

奋進新时代

担当新作为

江泽慧 二〇一九年十二月

序

　　创新是推动一个国家和民族向前发展的重要力量，面对实现"两个一百年"奋斗目标的历史任务和要求，中共中央、国务院发布的《国家创新驱动发展战略纲要》中明确提出，到2030年时，使我国进入创新型国家前列；到新中国成立100年时，使我国成为世界科技强国。

　　改革开放以来，我国林产工业经历了从小到大、从国内市场到全球市场的成长过程，已成为市场经济中最富活力、潜力和创造力的市场主体，在吸纳就业、创造税收、对外贸易、促进经济发展等方面发挥着重要作用。当前，我国经济和社会发展进入新的历史时期，我国林产工业依然保持着强劲的发展势头，正从生产大国向强国坚实迈进。然而，林产工业是资源依赖型、劳动密集型产业，面临着国内外市场形势、人力资源的结构与成本、工业生产自动化、智能化、新旧动能转换和环境保护、绿色制造等诸多形势的发展与要求，我国林产工业依然面临许多新挑战。在此形势下，我国林产工业更加需要加快实施科技创新的发展战略，通过科技创新，提升林产工业企业和行业的整体科技创新水平，着重突破林产工业发展中的核心关键技术，强化技术集成，大力扶持可优先落地的产业技术，同时部署行业中潜在的前沿技术研发；从产业链角度，加强林业产业的技术关联度，依托产业链布局林产工业的创新链，进而围绕创新链培育产业链，推动林业产业高水平聚集发展，推进林产工业与高新技术和其他新兴产业融合，向着优质、节能、低碳和高效、高端方向发展。

　　林产工业的创新发展，离不开中国林产工业协会鼎力支持。1989年12月7日，中国林产工业协会正式成立。30多年来，中国林产工业协会充分发挥桥梁纽带作用，团结、引领广大会员拼搏进取、创新发展，为我国林产工业实现由小到大、由弱趋强，成为当今世界林产工业大国做出了重要贡献。中国林产工业协会还为行业的创新发展举办了一系列活动，包括每年举办一次中国林产工业创新大会；制定新产品鉴定管理办法并先后组织了 148 项新产品鉴定；依据国务院纠风办核准的林业产业评比奖项，先后在人造板、地板、木门窗、装饰纸、定制家居、松香、木结构和红木等领域开展了"中国林业产业创新奖"评定 24 次。为总结我国林产工业发展历史，宣传我国林产工业 30 多年来所取得的科学技术成就，进一步促进我国林产工业科技成果推广应用，中国林产工业协会决定面向相关单位征集我国林产工业科学研究、新技术、新产品、新设备、新工艺等科技创新成果，编辑出版《中国林产工业创新文集》。

《中国林产工业创新文集》编纂是对中国林产工业 30 多年来科技创新方面的全面梳理，本书回顾林产工业的科技创新历史、梳理总结当代林产工业的科技创新发展成果和未来创新发展趋势与技术需求。本书也收录了中国林产工业 30 多年来的获奖科技成果，包括国家级和省部级奖、梁希奖、林业产业创新奖、林产工业协会新产品鉴定成果等。因此，本书不仅是中国林产工业科技创新历程的资料汇总，也是林产工业科技创新发展的梳理总结。希望本书能为从事林产工业的企业研发人员、科研工作者以及专业人员提供参考。

原林业部副部长
中国林产工业协会第一届理事会名誉理事长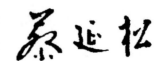
2022 年 5 月 18 日

前 言

中国林产工业的高速发展离不开科技创新的推动作用，30多年以来，一批批新技术、新工艺、新产品、新设备、新标准不断涌现，围绕新时代林产工业科技创新的战略需求，通过转型升级、提质增效，突破关键核心技术，强化技术集成，着力提升中国林产工业的整体科技创新水平，坚持创新优先、技术先行，充分发挥林业工作者的智慧和力量，为林产工业向着绿色低碳、优质高效方向发展奠定了坚实的基础，也为国民经济和国家生态文明建设做出了重要贡献。

中国林产工业协会作为行业组织，高度重视科技创新，多年来积极组织鉴定和推广林产工业新产品，评审各类产品，开展"中国林业产业创新奖"评选，举办科技创新大会等，从政策和战略角度为促进林产工业创新发展起到了引领作用。为集中展示中国林产工业30多年的科学技术成就，促进科技成果的推广应用，中国林产工业协会首度发起编制《中国林产工业创新文集》，供学习交流。本书汇集了30多年来木材工业、林产化工、林业机械的科技资料，全面回顾林产工业的科技创新历史、梳理总结当代林产工业的科技创新发展成果和未来创新发展趋势与技术需求。同时，本书也收录了中国林产工业30多年来的各类科技奖项成果，包括国家级和省部级奖、梁希科学技术奖、林业产业创新奖，以及国家林业和草原局重点推广林草科技成果、中国林产工业协会新产品鉴定成果等。

本书由中国林产工业协会委托中国林业科学研究院木材工业研究所承担编撰工作，本书的编撰工作得到了行业相关部门、单位和个人的高度重视和大力支持，至今已征集到70多份林产工业创新成果征集表材料，相关的编辑出版工作正在紧锣密鼓地进行中。原林业部（国家林业和草原局）党组成员、中国林业科学研究院原院长江泽慧亲自题词，原林业部副部长、中国林产工业协会第一届理事会名誉理事会蔡延松亲自为本书做序。

在本书编撰过程中，特别要感谢本书编委会专家的大力支持，感谢中国林业科学研究院木材工业研究所、林产化学工业研究所及国家林业和草原局产业发展规划院、各林业高校、各林业企业的支持。由于编撰时间紧迫，掌握资料有限，本书难免有疏漏、错误之处，敬请行业同仁、广大读者批评指正，提出宝贵意见。

编著者
2021 年

目　录

序

前言

第一篇　中国林产工业科技创新专题报告 ……………………………………（1）

　第一章　木材工业科技创新 ………………………………………………（2）
　　第一节　木材工业科技创新发展现状 …………………………………（2）
　　第二节　木材工业的创新发展趋势和技术需求 ………………………（20）
　第二章　林产化工科技创新 ………………………………………………（38）
　　第一节　林产化工科技创新发展现状 …………………………………（38）
　　第二节　林产化工的创新发展趋势和技术需求 ………………………（48）
　第三章　林业机械科技创新 ………………………………………………（58）
　　第一节　林业机械科技创新发展现状 …………………………………（58）
　　第二节　林业机械的创新发展趋势和技术需求 ………………………（59）

第二篇　中国林产工业科技创新成果及获奖集锦 ……………………………（61）

　第一章　国家和省部级科技奖集锦 ………………………………………（62）
　第二章　梁希林业科学技术奖集锦 ………………………………………（69）
　第三章　国家林业和草原局重点推广林草科技成果集锦 ………………（79）
　第四章　中国林产工业创新成果集锦 ……………………………………（82）

第三篇　中国林产工业协会新产品鉴定成果集锦 ……………………………（151）

第四篇　中国林业产业创新奖集锦 ……………………………………………（181）

第一篇
中国林产工业科技创新专题报告

第一章　木材工业科技创新

木材工业是我国林业的重要组成部分。19世纪末，中国上海、青岛、福州、哈尔滨等城市设立专业制材厂，20世纪初出现胶合板厂，中国木材工业开始进入机械化时代。50年代后，木材工业走上有计划的发展道路。50年代中期，中国开始生产合成树脂胶黏剂，为木材工业产品的提高和发展提供了物质条件，从此纤维板、刨花板、层积材、改良木以及表面装饰材料先后出现，标志着以木材综合利用为中心的中国木材工业开始进入现代化时期。

现代木材工业加工技术的科学研究，以木材学为基础，吸收了物理、化学、生物，以及热力学、机械工程等学科的理论与方法，整理、分析了木材加工长期实践经验，加以发展和提高，逐步形成了一门高度综合的木材工艺学。今天，中国木材工业已经形成以大型企业为龙头，中小型企业为主体的产业格局，初步建立起以胶合板、纤维板、刨花板等传统人造板产品为主导的生产体系，技术装备优良，职工队伍稳定，产品规格齐全，销售市场成熟，基本能够满足国民经济发展和人民生活需要及国际市场需求，成为我国国民经济的重要产业。木材工业是我国传统的林业主导产业，而人造板生产则是木材加工业的重要部分。

2009年，由中国林业科学研究院木材工业研究所牵头，联合25家木竹行业大型先进企业和7家林业院校及科研机构共同发起了"木竹产业技术创新战略联盟"，为首批国家级产业技术创新战略联盟试点单位之一。2018年，国家林业和草原局成立了包括刨花板产业、无醛人造板、饰面板产业、重组材产业、地板产业、木结构产业、竹藤产业、定制家居、木质资源高效利用、林业生物基材料与化学品、生物质再生纤维素、林业生物质能源、林浆纸一体化、林业装备产业、林业产业标准化等在内的第一批林业和草原国家创新联盟。2019年又批准成立第二批包括木质功能材料与制品、木材防腐技术、木材胶黏剂、木材保护与改性、木材涂料与涂饰、木质产品质量与安全认证、林产品检验检测技术、木石塑复合材料及制品、木门窗、木材标本、秸秆人造板与制品、竹家居、竹类种质资源保护与利用、竹质结构材料、古建筑木结构与木质文物、木竹材清洁制浆造纸、植物纤维功能材料、木质素高值化利用、木（竹）材节能热加工、木工智能化等在内的139家林业和草原国家创新联盟，围绕产业链组织创新链，明确产业发展的重点方向和关键领域，开展产业技术协同创新。林业和草原国家创新联盟将有效整合技术创新资源，构建产业技术创新链，着力解决林业和草原领域木材工业的重大战略需求与共性关键技术，保障科研与生产紧密衔接，提升科技创新水平，推进林业和草原科技创新体系建设。

第一节　木材工业科技创新发展现状

一、中国人造板的当前技术情况

（一）中国纤维板的当前技术情况

中密度纤维板（简称中纤板）是以木质纤维或其他植物纤维为原料，制备成纤维后，施加脲醛树脂或其他适用的胶黏剂，最后经热压工艺后制成的一种人造板材。中密度纤维板因其质地密致、结构均匀、力学性能好以及板材加工性能优异等特点，目前已广泛用于家具制作、地板生产、复合门生产、室内装饰与装修等领域，是重要的室内装修和装饰材料之一。

纤维板生产线发展于多层热压线，随着生产规模的不断扩大，多层压机的层数不断增多，幅面也在不断加大，但多层压机的层数不可能无限增多，热压板的幅面也不可能无限增大。伴随着连续辊压线的过渡，连续平压线逐渐走向大众视野，生产的可靠性和稳定性逐步提高。连续压机是一种高度机电一体化的大型机器设备，在一定程度上，它代表了人造板工业生产制造领域用压机的最高技术水平。对于连续压机而言，其结构设计、热压机理、生产制造方法及工艺过程都是独特的、全新的，连续压机是人造板领域压机的重大创新与发明，同时它还辐射带动一系列人造板加工设备的技术进步。相较于周期性压机，连续压机在人造板生产时的能耗更低，这符合国家"节能减排"的政策方针，可以有效节约大量的电、热等能源。相较于多层压机生产线，若按产能相同时计算，连续压机可节约木质原材料10%以上，节能超过60%，有利于节约碳损耗和降低碳排放，具有较强的经济效益、社会效益和生态效益。按照目前实际生产线应用情况，当人造板单条生产线的日产能达到400 m^3 以上时，则应首要考虑使用连续平压机。截至目前，连续压机技术在人造板行业已经逐步成熟，连续压机正向着宽幅面、高质量发展，其生产效率和产量也将越来越大。

中（高）密度纤维板的市场需求量在很大程度上依赖于房地产行业及装饰装修领域的兴旺发展，大量的装修、家具、地板、墙板、木线条、木质复合楼梯等用材可以带动快速发展。同时，其他行业（如汽车、建筑、包装等）对纤维板需求量的增加也为中（高）密度纤维板的发展提供了巨大的发展增量空间。我国中（高）密度纤维板工业已走过近40个年头，目前已成为世界上中（高）密度纤维板生产的第一大国，其机械制造业也经历近40个春秋，为我国中（高）密度纤维板工业的发展提供了装备保障。2006年中国制造的连续平压机开始走向市场，随后的几年时间里，在建的国产连续平压机生产线逐年增加，2006年我国中（高）密度纤维板产量已超过2000万 m^3。2011年我国在建连续平压机的生产线中，国产连续平压机生产线达到20条。截至2014年底，全国关闭、拆除或停产纤维板生产线累计近200条，淘汰落后生产能力约680万 m^3/年。2015年初，全国在建纤维板生产线27条，其中连续平压生产线14条，合计生产能力252万 m^3/年，约占在建纤维板生产能力的63%。虽然我国中（高）密度纤维板起步较晚，但是发展势头迅猛，年产量从2000年的514万 m^3 剧增至2015年的5769万 m^3。目前，我国中（高）密度纤维板的生产总量及出口数量均居世界首位，而且已逐步由传统的家具用材向强化地板、包装、汽车工业等行业领域跨越式发展，这主要归因于中（高）密度纤维板生产技术水平的不断提高，促使产品的综合性能逐渐向好以及应用范围更加广泛。

（二）中国刨花板的当前技术情况

刨花板作为木材综合利用的重要产品之一，是以小径材、枝桠材、木材加工或农林剩余物、废弃木材等作为原料，经刨花制备、干燥、拌胶、铺装成型、热压等工序加工制成的人造板材。该产品是典型的绿色环保、资源节约和综合利用产品。刨花板主要产品有素面刨花板、浸渍胶膜纸饰面刨花板、装饰单板贴面刨花板、定向刨花板、麦秸刨花板、水泥刨花板等。产品主要应用于家具、装饰装修、产品包装、汽车、船舶、家电、建筑等领域。

中国刨花板产业的创新发展离不开制造装备的发展。早期多为单层平压设备，单层平压刨花板生产线只有两层热压板，板坯装机送进热压机后才开始工作，由于单层平压是经热磨、铺装、热压成型等工序制作而成，因此其内部结构均匀、机械加工性能好，易于雕刻、镂铣以及做成各种凹凸造型、型面的部件。而后又发展到了多层压机。无论单层或多层压机，生产技术成熟，设备维护简单，且投资较小。代表性装备企业有信仰木工机械、苏福马机械、上海人造板机器厂等。

2014—2016年，刨花板平均单线生产规模呈现逐年增大趋势，尤其是代表刨花板先进水平的连续平压生产线，连续平压产线材料从铺装到热压都连续化生产，没有单层热压机的间歇式上下闭合，没有板坯的装卸，一次成型。如吉林森工、大亚人造板、福建福人、亚洲创建(惠州)、中盐银港人造板、湖北宝源等。2017年，连续平压生产线迎来大的发展，一大片采用上海人造板机器厂、辛北尔康普、亚联、迪芬巴赫纷纷上线。连续压机投资大，维护成本高，但生产效率高、产品质量稳定。可以说，目前刨花板生产线，既有现代化生产线，也存在手工作坊式的工厂。小规模刨花板生产线占比仍然较高，约占总数的58%，而产能仅占到32%(2017年数据)。产品应用领域单一，同质化严重。未来应重视原料资源储备，提升刨花板质量，重视生产污染物排放质量。

除了设备创新之外，刨花形态的改进也是近几年刨花板技术不断进步的一个重要方面，可以说刨花形态是刨花板质量的决定性因素之一。在木材加工过程中，刨花加工剩余物经过再加工可获得刨花板用芯层刨花。表层刨花通常是利用采伐或加工中的质量较好的剩余物部分(如木材截头、板边等)经机制加工获得。刨花的尺寸规格(长、厚、宽等)因生产方法及应用范围(芯层或表层等)而存在显著差异。刨花生产的加工设备主要有削片机、再碎机、打磨机及纤维分离机，切削方式包括切削、切断及破碎。此外，经过初碎、打磨、再碎及筛分等过程可以获得相对优质的刨花。经机械加工制备的刨花，初含水率通常为40%~60%，往往需要进一步干燥加工获得符合工艺要求，一般刨花板芯层含水率要求为2%~4%，表层为5%~9%。因此，实际生产中，常常使用干燥机对初含水率不等的刨花进行脱水干燥，使之达到相对均匀的终含水率，保障刨花板产品质量的稳定。然后将经过干燥的刨花与液体胶黏剂组分和添加剂等混合。刨花施胶量一般为$8\sim12g/m^2$，胶黏剂由喷嘴喷出后形成直径约$8\sim35\mu m$的微小颗粒，这些微细颗粒在刨花表面可形成一个极薄而均匀的连续胶层。再将施胶后的刨花机械铺装为板坯，其厚度一般为成品厚度的10~20倍。经过铺装成型后，即可进行预压和热压处理。预压压力一般为0.2~2.0MPa，可以在平板压机或辊筒压机上进行。

近几年，我国对定向刨花板(OSB)的应用进行了大量的研究和探索，一批大中型人造板企业率先在地板领域进行了尝试。随着产品的不断拓展和研发，OSB产品结构和应用也得到了更深入的研究，如对OSB无装饰面板直接企口、表面贴实木表板不封边等制作地板工艺优化等，对OSB在木屋领域的应用开拓市场等，取得了显著的成绩。此外，OSB在建筑领域的应用也得到了各行各业的推广，在建筑模板方面进行OSB贴单板、OSB胶膜板以及OSB表面覆单板等产品的应用开发，以及基于OSB生产线一次复合制造高质量门芯板等方面做了大量的研究。与此同时，由于OSB具有天然的木材表面纹理，表面装饰效果较好。近年来，也被广泛使用在室内装饰、电视背景墙、酒店等场所内墙、柱梁装饰、室内隔墙隔断等。近年来，也有企业尝试开发40mm以上超厚OSB，并探索其应用于建筑的承载梁、柱以及高强度的车厢底板等方面的可行性，这些产品的研究和开发为OSB的应用推广提供了可靠的技术保证。近年来，随着刨花形态的不断进步，涌现出一批如北新建材、兔宝宝、鲁丽、新威林、大王椰、宝源、宁丰、澳思柏恩、佳诺威、旭美尚诺等OSB产品企业，可饰面定向刨花板、可饰面无醛定向刨花板、轻质高强定向刨花板逐渐成为市场的新热点。

(三)中国胶合板的当前技术情况

胶合板是由木段旋切成单板或由木方刨切成薄木，再用胶黏剂胶合而成的三层或多层的板状材料，通常用奇数层单板，并使相邻层单板的纤维方向互相垂直胶合而成。具有变形小、幅面大、横纹抗拉性能好等优点，是现代木制品产品生产、建筑、包装行业以及车船制造业等不可缺少的人造板材之一。目前，我国已成为胶合板生产和出口的世界第一大国，在全国形成胶合板产业集群，胶合板产业实现了跨越式发展。

近年来，速生材和单板旋切技术不断创新，如北方地区的意杨树和南方地区的速生桉树为原料制备单板材料，胶合板生产得到蓬勃发展。2011年，全国人造板的产量为2.35亿m^3，其中，胶合板的产量达到1.18亿m^3，占总产量的50.42%。到了2019年，人造板总产量约3.08亿m^3，其中，胶合板的总产量达到1.97亿m^3，占比达到64.1%，继续占据榜首。人造板产业经过近十几年的高速发展，中国已逐步由胶合板消费大国迅猛成长为生产大国，在快速发展的过程中，在全国范围逐渐形成了众多产业集群，包括以原木销售、单板旋切、加工机械等相关的上下游配套产业，其中代表性的区域主要有浙江嘉善、山东临沂、江苏邳州、河北文安、福建漳州等。在不断发展的过程中，嘉善的一些大中型企业创新生产线配套设施，配备了自动化程度较高的旋切单板生产线，极大地推动了胶合板快速发展。此外，中国还是世界第一大胶合板生产国、胶合板的出口大国。近年来，我国胶合板的产量总体持续向上攀升，中国胶合板生产的主要原料仍然以人工速生杨木、桉木为主，其中杨木接近60%，桉木约占17%。其他还包括如松木、桦木及一些高品质的木材。胶合板生产原料中，进口木材以辐射松、奥克榄为主要树种，约占原料总量的7%，竹材胶合板占原料总量约3%左右。

环保胶黏剂推广应用及胶合板机械制造设备的改良升级。中国胶合板生产用胶黏剂以脲醛树脂胶黏剂和酚醛树脂胶黏剂为主。部分企业采用以木质素、生物蛋白、淀粉等为主要原料的生物基无醛树脂胶黏剂进行批量生产胶合板。中国制造胶合板生产装备取得巨大进步。无卡轴旋切机、小型旋切机、热板干燥机等装备适应小径速生木材原料生产工艺而快速发展，热水喷淋木段热处理技术、配置自动装卸的30~50层大型多层热压机等在部分胶合板生产企业得到实际应用。胶合板产业装备逐步提升，产业集中度和劳动生产率进一步提高。中国胶合板产品种类丰富，以杨木、桉木为主要原料生产的单板层积材比例有所提升，以落叶松等为主要原料生产的结构型单板层积材进入市场，其他特种胶合板及功能型胶合板如难燃胶合板等均有生产。中国人造板中的50%左右是胶合板，现有胶合板生产是劳动密集型产业，我国的人造板机械企业正在开发适应供给侧的自动化高水平的胶合板生产线。在国家扩大内需政策的积极推动下，胶合板市场将进一步得到发展和完善，中国胶合板行业未来具有巨大的发展潜力。

(四)中国阻燃人造板的当前技术情况

阻燃人造板是在生产普通人造板的基础上采用阻燃工艺技术生产出的具有一定耐火性能的功能型人造板材。该产品弥补了普通人造板易燃的缺陷，拓展了人造板的应用领域。阻燃人造板主流产品包括阻燃中密度纤维板、阻燃胶合板、阻燃刨花板以及在此基础上二次加工形成的阻燃家具制品、阻燃木质地板、木质防火门等。

中国阻燃人造板的研制及生产主要是从2007年开始试产试销。2008年，随着北京奥运工程的装饰装修对阻燃人造板的需求及《公共场所阻燃制品及组件燃烧性能要求和标识》(GB 20286—2006)的颁布实施，阻燃人造板市场呈现快速增长，发展迅猛的态势。截至"十二五"期间，使用阻燃人造板的客户群体主要以大型工程的装饰材料及少量高质量的家具为主，而地板、橱柜、车船等多个行业还未大量使用阻燃功能的木质板材。然而，随着上海、广东、北京等中心城市规定所有2000m^2以上的公共场合的装饰装修材料(含家具)必须采用阻燃材料，相应规定出台以及消防措施的逐步实施，阻燃人造板市场有望继续呈现稳定增长的趋势，市场前景总体看好。

1. 阻燃纤维板

截至2019年，阻燃纤维板尚存在品种少、产量低、成本高、易吸湿返潮等问题，并且对阻燃剂抗流失性、对板材的胶合性、吸湿性和耐老化等性能影响问题尚未完全解决。据不完全统计，2015年中国阻燃纤维板年产约为100万 m^3，生产企业有10余家，环保阻燃纤维板产量不到人造板总产量的0.4%，不到纤维板总产量的1.6%，而北美、欧洲、日本等发达国家和地区环保阻燃人造板产量占人造板产量的10%~20%。与发达国家相比，中国的阻燃人造板市场发展依然滞后，按照2019年全国纤维板产量7850余万 m^3 粗略测算，阻燃纤维板占全纤维板产量的10%则可达700万 m^3，阻燃纤维板市场需求空间巨大。

阻燃中(高)密度纤维板的研制逐步向着阻燃效果好、物理力学性能优异和工艺条件简单等总体效果更好的方向发展。①解决阻燃剂对中(高)密度纤维板的物理力学性能不利影响，尤其是降低阻燃剂对强度、胶合性和吸湿性的影响；②提高阻燃剂抗流失性和耐久性等功能；③降低阻燃剂使用量，降低生产成本，提高产品整体的附加值；④提高阻燃效果，开发新型"一剂多效"的木材阻燃剂，拓宽其应用领域；⑤降低阻燃中(高)密度纤维板的烟释放量和烟气毒性，开发研制环保型阻燃中(高)密度纤维板；⑥优化生产工艺条件，尽量采用常规的中(高)密度纤维板生产工艺，生产适应市场需求的新型阻燃中(高)密度纤维板的高质量产品。

2. 阻燃胶合板

阻燃胶合板的生产当前呈现多样化，在对胶合板进行阻燃功能化时，目前常用的方式，是通过对单板进行阻燃浸渍处理或者结合开发阻燃功能胶黏剂共同使用。2012年，中国林业科学研究院木材工业研究所将聚磷酸铵及其他阻燃剂共混后制备阻燃胶合板，结果显示，随着阻燃剂添加的增加，胶合强度逐渐降低；随着阻燃剂的增加，阻燃胶合板的热释放总量不断降低。2013年，中国林业科学研究院木材工业研究所采用磷酸二氢铵、磷酸氢二铵及硼酸的一种及复配溶液对桉木单板进行常压浸渍，制得的阻燃桉木胶合板物理力学、阻燃抑烟效果优良，柳桉胶合板和邓恩桉胶合板的各项性能均能达到《胶合板》(GB/T 9846—2004)的规定指标要求。

在阻燃胶合板的开发过程中，诸多研究者致力于开发具有阻燃特性的胶黏剂。阻燃胶黏剂一般要与各种胶合板成品的阻燃处理方法进行配合使用，保障难燃指标能够满足要求。如北京罗文圣等人用难燃胶黏剂热压成胶合板，再在板材的表面涂饰一层液体阻燃剂，生产阻燃功能的胶合板。也有部分企业单纯采用对成品板进行阻燃处理。表面涂刷法是将阻燃剂溶液涂饰在胶合板的表面，一般可为单面，也可进行双面涂饰。涂刷次数越多，阻燃剂的吸收量往往就越高，所以要求阻燃剂的浓度较高为好。表面涂刷法不需增加额外设备，具有处理工艺简单优势，但吸药量少，往往需要结合其他表面处理提高阻燃效果。进入21世纪以来，中国科研人员和企业还对不同树种木材的胶合板进行了阻燃研究开发，如阻燃橡胶木胶合板、阻燃奥古曼胶合板、阻燃桦木胶合板、阻燃马尾松胶合板等，取得了可喜的成果。

对胶合板进行阻燃处理不仅是保护人们生命财产的需要，也是胶合板行业自身发展的要求。据调查，国外阻燃功能的人造板与同类非阻燃人造板相比，销售价格往往可以提高2~4倍。阻燃胶合板的生产，不仅扩大了胶合板的产品种类、应用范围，而且提高产品的附加值，增加企业利润，促进行业健康发展。

3. 阻燃刨花板

自2001年中国第一条专业生产阻燃刨花板的生产线(湖北咸宁兴林阻燃刨花板有限责任公司阻燃刨花板项目)建设以来，截至2018年已有易县圣霖板业有限责任公司、北京盛大华源科技有限公司、北京盛辉阻燃科技有限公司、上海木通木业有限公司、内蒙古根河板业有限公司等约10家生产企业开始生产燃烧性能为 B_1 级(难燃级)的阻燃刨花板。与此同时，越来越多的普通刨花板厂开始思索解决刨花板同质化严重的问题，逐步重视阻燃刨花板的开发研究。2019年8月，易县圣霖板业有限责任公司与中国林业科学研究院木材工业研究所进行研发攻关，联合研发的连续平压难燃刨花板通过中国林产工业协会鉴定，产品达到"国际先进水平"。目前，阻燃刨花板的研制正向阻燃效果、物理力学性能和生产工艺等综合效果更好的方向发展。同时，阻燃剂和阻燃处理方法也将会有新的突破发展，如新阻燃剂的开发（包括阻燃剂的耐久性、低毒无毒性、抗流失性等）、阻燃机理和阻燃处理方法的进一步研究等。与其他类型的人造板种相比，未来阻燃刨花板的研究方向将着重围绕阻燃剂对产品质量性能的影响、产品多功能性、生产成本、工艺简单及健康环保等方面。

（五）中国秸秆人造板的当前技术情况

我国每年的农作物秸秆产量9亿吨左右，综合利用率平均不到40%，推动农产品及加工副产物综合利用工作意义重大。秸秆人造板是以全部秸秆或将木材和秸秆按一定比例混合为原料，经铺装、预压、热压胶合制作而成的板材制品，具有质轻、强度高、保温隔热、隔音、防火性能优良等特点，是一种环境友好型材料。秸秆人造板可以降低板材行业对树木的依赖，有利于生态环境的保护，减少碳排放，以草代木，广泛应用于家具、地板、室内装饰和建筑墙体等领域。目前秸秆人造板主要分为秸秆刨花板、秸秆纤维板和秸秆定向板三大类。秸秆人造板的开发利用不仅节约木材用量，而且大幅增加秸秆附加值，对于缓解资源约束、减轻环境压力、维护农业生态平衡具有重要意义。

进入21世纪，以信阳木工机械厂为代表的年产8000m^3单层热压机普通刨花板生产线开始进入市场，原料为稻草，胶黏剂为脲醛树脂，开始生产秸秆人造板。随后通过设备改造与工艺调整，优化胶黏剂种类，以MDI为胶黏剂进行稻草刨花板的工业试验生产，开发"中密度稻草板生产方法"并获发明专利，根据该专利技术建成年产8000m^3中密度稻草板工业化示范生产线，产品性能满足中密度纤维板的标准指标要求，产品经国家有关部门审定，推荐为2008年北京奥运会选用材料。随后，国产化异氰酸酯中密度稻草板制造技术不断成熟。2004年12月，河南省科技厅组织有关专家对信阳木工机械股份有限公司研制的"年产5万m^3中密度稻草板生产线成套设备"进行了产品鉴定。2006年1月，由南京林业大学主持完成的国家"863"计划项目研究成果"国产化年产5万m^3中密度稻草板工业化生产线成套技术"通过了江苏省科技厅组织的成果鉴定。2009年，由南京林业大学、中国林业科学研究院木材工业研究所、万华生态板业（荆州）有限公司等单位共同完成的"稻/麦秸秆人造板制造技术与产业化"项目，以稻草、麦草等农作物秸秆剩余物为原料，改性聚氨酯为秸秆板胶黏剂，经高温高压后改变分子结构使柔软的秸秆聚变成坚硬的板材，逐渐被市场认可，获得国家科技进步二等奖。2010年7月，我国内首条连续辊压年产1.5万m^3秸秆薄板生产线在万华生态板业（信阳）有限公司投产。2015年2月，万华生态板业在北京人民大会堂与德国迪芬巴赫公司、道生国际租赁公司联合签约农作物秸秆板产业推广全球合作协议，利用德国迪芬巴赫公司的全球顶级连续压机设备，结合万华板业成熟的秸秆板生产工艺技术，利用万华的专用改性水溶性异氰酸酯生态黏合剂，在全球范围内快速进行秸秆板产业发展推广。

秸秆人造板生产设备在我国的第一条生产线于2003年建立，生产线的生产技术是"高分子聚合固化结构"核心工艺技术，并配以独特的聚氨酯生态胶黏剂黏合，年生产多层热压秸秆均质板5万m^3，且是国内创新无公害的秸秆板材。以秸秆为原料生产出来的人造板与传统木质工艺生产出来的人造板相比，在原料贮存、粉碎加工、施胶方式等方面都有区别。目前我国从国外引进（包括已建、在建或拟建）生产线有10条之多，总产能达百万立方米以上。近年来，山东省人民政府办公厅发布《山东省秸秆人造板产业发展三年行动方案（2019—2021年）》，结合山东省产业发展实际和相关市区位、资源等优势，打造秸秆人造板及相关产业特色园区，通过技术创新，实现秸秆人造板产业及生态产业链集聚发展。

(六)中国生态板的当前技术情况

浸渍胶膜纸饰面胶合板和细木工板(市场又称生态板)是近几年在我国迅速发展起来的一种新型装饰板材。浸渍胶纸饰面胶合板和细木工板具有诸多优良特性。由于基材为胶合板和细木工板，其结构和性质与实木板材相近，具有较高的尺寸稳定性；具有握钉力好、锯截方便等加工性能。由于浸渍胶膜纸花纹图案丰富多彩且饰面后无需涂饰，所以浸渍胶纸饰面胶合板和细木工板具有良好的装饰性和环保性，同时品种丰富、用途广泛，因此深受消费者的喜爱。目前浸渍胶纸饰面胶合板和细木工板产品广泛用于家居与公共场所的装饰装修和家具生产，包括住宅、宾馆、商场、展览厅等地。

浸渍胶纸饰面胶合板和细木工板的生产主要分布在胶合板、细木工板及家具生产相对集中的地区。我国的胶合板生产多以人工林速生杨树和桉树木材为主，细木板常见的板芯树种为南洋楹(俗称马六甲)、杨木、杉木和泡桐等，其中马六甲是东南亚进口的树种，在我国的细木工板行业中作为板芯原料约占30%以上。以胶合板为基材的浸渍胶纸饰面胶合板和细木工板主要集中在胶合板产地，分布在山东、河北、江苏、浙江、广西、广东等省份。以细木工板为基材的浸渍胶纸饰面胶合板和细木工板主要集中在细木工板产地，其中山东、浙江、河北和广西4个省份的浸渍胶膜纸饰面细木工板产量约占国内总产量的90%。

与传统的人造板材相比，浸渍胶纸饰面胶合板和细木工板的发展时间较短，一些企业主要存在如生产工艺差、机械设备落后、市场竞争无序等问题，造成浸渍胶纸饰面胶合板和细木工板产品质量良莠不齐。生态板一般包含基材层、平衡层、表层装饰纸层三部分，生态板的表面耐龟裂问题是目前决定生态板质量好坏的技术难点之一，主要是指产品表面受湿、热等作用而使其表面发生细微裂纹，即表面容易产生龟裂问题。此外，生态板属于饰面类人造板，其产品质量的优劣也受到甲醛释放量性能好坏的影响。

(七)中国木塑的当前技术情况

木塑复合材料是以木本/禾本/藤本植物及其加工剩余物等可再生生物质资源为主要原料，配混一定比例的高分子聚合物基料及无机填料，通过物理、化学和生物工程等高技术手段，经特殊工艺处理后加工成型的一种可逆性循环利用的多用途新型材料，业内通称为WPC。

木塑复合材料主要是将木质纤维和塑料有机结合，兼顾了木质纤维和塑料的双重特性。木塑复合材料的主要特点可归结为：比塑料硬度高，有类似木质外观，耐用且使用寿命长；稳定性比木材好，不易产生翘曲、裂缝、节疤、斜纹等缺陷较少，物理性能优良；容易成型，加工性好，可采用常规的塑料加工工艺进行成型制备，机械设备投资少，容易推广应用；二次加工性优异，可锯可刨、用钉子或螺栓连接固定，涂饰工艺良好，产品规格及外形灵活性大，可根据用户调整，耐腐蚀、不怕虫蛀。此外吸水性小，不会吸湿变形、可生物降解、回收再利用性优良，属于环境友好型材料。

以木质纤维为主要原料的木塑复合材料，主要复合工艺是以塑料加工工艺和设备为基础，包括注塑成型、挤出成型或捏合机混炼造粒再加工成型。目前代表性的主要有两步法挤出成型技术，近年来该技术已经逐步广泛应用。主要工艺流程是将木质纤维与塑料混炼造粒，获得颗粒状共混物，然后挤出成型。相对于其他成型方法，挤出成型具有较高的生产效率，不仅适用于平板制造，对于异型材的生产更是具有独特的优势。然而，两步法挤出成型也有一定的缺陷，混料需要经受两次高温加热，高温加热工艺能耗往往较高，同时容易丧失材料本身较好的物理力学强度。此外，国内木塑企业的加工设备方面，在加工精度、挤出速度、冷却成型、产品质量调控等关键技术上仍存在较大差距。随着近几年螺杆、模具等关键配件不断改进，差距逐渐缩小。

实际生产中，为了保障加工过程中良好的传质传热，木质纤维在木塑材料中的掺杂比例往往不高于50%。木质纤维的比例，对木塑的物理力学性能，如密度、收缩率、冲击强度、弯曲强度、拉伸强度等，有很大的影响。对于木质纤维与塑料的复合材料制备而言，其核心关键技术在于提高木质纤维的比例，且保证塑料与木质纤维表面充分的混合。然而，实际加工过程中，木质纤维质轻、易结团，高比例的木质纤维掺杂会造成混合均匀度下降。此外，木质纤维是一种具有丰富的羟基、酚羟基等官能团，与非极性的树脂的相容性差，木塑复合材料的综合性能容易受到影响。因此，往往需要预先对材料进行混炼，再通过挤出、注塑形成木塑复合材料，进而保障产品的稳定性。

二、中国竹材利用的当前技术情况

我国拥有非常丰富的竹类资源，竹材种植面积、产量和蓄积量均居世界之最。与竹材资源相比，我国是一个木材资源相对比较贫乏的国家，木材供需矛盾十分突出；而我国丰富的竹类资源可以弥补木材资源的不足，它已经成为我国木材资源的重要补充资源。目前，我国以竹材加工而成的产品种类繁多，主要有各类竹材人造板、竹地板、竹制家具、竹炭与竹醋、竹日用工艺品等，应用十分广泛。

目前，我国竹产业已经形成一个集文化、生态、经济、社会效益为一体的绿色朝阳产业链。无论是竹林面积、竹材产量，还是竹林培育、竹材加工利用水平等均居世界首位。我国竹产业的研究领域广泛而深入，竹工机械、竹基人造板、复合材料与竹材综合利用技术方面一直引领国际前沿，竹材产品涉及竹地板、竹家具、竹材人造板、竹工艺品、竹装饰品、竹浆造纸、竹纤维制品、竹生活品、竹炭等十几个类别的上千种产品，产品出口日、韩、美、欧等数十个国家和地区，形成广泛影响力。

在竹材加工产品中，竹材人造板的兴起和创新发展为竹材的工业化利用和大范围应用拓宽了一条新的途径，极大地提高了竹材的综合价值。目前，竹材人造板的种类相对较多，产品迥异，按人造板中结构单元的分布划分，竹材人造板主要包含竹胶合板、竹集成材、竹地板、竹木复合板、竹层积材、竹碎料板以及竹纤维板七大类，这些产品广泛应用于建筑、包装、家具、运输等行业，主要作为建筑模板、车厢底板、装饰材料、家具面板等使用。竹材工业的快速发展，为人民生活高质量提升供给了大量优质材料。此外，竹材工业的快速发展对缓解我国木材供需矛盾发挥了重要作用。

然而，我国竹材加工产业大多数依然停留在竹材初级加工利用阶段，竹材的利用率仍然很低。目前仅竹材碎料板对竹材的利用率在50%以上，其他各类竹材的利用率大体都低于50%，个别竹材相关产品对竹材的利用率仅有20%~25%。竹材利用率较低除了与竹材本身胸径小、易开裂、不易加工之外，还与大部分竹材加工企业规模较小，生产设备落后，加工技术粗糙有关系。因此，竹材加工企业目前仍然存在总体规模偏小、原材料综合利用率低、机械化程度不高、生产率低下等问题，主体依赖资源，属于劳动密集型产业。此外，部分企业在产品开发上对科研的投入重视度不高，企业创新能力薄弱，产品品种少、科技含量低、同质化严重等问题。近年来，受到原材料、用工成本、运输物流成本的不断上升，多数企业经营利润普遍缩水，经营状况不容乐观。当前，竹材地板、竹篾胶合板、竹水泥模板等产品得到快速发展，然而，少数缺乏科技创新的企业已被迫停产，总体附加值有待进一步提升。

三、中国重组材的当前技术情况

重组材是人工林木(竹)材为原材料，经过纤维定向疏解分离后，与树脂复合而成的一种新型的高性能木质复合材料，克服了人工林木材、竹材等生物质材料径级小、材质软、强度低和材质不均等缺陷，具有性能可控、结构可设计、规格可调等特点，是小材大用、劣材优用的有效途径之一。

重组材是我国自主研制成功且拥有自主知识产权，并已经成功实现大规模产业化的一种新材料，典型的产品包括重组竹(竹基纤维复合材料)和重组木。重组竹经过10余年的发展已成为竹产业的主流产品之一，重组木近几年也得到了快速的发展。与传统的人工林木材和竹材相比，重组材具有高强度、高尺寸稳定性和高耐候性等优点，可用于替代天然林优质木材，目前已经广泛应用于风电材料、结构材料、户外材料、装潢装饰材料等领域，并且在湿地景观工程、海洋工程、包装工程以及装饰装潢材料等领域都具有广泛应用前景。

(一)重组材产品的主要应用领域

重组材作为木质复合材料应用领域创新开发的一种新型复合材料，为人工林木材、竹材向建筑材料迈进开辟了广阔的发展空间。根据目标产品性能要求，重组材可通过调整竹单板和木、竹束的疏解度、密度、浸胶量等参数变化，不同应用需求的重组材产品可以通过热压工艺或"冷成型—热固化工艺"制造满足要求，同时调节规格、性能和结构等满足精细化要求。目前，重组材主要应用于装饰装修、家具、房屋结构、门窗和户外休闲景观等领域。

户内地板是重组材应用相对较早的领域，基于重组材优雅美观的表面花纹，具有较好的尺寸稳定性，表面颜色可以灵活调控，根据客户需求通过炭化工艺生产本色、浅咖啡色和深咖啡色等多种表面特色的产品。产品投入市场后深受消费者的喜爱。然而，部分产品存在诸如跳丝、开裂、吸水膨胀率高等产品质量问题，产品稳定性差，需要进一步解决。

重组材家具也是重组材应用的一个重要领域，家具用重组材密度一般为 $0.85 \sim 1.2 g/cm^3$，相比于红木材料，密度还要高一些，通过家具用重组材制备的家具可以代替传统的优质硬阔叶材使用，家具彰显优雅、朴实、厚重的木质特色。然而，重组材家具在加工过程中仍然存在一些技术难题，如锯切难度大、油漆涂饰困难等，需要进一步攻克和解决。

户外用竹材料在重组材产品中发展迅猛。目前我国户外用材料主要有防腐木、木塑制品、进口的硬阔叶材等。与上述产品相比，户外用重组材具有优良的耐久性和防腐防霉性能，目前在市场的推广应用得到了较好的发展，年需求量超过 700 万 m^3。目前国内户外重组竹的生产厂家约30家，规模相对较小。然而，随着"生态中国"和"美丽中国"建设速度的加快，未来户外用重组材的发展空间更加广阔。

近年来，重组材在建筑领域的应用也不断得到重视，重组材物理力学性能和绿色环保特性优良，与水泥、钢铁和塑料等材料相比，属于典型的低碳材料。很多建筑公司和科研结构瞄准重组材在建筑的应用研究，如2019年北京世博园展示的竹基纤维复合材料——竹钢，其在建筑承载受力部件的应用引起了媒体和市场的广泛关注。

此外，近年来重组材在交通领域的应用也开始崭露头角，如各种交通护栏产品等，代替塑料和钢铁用于城市景观护栏，已经开始批量投入市场并应用，未来在乡村公路和高速公路安全护栏等领域具有广阔的发展前景。

(二)重组材产业发展存在的主要问题

目前，户内用重组材的"冷压热固化"生产线产量下降，主要是户内用重组材生产还在沿用木、竹束为单元的陈旧工艺，往往存在木、竹束疏解不均、浸胶不均等问题，产品开裂和跳丝的质量问题频发，影响产品质量和市场销售。与户内用重组材不同，户外用重组材尤其是重组竹产量迅猛增长。然而，目前少数企业缺乏产品生产的核心技术，产品质量参差不齐，产品稳定性差，应用过程中很快损坏，影响了户外用重组竹市场的整体推广，未来还需规范产品质量、引导行业良性发展。

重组材发展面临的另外一个重要问题是缺乏相关的工艺技术规范，目前重组材仍然存在产业规模普遍偏小，技术人员缺乏，工艺技术质量控制把关不严，工人操作管理意识薄弱等问题，还需要加强单元精细疏解、炭化、施胶、胶后干燥和整帘成型等相关工艺技术规范，提高产品质量控制。此外，重组材产业生产装备的连续化和自动化水平程度偏低，需要进一步提升。

同时，重组材产业仍然存在环保、安全重视度不够等问题。加工过程中，重组材生产暴露明显的噪音问题、粉尘火灾隐患以及树脂浸渍过程中的 VOC 排放等，有待进一步解决，满足安全生产和清洁生产的要求。

作为新兴产业，目前《重组竹地板》《重组木地板》《结构用重组竹》等标准逐步推向市场，《园林休闲景观用重组竹》《重组材的绿色建材评价》也紧随其后，然而，重组材作为新兴材料，其标准体系仍属于初步阶段，相关的生产技术、产品质量调控及装备标准都需要进一步完善。

此外，重组材无论从单元制备的生产技术、装备制造以及产品应用等仍存在大量难题。目前中国林业科学研究院等科研院所和南京林业大学等院校都在进行相关的研究工作并取得了显著进展。然而，目前科研力量相对分散，尚未形成合力，系统的关键性技术问题难以突破。

目前，重组材产品在推广应用过程中仍有诸多工作需要进一步推进：如消费者对重组材产品的认识度不够，工程师对重组材的性能指标调控理解不到位等问题，未来仍需进一步通过协调政府部门、企业和科研单位等加大推广宣传力度。

四、中国装饰材的当前技术情况

(一)中国装饰纸的当前技术情况

装饰纸是装饰原纸经过印刷人造木纹和人造石纹等图纹后施胶贴在人造板表面，或装饰原纸印刷后，浸渍树脂并干燥制成胶膜纸，在一定高温和压力条件下压贴在人造板材表面上，对人造板材起到装饰和保护作用的一种装饰面纸。经装饰纸对人造板饰面后，可提高木材利用率，能弥补木材的天然缺陷，提高人造板表面质量，用浸渍装饰纸生产的木地板、复合门、板式家具等具有耐水、耐磨、耐热、耐污染和一定的耐光老化性能。

装饰纸现阶段主要以中低档产品为主，耐光色牢度、遮盖力等仍存在稳定性差等问题，尤其是印刷性能及颜色稳定性较差，纸质纤维分布均匀性与进口装饰纸质量仍然存在差距，如钛白纸主要存在白度低、平滑度和覆盖性能差；底层纸存在均匀度差，厚薄不均匀，浆块问题时有出现；表层纸也存在着均匀度和尘埃度等质量问题。目前，生产高档装饰纸主要依赖国外的技术和设备。针对这些问题，一些创新型企业开始投入大量研发及改造资金，着力研究装饰纸印刷、浸渍生产设备及工艺技术优化，使原纸生产的关键性技术指标得到显著突破，现在生产的原纸已完全适应高速印刷（250m/min）和高速浸渍（50m/min）的要求。此外，国内的雕版技术也有了显著改善，从人工分色、人工雕版跨越到电脑分色、激光雕刻，不断缩短制作周期，提高制作精度，为印刷装饰纸的发展提供良好的前提条件。

从装饰纸本身来说，装饰纸质量的影响因素有很多，包括装饰原纸的质量（原纸均一性、pH值、干湿强度、热稳定性、水分、透气度、光泽度、平滑度等）、树脂和油墨性能，以及后续的印刷、浸渍操作都对装饰纸质量具有重大影响。为了提高装饰纸的性能，通过改变纤维原料配比、调整打浆质量和抄纸工艺参数等来提高装饰纸的吸收性。通过添加适当颜料来提高装饰纸的不透明度和耐晒性。通过添加高分子聚合物等方法来提高装饰纸的干、湿强度。

从装饰纸印刷角度，多采用水性油墨印刷，使印品更加饱满、发色稳定、印刷稳定性更好。采用凹版印刷技术来提高印刷质量，企业加大与高校技术合作，聘请专家参与指导科研开发，完善解决凹版印刷后出现白点、色温不饱和、亮线、过渡色不自然、丢色等问题，缩短装饰纸目前与国外高值化装饰纸的差距。尽管我国的印刷装饰纸产品质量迅猛发展，但是仍存在产品稳定性不足、色差大、难控制等缺陷，需要进一步优化和完善。

（二）中国重组装饰材的当前技术情况

重组装饰材（科技木），是以人工林或普通树种木材的旋切（或刨切）单板为主要原材料，采用单板调色、层积、组坯设计、模压胶合成型等技术制造而成的一种具有天然珍贵树种木材的质感、纹理、颜色等特性或其他艺术图案的新型木质装饰材料，经过不同角度刨切后，还可以得到重组装饰单板。与天然木材相比，重组装饰薄木的木方材质均匀，薄木色彩丰富、纹理多样、加工方便、性能优异，并且生产综合利用率与成品利用率高，具有"源于自然、胜于自然"的特性，为木材加工业开启了一个潜力无限的发展空间，为传统木材加工业注入新鲜血液。

近年来，我国涌现出大批重组装饰材生产企业，在家具行业的推广和应用方面，取得了较好的成绩，其生产技术也逐步成熟。目前，许多重组装饰材生产企业引进生产设备，保障加工质量，严格筛选染色剂和化工材料，保障环保和质量要求。近年来我国每年消耗木材资源占据世界每年消费总额约1/3，大量的木材资源严重依赖进口，弥补木材供需缺口方面仍需要加大工作力度。

在技术方面，木单板的漂白液配制及漂白工艺优化得到提升（pH值自动调节系统），单板染色能力也获得较大提高。此外，旋切原木端封、重组装饰材木方的封端、木方的胶合养生工艺、高频加热固化等新工艺不断涌现，大幅度提高了重组装饰材的产品稳定性。

改革开放40多年来，在极力倡导原创设计的家具行业，一些家具企业、家具设计师已经开始尝试利用重组装饰材的这一特点，进行木材颜色和纹理的设计，定制产品饰面效果，打造与众不同的家具产品并获得了很好的市场反映。宜家（IKEA）等各大知名家具企业和品牌都不同程度地在应用重组装饰材开发其新产品系列，重组装饰材正在开始引领国际家具发展新潮流和新时尚，充满了巨大的发展潜力。目前，橡木、柚木、樱桃木、斑马木以及鸡翅木等重组装饰材得到广泛应用，正在掀起新的家具流行和装饰业材料的重要革命。

五、中国胶黏剂的当前技术情况

木材胶黏剂是指发挥自身内聚、黏接功能，通过黏附力使木材和木材或者其他材质结合在一起的物质。木材加工业是胶黏剂使用量最大的行业，木材胶黏剂用量的多少可以用来衡量一个国家或者区域木材加工行业的发展状况。使用木材胶黏剂的制品主要有人造板、地板、集成材、浸渍纸、家具、复合门和木制品等，其中人造板消耗的胶黏剂量最大。如今，木材合成胶黏剂已占整个胶黏剂总量的60%以上，无论在工业制造上还是日常生活中，胶黏剂在木制品上的应用范围大幅度提升。

随着科技的快速发展，胶黏剂的研究也越来越深入，种类呈现多样化发展。目前，我国木材加工用胶黏剂的使用量85%以上为脲醛树脂胶黏剂（UF）。此外，还包括酚醛树脂胶黏剂（PF）、三聚氰胺-尿素缩合胶黏剂（MUF）、三聚氰胺甲醛树脂胶黏剂（MF）、水性高分子异氰酸酯胶黏剂

(API)、聚醋酸乙烯酯乳液胶黏剂(PVAc)、无机胶黏剂等，在木材加工领域都有应用。

脲醛树脂(UF)价格低廉，主要成分是尿素和甲醛，制备工艺简单，原料易得，生产成本低廉，是目前我国人造板行业使用量最大的合成树脂胶黏剂。作为木材胶黏剂，胶合性能优良，可以满足固化后无色透明、工艺操作性能好等优点，脲醛树脂在未来相当长的一段时间里，仍将占据人造板行业的主流市场。然而，脲醛树脂在固化过程中存在胶层脆性大、抗老化性能差、容易龟裂、黏结强度和耐水性差等问题，游离甲醛含量高，导致树脂使用环境(生产现场)和胶接制成品对居室等使用环境产生甲醛污染。

酚醛树脂(PF)主要是采用酚类、醛类化合物为原料，在催化剂作用下经缩聚反应而成的树脂胶黏剂。酚醛树脂黏接强度高，最为常见的一种类型是由苯酚和甲醛缩聚而成。此外，酚醛树脂还具有优异的耐高温、耐水以及耐环境老化性能，适用于木材加工、建筑与车船结构材料使用。与脲醛树脂胶黏剂相比，酚醛树脂的产物结构稳定，合成工艺容易控制。然而，传统的酚醛树脂产物常常伴随着游离酚、游离醛和碱含量过高等问题，因此，低游离甲醛、低游离酚、低碱含量、快速固化和低成本的酚醛树脂胶黏剂将是未来重要发展方向。

三聚氰胺甲醛树脂胶黏剂(MF)，简称三聚氰胺树脂，主要是由三聚氰胺与甲醛在催化剂作用下经缩聚合成的。三聚氰胺树脂具有固化速度快，硬度高、耐水性好等优点，此外还具有较好的耐候性、耐磨性、耐高温性。缺点主要是贮存稳定性差、柔韧性低等缺陷。三聚氰胺-尿素缩合树脂(MUF)是一种复合型树脂，合成原理与脲醛树脂和三聚氰胺树脂基本相同，属于热固性树脂，可用于制造耐水性胶合板、刨花板、集成材等。

水性聚氨酯胶黏剂，即水性高分子异氰酸酯胶黏剂(API)，以水溶性高分子(醋酸乙烯酯乳液PVAc)、乳液(苯乙烯-丁二烯乳液SBR、聚丙烯酸酯乳液、乙酸乙酯-乙烯共聚乳液EVA等)和填料(碳酸钙粉末)为主剂，多官能团的异氰酸酯化合物为交联剂，共同构成了API。两者混合产生三维交联网络，使得API具有优良的耐水性，可作为高耐水性木材胶黏剂使用。目前，API主要使用在国内实木制品所用的集成板材生产、集成梁、集成方材等领域。

聚醋酸乙烯酯乳液胶黏剂(PVAc)，俗称白乳胶，主要是采用醋酸乙烯酯单体在分散介质中经乳液聚合而得到的一种热塑性聚合物。PVAc乳液的生产工艺简单、价格低廉并且对环境无污染，然而传统的热塑性白乳胶软化点低，亲水性的聚乙烯醇作为乳化剂和保护胶体，因此存在耐水性差、耐热性不足、抗冻性较低等缺陷。此外，聚醋酸乙烯酯乳液胶黏剂在固含量低时乳液不稳定，固含量高时存在黏度大的问题，限制了其应用范围。目前，PVAc胶黏剂主要用于室内家具制造和装饰贴面应用。

六、中国人造板机械的当前技术情况

(一)中国木材旋切机的当前技术情况

旋切是单板和胶合板生产的一个重要工序，在很大程度上决定了单板和胶合板的质量。旋切机是胶合板生产中的关键设备之一，主要分为有卡旋切机和无卡旋切机。旋切机是胶合板生产线的重要设备之一，旋切单板质量直接影响后续胶合板产品质量。我国的胶合板设备有了较大进步的转折点源于无卡轴旋切机成功研制，木材的利用率显著提高，填补了小径木和木芯旋切单板国内空白。普通无卡轴旋切机的进给系统一般采用液压驱动和丝杆驱动两种驱动方式。液压驱动方式旋切制备的单板厚薄均匀性较差，单板表面质量差，对于切削厚度较低时的单板生产难以完成，因此市场需求量不高，正在逐渐萎缩。丝杆驱动方式的无卡轴旋切机正在成为当前企业应用的优选和重点，着重攻克原木旋切生产中单板的厚薄均匀性、切屑厚度范围、单板表面粗糙度质量等问题。

随着科技进步，数控有卡-无卡组合式旋切机开始崭露头角，该机采用先机械夹紧驱动木段旋转，后双压辊驱动木段替代有卡夹紧。其工作过程为：木段先经定心，定心处理后输送至有卡轴旋切机并夹紧，开始单板旋切连续加工，收集旋切后的较大木芯，经圆木输送机转移到无卡轴旋切机完成进一步旋切。整个工艺过程木段无需旋圆，从有卡轴旋切到无卡轴旋切均可连续进行，单板生产率高，厚度均匀性好，剩余木芯直径小于40mm，出板率高达99%。因此，数控有卡-无卡组合式旋切机是对传统旋切机的重大集成与创新，有利于我国人造板机械自动化、数控化高质量发展，具有深远的意义。

有卡-无卡一体旋切机的整体稳定性比较好，主要是由于在有卡旋切和无卡旋切时均用同一个机架、刀床，结构紧凑，场地利用率高，占用面积减少50%以上。相比于传统的单板生产线成套设备，有卡-无卡一体旋切机生产线减少了单台主机组成的配套和两台辅助机床，制造成本比单独的有卡轴、无卡轴旋切机成本低。其设计理念符合绿色人造板机械的开发方向，实现小径木、疤节劣性材的良好旋切，表现出较好的加工精度、高稳定性、高效率及高性能等优势，数控技术先进、结构合理、实用性强、木材利用率高、制造和使用成本低、自动化程度高的优势。随着我国可加工利用的大径级木材供应短缺，中小径级人工林木材占有率越来越高，有卡-无卡一体旋切机的应用前景较好。

（二）中国人造板热压机的当前技术情况

人造板生产中，热压机是必不可少的重要设备。人造板产品产量主要取决于热压机的生产能力，而热压机的技术水平又在很大程度上决定人造板产品的质量。基于人造板种类很多，各种人造板在生产中对热压工艺的要求不尽相同，因此热压机也有多种。按照生产产品的种类，热压机可以分为胶合板热压机、纤维板热压机、刨花板热压机及装饰板热压机等；按照工作方式，热压机可以分为周期式热压机和连续式热压机，这两类热压机再按结构形式分类，周期式热压机又可分为单层热压机和多层热压机，连续式热压机又可分为连续式辊热压机和连续式带热压机。任何一种热压机，其结构组成的主体均为加压和加热装置，但对于不同种类、不同功能的热压机，结构上也存在较大的差异。

1. 胶合板热压机

胶合板热压机的热压周期比较短，热压板的层间距也比较小，常用蒸汽作为加热介质。最早出现的热压机是多层热压机，在诸多热压机中其应用历史最久，也是大家最熟悉的压机。这种周期式热压机作为人造板生产中的主要机型一直沿用至今。胶合板热压机是目前胶合板生产线的瓶颈，我国的胶合板热压机多采用框架式、多油缸分布的结构，多数热压机一般为15层以下结构设计，这种热压机主要采用人工逐层装卸，或者采用升降平台辅助人工装卸。15层以上的热压机则普遍采用吊笼式机械装卸，装卸板的方向通常采用横向进出方式，节省热压过程的时间消耗。

2. 刨花板热压机

我国常用的普通刨花板规格为4′×8′，使用的热压机有多层压机、单层压机和连续压机，加热介质有饱和蒸汽、过热水和导热油，但现在常用导热油作为加热介质。20世纪90年代，我国引进德国Siempelkamp公司和Dieffenbacher公司生产的连续压机生产线。1990年在福建邵武引进过一条年产3万m³的刨花板连续压机生产线，从而开启我国应用连续压机生产刨花板的历史。近年来人造板机械革命性的突破转折点之一是连续平板热压机的工业化应用，它使人造板生产面貌焕然一新，尤其在人造板薄板生产和强化地板的基材生产方面具有更明显的优势。目前，周期式热压机应用越来越少，其生产不具有连续性，主要使用在一些特殊种类的人造板生产中，如胶合板和装饰板等生产。因此，多层和单层热压机依然占据市场主导地位。尤其是在纤维板和刨花板生产中，相对于周期式热压机，连续式热压机的优势已经十分明显。现在我国人造板机械制造企业不但能够制造用于刨花板生产的多层压机和单层压机，而且在连续压机的开发方面有所突破。

3. 纤维板热压机

进入 21 世纪，我国中密度纤维板市场对薄板的需求迅猛增长，薄型中密度纤维板投资项目开始增多。然而，当时国内缺少生产薄板的生产线，引进生产线的成本又很高，国内的人造板机械制造企业无法提供连续压机薄板生产线。基于这种困境，国内少数企业开始自主研制连续辊压机。2004 年，敦化市亚联机械制造有限公司自主研发的国产连续辊压机正式进入市场，突破了连续辊压机长期依赖进口的困窘局面。此后，连续辊压机经过了几代开发，板材性能有了很大改善，也可广泛用于 PVC、三聚氰胺胶膜纸贴面和油漆涂饰等二次加工。目前，我国中密度纤维板的生产方式主要以连续平压、多层热压以及连续辊压生产线三种方式为主。其中，中密度纤维板生产的连续平压线和多层热压生产线仍占主导地位，连续辊压生产线的生产能力只占中密度纤维板总生产能力约 10%。2006 年 5 月，我国第一台大幅面连续平压机中密度纤维板生产设备问世，与此同时，我国的中密度纤维板生产得到迅猛发展。

连续式带热压机能够保证人造板生产的连续性，一经推出就得到了市场的青睐，具有生产适用范围广、节省生产原料、产品质量好等优势。目前，连续式带热压机的开发经历了多代技术产品，由于大量采用了检测感知元件、传感器元件、先进的控制手段，热压机的自动化程度更高，具有便捷的在线调节工作效率，紧密配合生产线上其他设备而连续运行。

4. 人造板饰面压机

为提高人造板的经济价值和使用价值，扩大人造板的应用领域，满足房屋装修业及家具制造业的快速发展的需要，需大力发展人造板的二次饰面加工。用于人造板二次贴面常用的基材是刨花板和中密度纤维板。我国从 1974 年开始研制浸渍纸饰面板生产技术，在 20 世纪 80 年代初引进低压短周期饰面生产线。从那时开始，低压短周期饰面技术在我国得到了迅速的发展及广泛的市场认同，低压短周期浸渍纸饰面占据市场的绝大部分份额。

国内浸渍纸高压装饰板生产企业多采用间歇式多层热压机作为热压成型的主设备。普遍为 25~30 层的多层设备，可以显著提高工作效率，节约能耗。"冷—热—冷"的生产方式要求在热压板内交替通入冷却和加热介质，热压板要承受较大的冷热交变应力，所以对压机的要求比较高。热压机普遍使用的加热介质为过热水，其升、降温都比较平稳，可循环使用，且节约能源。国内通用的木质基材幅面多为 2440mm×1220mm，热压机压板根据成品尺寸多采用 2650mm×1420mm 幅面。由于近年来对大幅面产品需求增多，大幅面压机也逐渐增多，市场上产品的最大幅面可达 2000mm×6000mm。

(三)中国同步对纹的当前技术情况

同步对纹技术是指采用高清拍照系统和精确定位仪器设备将印刷木纹纸上的纹理和钢模板上的纹理同步重合的技术。同步对纹是指模板上的花纹与浸渍纸上的花纹是吻合的，将模板压贴在浸渍纸上形成凹凸有致的沟槽，模仿实木的视觉效果。

同步对纹技术主要有两个方面的重大突破。一是表面木纹视觉处理工艺上的突破，这种技术是把原有的平面印刷木纹表现方式，改为立体的木纹同步压制方式，增强直观视觉真实的木纹效果；其次，有效地降低实木制作家具或实木单板饰面人造板制作家具成本。引入同步对纹，模板纹路与印刷装饰纸花纹有机契合，视觉和触觉高度融合，增强产品的表现力。

同步对纹技术是近年来涌现的新技术，是饰面板供应链上众多企业集成创新的成果。从木材选择、加工刨切、制版、原纸印刷、浸胶工艺、钢模板制作、压贴工艺、基材等，保障质量指标的稳定性，确保同步饰面人造板的偏差度有效控制在1mm内。目前，对于浸渍胶膜纸饰面胶合板和细木工板同步压贴，其工艺主要是采取低温（130℃左右）、长周期压贴（7min左右）、手动对焦及单面压贴。通过技术引进以及我国企业不断摸索创新，部分企业已经可以实现将普通的人造板双面同步压贴，而且采取中高温（160℃左右）、短周期（90s左右），实现胶合板双面同步压贴饰面，有效推动了我国浸渍胶膜纸饰面胶合板和细木工板双面同步压贴的工艺技术创新和高质量发展。

基于当前同步对纹技术的快速发展，主要有以下特点：①设备上，实现了全自动化。②生产效率上，从每小时生产20张提升到240张，效率极大地提高。③同一工作时间上，从单面压贴变为双面压贴。④精确度上，从±5mm的偏差精确到±1mm。⑤基材幅面尺寸，从小尺寸发展到4′×8′、7′×9′、4′×16′等。⑥基材不局限于纤维板、刨花板和定向刨花板，还可以使用胶合板、细木工板等。⑦应用范围更加广泛，包括室内用地板、家具用饰面板、护墙板等领域。⑧纹理仿真效果逼真，实现了从浅到深、从粗犷到细腻的循环发展。⑨风格丰富多样，如皇家宫廷风格、现代风格、怀旧风格等多样化需求。目前我国饰面板同步对纹技术以及其产品质量发展迅猛，已达到国际先进水平。

七、中国家具和地板的当前技术情况

（一）中国定制家具的当前技术情况

为了满足消费者对家具多样化和个性化的需求，家具产业正经历着从传统批量化生产的方式到小批量、多品种生产方式的转变。所谓"定制家具"，就是现代家具企业在现有生产的基础上，根据消费者的房间户型、装修风格以及消费者的材料、功能、风格、价位等个性化需求，通过实地测量、个性化设计、模块化生产，再通过现场安装而成的依附于墙体等建筑物某一部分，并与其形成刚性连接，与室内形成一定整体的消费者专属家具。从"家具"概念上来讲，定制家具不仅包括整体衣柜，而且包括书柜、酒柜、电视柜等储物柜以及厨房、卫浴家具在内的整体家具；从"定制"概念上来讲，不仅包括家具样式的制作，而且包括家具材料、空间布置、家具制作工艺以及物流等的专属定制。

定制家具原材料主要包括基材、封边条和五金配件等。基材常用的主要有刨花板、中密度纤维板、细木工板、实木等；饰面方式形式多样，主要包括浸渍胶膜纸饰面、涂料涂饰、PVC饰面等，以及三合一连接件、拉门滑轨、抽屉导轨、铰链、挂衣杆、挂衣钩、脚轮等五金配件。

目前，我国多数定制家具的定制流程主要包括：消费者提出需求→上门尺寸测量→设计方案确定→产品报价→合同签订→工厂生产制造→上门安装→验收→售后服务；企业生产制造环节包括：基于设计方案对板材进行拆单设计→材料选择→切削加工→开槽→打磨→封边→包装等。

部分品牌定制家具通过采用模块化设计，即提供许多包括标准模块、可调节模块和非标准模块等小的功能模块。根据消费者的个性需求不同，往往将这些模块重新排列组合，进而实现既可满足用户要求，又能为企业量化生产提供保障。

从管理角度，家具行业与现代网络信息技术的整合，逐步形成大规模定制家具的信息化管理平台，主要包括供应链、产品数据、生产规划和企业协同等。目前，少数品牌定制家具企业采用信息化管理模式，集设计、生产、销售、物流以及客户、供应商于一体，有效地提升了定制家具的制造技术。

(二)中国木地板的当前技术情况

我国生产的木地板主要分为实木地板、强化木地板、实木复合地板、竹地板和软木地板五大类。实木地板主要包括榫接地板(又称企口地板)、平接地板(又称平口地板)、镶嵌地板、指接地板、竖木地板和集成材地板等。强化木地板一般可分为以中、高密度纤维板为基材的强化木地板和以刨花板为基材的强化木地板两大类。实木复合地板一般可分为三层实木复合地板、多层实木复合地板和细木工复合地板三大类。竹地板一般可分为全竹地板和竹材复合地板两大类。软木地板一般以栓皮栎橡树的树皮制备的特殊地板,隔声和脚感极佳,可分为粘贴式软木地板和锁扣式软木地板。

目前,我国木地板产品主要有浸渍纸层压木质地板(强化地板)、实木复合地板、实木地板和竹地板等,分别约占我国木地板总量的50%、25%、10%和8%。从地板应用情况来看,实木复合地板和强化地板市场占有率越来越高,实木地板产量呈下降趋势。此外,竹地板也有了较快的发展。

强化地板目前的基本结构还是以中、高密度纤维板等人造板为基材,也有采用普通刨花板和定向刨花板做基材,正面加耐磨层和装饰纸,背面加平衡层,经热压制成。强化地板用胶黏剂主要有脲醛树脂、酚醛树脂、三聚氰胺甲醛树脂等。其中应用最多的是脲醛树脂,成本较低,但存在游离甲醛释放量高的问题。

实木复合地板主要包括表板、芯板、背板三层结构,通过木材纵横交错组坯而成。表板一般为3.2~4.0mm厚的硬阔叶材木材;芯板一般采用针、阔叶软质速生木材,厚度约7~12mm;背板普遍为2mm厚的旋切单板。实木复合地板用胶黏剂多为改性聚醋酸乙烯酯或脲醛树脂,也有使用酚醛树脂来提高地板的胶合强度和耐候等性能。目前国内实木复合地板生产企业应用最多的是粉状脲醛树脂胶黏剂。这种胶黏剂可显著改善地板的胶合性能,且地板游离甲醛含量低。而竹材的导热性能往往较差,高温热压容易引起色泽变化,因此宜采用低温固化的胶黏剂种类。

竹地板是一种以竹代木生产的复合地板,属于实木复合地板的一种。竹地板生产工艺与木地板类似,只是为减小板材色差,生产过程中需对竹材需进行蒸煮漂白或炭化处理。处理后的地板色泽明快亮丽、浓重高雅,可满足消费者的差异化喜好。竹材易产生霉变,因此蒸煮过程中还需加入一些药剂对竹材进行防霉、防腐、防虫的"三防"处理。

地板用漆多采用UV紫外光固化漆,这种漆固化过程收缩小,100%固化成漆膜,干后漆膜平整、表面硬度大、耐磨性好。

三层实木复合地板生产的关键工序之一是组坯热压,通常有三种制备工艺:①三层板坯结构,普通加热生产工艺;②五层板坯结构,高频加热生产工艺;③六层板坯结构,高频加热生产工艺。

近年来,基于目前木地板主导产品,通过不断改变基材类型、更新地板表面装饰材料、优化产品结构或赋予产品功能等方式,不断衍生出数十种木地板产品,如基于浸渍纸层压木质地板衍生的浸渍纸层压秸秆复合地板、装饰单板层压木质地板、涂饰浸渍纸层压木质地板和仿古浸渍纸层压木质地板等;基于实木复合地板衍生的两层实木复合地板、实木集成地板、浸渍纸层压板饰面多层实木复合地板、仿古实木复合地板等;基于实木地板衍生的热处理实木地板、地采暖实木地板、曲线木地板等;基于竹地板衍生的重组竹地板等。

此外,地板产品还包括软木地板、软木复合地板、木塑地板以及适用于特殊环境的木地板,如地采暖用木质地板、户外用木地板、室内高湿场所用木地板、户外用防腐实木地板、体育场馆用木质地板、抗静电木质活动地板、舞台用木质地板等多类型产品。

八、中国木结构的当前技术情况

在钢材、混凝土、砌体、木材等各种建筑材料中,唯有木材具有自然可再生、固碳、节能等环境友好特征。与其他结构建筑相比,木结构建筑在节能环保、绿色低碳、防震减灾、工厂化预制、施工效率等方面凸显更多的优势。在新时代推动木结构行业向高质量发展,对于切实转变城乡建设模式和建筑业发展方式,提高资源利用效率,实现节能减排约束性目标,积极应对全球气候变化,实现建筑结构多元化发展,增强生态文明建设,具有十分重要的现实意义。经过将近20年的发展,木结构产业已初具规模,现代木结构建筑体系以方木与原木结构、轻型木结构、胶合木结构为发展的主力。

(一)产业政策情况

近年来,为了贯彻落实中央关于大力推进生态文明建设的总体要求,着力推进"安全实用、节能减废、经济美观、健康舒适"的绿色住房建设目标,推动"节能、减排、安全、便利和可循环"的绿色建材。2015年以来,我国陆续颁布了一系列木结构相关政策,为未来木结构产业的发展奠定基础。2015年8月,工信部、住建部颁布《促进绿色建材生产和应用行动方案》,提出推广城镇木结构建筑应用,在特色地区、旅游度假区重点推广木结构,在经济发达地区的农村自建住宅、新农村居民地建设中重点推进木结构农房建设,鼓励在竹资源丰富地区发展竹制建材和竹结构建筑,这是近几十年来第一次将木结构行业推广列入国家文件,给木结构行业打了一针强心剂。2016年2月,国务院颁布《中共中央国务院关于进一步加强城市规划建设管理工作的若干意见》,第一次在国务院层面提出在具备条件的地方倡导发展现代木结构建筑,力争用10年左右时间,使装配式建筑占新建建筑的30%。木结构建筑"搭积木式"造房子、流水线上"生产"房子非常适合作为装配式建筑。同时绿色材料、绿色建造、绿色生活将是未来发展的核心理念,发展现代木结构建筑政策导向明确,符合"适用、经济、绿色、美观"的建筑八字方针。同年,国家林业局颁布《关于大力推进森林体验和森林养生发展的通知》,采用木结构建筑对森林的影响最小,与森林环境最为协调,在森林体验和养生中大有作为。该通知发布后,浙江林业厅根据自身特点,提出在森林旅游中鼓励采用木结构建筑。2017年,住建部颁布《"十三五"装配式建筑行动方案》《装配式建筑示范城市管理办法》《装配式建筑产业基地管理办法》,制定全国木结构建筑发展规划,明确发展目标和任务,确定重点发展地区,开展试点示范。2018年3月,住建部建筑节能与科技司颁布《住房城乡建设部建筑节能与科技司2018年工作要点》,提出推动新时代高质量绿色建筑发展,稳步推进装配式建筑发展,加快绿色建材评价认证和推广应用。木结构属于绿色节能建筑,随着生态文明建设被社会的认可,政府对高质量绿色建筑的推进,将有效推动木结构行业的高质量发展,同时需要进一步完善和落实木结构建筑土地、税收、资质、认证、消防等相关政策,简化审批手续,加快推进我国木结构建筑的商品化和市场化。

(二)相关标准现状

国家和行业标准相继颁布对木结构产业的良性发展是有利的,木结构生产企业和消费者可以做到有法可依。中国木结构标准体系正在逐步构建,产品包含锯材、胶合木、结构用人造板等多品种,从标准的性质来看,涵盖了产品标准、试验方法标准、设计技术标准、施工验收标准等。

1. 产品标准

我国主要的工程木产品标准包括《结构用集成材》《单板层积材》《建筑结构用木工字梁》等,明确了产品的产生及质量控制,但指引产品应用于结构工程的相关条款较少。与现代木结构技术成熟的国家相比，我国木结构产品存在缺乏企业、团体标准，企业执行标准力度不强，缺乏统一的执标监督检查。

2. 试验方法标准

我国木结构试验方法标准较为系统，涵盖了主要木结构工程木产品性能试验方法、构件节点性能评价方法以及产品特征值的确定方法。

3. 设计技术标准

我国主要的设计技术标准分为三类：①针对木结构全局性设计标准《木结构设计标准》。②针对特定结构体系的设计技术标准《装配式木结构建筑技术标准》《多高层木结构建筑技术标准》。③针对特定构件部件的结构设计规范《胶合木结构技术规范》《防腐木工程应用技术规范》等。但国内仍然缺乏预制体系、新型的混凝土-木结构、钢-木混合结构体系等相关技术设计标准。

4. 施工验收标准

我国现行的木结构验收标准包括《木结构工程施工规范》和《木结构工程施工质量验收规范》。规范了木结构施工管理、结构选材、构件制作、节点连接、构件安装、结构维护以及施工安全、产品物理力学理化性能指标要求以及防腐防虫、防火验收规定要求等方面，形成了比较完整的施工验收体系。

(三) 中国木结构市场分析

1. 用材资源

我国建筑业用木材约占全国木材消费量的31%。根据第九次全国森林资源清查结果，我国现有森林面积2.20亿hm^2，森林蓄积175.60亿m^3。其中天然林林地面积1.40亿hm^2，蓄积量141.08亿m^3；人工林面积0.80亿hm^2，蓄积量34.52亿m^3。2015年起，我国实行天然林禁止商业性采伐政策，木材及其木制品的主要资源来自人工林。全国人工乔木林主要优势树种(组)面积排名前5位的是：杉木、杨树、桉树、落叶松、马尾松。目前，我国木结构用材资源主要还是依赖进口材，主要包括花旗松、樟子松、欧洲云杉、落叶松、欧洲赤松等。

2. 技术装配

随着木结构建造技术的发展，工程项目对企业生产效率、加工精度的要求提高，迫使我国木结构加工技术装备不断提升。目前国内使用德国Hundegger木结构加工中心30余台，胶合木生产线约60条，预制化墙体生产线5条，圆柱构件的生产线2条，CLT结构材的生产线4条，弯曲梁生产线7条。

3. 建造面积

现代木结构建筑体系主要以井干式木结构、轻型木结构以及梁柱结构为主流产品类型。据不完全统计，2016年我国木结构建造总面积为212.16万m^2，2017年为291.2万m^2，2018年达到350万m^2。近年来，木结构建筑施工总面积增长迅速，然而，相较于全国总建筑竣工面积，木结构建筑还有很长的一段路要走。

4. 消费流向

木结构建筑主要消费流向森林康养、文旅地产、住宅建筑、酒店会所、公共建筑等。这几年由于住宅房地产相对放缓，文旅地产和公共建筑是木结构的主要市场。

(四) 中国木结构的技术现状

近年来，国家立项了一系列有关木结构的重大科技项目，整合集成全国木结构领域的优势创新团队，聚焦研发共性关键技术，强化基础研究、实行典型应用示范各项任务间的统筹衔接，推动了木结构行业的核心竞争力和自主创新能力。

木结构产品研发方面，中国林业科学研究院木材工业研究所等科研院所和高等院校做了大量工作。"十一五"期间，国家科技支撑计划课题"高强度结构才加工利用技术"顺利实施，形成了结构用规格材优化加工技术、结构用规格材产品分级技术、结构用规格材性能无损评价技术、高强度工程木材材料复合增强技术和结构用规格材新型联结装配技术等。"十二五"农村领域国家科技计划课题"木结构用木质复合材料构件制造技术研究"，形成结构用木质复合材料安全性设计技术研究、木桁架质量可控和制造技术研究、以及高强度木质保温板制造技术；国家林业公益性行业科研专项、"引进国际先进农业科技计划"（948计划），形成了节能隔声型预制木结构外墙制造技术、轻型木结构材料制造与应用技术、高性能竹基纤维复合材料制造技术、足尺结构材力学性能检测评价技术。目前，"十三五"国家重点研发计划课题：结构用木竹材料强度分级及防护处理技术、结构用木质材料认证与木结构节点复合式增强技术、正交胶合木（CLT）制造关键技术等。其他高等院校也完成大量科研工作，如南京林业大学建立的CLT滚动剪切性能评价机制；南京工业大学提出了拱形胶合木人行桥的设计方法，有效解决大跨度木结构挠度过大问题；同济大学制定出钢木混合结构抗震设计方法；哈尔滨工业大学完成了木材和木制品强度设计指标确定方法等。

第二节　木材工业的创新发展趋势和技术需求

一、中国人造板的技术发展趋势

（一）中国纤维板的技术发展趋势

1. 原料结构变化

天然林资源是生产中（高）密度纤维板的优质原料，但随着天然林保护工程的实施，以及国家对生态安全建设的要求不断提高，可供利用的天然林资源越来越少，使得纤维板生产原料逐渐从优质天然林木材转变为次小薪材。对于纤维板工业企业而言，目前存在的问题主要是木材原料资源缺乏，资源培育、加工利用和流通环节严重脱节。如何利用好国家的优惠政策，加上企业的科学经营决策，合理科学利用资源，提高资源综合利用率，走可持续发展之路。目前人工林及非木质资源的利用率不断提升，事实上，已经有很多企业实现了原料向人工林的转变，尤其是以速生杨木为原料。同时，一些非木质资源（如秸秆、稻草、蔗渣等）的利用也进入了工业化生产阶段。

2. 产品环保要求变化

随着社会的进步，人们对环境的关注度不断提高。中密度纤维板生产企业必须将环保要素考虑在内，企业生产实现环保目标需要着重处理好两个方面。其一，纤维板生产中的环保要求。主要涉及节约能源以及对生产车间环境的保护，解决生产中排出的粉尘及废料的污染问题。其二，中密度纤维板产品的环保要求越来越严格。比如，胶黏剂不仅影响纤维板材质量优劣，又影响产品的环保性能，目前胶黏剂的应用主要有脲醛树脂类胶黏剂、三聚氰胺改性脲醛树脂、异氰酸酯胶黏剂、大豆蛋白改性胶黏剂等用于生产纤维板产品。

3. 产品特有功能变化

随着市场的不断创新发展，人造板产品已经在原有基础上发生了重大变化，主要表现在由单一化向多元化方向转变，企业的生存和发展至关重要。其中，生产具有阻燃、防水、防潮、防腐等纤维板产品，是杜绝产品同质化、特色产品发展之路。早期的中密度纤维板主要用于家具生产，而随着产品在强化地板领域的应用，不仅对中密度纤维板强度方面提出了更高要求，更需要有地板产品具有防水、防腐等特有功能。添加一定量的阻燃剂、防水剂、防腐剂等即可实现产品的多功能化。

4. 生产设备和新技术的变化

目前，我国的纤维板技术装备将逐步与世界先进水平接轨，产业加速升级，连续平压技术替代间歇式多层热压技术趋势明显，板坯预加热技术应用进一步得到应用普及，异氰酸酯胶黏剂、大豆蛋白改性胶黏剂在部分企业开始应用，产品也逐步推向市场。此外，纤维干燥尾气净化环保技术、板坯预加热技术、工业互联网技术、远程诊断技术等将扩大应用，新生产技术和先进装备将继续推动纤维板产业加速升级，技术改造、淘汰落后产能，促进企业提升竞争力。

(二) 中国刨花板的技术发展趋势

1. 功能型刨花板制备技术

功能型刨花板制备技术，涵盖种类将继续扩大，主要包括阻燃型刨花板、防腐防霉型刨花板和其他功能型刨花板制备技术。

阻燃型刨花板，通过新型阻燃剂或阻燃涂料的研发，提升阻燃产品的耐久性和防火等级，应用于学校、医院、音乐厅等具有防火要求的公共场所的室内装饰与装修。阻燃型刨花板制造技术主要分为2类，即制备过程中添加阻燃剂和成品直接阻燃处理。阻燃刨花板多采用在生产工序中添加阻燃剂，如将阻燃剂添加到胶黏剂中，或将阻燃剂施加到干燥管道中与刨花混合，然后进行气流铺装。其技术内容相近，选用的阻燃剂及配方是技术关键，产品阻燃性可达到B_1级。

阻燃型刨花板的阻燃处理包含3种方式，一是将阻燃剂与胶黏剂搅拌均匀后，在刨花施胶过程中，将阻燃剂与胶黏剂通过喷胶方式施加至刨花中，通过热压成型工艺，制备获得阻燃型刨花板。二是将刨花通过喷涂或浸渍的方式，将阻燃剂均匀附着于刨花中，干燥后热压成型制成阻燃型刨花板。三是在刨花板成型后将阻燃剂用毛刷、喷涂机或辊涂机涂刷在材料表面，然后在热空气中强化干燥或者在空气中缓慢干燥，形成一层阻燃保护层或者在刨花板表面覆贴各种耐火材料，如石膏板、硅酸钙板、铁板及金属箔等不燃物质，制成阻燃型刨花板。目前中国林业科学研究院木材工业研究所研发了分层阻燃在刨花板连续平压生产线上的应用技术，并在易县圣霖板业有限责任公司、连云港宁丰木业有限公司等大型刨花板企业成功生产。

防霉耐腐型刨花板也是功能型刨花板的重要领域，可以延长刨花板使用寿命，扩展其应用领域。类似于阻燃刨花板制备方式，其制备技术分为制备过程中添加防腐防霉剂和成品直接进行防腐防霉处理。制备过程中添加防腐防霉剂，即将防腐防霉剂添加入胶黏剂或者直接与刨花混合，然后进行热压复合，目前该类方式应用较少。更多的是将成品刨花板直接涂刷或浸渍防腐防霉剂中，然后干燥制备成品。

其他功能型刨花板主要包括具有防虫功能刨花板、保健功能刨花板、负离子刨花板、药缓释刨花板、释香型刨花板等。该类功能型刨花板通常采用部分碳化木刨花与常规木刨花混合的形式，利用碳化木刨花吸收有毒有害物质，添加防虫药物、电气石、纳米银或者各类香料等功能型化学药用成分，通过功能性成分的缓慢释放或者化学反应达到其应用功效。

2. 轻质刨花板制备技术

随着人造板产业的多元化发展，节材、节能成为人造板发展的必然趋势，人造板行业面临使用更少的材料制备满足使用性能要求的刨花板，在此过程中，低密度刨花板成为刨花板研发热点之一。轻质刨花板是指密度在$0.25 \sim 0.5 \text{g/cm}^3$之间，材质轻软，强度适宜，具有一定的耐水性和良好尺寸稳定性的刨花板。轻质刨花板内部结构蓬松，隔音性、保温性和机械加工性能良好，广泛应用于家具、建筑、室内装饰等领域。

轻质刨花板既要拥有良好的力学性能，同时又要具备较好的表面质量，因此表面直接涂饰或采用浸渍胶膜纸饰面是目前研究的热点之一。传统的轻质刨花板，包括空心管模压、蜂窝纸填充等方式，但是目前研究热点在于优化刨花形态结构和添加轻质颗粒等方法。

轻质刨花板技术创新还体现在板坯结构调整上，一些研究者根据芯层和表层的不同特性，分别生产轻质的芯层板和表板，然后再黏结在一起，既保证板面质量，又提高了生产效率；还有一些研究者则依据板坯受力位置，设置板坯的轻量化区域，或者针对定制家具和门生产具有不同密度区域的刨花板，在保证刨花板强度的前提下减轻整体质量。近年来我国人造板行业逐渐发展起来一种新型的空心刨花板材料，它是一种以木质刨花为原料，采用挤压机高温挤压方法而制成的绿色环保材料。其显著特点是在板的长度方向呈现具有圆形孔道结构，基于拱桥桥洞的原理，也常将这种空心刨花板称为"桥洞力学板"。空心刨花板的重量通常比普通刨花板减轻60%左右，由于中间的孔状结构，空心刨花板还具有较强的耐冲击性能、较好的结构稳定性，是一种具有较好发展潜力的人造板材。然而，目前空心刨花板市场占有率还较小，产品类型单一，应用场景也较单一，主要用作门芯板材料。因此，未来将围绕拓宽空心刨花板产品应用范围，提升产品附加值等。

3. 复合型刨花板制备技术

复合型刨花板包括水泥刨花板、石膏刨花板等无机刨花板，以及扩展刨花原料，制备各类农业剩余物及非木质刨花板等。我国的水泥刨花板开发、研制主要开始于20世纪70年代，随着产品投入市场和不断优化，90年代从国外引进了一条年产3万 m^3 的生产线，板材质量得到明显提升。新型水泥刨花板制备技术，采用硫铝酸盐水泥替代现有常用技术的普通硅酸盐水泥，生产周期缩短，大大提高了生产效率，且制成的水泥刨花板轻质高强，制造成本降低。

为了扩展刨花板原料，尝试采用豆秸、麦秸秆、竹材刨花、稻草、沙柳等农业剩余物等非木质资源及其混合物作为刨花原料，通过适当的原料处理技术，胶黏剂配方和制备工艺调整，制备出综合性能达到国家标准要求的刨花板。2006年万华在荆州投产5万 m^3 多层平压生产线，用于生产秸秆刨花板。2019年，万华分别在安徽、湖北两地建成25万 m^3 无醛添加秸秆刨花板生产线。

4. 非醛类添加刨花板制造技术

近年来，非甲醛添加刨花板逐渐成为研究热点，2016年该类发明专利约占申请总量的22%。采用的非甲醛基胶黏剂作为刨花板粘接材料，包括大豆蛋白基胶黏剂胶、淀粉基胶黏剂、异氰酸酯类胶黏剂以及非甲醛类热塑性树脂胶黏剂等。非甲醛添加刨花板从源头上杜绝了游离甲醛污染问题，减少室内空气污染，为刨花板产品摆脱甲醛释放问题提供了解决之道。非甲醛添加刨花板研究方向包括非甲醛基胶黏剂研发、工艺优化、配套装备设计和降低成本研究等。以不饱和聚酯树脂和多异氰酸酯类化合物作为粘接材料生产刨花板，利用板坯定型剂和封闭异氰酸酯固化剂解决了该类胶黏剂生产刨花板中出现的板坯成型不良、易粘压板等问题。采用大豆蛋白基胶黏剂多组分施胶的方式，有效缓解了其施胶不匀及施胶后刨花含水率过高的问题，并使用增粘剂解决了大豆蛋白基胶黏剂制备刨花板初黏性差、刨花施胶后预成型性差的问题，提高了板材静曲强度，降低了吸水厚度膨胀率。采用非醛类热塑性树脂及其合金制备无甲醛添加刨花板，利用非醛类热塑性树脂的天然耐水性，大大提高刨花板整体耐水性、静曲强度和握螺钉力等物理力学性能。

(三) 中国胶合板的技术发展趋势

1. 淘汰落后产能，提升品牌意识

目前，全国的胶合板企业大多数以小企业为主。小企业具有生产经营灵活等优越性，然而小企业的经营也存在着诸多问题，如单板外购、胶黏剂外购、生产能耗高、原材料利用率低等弊端，这些因素都阻碍胶合板产业的健康发展。因此，胶合板企业在淘汰落后产能，提升品牌意识等方面应加大工作力度，不断完善国内外市场环境，不断加强品牌效应，提高胶合板生产加工的自动化、规模化以及产业集群化能力，通过提升企业生产能力、优化胶合板产品质量，提高行业和市场的认可。

2. 突破行业瓶颈，实现胶合板连续化生产

我国大中型胶合板企业通常采用规模化、自动化的机械设备，企业生产加工能力较强，生产效率高、产品质量好，对于满足国内胶合板市场需求具有重要作用。然而，目前胶合板生产过程还未做到全链条自动化，如配胶、涂胶、拼板、修补等却仍以手工操作为主。因此，相关单板类材料机械加工配套设备亟待升级改善，不断优化单板旋切、单板干燥、单板整张化、单板施胶及成型热压工艺，突破胶合板连续化生产瓶颈。此外，胶合板企业应加快向技术密集型产业转变，利用先进技术促进产业升级，对原有的落后生产工艺进行改善。与此同时，通过院企、企企联合等方式进行资源整合，加速产业集群的形成和聚集，不断提升胶合板企业的生产加工能力、提高产品的科技核心竞争力。

3. 丰富产品类型，注重功能产品研发

近年来，胶合板产品的品种已经形成了一个比较完整的类别体系。然而，高档环保的装饰板材在市场的占有率依然相对较低，整个市场依然以普通胶合板为主导。目前市场上这些胶合板产品的品牌众多，产品质量参差不齐。通过功能创新、功能设计和功能复合，将阻燃、电磁屏蔽、防腐防虫、电热、吸声隔声、保健等特性融合入传统胶合板得到特定功能的胶合板，可进一步满足细分市场的消费需求，是当前胶合板产业转型发展的出路之一。目前，阻燃、防腐防虫、电热等部分功能胶合板已经走向市场，电磁屏蔽、吸声隔声、保健等功能胶合板虽制备技术已经基本成熟，但其商业化开发与应用还面临成本高、市场小等问题，还需要经一步挖掘其潜力，以便得到行业和市场的认可。

4. 转变发展思路，节能减排降耗

我国胶合板产品能源浪费现象比较严重，能耗约占胶合板成本的20%左右，如企业对旋切单板废料、锯屑和砂光粉等生产废料再利用率低。胶合板生产中的粉尘、废气和废水的无害化处理成本高。因此，重视高科技为先导，布局产业集群化、增值加工的胶合板生产企业，优势将日益突出，也是胶合板生产加工行业的主流趋势。

(四)中国阻燃人造板的技术发展趋势

"十二五"期间，中国对阻燃人造板的研究，主要是采用含磷、氮、硼的化合物和部分金属氧化物。主要涵盖对木质材料(包括非木质植物纤维原料)阻燃剂的阻燃性能、阻燃机理，以及对材料物理力学性能影响的研究。基于阻燃人造板产品特性，不同方法生产的阻燃人造板首先要达到企业生产工艺要求。我国对阻燃人造板研究取得了较好的进展，然而，目前木质材料阻燃剂仍然存在品种少、产量低、成本高等问题。另外，阻燃剂吸湿性较强和对板材力学性能影响较大的问题仍未得到有效解决。现在的阻燃技术尚不完善，实际生产中，阻燃产品往往希望达到更高级别的阻燃性能，同时不丧失人造板使用要求。这需要人造板生产企业、阻燃剂生产企业和科研院所通力配合，生产出真正适合人造板生产技术且与胶黏剂理想匹配的阻燃剂。

阻燃人造板生产过程中，还需不断完善阻燃剂和阻燃人造板生产技术。基于阻燃人造板的生产方法和原理不同，适时改进阻燃剂、阻燃剂施加方法，使阻燃人造板向无毒环保、阻燃效果好等方向发展。此外,随着阻燃技术的进步和发展,在现有检测评价方法的基础上,开发新的阻燃人造板的检测评价方法,将更加具有先进性、科学性和准确性。

近年来,中国阻燃人造板年产量约为 300 万~400 万 m^3,占整个人造板年产量仅为 2%~5%。而美国、日本、欧洲等发达国家和地区,阻燃人造板年产量分别占其整个人造板年产量约 10%、15% 和 8%。尽管中国阻燃人造板年产量在整个人造板年产量中比重较低,但其阻燃功能优越,已经得到市场的广泛认可。中国阻燃人造板生产和应用空间巨大,普及和应用阻燃木质材料将成为人造板行业未来的发展趋势,拥有广阔的市场前景。进入 21 世纪以来,国家相关标准部门更加重视阻燃人造板的行业规范与技术推广。随着人们环保安全意识的增强,以及市场对环保阻燃人造板需求不断提高,势必加快阻燃人造板产业的发展。

(五)中国秸秆人造板的技术发展趋势

进入 21 世纪以来,通过积极消化和吸收国外生产设备和工艺技术,国产化的新型秸秆人造板生产成套设备开始进入市场,这些设备可以生产非木质刨花板、纤维板,所生产的板材经表面装饰后可用于家具制造和房屋装修领域。目前,诸多秸秆类产品如模压秸秆墙体板材、挤压秸秆墙体、轻质保温内衬、定向结构板组合墙体等材料已经研制并推向市场。然而,作为绿色环保的板材,短期内秸秆人造板是木质人造板的强有力补充,难以取代木质人造板。在全球发展低碳经济的大环境下,秸秆人造板逐步开始在家具等相关行业应用,大幅度提升了家具板材的环保性能,通过产品多元化发展,势必带动中国板材种类优化升级和健康发展。

今后还应做好几个方面的工作,一是鼓励秸秆原料替代木质原料,对于建设秸秆人造板的投资企业可争取政府一定优惠政策;二是鼓励科研人员攻克秸秆人造板工业化生产理论难题,加强秸秆人造板的基础理论研究,通过科技创新,降低成本,拓展秸秆人造板的使用范围;三是做好秸秆人造板的推广和宣传,通过具体的检测报告消除消费者疑虑,让更多人了解和使用秸秆人造板这种环保产品。

(六)中国生态板的技术发展趋势

1. 生态板耐龟裂的制备技术

生态板的耐龟裂性能最直接的与浸渍胶膜纸的耐破度关系最大,浸渍胶膜纸耐破度越高,生态板的耐龟裂等级越高。其次,还与生态板的平衡层和基材层有很大关系。平衡层材质越均匀,其耐龟裂等级越高;若平衡层具有较高的各向异性,其耐龟裂等级越低。基材结构越稳定,生态板的表面耐龟裂性能越好。基板含水率越高,对生态板表面耐龟裂性能是极其不利的。

因此,为了克服生态板表面易龟裂,提升生态板表面耐龟裂性能,需要综合评估和有效控制生态板的表层浸渍胶膜纸的耐破度、平衡层的材质均匀性、基材结构稳定性及含水率调控等因素,制定相应的生产工艺及标准,生产出高质量的生态板。研究表明,将薄型高密度纤维板(HDF)添加在生态板的浸渍胶膜纸和基材之间,作为浸渍胶膜纸的缓冲层,可以制得优质表面性能的生态板产品。

2. 功能型生态板制备技术

负离子释放功能的生态板。通过在浸渍胶膜纸中添加一定量的负离子粉对其进行改性处理,改性后的浸渍纸再同细木工板和胶合板工艺相结合,生产具有负离子释放功能的生态板。产品需要满足负离子释放的相关标准,如《负离子功能建筑室内装饰材料》(JC/T 2040—2010)中空气负离子诱生量和照《建筑材料放射性核素限量》(GB 6566—2010)第 4 章有关建筑放射性核素限量的相关指标,因此,负离子释放可广泛地应用于家具、室内装修,改善室内密闭空气环境,在未来的发展中具有很大的发挥空间。

甲醛净化生态板。目前生态板的基材为胶合板或细木工板，通过技术改进，可以做到基材的低甲醛甚至无醛。还有一部分甲醛来自表面贴覆的浸渍胶膜纸。可见，需要控制其饰面浸渍胶膜纸的甲醛释放量，使得生态板的甲醛释放量达到国家标准。甲醛净化功能的生态板，其生产是通过改进普通浸渍胶膜纸及其生态板生产流程而实现的。研究表明，通过将具有甲醛净化作用的成分，如甲壳素和纳米硅片等，在调胶和二次浸胶工序中进行添加，其有效成分随三聚氰胺甲醛树脂溶液附着在浸渍纸表层，经干燥预固化处理后，获得甲醛净化浸渍胶膜纸。甲醛净化浸渍胶膜纸再同细木工板和胶合板工艺相结合，生产具有甲醛净化功能的生态板。随着全民环保、健康意识的提高，甲醛净化类产品得到了人们的广泛认可。因此，净醛功能板材吸附并分解空气中甲醛分子是人们健康的需求，也是家具板材发展的方向。

阻燃生态板。一种方式是在基材与饰面浸渍胶膜纸中间构建阻燃层，制备得到阻燃生态板，阻燃等级可以达到$B_1(B)$级。还有一种方式是对板芯和表板进行阻燃处理，再通过板片胶合制成板芯，再与装饰纸胶合形成阻燃生态板，阻燃等级也可以达到$B_1(B)$级。

(七)中国木塑的技术发展趋势

木塑复合材料诞生的时间较短，社会影响力还有待提高。与国外木塑复合材料的研究和开发相比，我国的研发总体上还是处于初始阶段，而且研究力量分散。尽管近些年来国内也有不少关于木塑复合材料的成果报道，但产业化成果相对较少，未能形成规模效应。因此，木塑复合材料的研究，着重围绕满足家具和门窗等应用的产品。此外，木塑复合材料在家具行业的应用还有一定的差距，主要是受其表面质量、木塑家具生产方式和消费观念等方面制约。随着木塑复合材料研究不断深入，木塑家具制造技术的进步发展和家具设计理念的创新变革，木塑复合材料在家具制造领域的应用具有更多的可能性。

目前木塑复合材料主要有共挤木塑制品、压花木塑制品和3D打印木塑制品等类型。共挤木塑制品是目前第二代木塑复合制品。共挤技术的应用使得木塑复合制品在性能不变的情况下成本显著下降，开辟了二代木塑制品节省成本的新路径。目前木塑共挤材料主要有聚氯乙烯（PVC）、聚乙烯（PE）和丙烯腈-苯乙烯-丙烯酸酯共聚塑料（ASA）几种，其中PE类木塑共挤制品产量较大。共挤木塑制品基层无需添加防老化剂、颜料等材料且共挤表层的厚度很薄，约0.5mm，成本降低超过65%。随着产品不断发展，压花木塑制品应运而生，满足了木塑美观、实用、仿真、去塑化等要求。目前仿古文深压花和在线压花等技术应用较广泛。在线压花俗称热压花，主要是采用在模具口处木塑型材温度未降低之前进行压花处理，最大限度保留了花纹原纹路，增加了压花木塑制品的可视感和立体感，使得木塑行业在装饰领域得到了拓展。近年来，3D打印技术被引入木塑行业。逐步解决了木塑制品形状单一化、颜色单调化等问题，木塑产品的光亮度和外观颜色多样性等方面有了显著提升。

未来木塑复合材料的发展趋势，主要表现在以下三个方面：①改进现有技术和开发新技术。重点研究木塑复合材料的界面表征与调控方法、环境老化机理、加工与结构流变学、性能优化与评价方法等。②创新应用技术。聚焦在生物质原料的制备与改性技术、木塑复合材料的先进加工成型技术与装备、功能型木塑复合材料以及材料性能评价与应用技术体系等。③开发新产品。重点集中在产品的高性能化、高附加值和多功能化，包括门窗、功能型地板、功能型装饰材料、轻型建筑结构材，以及车船用装饰材料等重大产品开发等。

二、中国竹材利用的技术发展趋势

(一)重视科学与创新

竹材加工产业是我国的特色产业,开发"以竹胜木"的新技术和新产品,许多技术和装备不能简单照搬和效仿木材加工技术,也难以从国外直接引进。根据竹材直径小、壁薄中空和易劈裂的自身特点,开发竹材新技术和新产品。如在装饰装修领域,探索开发刨切竹单板饰面产品。刨切竹单板是我国近年来开发的具有自主知识产权的竹材精深加工新产品,竹单板一般厚度为 0.3~1.0mm,目前已经在国内多家企业工业化生产。

竹单板由于特殊的竹材纹理与性能已经成为竹材装饰的主要产品之一。可以黏贴在人造板表面获得装饰效果,也可以通过多层复合获得性能优异的薄竹胶合板。此外,发展新型竹家具和各种日用竹制品也具有重要意义,竹材还可以制成一些异型产品,如圆形管道等。竹缠绕复合压力管是目前开发的新型竹产品,其主要是以连续的薄竹篾或竹束纤维为基材,热固性树脂为胶黏剂,采用先进的环纵向层积二维缠绕工艺,加工制成多层结构的新型生物基复合管道。竹质缠绕复合管突破了林产工业传统的平面层积热压加工模式,充分发挥了竹材纵向拉伸强度高、柔韧性好的材性优势,实现环向缠绕层积、多壁层结构的异型产品。该产品在水利输送、农业灌溉、城市管网等领域具有巨大的市场潜力。此外,竹材元素利用(竹浆纤维素及其衍生物)、竹材生物质能源和生物质化学品利用(竹炭、竹醋液精深加工)等也具有广阔的应用前景。

(二)加快用信息业和制造业技术改造传统竹材加工业的步伐

竹材由于结构的特殊性,加工利用难度比木材高。目前,大部分的竹产品制作仍采用手工作业,机械化程度低,生产效率和竹材利用率不高。因此,大力发展机械化、自动化和信息化程度高的竹工机械具有重要的意义,要充分考虑竹材的固有特性,降低能源消耗的前提下,采用"机器换人"等方法提高资源利用效率和产品附加值。改进竹产品结构、简化生产工艺,进一步实现机械化和自动化生产。近年来,少数企业在传统的竹集成材加工过程中,引进数控加工中心提高加工效率;降低冷压成型—热固化竹重生产工艺中的固化后模具拔销、半成品脱模、模具转运等人工工序,采用半自动生产线方式,减少用工数量,提升生产效率。近年来,竹筒无裂纹展平技术取得重大突破,其是将新鲜竹筒在高温高压下加热至 150~190℃,达到竹材的软化温度,提高竹材塑性,再通过展平机压辊上的钉齿或刀齿分散竹黄的应力,使弧形竹片加工成上下表面无裂缝的平直条形竹片。目前,这项技术已成功应用于竹砧板、竹地板和其他竹制品生产,具有广阔的应用前景。

三、中国重组材的技术发展趋势

近年来,"绿水青山就是金山银山"的理论已深入人心,我国重组材产业的发展正面临历史机遇。实质上,重组材产业的高质量发展是对"绿水青山就是金山银山"的最好诠释。2018 年,习近平总书记视察四川时指出:"四川是产竹大省,要因地制宜发展竹产业,发挥好蜀南竹海的优势,让竹林成为四川美丽乡村的一道亮丽风景线",四川省政府接连出台政策文件推动竹产业的联动发展,全国其他产竹区域也相继加大对竹产业发展的支持力度。竹产业发展至今,重组竹产业是竹产业中相对高附加值的品类,主要基于其能够大量利用竹资源生产竹质复合材料。重组材产业的发展对推动农民就业、带动增收、乡村振兴、改善生态环境都将起到积极作用。

随着我国国民经济的高速发展,对优质木材资源的需求也越发迫切。然而,天然林禁伐政策实施以来,经济建设所需要的优质硬阔叶材主要依赖进口,从需求上看,供需矛盾突出。与此同时,力学性能优良的重组材出现，性能接近或超过进口的硬阔叶材，具有优良的物理力学等综合性能。因此，重组材的发展可以极大地缓解我国优质木材资源供需矛盾问题。

随着生态中国和美丽中国建设的进程的加快，户外用木质材料的需求明显提升，我国每年户外用木质材料的需求量超过 700 万 m^3。目前户外用材主要以木塑复合材料和防腐木为主，而户外用重组材的综合性能优于木塑复合材料和防腐木材等，典型的是其具有突出的耐久性能。

近年来，国家相关部门和单位重点支持以重组材为主的木质重组材料的高质量发展。2018 年 3 月，中国林产工业协会竹木重组材料与制品分会成立；2018 年 6 月，国家林业和草原局重组材料工程技术中心批准成立；2018 年 9 月，重组材产业国家创新联盟批准成立；2019 年 3 月，户外重组竹产业技术协同创新中心批准成立。重组材料相关平台相继成立，有力推动了重组材技术创新以及相关新产品的开发。

科技部在国家"十三五"重点项目中将"重组竹的关键技术与装备研究"列为重点研究内容，2019 年住建部设立"重组材在低层装配式建筑中的应用研究"科研专项，《结构用重组竹》和《园林休闲景观用重组材》两项标准分别由国家林业和草原局和中国工程建设协会审定通过和批准立项，这些举措有力推动了重组材进一步推广应用。

四、中国装饰材的技术发展趋势

(一)中国装饰纸的技术发展趋势

近年来，随着中国装饰纸技术的快速发展，少数企业逐步引进国外先进的配色技术，采用进口油墨，开发的装饰纸可以与国外同类型产品媲美。然而，多数企业仍沿用老旧设备和技术，开发的装饰纸质量与进口纸相比，存在较大差距。因此，需要着力从以下几个方面逐步突破。

装饰纸的无醛化。一直以来，装饰纸的浸渍处理多采用脲醛树脂和三聚氰胺-甲醛树脂等醛类胶黏剂。装饰纸无醛化可在原纸抄造、涂布、浸渍等多工序点进行。根据工艺和浸渍胶黏剂的种类分类，目前无醛装饰纸主要包括预油漆装饰纸、无醛树脂涂饰装饰纸、无醛胶黏剂浸渍装饰纸等。其中，以水性聚氨酯/水性丙烯酸酯类树脂胶黏剂浸渍装饰纸具有很好的应用前景。

肤感、防指纹等装饰纸产品成为趋势。普通装饰纸饰面人造板容易沾上污渍，但肤感、防指纹功能装饰纸饰面人造板表面具有抗污、易清洁的特性，因此即使沾上了污渍，可以很容易擦拭干净，几乎不留下痕迹。由于肤感、防指纹功能装饰纸其微观表面特有的微纳米结构，饰面光泽度极低，呈现哑光效果，具有良好的柔顺触感，使得板材的表面感官很柔和。

耐光照性能亟待提高。耐光照性能是指装饰纸抗紫外光照射的能力。耐光照性能好的装饰纸在油墨中加入了抗紫外光的原料，颜色几年不变。我国原来对装饰纸及下游产品的耐光照性能没有明确的规定和要求。通常参照国家标准《浸渍胶膜纸饰面人造板》及《浸渍纸层压木质地板》对耐光照性能的规定和指标要求。要求耐光照程度达到 6 级，以满足大于 10~15 年的使用寿命。

热稳定性亟须增强。装饰纸在浸渍树脂、热压贴面的过程中要经受高温(170℃)处理，在高温下不应有褪色、变黄现象。但有些国产纸经浸渍和热压加工后颜色已与原来明显不同。

油墨的黏结力有待进一步提升。印刷油墨应能牢固地将颜料固定在纸上，好的油墨在浸渍、热压时颜料不流散、不掉色。然而，如果黏结力差，浸渍时颜料会脱离油墨进入胶槽，热压时颜料也会黏在垫板上，甚至压成后的产品表面还会有浮色。油墨的黏结力差还会造成鼓泡、分层、崩边等缺陷。

树脂吸收性还较低。一般来讲，用于浸渍纸制造的装饰纸除原纸要求有很好的吸收性外，还要求印刷后能基本保持原有的吸收性能，否则易造成吸收树脂不均匀，板面产生斑点等缺陷，也容易产生鼓泡、崩边、分层等缺陷。

花纹和图案种类丰富度不够。进口纸花纹、图案都经资深专业设计师根据每年国际流行趋势进行设计，图案逼真流畅、颜色自然柔和。一般较差的装饰纸图案粗糙、颜色搭配不协调、印刷重影，久看眼睛疲劳，感觉不舒服。

减少色差。进口纸用肉眼一般很难观察到色差，差的装饰纸色差明显。

提高光稳定性。装饰纸上的印刷图案最好在各种光源下都能基本上保持原有的颜色，但差的装饰纸光源变颜色也变，影响室内装饰效果。

减少污斑和接头。较差的装饰纸污斑多，接头多，往往影响板面质量和浸渍操作。

我国装饰纸行业虽然起步较晚，但是发展十分迅速，盈利空间较高，推动了整个产业规模的迅速扩张，具有十分广阔的市场前景。我国家具和强化木地板生产对装饰纸的需求，为装饰纸发展提供了广阔的市场。同时，《人造板饰面专用装饰纸》(LY/T 1831—2009)的发布，为保护我国装饰纸行业的利益和提高行业的竞争力提供了标准。这些都为我国装饰纸行业的发展提供了巨大空间。

(二)中国重组装饰材的技术发展趋势

重组装饰材为开发家具、人造板和装饰材料的新品种提供了新途径，符合木材加工行业可持续发展战略的要求，表现出强大的生命力，具有广阔的应用前景。目前，重组装饰材的加工制造效果主要有模仿天然珍贵树种的色泽、纹理，以及开发具有个性化的特殊装饰图纹等趋势。其中，模仿天然珍贵树种的色泽、纹理方式主要利用仿生学原理，利用常见的基材(如杨木)，通过仿制开发出具备一些珍贵树种的色彩与纹理；开发具有个性化的特殊装饰图纹主要是结合设计师的电脑设计与图案创意，基于设计理念的再加工，制造出充满个性与风格的装饰图案。通过木材颜色和纹理的定制能为家具企业带来很多利益，使家具设计更趋艺术化，家具的设计风格更趋多元化、个性化。同时，为家具产品的设计创新注入强劲的生命力，使得家具产品同质化现象急剧降低，被人模仿、抄袭的风险大大减小。

高耐光色牢度重组装饰材(单板)的开发。耐光色牢度是衡量重组装饰材质量的重要指标之一。采用新型染色剂、染色工艺，并通过染料结构改性、媒染剂络合法、功能性光稳定剂等形式，提升重组装饰材耐光色牢度。

阻燃、纳米银抗菌、光触媒降醛、温致变色、光致变色、电磁屏蔽、防静电、防指纹等功能型重组装饰材(单板)的开发，可满足重组装饰材在更多领域的应用。

免漆型重组装饰材(单板)的开发，可减少油漆涂饰带来的VOC问题，通过重组装饰材单板在三聚氰胺甲醛树脂的浸渍处理，可以在重组装饰材表面形成保护膜，不但可以实现免漆的效果，还能增加重组装饰材表面的耐磨性。

通过结构设计，开发竹质异色重组装饰材、木竹复合异色重组装饰材、木材-金属异质重组装饰材、木材-纸异质重组装饰材、木材-高分子膜异质重组装饰材等新型的重组装饰材(单板)是未来发展趋势。

重组装饰材的产业化和市场化对木材加工产业的发展至关重要，受全球资源及能源危机的不断影响，国人的消费观念逐步转向节约与环保，并且慢慢成为一种社会普遍关注的行为。同时，许多家具企业开始认识到重组装饰材的优越性能，加大了重组装饰材性能研究及其产品开发。实际上，重组装饰材的利用有利于家具产业实现高质量工业化生产，可以有效减少天然珍贵树种资源的破坏，同时又保留木材的天然表面纹理，克服天然木材的缺陷瑕疵。重组装饰材是自然与现代高科技的相结合的产物，真正实现了源于自然而胜于自然，极大地满足消费者对天然树种纹理与色泽的迫切需求，具有广阔的应用前景。

五、中国胶黏剂的技术发展趋势

随着木材原料结构的变化、生产工艺的进步和环保要求的提高，木材加工业对胶黏剂的品种和质量都提出了更高的要求，绿色环保的胶黏剂是一大发展趋势，胶黏剂的主要种类将由溶剂型胶黏剂转变为水性溶剂和无溶剂型胶黏剂；从低甲醛释放量胶黏剂转变为无毒、无甲醛释放胶黏剂。

由于用于木材加工的木材原料本身是一种可再生的绿色资源，要使生产出的人造板、木制品同样具有环境友好性能，则需要用于加工制造人造板、木制品等产品所用胶黏剂也具有绿色环保的特性。合成树脂胶黏剂如脲醛树脂、酚醛树脂等，是由不可再生的石化资源制成的。虽然地球上石化资源的储量仍足以供人类使用，但它们始终是有限的资源，而且价格随着消耗的增加而不断上涨。因此开发可再生资源制造木材胶黏剂将成为一种趋势。通过化学改性与修饰，将可再生的生物质资源研制成安全、环保的木材胶黏剂，是一种可行的重要途径。具备无毒无游离甲醛释放并可再生的特点，使得利用生物质资源制造木材胶黏剂成为一个重要研究方向，具有广阔的应用发展前景。

生物质基胶黏剂按其原料可分为三类：植物蛋白基胶黏剂、淀粉基胶黏剂、木素和单宁等树脂胶黏剂。植物蛋白、淀粉和木质素资源丰富，是价格低廉、产量高的可再生生物质资源，其在木材胶黏剂领域的应用引起了人们的关注。

植物蛋白基胶黏剂包括大豆蛋白、油菜籽蛋白、棉蛋白和小麦面筋蛋白等胶黏剂。其中，大豆因其富含植物蛋白，而被用作制备植物蛋白基胶黏剂的主要原料。但大豆蛋白基胶黏剂胶合强度不高，特别是耐水性差且成本高，已成为制约大豆蛋白基胶黏剂发展的瓶颈问题，目前大豆蛋白基胶黏剂的研究几乎都是围绕这些问题展开的。

淀粉具有来源广、价格低、可再生、可降解等优点，是最具有开发潜力的生物质基胶黏剂之一。淀粉分子链上存在大量具有反应活性的糖苷键和羟基，且淀粉本身又有黏接性能，因此，可以作为一种无甲醛胶黏剂而取代传统的氨基树脂胶黏剂。但是，淀粉基胶黏剂在使用过程中存在很多不足，如湿胶合强度较低、耐水性差等。

木质素在胶黏剂中的应用主要有两种：一种是木质素直接作为胶黏剂使用；另一种是利用木质素对胶黏剂进行改性。现有研究和工业化试验都是使用木质素部分取代酚醛树脂和脲醛树脂，但仍存在甲醛释放问题。由纯木质素制成的胶黏剂固化需要更长的热压时间和更高的热压温度，且木质素胶黏剂一般为黑色，其物理、机械性能和耐水性都较差，因此需要进行后期处理。目前以木质素为原料合成无甲醛胶黏剂的研究较少，主要包括木质素-糠醛胶黏剂、木质素-单宁胶黏剂、木质素-聚氨酯胶黏剂、漆酶活化木质素胶黏剂和木质素-大豆蛋白胶黏剂。

六、中国人造板机械的技术发展趋势

（一）中国木材旋切机的技术发展趋势

随着木材工业的发展，天然木材资源严重枯竭，为了缓解木材供需矛盾，国内单板旋切机研究的关键是提高木材利用率和提高加工精度。目前，我国无卡轴旋切机与国外的差距正在缩小。近年来，随着国外先进技术和设备的不断涌入。对我国来说，挑战与机遇共存。我国无卡轴旋切机发展趋势有以下几点。

1. 高精度、智能数控无卡轴旋切机

无卡轴旋切机有效地解决了小径材和有卡旋切剩余木芯的二次旋切问题，但精度高、效率高和全自动的无卡轴旋切机在市场上并不多见。如果将智能数控技术应用于无卡轴旋切机，可以简化复杂的机械进给结构。旋切单板时，可根据木材材性和生产工艺，预先制定相应工艺参数，自动控制单板的整个生产过程，大大简化了操作流程，提高了生产率和产品质量。此外，电子技术、纳米技术和生物技术等也有望在旋切机上得到应用。

2. 无卡轴旋切剪切一体机

无卡轴旋切剪切一体机是集无卡轴旋切机、裁板机于一体，让旋切剪切板一次完成。采用旋转的铡刀来剪切单板，通过控制铡刀转速与木段表面线速度之间的关系来调整剪切单板的宽度，并通过输送带运输。集旋切、剪切和传动于一体的综合机床，提高生产效率，节约生产成本；二合一的结构可以大大地提高场地利用率，提高产品成品合格率。

3. 提高单板出板率

减小剩余木芯直径是提高单板出板率的有效途径之一，使用无卡轴旋切机可减少木芯直径。但是，对于无卡轴旋切机来说，可以进一步研究减小木芯直径问题。例如，采用三刀结构的组合刀旋切机，使木芯最终剩余直径进一步减小，而且单板精度符合国家标准要求。

4. 有卡–无卡一体旋转机

传统的无卡轴旋切机不能单独使用，必须将圆木旋圆，可用于胶合板生产线上木芯再旋设备。为了减少用户对设备的投资，提高旋切机生产效率，市场上已经开始出现研发的有卡无卡二合一旋切机。该旋切机结合了有卡轴和无卡轴旋切机的原理，无需将木段旋圆，使用时只需将木段一次装上旋切机，即可连续从有卡轴旋切到无卡轴旋切不间断进行，且旋切出的单板厚度保持不变，生产率高，剩余木芯直径实现在40mm以下，出板率可达99%，这是对传统旋切机的再次重要集成创新。

5. 实现绿色环保

发展木材加工行业，必须遵循一条原则：保护环境。即尽量减少对自然资源的利用，尽量减少对环境的污染。因此，未来旋切机设计除了按人机工程学设计，还要满足环保要求进行设计。目前，世界发达国家木材加工的主攻方向是提高出材率和成材价值。在我国，对木材旋切机的研究将朝着提高木材利用率、木材加工精度、生产效率和自动化程度方向发展。

（二）中国人造板热压机的技术发展趋势

人造板的高质量发展离不开压机的发展，各类人造板的生产几乎都需要使用压机，例如三大板种胶合板、刨花板和纤维板，还有细木工板、树脂层压板、竹胶板、各类贴面板（如称为宝丽板的木纹纸贴面板、商品名为强化木地板的浸渍纸层压木地板、低压短周期浸渍纸贴面板、HPL贴面板、刨切单板贴面板等）、建筑板材（如定向刨花板、水泥刨花板、石膏刨花板等）、木材纤维模压制品和刨花模压制品、汽车木质内饰件等，实际生产制造中需要使用压机的制品可谓种类繁多。

由于连续压机可以消除了单层或多层间歇式热压机在生产流水线中的中断，同时克服非连续压机压制板材存在的厚度不均匀、原材料消耗大、能耗高的不足，因此，未来一段时间内，连续热压机必然是人造板行业未来发展趋势。这是因为，连续热压机具有如下特点：

（1）生产过程连续化、产量高、效率高。连续压机没有热压板开启闭合和装卸板造成的中断，生产速度可自由调节，热压板单位面积的生产能力是多层压机2倍以上。

（2）生产工艺合理、产品种类多、质量好。连续压机生产工艺可实现分段连续加压、加热和冷却，所生产的板材受热受压均匀，断面密度梯度分布合理，比强度高（在板材密度减少4%时，仍具有与间歇式热压机所压制板材相同的强度）。板材宽度可达4000mm，长度不限，厚度可在2~40mm

范围内随时选择调整，特别是在生产2~8mm薄板和大于25mm的厚板时所具有的品质优势是多层热压机所不具备的。可生产中密度纤维板、刨花板和定向刨花板等人造板，胶合板连续压机也已经陆续上市。

（3）原材料消耗低、能效比高、经济效益好。连续压机上的板坯预固化层薄，中密度纤维板的砂光量仅为0.2mm（单面）；横向裁边损失小，比间歇式热压机生产节省原料10%。在整个热压过程中既无空载又无加热温度和压力的大幅波动，可将冷却下来的热量转换为加热所需要的热量，减少了能量损耗，直接电耗仅为同等产量间歇式热压机的50%，热耗降低10%~15%，板材生产成本可降低15%左右。

人造板热压机的技术水平在一定程度上可以基本反映一个国家的林产工业水平，以及整体制造业水平，因此发展人造板工业、提升人造板设备的整体性能对永续利用和保护林业资源意义重大。随着人造板生产技术和工艺的发展，以及相关的科技成果，我国人造板热压机生产企业将生产更高效、更先进的人造板热压机，人造板热压机在技术水平、自动化程度、产品质量等方面将会取得不断进步。未来发展具有自主知识产权的国产连续压机是必然趋势。

（三）中国同步对纹的技术发展趋势

目前，国内浸渍胶膜纸饰面人造板行业正在进行全面的转型升级。随着国内劳动力成本的上升、竞争力下滑，一些国际浸渍纸企业正逐步将发展重心转向东南亚地区。在国内，纤维板和刨花板等上游产品的生产线正在逐步增多，纤维板和刨花板生产能力显著提高，直接导致利润空间下降；浸渍胶膜纸厂数量也在增多，机器设备利用率较低，中低档产品价格竞争激烈，出现恶性竞争。由于房地产行业疲软，行业增长速度放缓，浸渍胶膜纸饰面人造板行业的发展受到限制。同时，这也为国内浸渍胶膜纸饰面人造板行业提供了一个反思和提升产品质量的机会。

由于饰面人造板不是终端产品，不易打造品牌，为保持在未来市场上稳定发展，仍需要行业同仁不懈努力，增大研发投入，合理开发符合市场需求的新产品，不断提高产品竞争力。从技术进步的角度分析，同步对纹饰面人造板是人造板未来的发展方向和趋势之一。随着饰面人造板产业的转型升级，产业链的逐步完善和丰富，消费者消费水平和生活质量的不断提升，有价值的同步对纹饰面人造板产品市场前景广阔，相信今后我国的浸渍胶膜纸饰面人造板行业将得到更进一步的发展。

七、中国家具和地板的技术发展趋势

（一）中国定制家具的技术发展趋势

在生产制造方面，传统的大规模生产模式已不能满足客户多样化和定制化的需求，但是家具的工业化大规模生产模式是家具企业高速、低成本的生产方式，因此，有必要在先进制造理念、技术进步和家具工业信息化工程的层面上，形成生产设备与信息技术集成化、生产设备与人协调化的家具生产技术和生产系统，旨在通过优化资源配置来实现多样化、个性化、人性化的大规模生产定制家具和服务，及时、高效的生产制造出满足市场需要的家具产品。在这种背景下，"大规模定制"的概念被引入家具行业。大规模定制是一种新型生产模式，它寻求将大规模生产的速度和成本，与客户定制的个性化需求相结合。产品的设计技术（标准化和模块化）、制造技术（计算机集成制造系统）和管理技术（产品数据管理）是大规模定制发展的必要条件，大规模定制是设计方法、数字化、信息化与制造业有效融合的产物。

大规模定制家具的核心主要包括家具生产过程中的数字化设计、集成化生产、信息化供应链管理等技术，其本质是家具信息化生产过程中信息资源的建设和开发利用。如何通过大规模定制提升我国家具生产技术，加快信息化步伐，达到控制企业的设计、生产、销售、物流、资金流以及与客户、供应商等成员协同运作的目标，形成企业内部、企业与供应商、企业与客户之间信息的良性反馈，从而使得大规模定制家具在成本、速度和差异化方面获得竞争优势，这对整个家具企业的生存和发展起着关键作用。

"柔性制造"是针对大规模生产的弊端而提出的一种新型制造模式，能更好地满足大规模定制家具的生产和客户的需求。目前已成为大规模定制家具生产转型升级的优选方案。柔性制造运行的核心功能是不间断地对各种类型的工件进行加工。从生产能力来看，运行过程具备灵活的响应性能力，即机器设备的小批量生产能力，其关键是生产线的反应速度；从信息化管理的角度来看，运行过程必须能够快速适应产品变化，即供应链的敏捷性和精确的响应能力。

"柔性制造"的实施符合大规模定制家具的实际情况，可以进一步促进行业的转型升级。面对快速的市场变化时，没有必要浪费或增添大量的企业资源进而实现家具生产和智能制造。实施大规模定制家具柔性制造的优势在于，它充分考虑了企业订单中的产品种类、数量、款式、交货期等诸多不确定因素，使企业的生产系统具有动态响应能力。同时，以模块化为主的标准化设计体系，以信息交互与控制技术为主的管理方式，不仅降低了库存成本和风险，更重要的是实现生产过程的柔性化，通过产品结构和生产流程的重组，将定制产品的生产问题全部或部分地转化为批量生产，满足客户的个性化定制需求，实现个性化和大批量生产的有机结合。

（二）中国木地板的技术发展趋势

受木材资源短缺、创新能力薄弱、市场竞争不规范、国际贸易壁垒等突出问题的影响，我国木地板行业需要在不断调整的过程中求发展，以便向木地板生产强国迈进。不同品种木地板因受资源的制约不同、技术含量不一、生产设备不同、产品特性和品质不同，其发展前景也不同。

1. 强化木地板

符合国家可持续发展产业政策和相关环保政策，具有耐磨、防潮、安装便捷、易清洁护理、经济实用等优点，将继续占据主导地位。在激烈的市场竞争和产业发展的带动下，其产品将更加美观，定制和环保、表面处理技术将更加多样化。例如，仿实木、仿古、小规格拼方、同步木纹、抗菌、抗静电、静音、地采暖用等强化木地板的产量将逐步增加。

2. 实木复合地板

仍将继续较高速发展，产量不断增加，开发多样化和个性化产品。随着消费观念升级和加工技术的发展，表板用材将由国产材种向进口优质阔叶树树种发展；独板表板将逐渐取代三拼表板；表板还将新增针叶树材、竹材、科技木刨切单板等材料；多层实木复合地板将成为主流，并向耐用方向发展；表板厚度为2~4mm的地板，将成为实木复合地板中的高档产品。

3. 实木地板

价格将继续上涨，成为中高端消费品。受进口木材供应的限制，实木地板的树种也将扩大，并将使用部分改性处理的针叶材。同时，为了提高原材料利用率，实木地板产品将出现同批不同规格的产品。此外，木材热处理、阻燃、防腐、防虫、高耐磨表面油漆、耐磨透明材料覆面等工艺的应用，提高了实木地板尺寸稳定性、防腐阻燃性和表面耐磨性，成为一种更畅销的产品。

4. 竹地板

竹地板是我国一种特有的产品，以质优价廉、速生速产的竹材为原料，属于国家产业政策鼓励发展产业，将逐步进入产品多元化、规模化生产。

综合行业目前发展现状，以下方面值得关注：

(1)表板处理。对人工林木材单板进行密实化、硬化、陶瓷化等处理，以改善表板性能，或通过木材染色、着色或表面印刷技术等，改善表面装饰性。

(2)装饰纸逼真度。改善装饰纸纹理仿真度、清晰度以及耐磨层或油漆层的透明度等。

(3)木地板油漆。涉及油漆的透明性、环保性、耐磨性和耐久性等。

(4)强化木地板性能改进。包括调整产品规格和花色，提高强化木地板的适应性、改善地板的铺设效果，解决因密度高造成的硬度大和噪声高等缺陷。

(5)竹地板性能。解决竹地板尺寸小、触感凉、易发霉、品种单一等技术难题。

(6)功能型地板。如自带取暖系统、保健康养型、抗菌型木地板的功能性设计、结构设计和表面装饰等。

(7)装饰单板层压木地板生产工艺。涉及中密度纤维板、均质刨花板、定向刨花板等人造板基材性能改进技术，以及基材与装饰单板的胶合工艺研究等。

(8)室外用地板。涉及地板的防腐、防潮、耐水和耐磨等性能的改进。

(9)地板生产设备和加工技术。研制能够降低锯切损耗和热压能耗的生产设备，是推动行业进入资源节约型和环保型产业发展的有效途径。

八、中国木结构的技术发展趋势

(一)发展传统木质民居木结构建筑

新农村建设和新型城镇化建设为我国传统木质民居发展提供了历史性机遇，结合当地资源和建筑文化，发展具有地域特色的低成本木质民居，是中国传统木质民居最具潜力的发展方向之一。在少数民族和地区，木结构建筑应用更为广泛，应该加以发展传统木质民居。

(二)发展文旅地产的木结构建筑

木结构建筑作为绿色建筑的一部分，不仅可以应用于传统的风景名胜的旅游景点，也可以应用到高档的度假休闲环境中。通过木结构企业与房地产开发商合作，开发旅游置业项目，如休闲度假村、旅游培训基地、会议中心和养老型酒店公寓等。通过项目经营带动单纯的产品经营，避免木结构建筑产品市场低价竞争的恶性环境，实现木结构企业与开发商双赢的目的。

(三)发展中高层、混合建筑

我国人多地少，土地占房价的50%以上，因此，我国发展中高层木结构建筑是大势所趋。国家规范的新规定：允许木结构与其他建筑相组合建造的楼层数可以达到7层。混合木结构建筑是我国木结构最具潜力和最有优势的发展方向。在地震多发地区，应特别发展木-混凝土，木-钢等混合建筑。此外，木结构墙体和桁架具有优良的抵抗竖向、水平载荷能力和保温节能的特点，可以在中高层建筑中的围护结构和平改坡工程中大量使用。

参考文献：

[1]钱小瑜.改革开放40年 我国人造板产业的发展与变迁[N].中国绿色时报,2019-1-24.

[2]吕斌.我国木地板行业现状及其发展趋势[J].人造板通讯,2001(2):6-8.

[3]吕斌.我国实木复合地板发展现状及趋势[J].人造板通讯,2004,11(11):37-38.

[4]吕斌,张玉萍,唐召群,等.我国木地板产业发展的回顾与展望[J].木材工业,2008,22(1):4-7.

[5]张玉萍,吕斌,王瑞.我国木地板产业发展现状分析[J].中国人造板,2017,24(11):6-13.

[6]张森林.我国木地板业发展概况与展望[J].林产工业,2005,32(3):3-6.

[7] 舒文博,刘晓燕,张亚池,等.关于我国木质复合地板发展现状与趋势刍议[J].木材加工机械,2003(2):27-32.

[8] 马红霞,于文吉.我国复合地板研究发展现状及趋势[C].第六届全国人造板工业科技发展研讨会论文集,2007:36-43.

[9] 何泽龙.我国强化木地板发展现状与技术创新[J].人造板通讯,2002(12):6-8.

[10] 李中原,丁建文.板式定制家具智能制造技术浅探[J].家具,2018,39(4):106-110.

[11] 熊先青,吴智慧.大规模定制家具的发展现状及应用技术[J].南京林业大学学报(自然科学版),2013,37(4):156-162.

[12] 熊先青,刘慧,庞小仁.大规模定制家具柔性制造系统构建与关键技术[J].木材工业,2019,33(2):20-24.

[13] 郝媛媛,张冰冰.当前定制家具行业发展的理性思考[J].家具与室内装饰,2018(7):13-16.

[14] 杨雪慧,王红强,廖桂福.定制家具行业发展现状及对策研究[J].中国人造板,2016(7):1-6.

[15] 崔晓磊,孙艳君,沈隽.家具大规模定制的发展背景及现状研究[J].森林工程,2014,30(4):77-81.

[16] 常亮,郭文静,陈勇平,等.人造板用无醛胶黏剂的研究进展及应用现状[J].林产工业,2014,41(1):3-6.

[17] 顾继友.生物质基和非甲醛类木材胶黏剂[J].中国人造板,2017,24(8):5-13.

[18] 时君友,温明宇,李翔宇,等.生物质基无甲醛胶黏剂的研究进展[J].林业工程学报,2018,3(2):1-10.

[19] 刘士琦,王勃,王玉,等.聚氨酯木材胶黏剂的研究进展[J].化学与黏合,2019,41(2):145-147.

[20] 唐晓红.木材工业胶黏剂的应用及发展趋势[J].硅酸盐通报,2017,36(6):166-170.

[21] 陆林森.木材胶黏剂现状与发展趋势[J].家具,2013,34(4):11-14.

[22] 顾继友.我国木材胶黏剂的开发与研究进展[J].林产工业,2017,44(1):6-9.

[23] 邱明伟,王森,姚子巍.木质素基非甲醛木材胶黏剂的研究进展[J].林业工程学报,2017,2(1):8-14.

[24] 李翾.丙烯酸树脂乳液/水分散异氰酸酯无甲醛人造板胶黏剂的制备与黏合性能研究[D].西安:陕西科技大学,2012.

[25] 李湘宜.大豆蛋白基本材胶黏剂的研究与应用[D].北京:北京化工大学,2012.

[26] 梁露斯.用于木材加工的无醛胶黏剂的制备与性能研究[D].广州:华南理工大学,2015.

[27] 秦特夫.中国木塑产业的兴起与20年的发展历程[J].中国人造板,2019,26(6):21-24.

[28] 高黎,王正.木塑复合材料的研究、发展及展望[J].中国人造板,2005,12(2):5-8.

[29] 伍波,张求慧,李建章.木塑复合材料的研究进展及发展趋势[J].材料导报,2009(13):66-68.

[30] 张军华,房轶群.木塑复合材料发展动态及中国专利现状分析[J].广州化工,2018,46(17):37-39.

[31] 刘彬,李彬,王怀栋,等.木塑复合材料应用现状及发展趋势[J].工程塑料应用,2017(1):137-141.

[32] 王清文,易欣,沈静.木塑复合材料在家具制造领域的发展机遇[J].林业工程学报,2016,3(3):6-13.

[33] 中国林产工业协会刨花板专业委员,中国刨花板产业报告(2010)[R].2011-09-23.

[34] 中国林产工业协会刨花板专业委员,中国刨花板产业报告(2016)[R].2017-04-25.

[35] 张方文,于文吉.全球视野下的中国定向刨花板发展策略浅议[J].中国人造板,2016(12):7-10.

[36] 于宝利,郭建军.我国定向刨花板发展概述[J].中国人造板,2012(2):12-15.

[37] 许方荣.我国定向刨花板发展与应用前景分析[J].林产工业,2010,37(5):3-5.

[38] 钱小瑜.我国刨花板行业在结构调整中快速成长[J].林产工业,2016(9):6-7.

[39] 彭立民.《浸渍胶膜纸饰面胶合板和细木工板(市场称生态板)消费指南》[R].2016-08-18.

[40] 叶交友,刘元强,沈娟霞,等.定制家居用生态板生产工艺浅析[J].中国人造板,2019,26(S1):8-10.

[41] 陈建新,徐俊,田茂华.负离子生态板的产业化研究[J].林产工业,2017(8):39-41.

[42] 吴振华,刘元强,刘宜昕,等.甲醛净化生态板生产工艺探讨及性能直观展示试验[J].林业机械与木工设备,2017,45(11):41-44.

[43] 叶交友,沈娟霞,郭炳砣.影响生态板表面耐龟裂性能的因素分析[J].中国人造板,2018,25(6):31-34.

[44] 屈伟,吴沐廷,宋伟,等.阻燃生态板在装配式木结构中的应用研究[J].建筑技术,2019(4):399-401.

[45] 张勤丽.装饰纸在人造板表面装饰中的应用[J].中国人造板,2006,13(11):1-4.

[46] 黄旭波. 浸渍装饰纸印刷的现状与发展趋势[J]. 中国包装, 2011(10): 44-46.
[47] 张琴琴, 邢立艳, 徐明, 等. 我国人造板饰面装饰纸的发展及质量影响因素[J]. 天津造纸, 2016(38): 13-15.
[48] 刘瑞诺, 田卫国, 丁武斌. 我国印刷装饰纸发展现状[J]. 中国人造板, 2011(1): 4-5.
[49] 韩雨彤. 表面处理改善人造板装饰原纸印刷性能的研究[D]. 天津: 天津科技大学, 2014.
[50] 徐金梅, 赵荣军, 费本华. 我国竹材材性与加工利用研究新进展[J]. 木材加工机械, 2007(3): 42-45.
[51] 李延军, 许斌, 张齐生, 等. 我国竹材加工产业现状与对策分析[J]. 林业工程学报, 2016, 1(1): 2-7.
[52] 张建, 汪奎宏, 李琴, 等. 我国竹材利用率现状分析与建议[J]. 林业机械与木工设备, 2006, 34(8): 7-10.
[53] 张建, 汪奎宏, 李琴, 等. 竹木复合利用的发展现状与建议[J]. 林产工业, 2006, 33(5): 12-15.
[54] 王晓欢, 费本华, 赵荣军, 等. 木质重组材料研究现状与发展[J]. 世界林业研究, 2009, 22(3): 58-62.
[55] 王铁球, 黄永南. 浅谈家具用重组装饰材[J]. 中国人造板, 2007, 14(10): 35-37.
[56] 胡波, 郭洪武, 刘冠, 等. 科技木在现代室内装饰中的应用[J]. 家具与室内装饰, 2012(4): 14-15.
[57] 詹先旭, 许斌, 程明娟, 等. 重组装饰材生产新技术的开发及应用[J]. 木材工业, 2018.3(2): 23-27.
[58] 吴振华, 姜彬, 刘元强, 等. 阻燃重组装饰材(科技木)单板的生产工艺研究[J]. 林业机械与木工设备, 2016, 44(8): 15-18.
[59] 佚名. 8呎无卡轴旋切机试制成功[J]. 中国人造板, 1994(2): 7.
[60] 张自艾, 计浩华. BQ1213/8型液压单卡轴旋切机的开发研制[J]. 林业科技通讯, 1996(6): 6-8.
[61] 郝国诚. BQ1813A无卡轴旋切机在胶合板生产中的应用[J]. 木材加工机械, 1992(1): 34-34.
[62] 朱茂勇, 田子成, 刘祥伟. 无卡轴旋切机在胶合板生产中的应用[J]. 林产工业, 1994, 21(5): 26-27.
[63] 林幸燕. 单板旋切机的现状及发展[J]. 三明高等专科学校学报, 2004, 21(4): 102-105.
[64] 毕再鑫. 单板旋切新技术—动力防弯压辊[J]. 林业科技, 1986(6): 13.
[65] 吴限. 关于旋切机设计的新构想[J]. 林业机械与木工设备, 1996(5): 9-11.
[66] 孙义刚. 数控液压双卡轴旋切机的原理与结构[J]. 中国人造板, 2011(1): 19-21.
[67] 李远宁. 胶合板厂使用无卡轴旋切机的体会[J]. 木材加工机械, 1992(1): 35-37.
[68] 金宝善. 劳特公司开发新型针叶材旋切机[J]. 建筑人造板, 1991(2): 46.
[69] 付虎. 木材旋切关键技术的分析与生产线优化[D]. 长春: 吉林大学, 2015.
[70] 茆光华, 陆安进, 朱典想. 浅谈无卡轴旋切机的技术进展[J]. 木工机床, 2013(1): 8-12.
[71] 沈彦武. 无卡轴旋切机和特种旋切机概述[J]. 中国人造板, 2014, 21(6): 17-20.
[72] 茆光华, 陆安进, 朱典想. 浅谈无卡轴旋切机的技术进展[J]. 木工机床, 2013(1): 8-12.
[73] 丁炳寅, 王天佑, 陈坤霖. 从百废待兴到成就辉煌—中国人造板机械制造技术进步60年盘点[J]. 中国人造板, 2009, 16(11): 1-9.
[74] 王天佑, 陈坤霖, 丁炳寅. 我国中密度纤维板机械制造技术的发展[J]. 中国人造板, 2012(1): 5-12.
[75] 高震. 我国中密度纤维板发展概况[J]. 四川林勘设计, 1996(1): 65-67.
[76] 何泽龙. 我国中密度纤维板工业2001综合调查[J]. 林产工业, 2002, 29(1): 3-6.
[77] 刘迎涛, 李坚, 杨文斌, 等. 阻燃中密度纤维板的研究现状和发展趋势[J]. 东北林业大学学报, 2002, 30(6): 73-77.
[78] 陆懋圣. 浅析我国中密度纤维板工业的可持续发展[J]. 人造板通讯, 2002(5): 3-6.
[79] 曹忠荣. 我国中密度纤维板生产现状、发展趋势及应用前景[J]. 国际木业, 2002, 32(6): 5-6.
[80] 吴辰辉. 我国中纤板市场及行业发展趋势[J]. 人造板通讯, 2004, 11(12): 32-34.
[81] 俞敏. 国产中密度纤维板设备可行性分析[J]. 林业机械, 1992(4): 25-26.
[82] 陆懋圣. 浅析我国中密度纤维板工业的可持续发展[J]. 人造板通讯, 2002(5): 3-6.
[83] 黄伟琨, 潘仲年. 我国中密度纤维板生产及应用进展[J]. 林业机械与木工设备, 2014, 42(3): 8-10.
[84] 齐英杰, 吴勃生, 徐杨. 我国中密度纤维板生产能力发展概况[J]. 林业机械与木工设备, 2009, 37(8): 4-6.
[85] 曹忠荣. 我国中密度纤维板生产现状、发展趋势及应用前景[J]. 国际木业, 2002, 32(6): 5-6.

[86] 肖小兵, 张发安. 我国中、高密度纤维板生产发展现状[J]. 中国人造板, 2004, 11(7): 4-7.
[87] 林文龙. 中密度纤维板产业现状及产品质量分析[J]. 四川建材, 2017, 43(8): 217-218.
[88] 李绍昆, 姜仁龙. 中密度纤维板之9: 人造板生产用压机概述[J]. 中国人造板, 2008 (5): 24-26.
[89] 中国林产工业协会纤维板专业委员会秘书处. 2002年度中国中密度纤维板生产发展概况[J]. 人造板通讯, 2002 (4): 25-26.
[90] 何泽龙. 2005中国中密度纤维板工业综合调查[J]. 林产工业, 2006(5): 4-6.
[91] 肖小兵. 2008年我国中密度纤维板生产发展状况[J]. 林产工业, 2009, 36(2): 3-4.
[92] 宗边. 我国中纤板行业现状及发展趋势[J]. 广东建设信息: 建材专刊, 2005 (4): 21-22.
[93] 陈怡. 2007年我国纤维板生产情况[J]. 中国人造板, 2008 (9): 43-44.
[94] 施志高. 差距与发展—浅谈我国中密度纤维板生产现状[J]. 林产工业, 1996 (5): 1-4.
[95] 张森林. 从2012年的林板上市公司业绩看行业发展[J]. 中国人造板, 2013, 20(7): 1-6.
[96] 满文焕, 兴丰. 中密度纤维板生产技术发展趋势[J]. 北京林业大学学报, 2002, 24(2): 79-82.
[97] 郭森民. 刨花板、中密度纤维板生产技术的发展[J]. 林产工业, 2001, 28(4): 3-5.
[98] 姜仁龙. 我国中密度纤维板压机发展概况[J]. 中国人造板, 2011 (4): 1-7.
[99] 张建, 李光沛. 环保阻燃中密度纤维板的研制[J]. 中国人造板, 2006, 13(5): 26-28.
[100] 陆怀锋, 张荣其. 我国人造板连续压机的现状和发展前景[J]. 中国人造板, 2007, 14(1): 5-7.
[101] 花军, 孟庆军. 我国单板干燥机制造技术的发展与趋势展望[J]. 中国人造板, 2014, 21(11): 21-24.
[102] 李萍, 左迎峰, 吴义强, 等. 秸秆人造板制造及应用研究进展[J]. 材料导报, 2019, 33(15): 2624-2630.
[103] 朱典想, 李绍成. 我国单板加工主要设备的开发及特性分析[J]. 木材工业, 2011, 25(1): 19-22.
[104] 孙义刚, 孙秀娟. 我国胶合板生产线机械设备市场前景展望[J]. 林业机械与木工设备, 2015, 43(4): 4-7.
[105] 肖小兵. 我国人造板产业发展现状[J]. 木材工业, 2016 (2): 11-14.
[106] 夏冬. 增强科技创新能力, 加快胶合板设备制造业的专业化和国际化进程[J]. 林业机械与木工设备, 2011, 39(5): 4-6.
[107] 马岩. 中国人造板机械发展趋势及供给侧改革方向探讨[J]. 木工机床, 2018(3): 1-6.
[108] 蔡杰彦, 陆特. 中欧胶合板生产工艺及设备的对比[J]. 木材工业, 2016(2): 60-61, 64.
[109] 刘冰, 尹子康, 陈玲, 等. 阻燃胶合板的应用及相关问题研究[J]. 中国林业产业, 2017 (4): 349.
[110] 吴盛富. 我国针对美国对华胶合板"双反"胜诉后的启示[J]. 中国人造板, 2014, 21(9): 34-39.
[111] 宗子刚. 国内外胶合板工业的现状及其发展[J]. 国外林业, 1987 (3): 15.
[112] 齐英杰, 徐杨. 建国前我国胶合板工业发展的历史回顾[J]. 木工机床, 2010 (2): 1-4.
[113] 李剑泉, 田康, 叶兵. 我国林产品国际贸易争端案例分析及启示[J]. 林业经济, 2014(1): 50-58.
[114] 王瑞, 吕斌, 唐召群, 等. 对我国胶合板产业发展的几点建议[J]. 林产工业, 2016 (1): 19-22.
[115] 陈辉. 国内胶合板产业质量现状和发展方向[J]. 福建商业高等专科学校学报, 2012 (6): 77-81.
[116] 王正. 无甲醛人造板研究现状及应用前景[J]. 中国人造板, 2008 (1): 1-4.
[117] 齐英杰, 徐杨, 马晓君. 胶合板工业发展现状与应用前景[J]. 木材加工机械, 2016, 27(1): 48-50.
[118] 李远宁, 邵广义. 试论我国胶合板工业的现状和今后的发展[J]. 林产工业, 1996, 23(5): 10-13.
[119] 陈志林, 傅峰. 美国阻燃人造板研究现状与应用[J]. 中国人造板, 2009, 16(4): 6-10.
[120] 吴盛富. 中国人造板发展史[M]. 北京: 中国林业出版社, 2019.
[121] 王梅, 胡云楚. 木材及木塑复合材料的阻燃性能研究进展[J]. 塑料科技, 2010 (3): 104-109.
[122] 孙玉泉, 彭力争, 张根成, 等. 人造板阻燃技术与评价方法[J]. 中国人造板, 2011 (12): 1-5.
[123] 李光沛, 程强, 刘毅. 我国阻燃人造板研究与开发的几个问题[J]. 林产工业, 2001, 28(2): 17-20.
[124] 肖小兵. 阻燃刨花板生产技术[J]. 木材加工机械, 2000 (3): 24-25.
[125] 曹旗, 张双保, 董万才. 环保型阻燃刨花板的研究现状和发展趋势[J]. 木材加工机械, 2004, 15(3): 14-16.
[126] 刘迎涛, 曹军, 李坚. FRW阻燃刨花板制板工艺[J]. 东北林业大学学报, 2009, 37(1): 69-71.

[127] 邓玉和,张沛. 阻燃剂的种类及添加方法对刨花板性能影响的研究[J]. 林产工业,2003,30(5):34-37.
[128] 庄标榕. 阻燃纤维板生产工艺关键技术研究[D]. 福州:福建农林大学,2015.
[129] 唐召群,伍艳梅,徐明华,等. 我国高压装饰板行业发展现状及趋势[J]. 林产工业,2018(10):3-6.
[130] 田健夫,张国萍. 立意高远,做行业进步的探路者—广东耀东华家具板材有限公司发展侧记[J]. 林产工业,2015(11):28.
[131] 姜振凡. 三聚氰胺板的特性及其在家居中的应用[J]. 现代装饰(理论),2011(10):123-124.
[132] 曾敏华. 同步对纹技术在浸渍胶膜纸饰面人造板上的应用及发展趋势[J]. 中国人造板,2017(2):12-13.
[133] 于文吉,马红霞,王天佑,等. 农作物秸秆人造板发展现状与应用前景[J]. 木材工业,2005,19(4):5-8.
[134] 李萍,左迎峰,吴义强,等. 秸秆人造板制造及应用研究进展[J]. 材料导报,2019,33(15):2624-2630.
[135] 段海燕,贺小翠,尚大军,等. 我国秸秆人造板工业的发展现状及前景展望[J]. 农机化研究,2009(5):18-22.
[136] 张建红,周定国,姚飞. 农作物秸秆人造板工业化生产现状[J]. 人造板通讯,2005,12(1):8-10.
[137] 孙士财. 农作物秸秆人造板工业化生产现状[J]. 吉林农业,2017(1):101-101.
[138] 霍莲,彭东旭,林天成,等. 我国秸秆人造板的发展概况及存在问题[J]. 四川建材,2017,43(7):30-31.
[139] 王勇,刘经伟. 连续辊压机的开发与创新[J]. 中国人造板,2012(12):22-26.
[140] 刘守华,陈文峰. 迪芬巴赫胶合板/单板层积材连续压机生产线[J]. 中国人造板,2016,23(3):10-15.
[141] 齐瑞宇. 多层热压机定向刨花板生产设备及工艺简介[J]. 国际木业,2014(9):48-49.
[142] 方有元,何剑峰. 国内首条带重型压机的连续平压生产线投产成功[J]. 林产工业,2009(5):6.
[143] 沈卫新. 浅谈胶合板生产用多层热压机组[J]. 中国人造板,2015,22(11):24-27.
[144] 郭西强,齐英杰,赵越. 连续辊压机在我国MDF生产线上的应用概况[J]. 木材加工机械,2011,22(5):39-41.
[145] 朱典想,王正. 连续平压热压机的进展[J]. 林产工业,2003(5):15-19.
[146] 沈学文. 刨花板单层热压机[J]. 中国人造板,2011(12):22-24.
[147] 曲惠泽,尹航. 人造板热压机发展简述[J]. 林业机械与木工设备,2016(11):6-9.
[148] 王晓欢,费本华,赵荣军,等. 木质重组材料研究现状与发展[J]. 世界林业研究,2009,22(3):58-63.
[149] 王铁球,黄永南. 浅谈家具用重组装饰材[J]. 中国人造板,2007,14(10):35-37.
[150] 王铁球,黄永南. 重组装饰材在家具行业的应用[J]. 林产工业,2007,34(5):3-5.
[151] 邓志升. 大自然与高科技的完美结晶—科技木[J]. 家具与室内装饰,2005(3):96-96.
[152] 赵桂玲,朱毅. 科技木在家具与室内装饰中的应用[J]. 家具,2008(3):50-52.
[153] 胡波,郭洪武,刘冠,等. 科技木在现代室内装饰中的应用[J]. 家具与室内装饰,2012(4):14-15.
[154] 庄启程,龚旻华,高维华. 浅谈科技木与中国木材工业的可持续发展[J]. 人造板通讯,2004,11(5):26-28.
[155] 詹先旭,许斌,程明娟,等. 重组装饰材生产新技术的开发及应用[J]. 木材工业,2018(2):23-27.
[156] 刘惠兰. "竹缠绕",一项新能源技术的革命[J]. 经济,2018(1):98-100.
[157] 张宏健. 我国竹人造板及其胶粘剂高新技术的发展方向[J]. 竹子研究汇刊,2010,29(1):6-10.
[158] 黄梦雪,张文标,张晓春,等. 竹材软化展平研究及其进展[J]. 竹子研究汇刊,2015(1):31-36.
[159] 刘红征,王新洲,李延军,等. 竹筒无裂纹展平生产技术[J]. 林产工业,2018,45(5):40-44.
[160] 王婉莹. 竹材料引发新能源变革"竹缠绕"一项新能源技术的革命[J]. 能源研究与利用,2018(1):10.
[161] 万千,金思雨,费本华,等. 基于薄竹缠绕技术的竹家具创新设计研究[J]. 竹子学报,2017(2):90-96.
[162] 庄启程,黄永南,柳桂续. 刨切薄竹用竹方软化新技术[J]. 林产工业,2003,30(5):38-41.
[163] 余养伦,刘波,于文吉. 重组竹新技术和新产品开发研究进展[J]. 国际木业,2014(7):8-13.

第二章　林产化工科技创新

人类利用森林的产物为原料制取生活生产所必需产品的历史久远，最早可追溯至远古时期，树木分泌物是最早被利用的林产化工产品。此后，随着工具的发展和科技的进步，人类开始采伐木材、烧制木炭并开始对植物提取物成分进行专项利用。林产化学工业具有悠久的历史，在中国四大发明中，造纸技术和火药技术都离不开林产化工技术，造纸需要纤维，火药需要木炭，至于松香、松节油、单宁、生漆、桐油、白蜡、色素等林化产品的应用也具有悠久的历史。进入21世纪，林产化学工业的发展由原始的简单加工发展为综合加工，由手工操作发展为机械化、连续化、自动化、智能化，由全部低级产品发展到高级产品占多数，由初级产品的生产向深度加工、高附加值产品的生产发展。由于林产化工产品具有纯天然性、不可替代性和结构特有性，使得林产化学加工学科在国民经济及人们的日常生活中发挥着越来越重要的作用。

林产化学工业是将可再生的森林资源经过化学加工生产出各种有用的产品。它是森林资源高效可持续利用的一个重要组成部分。目前我国林产化工产业主要包括活性炭产业、松香产业、木材制浆造纸、林木提取物和生物质能源等。当前中国人均占有资源量不足，我们要充分利用自然优势，密切结合国家经济发展需求，采用现代营林技术，有计划地大力发展工业原料人工林，林产化学工业的原料来源将会在短时期内逐步扩大。今后林产化学工业将以高新技术为手段，开展基础研究和应用基础研究，通过各学科的交叉融合，不断加强生物质能源、生物质新材料、生物质化学品、生物质提取物等领域的研究开发，并最终实现工程化和产业化。

第一节　林产化工科技创新发展现状

一、中国生物质能源的当前技术情况

我国地域辽阔，自然条件复杂，又是农业大国，生物质资源丰富多样，开发潜力巨大。据中国工程院《中国可再生能源发展战略研究报告》(2008)，中国不含太阳能的清洁能源可开采资源量为 2.148×10^9 吨标准煤，其中生物质能源占54.5%，是水电的2倍或风电的3.5倍。目前我国生物质能源产业已经初具规模，积累了一些成熟的经验，但该技术在不同应用领域的成熟度是不同的。一些生物质能转化利用技术初步实现了产业化应用，如农村户用沼气、养殖场沼气工程和秸秆发电技术，生物质发电、生物质致密成型燃料和生物质液体燃料等正进入市场化开发的初始阶段，许多新兴的生物质能源技术仍在探索中。

（一）直接燃烧

生物质在空气中直接燃烧是人类利用生物质能历史最悠久的、范围最广的一种基本能量转化利用方式，包括炉灶和锅炉的燃烧技术。传统的炉灶转换效率不到10%，即使是经过优化的省柴经济灶也只有20%~25%。炉灶燃烧能量利用率低，卫生条件差，易引起一氧化碳中毒，但依然是我国

经济欠发达的地区，特别是中西部地区农村的主要生活用能方式。锅炉燃烧技术是一种更高效的直接利用技术，以生物质为燃料的锅炉主要用于大规模集中发电和供热。生物质直接燃烧发电技术具有投资高和大规模使用时效率高的特点，但需要生物质集中实现一定的资源供给，降低投资和运行成本。由于结构蓬松和堆积密度大，生物质不易储存和运输，可通过机械加压将粉碎后的生物质挤压成致密的条形或颗粒形的成型燃料解决，这种工艺称为致密成型技术。经过致密成型处理后，生物质的品位提升，强度增加，储存和运输更加方便。降低致密成型技术的能耗是推广应用该技术的关键。目前我国的生物质燃烧发电技术发展相对落后，长期以来，大量薪材和作物秸秆仅仅作为农村生活用能源，利用率极低，燃烧还会产生烟尘、NO_x 和 SO_2 等污染物。

（二）生物质气化

生物质气化是生物质规模化利用较早且较为成熟的技术之一，不仅为居民生活的燃气和热源的集中供应，还可利用内燃机、燃气透平等设备进行发电，是一种高转化效率的先进工艺。生物质气化技术起源于18世纪末，经历了上吸式固定床气化器、下吸式固定床气化器和流化床气化器等发展过程。在生物质热解气化技术领域，欧美国家处于国际领先水平，美国开发出一种生物质整体气化联合循环技术（BIGCC），实现气化效率保持在75%，输出能量达到4万 MJ/h。采用该技术的30~60MW 发电厂的能量利用效率可以达到40%~50%。最近出现的整体煤气化联合循环技术（IGCC）和燃气蒸汽联合循环发电技术（CCPP）作为先进的生物质气化发电技术，已经在世界不同地区（如巴西、美国和欧盟）建立了示范装置，规模分别为7~30MW（IGCC）、100~200MW（CCPP），发电效率达35%~40%。德国、意大利、荷兰等国家也对生物质气化技术做了大量研究工作，产品已进入商业推广阶段。总体而言，欧美发达国家开发的生物质气化装置规模大、自动化程度高、工艺复杂，以发电和供热为主，且造价成本较高。

（三）生物质液体燃料技术

生物质液体燃料主要包括生物乙醇、生物柴油、生物质裂解油和生物质合成燃料等。近20年来，以甘蔗、玉米等糖和淀粉为原料生产生物乙醇，和以动植物油脂为原料制取生物柴油的技术已逐步推向市场，实现商业化。目前，第一代液体生物燃料，如玉米乙醇、生物柴油等，已逐步应用于国内外工农业生产，作为石油燃料的有力补充。然而，由于玉米乙醇和生物柴油以粮食、油料种子为原料，必须占用大量耕地，这与国家粮食安全相矛盾，在我国不可能进行大规模生产。因此，近年来生物质液体燃料的原料开始从粮食作物转向非粮作物和农林废弃物。从资源可持续供给和实现实质性技术进步的角度看，生物质热解液化和生物质气化合成燃料具有更广阔的资源基础和发展前景，与纤维素燃料乙醇一起被广泛称为第二代生物质液体燃料。第二代生物质液体燃料技术在我国仍处于试验研究阶段，加大其研发力度，对于尽快实现我国中远期规模化替代石油资源具有重要的科学和现实意义。

二、中国活性炭的当前技术情况

活性炭孔结构发达、比表面积大、选择性吸附能力强，是目前用途最广泛的材料，在环保、新能源、化工、食品、医药、军事、化学防护等各个领域发挥重要作用。农林生物质热解固碳技术也是公认的解决气候变化问题的措施之一。活性炭的原料主要有木材、竹子、果壳、煤炭等含碳原料。生产方法有化学法、物理法、物理化学联合法、热解自活化法。活性炭产品按外形分为粉状、颗粒、定型和不定型活性炭。活性炭性质稳定，无毒、无臭、耐酸、耐碱、耐热，不溶于水与有机溶剂，可再生循环使用。

(一)化学活化法制备活性炭方法及生产技术

化学活化法是一种通过将各种含碳原料与化学药品均匀地混合(或浸渍)后,在适当温度下,经过炭化、活化、化学药品回收、漂洗和干燥等过程制备活性炭的方法。磷酸、多聚磷酸、磷酸酯、氯化锌、氢氧化钠、氢氧化钾、硫酸和碳酸钾等都可用作活化剂。虽然发生的化学反应不同,但有些对原料有侵蚀、水解或脱水作用,而且有些具有氧化作用,但这些化学药品都可在一定程度上促进原料的活化过程,其中最常用的活化剂是磷酸、氯化锌和氢氧化钾。目前,化学活化法的活化机理还不是很清楚,一般认为,化学活化剂具有侵蚀和溶解纤维素的作用,并且能够分解和脱离原料中的碳氢化合物所含有的氢和氧,并以小分子(如 H_2O、CH_4 等)的形式逸出,从而形成大量孔隙。此外,化学活化剂可以抑制焦油副产物的形成,避免从热解过程中生成的细孔被堵塞,从而提高活性炭的产率。尽管近年来国内外对化学活化法进行了大量的研究,并制备了高比表面积的活性炭产品,但对活化机理仍需进一步深入研究。

(二)物理活化法制备活性炭方法及生产技术

物理活化法通常也称为气体活化法,是在 800~1000℃ 的高温下,用诸如水蒸汽、烟道气(水蒸气、CO_2、N_2 等的混合气)、CO_2 或空气等活化气体与已炭化处理的原料接触,从而进行活化反应的过程。在这个过程中,具有氧化性的活化气体在高温下侵蚀炭化料的表面,使炭化料中原有闭塞的孔隙重新开放并进一步扩大,一些不稳定的碳因气化而产生新的孔隙,同时焦油和未炭化物等也会被去除,最终得到活性炭产品。近年来也开发出微波活化法和热解活化法等不需活化气体的方法。由于物理法工艺流程相对简单,产生的废气主要是 CO_2 和水蒸汽,对环境污染较小,而且最终得到的活性炭产品具有比表面积高、孔隙结构发达、应用范围广等特点,因此,全球70%以上的活性炭生产厂家中都采用物理法生产活性炭。

物理活化法的基本工艺包括炭化、活化、去除杂质、破碎(球磨)、精制等过程,制备过程清洁,液相污染少。炭活化过程中产生的大量余热,可满足原料干燥、余热锅炉制高温蒸汽、产品的洗涤烘干等所需的热能。物理活化法的基本原理是在高温下活化气体具有能够与炭化料中的碳发生氧化还原反应,生成 CO、CO_2、H_2 和其他碳氢化合物气体,去除焦油类物质和未炭化物,形成发达的孔隙。在物理活化过程中,活化气体与无序碳原子及杂原子首先发生反应,打开原本封闭的孔隙,进而暴露出基本微晶表面,然后活化气体与基本微晶表面上的碳原子继续发生氧化还原反应,使孔隙不断扩大。活性炭发达的比表面积来源于中孔和大孔孔容的增加,以及形成的大孔、中孔和微孔的相互连接贯通。

(三)物理-化学活化法制备活性炭方法及生产技术

顾名思义,物理-化学活化法一种物理活化和化学活化相结合的方法,即首先用化学法处理碳,随后再用气体(水蒸气或 CO_2)等物理法进一步活化。国外研究人员采用 H_3PO_4 和 CO_2 联合活化法获得了比表面积高达 $3700m^2/g$ 的超级活性炭。具体步骤是先用 H_3PO_4 在 85℃ 下浸泡木质原料,经 450℃ 炭化 4h 后再在 CO_2 气氛下部分气化。将活性炭生产过程中的物理法和化学法结合起来,利用物理法产生的炭化尾气为化学法生产供热,减少生产过程燃煤的消耗,同时获得物理法活性炭和化学法活性炭,该技术已由中国林业科学研究院林产化学工业研究所开发并在福建元力活性炭股份有限公司建成 8000 吨/年的生产线。

(四)微波辅助化学活化制备活性炭方法及生产技术

在活性炭的制备过程中,由于传统的炉膛加热存在耗工、耗时且物料受热不均的缺点,因此,引入微波可以实现物料内部均匀加热，并且可方便地快速启动和停止，耗时比传统活化工艺短得多。因此，通过微波加热法进行活化，可以显著缩短生产时间，从而显著提高生产效率，减少环境污染。

通常的磷酸法、氯化锌法和氢氧化钾法等化学活化法都可以采用微波进行加热，而且研究表明，采用微波加热法也可以得到高性能的活性炭，特别适用于氢氧化钾活化法制备超级电容活性炭。然而，目前国内微波加热制备活性炭的工业化技术仍处于研究阶段，主要是由于设备投资大，能耗高，需要更多的研究和开发。

(五)催化活化法制备活性炭方法及生产技术

金属类催化剂可以在含碳原料表面形成活性点，降低炭与水或 CO_2 的反应活化能，从而降低活化温度，提高气炭反应速率，形成发达的孔隙。同时，金属颗粒移动时也会产生孔道。制备超级活性炭时，催化剂可以降低活化温度，大幅提高反应速率，使制得的活性炭孔径分布均匀。例如，国内专利使用钙作为催化剂，并且通过催化活化法制备的活性炭孔径集中于 5~10nm。研究还发现，在炭和水反应过程中的活化能也降低了约 20kJ/mol。日本专利则使用过渡金属作为催化剂，用较短的反应时间制备了比表面积约 2500~3000m^2/g 的活性炭。代表性的金属类催化剂主要有硝酸铁、氢氧化铁、磷酸铁、溴化铁和三氧化二铁等。虽然催化活化法制备活性炭具有许多优点，但反应速度过快可能会烧穿微孔壁面，从而破坏微孔结构。

三、中国生物质热解气化的当前技术情况

我国生物质资源丰富，能源化利用潜力大。全国可作为能源利用的农作物秸秆及农产品加工剩余物、林业剩余物和能源作物、生活垃圾与有机废弃物等生物质资源总量每年约 4.6 亿吨标准煤。截至 2015 年，生物质能利用量约 3500 万吨标准煤，其中商品化的生物质能利用量约 1800 万吨标准煤。生物质发电和液体燃料产业已形成一定规模，生物质成型燃料、生物天然气等产业已起步，呈现良好发展势头。我国政府及有关部门对生物质能源利用也极为重视，已连续在 4 个国家五年计划将生物质能利用技术的研究与应用列为重点发展方向，开展了生物质能利用技术的研究与开发，取得了一系列成果。我国近几十年来，在原来谷壳气化发电技术的基础上，对生物质气化发电技术作了进一步的研究。目前，中国的固定床和流化床型式的中小规模生物质气化发电系统均有实际应用，最大发电装机容量 6MW。

我国生物质热解气化技术经过几十年的研究，如今中国科学院广州能源所已在循环流化床气化发电方面进行了深入的研究，并建立了几十处示范工程；中国林业科学研究院林产化学工业研究所开发的新型锥形流化床气化炉在农村集中供气、工业供热、气化发电都进行了商业化应用；山东省科学院能源研究所开发的固定床系列秸秆气化炉广泛应用于农村集中供气；山东大学在下吸式固定床气化集中供气、供热和发电系统上进行的研究与应用。

到目前为止，我国已对生物质能高品位转换技术及装置进行了广泛的研究和开发，形成了生物质气化集中供气、燃气锅炉供热、内燃机发电等技术，把农林废弃物、工业废弃物等生物质能转换为高品位的燃气、热能或电能，实现以生物质能替代天然气、煤、石油。发展出上吸式固定床气化炉、下吸式固定床气化炉、流化床、循环流化床、转炉等多种生物质热解气化设备，可满足多种物料的热解气化要求，可用于生产、生活用能、发电、供暖等领域。由低热值气化装置发展到中热值热解气化装置。多种较为成熟的固定床和流化床气化炉，以秸秆、稻壳、木块和木屑等生物质为原料，生产热值为 4~10MJ/Nm^3 的生物质燃气，用于 600 多处村镇级秸秆气化集中供气系统，3 万余

户供气户数；木材和农副产品干燥器有 800 多台；MW 级木屑、稻壳气化发电系统已经大量应用，并出口东南亚等国家和地区。

四、中国油脂化学利用的当前技术情况

油脂化学是以天然油脂为原料，利用天然油脂自身存在长碳链结构的特点，合成替代石化材料的生物质化工产品，实现生物质燃料与材料综合利用；着重解决生物质液体能源与生物质材料工程化制备技术、应用技术及综合利用等相关问题。工业木本油脂是一种重要的林业战略资源，我国年产木本油脂约 200 万吨。回收利用的废弃植物油脂，年产量可达 500 万吨。以可再生资源替代石油资源开发利用研究已成为全球发展趋势。

从大类来分，油脂化学品可分为三类，分别为脂肪酸（含皂粒）、脂肪醇和甘油。经过几十年的发展，我国的油脂化学工业已颇具规模，以脂肪酸和脂肪醇为例，2010 年脂肪酸总产能为 130 万吨，占全球总产能的 16%；脂肪醇总产能为 50 万吨，占全球总产能的 15%。2017 年的脂肪酸有效产能为 288 万吨，总产量为 145.86 万吨；脂肪醇总产能超过 68.5 万吨，有效产能为 43.5 万吨。可以说，由于国内需求市场的推动，油脂化学品行业从总量上，中国已成为全球油脂化学品生产与消费的主要国家之一，并继续保持高速发展的态势。

除此之外，利用工业油脂为资源，以市场需求为导向、环境友好为目标，中国也已研究与开发了一批具有自主知识产权、适应国民经济发展需要的特种环氧树脂、聚氨酯、乙烯基酯等材料，以及塑料增塑剂、热稳定剂、固化剂、润滑剂等基础产品和深加工产品，已被广泛应用到日化、涂料、化工、塑料、石油、能源等方面。如以木本油脂为原料，突破油脂的加成、环氧化及酰胺化等技术，制备了新型环氧树脂和胺类固化剂，经与聚氨酯通过互穿共聚技术制备常温固化且具高韧性的替代传统热塑性沥青路面的超薄路面铺装材料，从根本上改变了传统路面不耐高低温、不耐久的特性。另外，木本油脂可作为生物柴油及裂解油等生物燃油的基础原料；裂解油的物化性质与普通柴油相近，低温相容性好；含氧量较低，热值亦与普通柴油相近。

五、中国栲胶与提取物化学的当前技术情况

栲胶是国内对用作制革鞣剂的植物单宁产品的习惯称谓。植物单宁在制革工业中主要用于重革的鞣制和轻革的复鞣。随着社会对环境保护的日益注重，在轻革生产中占主导地位的铬鞣剂由于其废水对环境严重污染而备受非议。寻求少铬无铬鞣法成为制革工业的重点研究方向，目前在植-铝结合鞣、植-醛结合鞣已经取得成功进展。同时，广泛开展了植物鞣剂改性的研究与产品开发，如橡椀栲胶的氧化降解改性、落叶松栲胶的深度亚硫酸化改性等，使之更适于少铬无铬鞣法的应用。植物单宁以其绿色资源优势再度获得青睐和发展机遇。

栲胶法脱硫是我国特有的脱硫技术，栲胶脱硫剂产品为近年研发、推广的新型湿法脱硫剂产品。内蒙古牙克石市拓孚林化制品有限责任公司，生产落叶松栲胶，年生产能力 10000 吨。此外还生产落叶松单宁树脂胶黏剂，年生产能力 7000 吨。广西武鸣栲胶厂，生产毛杨梅栲胶、余甘子栲胶、橡椀栲胶、马占相思栲胶，年生产能力 4000 吨。广西百色林化总厂，生产毛杨梅栲胶、余甘子栲胶、橡椀栲胶、马占相思栲胶，年生产能力 5000 吨。河北省秦皇岛市云冠栲胶有限公司（原河北省青龙满族自治县栲胶厂）成立于 1958 年，是原林业部指定生产橡椀栲胶的厂家之一。公司是一家以林产品废弃物为主要原料，国内最大的橡椀栲胶深加工企业，注册资本 1200 万元，现有职工 120 人。公司现有橡椀栲胶、减水剂、活性炭生产线各 1 条，综合产能 6500 吨/年。主要生产"云冠牌"橡椀栲胶脱硫剂（熟栲胶）、蓄电池专用栲胶、陶瓷减水剂、锅炉除垢剂等产品。

植物提取物化学与利用研究对象是植物提取物中的有效成分，包括植物多酚、植物多萜醇、植物黄酮、植物多糖、植物色素等。主要研究方向为：有效成分的化学组成、化学结构、理化特性和在植物中分布规律；有效成分的高效提取分离关键技术；有效成分的化学转化技术原理，研究开发天然产物精细化学品；有效成分的功能活性、药理药效和安全性，研究开发天然医药保健品、食品添加剂、生物农药等。

我国树木提取物的开发利用应该向广度和深度发展，这是一项系统工程，包含了植物化学以及化工技术、生物技术、医药技术等多学科的参与和配合。其广度发展是挖掘和筛选更多高附加值的树木提取物，需要加强研究有效成分的化学结构、理化特性、功能特性、分布规律等，为拓宽森林资源的利用提供基础依据。其深度发展是实现对提取物的利用从粗放式转向精细化，包括加强研究有效成分的高效提取分离关键技术，解决含量低、体系复杂、不稳定等难点；加强研究有效成分化学转化关键技术，延伸天然产物的利用方向和途径；加强研究有效成分的生物活性、安全稳定性及新型生物制剂制备技术。

林源植物提取行业内的企业类型：药用提取物企业、食用提取物企业、食品添加剂企业、饲料添加剂企业、农药提取物企业、单宁和栲胶生产企业以及生物工程公司以及科研机构等。林源植物提取行业在国内虽刚刚起步，但发展很快，主要集中在浙江、陕西和湖南等省份。植物单宁的最大宗产品是栲胶，单宁化工产业先后在内蒙古、陕西、广西、贵州、湖北等植物鞣料产区建成栲胶厂和五倍子化工厂。我国绝大部分植物鞣料资源分布在西部地区，植物单宁化工生产企业也主要集中在西部地区。没食子单宁属水解单宁，是聚没食子酸与多元醇组成的酯，已广泛应用于我国食品和医药工业，其中最典型的是五倍子单宁和塔拉单宁。

六、中国松脂工业的当前技术情况

松脂是来自可再生的松林资源的一种用途广泛、重要的林产化工原料。通过加工松脂可获得初级产品松香和松节油，松香广泛应用于胶黏剂、造纸施胶剂、油墨、涂料、表面活性剂、合成橡胶、肥皂、医药、食品和电子等工业领域。松节油是一种重要的有机合成中间体，可用于合成香料、精细化学品等，此外，松节油还可用作溶剂和洗涤剂，目前有300多个使用松香和松节油的行业。尽管松香和松节油许多性能可以用石油化工产品来替代，松脂产品也一直与石油化工产品处于竞争态势，但松脂作为地球上少数可再生、大宗的环保资源，在当今强调保护生态环境和可持续发展的全球竞争格局中，它处于非常有利的地位，具有良好的发展前景。

近年来，松脂深加工产业仍然以发达国家为主要基地，我国作为发展中国家，对于松脂产品的深加工与发达国家存在较大差距，致使松脂产品向国外输送供应的需求量有限，主要针对国内进行供给。我国松脂资源丰富，松脂产量居世界第一位，可采脂量约150万吨/年，主要产区是广西、广东、云南、福建、江西、湖南等省份，产脂量80多万吨/年。近50年来，我国松香产业发展迅速，产量从1950年的0.8万吨，增加到1980年的32.7万吨，超过美国，以后一直居世界第一位，现在占世界松香总产量的50%以上。我国松香、松节油所涉及行业的产值占国民经济总产值1/10，松脂-松香/松节油产业链是我国林产化工的支柱产业，年产值多达150亿元。松香也是我国主要的出口商品，占世界贸易量的60%，在全球松香产业中占有重要地位。

（一）松香工业现状

近年来，我国松香产业由原料初加工转向产品精加工，年松香产量经历了大起大落，有些地区由于经济发展，采脂劳动力减少，产量有所下降。然而，由于我国松树资源分布广泛，有一些地区松香产量又在逐年增加，年产量保持在 40 万吨左右。我国松香产品的发展始于 20 世纪 60 年代，自开始研发以来，产量在不断增加，如今的生产力已经能够达到年产量 8 万吨的水平。在发展过程中，我国也在不断开发创新产品。

松香按其生产方法分为三类：脂松香、浮油松香和木松香。我国松树资源丰富，以脂松香为主，在 20 世纪 80 年代初就成为世界上最大的脂松香生产国。国产松香主要用于胶黏剂、油墨、涂料、医药、造纸、合成橡胶、蜡染和食品等多个领域，如增粘树脂、油墨树脂、歧化松香、食品级树脂、氢化松香、聚合松香、松香施胶剂及其他相关行业。松香的需求主要受宏观需求的影响。脂松香是一种浅黄色或无色的透明固体，具有软化点高、酸值大、增黏性能和优异耐老化性能，经常被用作胶黏剂、油墨、油漆涂料等产品的重要原材料。歧化松香树脂具有性能稳定、抗氧化性好和贮存周期长等优点，常应用于钾皂、丁苯橡胶、氯丁橡胶、ABS 等高分子聚合物中。聚合松香树脂具有软化点较高，粒子团比较细小，酸性显著，具有较高的反应能力，对氧化和老化有好的稳定性等优点，常用于造纸工业的强化施胶、硝基漆、马路涂料等领域。酚醛松香树脂具有透明，软化点高，呈现淡黄色至红棕色和油溶性好的特点，主要用于油漆、油墨、漆包线和橡胶等工业。

(二)松节油工业现状

由于国内松节油深加工产业的兴起，以及近年来松节油产量的下降、价格大幅度上涨，印尼、巴西和越南等国凭借较低的人工费用，扩大了松节油发展的空间，并逐渐挤压国内松节油市场。印尼脂松节油年产量约 1 万吨，巴西脂松节油出口量每年也超过 1 万吨，在国际市场上对中国松节油形成强大的竞争。越南脂松节油的产量较低约为 0.3 万吨/年，并且品质较低，主要用作低端产品使用，对我国松节油不构成威胁。2017 年国内松香产量为 43 万吨，可估算处松节油总产量为 8.06 万吨，比 2016 年下降约 4.6%。与 2014 年相比，国内脂松节油产量已经缩减 40%，约 4.6 万吨。印尼和巴西的产量增长难以弥补国内松节油快速下降的缺口，总体而言，全球松节油产量呈现下降趋势。

国内正在开发或研究的松节油精细化学利用产品包括：月桂烯及系列香料产品、二氢月桂烯及系列香料产品、龙涎酮、柑青醛和柑青腈、芳樟醇、α-松油醇、香叶醇、橙花醇、橙花叔醇、金合欢醇、诺卜醇、香叶基丙酮及酯类、各种含硫香料、紫苏醛及紫苏糖、桃金娘烯醇及醛、角鲨烯、维生素 E 和维生素 K1、农药增效剂、橡胶聚合引发剂 PMHP 及 PHP、食品级增粘剂水白萜烯树脂等。松节油深加工产品主要有松油、松油醇、冰片、合成樟脑、萜烯树脂及一些以 α-蒎烯为原料的香精香料，如合成檀香、芳樟醇、二氢月桂酸烯醇等。由于松节油中的主要成分有独特的化学结构，松节油也被用于合成农药增效剂和新型杀虫剂，如保幼激素、雌性信息及驱避剂等方面。

近年来，国内对松节油利用的研究工作备受关注，研究氛围活跃，国内企业也越来越认识到了松节油深加工利用的重要性，从事相关研究的单位及人员在增加，研究报道也越来越多，这为松节油利用大发展奠定了基础。

七、中国制浆造纸的当前技术情况

(一)制浆科学技术

造纸必先制浆，制浆就是利用化学和机械等方法使植物纤维原料解离，变成本色纸浆(未漂白纸浆)或漂白纸浆的生产过程。近年来，制浆科学技术进一步朝着植物纤维的高效、清洁和高值化利用方向发展。

1. 化学法制浆

化学法制浆的主要目的是利用化学药剂将造纸原料中的木质素溶出，并且使纤维素和半纤维素尽可能少地降解，来提高纸浆的得率和强度。常用化学制浆方法有两大类：碱法制浆和亚硫酸盐制浆。生产上，提高纸浆的得率，降低制浆能耗是关键。近年来，发展了降低蒸煮温度、提前蒸煮终点、强化氧脱木素等方面的技术。紧凑连续蒸煮，具有连续、低温蒸煮、液比高、脱木素选择性好，系统启动迅速、生产消耗低和产品质量稳定等优点，适合木材和竹子原料制浆，成为大型制浆厂采用的主流技术。2015年，山东晨鸣纸业集团股份有限公司在总部建成40万吨/年硫酸盐化学木浆生产线，安徽华泰林浆纸股份有限公司建成30万吨木浆生产线；2011年，晨鸣浆纸有限公司以桉木为原料生产50万吨的商品浆。

2. 化学机械法制浆

传统化学法制浆得率较低，且存在一定污染。采用化学预处理和机械磨解处理的化学机械法制浆有着高得率、高强度、高白度、低能耗、低污染的特点，符合我国当前木浆增产和节能减排的现实要求。近年来，主要研究和使用的制浆方法有：漂白化学热磨机械制浆（BCTMP）和碱性过氧化氢机械制浆/温和预处理和盘磨化学处理的碱性过氧化氢机械制浆（APMP/P-RC APMP）。BCTMP作为世界上先进的化学机械制浆生产工艺被广泛应用于我国各大企业中。目前，主要的研究在于纸浆质量优化和污染物控制，竹材和混合木片的CTMP法制浆研究也受到关注。APMP/P-RC APMP作为主要的化学机械浆制浆技术，其技术改进和优化适用于各种造纸纤维原料，是我国化学机械浆生产所采用的主要工艺。

3. 废纸制浆

在我国木浆产量不足、非木浆产量因环保等原因增长缓慢的背景下，废纸作为重要的可再生资源，其回收利用可有效缓解造纸工业面临的原料短缺、能源紧张和污染严重等问题。

2018年，我国废纸浆产量达到5444万吨，占我国纸浆总产量的75.6%，在节约资源等方面发挥了巨大作用。但随着国家"禁废令"的出台，废纸进口量大幅降低，提高国内废纸回收利用率成为维持废纸浆产量的重要因素。废纸造纸很重要的问题是除去废纸浆中的胶黏物。改进压力筛、改变多级净化级间温度来配置除渣器、采用热分散、改进浮选设备等方法，可以有效除去浆料中的胶黏物。新型EcoCell浮选槽，选用两段浮选能有效地去除较大范围的油墨颗粒、胶黏物和填料等疏水性物质。通过优化工艺条件，两段的胶黏物去除率均可达到70%，且总排渣率没有增加。采用改变表面电荷的固着剂，可有效降低DCS，中冶美利纸业股份有限公司采用微胶黏物控制剂，可以提高留着率约11%，成纸表面的黑点和杂质均降低约38%。

4. 纸浆漂白

漂白的主要目的是提高纸浆的白度和白度稳定性，或提高纸浆的理化性能，纯化纸浆，提高其洁净度。经过多年的产业调整和政府部门重视，纸浆的漂白在大踏步向无元素氯漂白（ECF）和全无氯漂白（TCF）技术迈进。以前，我国的二氧化氯（ClO_2）生产受到国外技术的垄断，发展ECF漂白受到一定制约，随着该技术的国产化，ECF漂白再不是障碍。中冶美利峡山纸业有限公司9.5万吨/年竹浆生产线采用国产ClO_2的ECF漂白；2015年，我国ClO_2生产技术打开国际市场，承建了印度尼西亚APP金光集团35吨/天综合法ClO_2项目。对于木浆厂，采用ECF是主流生产工艺，但是也有向TCF发展的趋势。海南金海浆纸业有限公司建成100万吨/年的化学漂白硫酸盐桉木浆生产线，采用$OD_0E_{OP}D_1$漂白工艺，2015年纸浆生产量达到150万吨。山东晨鸣纸业集团股份有限公司新建设40万吨/年漂白硫酸盐化学木浆生产线，采用国际上最先进成熟的ECF+臭氧漂白工艺。臭氧漂白的使用标志着我国的纸浆漂白走向TCF漂白，为进一步减少环境污染打下坚实基础。

（二）造纸科学技术

近年来，制浆造纸工业的技术进步主要体现在压缩成本和提高产品品质上。以数字化、网络化、智能化为主要特征的"工业4.0"时代对造纸科学技术的发展产生了积极的推动作用。全面提升资源、人力和能源的利用率，合理配置生产过程各要素，达到节约成本、提高效率、增强竞争力，将成为造纸科学技术未来的努力方向。

1. 浆料处理

经过洗涤、筛选和净化的纸浆纤维，一般需经打浆处理，不同的纸和纸板产品，不同的纸浆纤维原料，需采用不同的打浆方式和打浆工艺。

2. 造纸化学品应用

近几年，随着中碱性抄纸和涂布加工技术的发展，碳酸钙（$CaCO_3$）得到了广泛的应用。碳酸钙主要分为沉淀碳酸钙（PCC）和研磨碳酸钙（GCC），在加填应用方面各有其优点。也有些造纸企业采用GCC和PCC混合型加填的方式，比例为1：1的情况比较常见。同时新型造纸填料也相继出现，如粉煤灰基硅酸钙填料（FACS）、硅灰石、冰滑石、白云石、硅藻土等。

（三）纸基功能材料科学技术

纸基功能材料是指以纸为基材，经过某种加工或特殊处理，具有一定功能性的薄张材料。这种材料具有技术含量高、附加值高、生产量小、品种多、应用范围广的特点，是造纸与化学、高分子材料、复合材料、生物、微电子等多学科交叉融合的高新技术产品。

近年来，纸基功能材料领域的技术创新和产品开发取得突破性进展，一些技术含量高的产品填补了国内空白，如芳纶纸、空气换热器纸、高性能密封材料、皮革离型纸、热固性汽车滤纸和热转移印花纸等。纸基功能材料科学研究正向着学科交叉、高新技术方向发展。

纸基功能材料制造与技术创新主要分三类：①以纸张作为载体，在生产过程中加入具有热、电、光、磁等功能化学品，使材料具有特殊功能；②用特殊纤维原材料，如芳纶纤维、碳纤维、陶瓷纤维等，通过特殊制造工艺赋予纸基材料新的性能；③对植物纤维进行物理或化学改性，使材料具有特殊使用性能。近年来，受市场需求牵引与技术推动，我国纸基功能材料领域发展迅速，在基础研究与应用研究方面开展了大量工作，制造技术在传统的流送成形、湿部化学技术为主导基础上，融入表面化学和生物化学相关技术，有力推动了该领域技术进步与行业发展。

（四）制浆造纸装备科学技术

随着"造纸工业4.0"的提出，制浆造纸业界结合行业现状广泛地进行了探讨。明确其旨在降低运营成本，提高纸机生产效率和产品质量，通过智能化和网络化来提升所有设备可操作的便利性和灵活性，为现在的纸机提供数据支持，一个庞大的数据库可以引导纸机永远运行在一个非常完善的水平上。在提高生产效率方面，"造纸工业4.0"的重点是：①减少非计划停机时间；②降低不合格产品率；③减少断纸及改产时间。在降低运营成本方面，"造纸工业4.0"的重点是：①节省浆料纤维、化工等原材料；②节省能源消耗；③节省人力成本；④节省维护费用。

（五）制浆造纸污染防治科学技术

制浆造纸行业对自然环境污染仍然比较严重，特别是对水环境的污染，一直是治理工业污染的重点。主要包括：①化学制浆废液处理技术：化学制浆废液主要分为碱法化学制浆黑液和亚硫酸盐法制浆红液。目前国内外对制浆黑液的主流处理技术是采用碱回收法。通常情况下，黑液初始浓度为9%~16%，经多效蒸发后黑液浓度达40%~80%，苛化产生的白液苛化度80%~85%。红液处理方法多是将红液浓缩后，作为黏合剂产品外售或进行喷雾干燥。②制浆造纸工业废水处理技术：制浆造纸过程产生的废水包括除黑液、红液等制浆废液以外的化学法制浆（中段）废水、高得率制浆废水、废纸制浆废水、造纸白水等。制浆造纸废水排放量大，主要污染物为各种木质素、纤维素、半纤维素降解产物和含氧漂白过程中产生的污染物质，是目前造纸企业污染治理的重点。制浆造纸工业水污染防治技术可分为源头控制和末端治理两方面。③固体废物处理及资源化利用技术：制浆造纸行业的固体废弃物包括备料废渣（树皮、木屑、竹屑、草屑）、废纸浆原料中的废渣、浆渣、碱回收工段废渣（绿泥、白泥、石灰渣）、脱墨污泥、废水处理站污泥等。通常的处理方式是焚烧、热解、堆肥和回用。④废气治理技术：制浆造纸行业的废气主要包括工艺过程恶臭气体、碱回收炉废气、石灰窑废气、焚烧炉废气、原料堆场及备料工段的扬尘、厌氧沼气等。主要治理技术包括碱回收炉燃烧、石灰窑燃烧、火炬燃烧、专用焚烧炉燃烧等。⑤持久性有机污染物消减技术：人类活动向环境排放的污染物中，持久性有机污染物（POPS）是对人类生存威胁最大的污染物之一。造纸行业中的持久性有机污染物主要包括有机卤化物（AOX）和二噁英。目前，制浆造纸行业对持久性有机污染物的消减技术以源头控制为主，末端治理为辅助手段。通过提高黑液提取率、蒸煮深度脱木素和减少含氯漂剂的用量等方式，从源头把控AOX的产生。漂白前增加氧脱木素工段对降低AOX产生量的作用很大，AOX产生量约减少50%。该技术目前在制浆造纸企业中得到了广泛应用。AOX末端治理技术主要包括活性污泥法、厌氧法、物化法等。相关研究成果表明，本色纸浆不采用漂白处理，废液中没有AOX产生，在一些非木材浆企业得到了很好的应用。

八、中国生物基材料当前技术情况

生物基高分子材料是利用可再生生物质原料（淀粉类、糖类、藻类、油脂类、纤维类资源以及废弃物等），通过生物、化学以及物理等方法制造的新型聚合物材料，主要包括可降解材料（淀粉基可降解材料、木质纤维基可降解材料等）、生物塑料、热固性树脂（生物基酚醛树脂、环氧树脂、聚氨酯等）、生物基功能材料、生物基纳米材料（纳米纤维素、纳米甲壳素等）、生物基仿生材料、生物基木材胶黏剂等产品。生物基高分子材料的主要功能是最大限度地替代石油基塑料、钢材、水泥等矿产资源日益枯竭的不可再生材料，具有绿色环保、环境友好、原料可再生等特性。经过数十年的探索和攻坚，我国生物基高分子材料的基础研究已取得长足进展，初步形成了具有中国特色的生物基高分子材料基础理论及应用技术体系，主要包括反应机理、制备工艺、产品的应用研究等方面。在反应机理方面，着重研究了聚合过程中的链增长方式、引发速率与链增长速率的关系，多元共聚高分子结构设计，生物-化学催化转化等机理；在制备工艺方面，初步形成了生物基高分子材料制备技术体系，主要包括：原料预处理技术、分子水平的活化与接枝技术、材料成型加工技术、树脂化技术、生物基功能材料分子重组与功能交叉技术、生物基材料纳米化技术等。目前生物基高分子材料的应用研究主要集中在纺织、轻工、能源、高分子材料、建材等工业领域。

生物基高分子材料的研发涉及生物、化学、化工、农业、林业、材料、制造等学科体系，已初步形成较完善的研发学科体系。我国以秸秆、林业废弃物、非粮能源植物等农林生物质资源替代化石原料，突破了生物合成、化学合成改性及树脂化、复合成型等生物基高分子材料开发过程中关键技术，初步建立了生物基高分子材料的制备技术体系，主要包括：①淀粉和木质纤维基可降解材料技术。以淀粉和木质纤维生物质资源替代化石原料，通过高直链淀粉的改性、淀粉的塑化接枝改性、反应挤出、功能化产品设计等关键技术，开发出了以淀粉和木质纤维可降解材料为主的环保型生物基材料。②生物塑料技术。通过研究二元酸、二乙醇及羟基酸的发酵工艺，开发了基于木质纤维的非粮路线；在稀土催化剂基础上，将有机催化体系应用于内酯开环聚合；在生物基聚酯的终端制品和产品开发应用方面开发了薄膜、泡沫和纤维材料。③生物基热固性树脂技术。通过化学液化提高了木材、秸秆等生物质原料的反应活性，建立了生物质原料预处理技术体系；通过定向缩聚、功能化、环氧化、互穿网络等树脂化技术，制备了环保型酚醛树脂、水性生物基环氧树脂；通过研究双组分固化体系、可控发泡及协调阻燃等技术，将生物热固性树脂在木材加工、建筑保温、涂料等领域中得到应用。④生物基功能材料技术。以木质纤维素的主要成分纤维素、木质素和半纤维素原料，通过物理法(如新溶剂体系下的纤维素的再生与分子重组、与其他功能材料共混和复合等)和化学法(如将木质纤维素上的羟基进行改性，引入功能性官能团或高分子)，赋予木质纤维素光、电、磁等功能，构建基于木质纤维素的生物质基功能材料。⑤生物基纳米材料技术。以木质纤维等农林生物质为原料，通过化学法、物理法、生物法或结合法等方法，分离得到一维纳米尺度范围内的纳米纤维素材料。其直径大小一般为 1~100nm，能够在水溶液中分散性能稳定的胶体，具有纳米尺寸效应、优良的机械性能和可生物降解性，为进一步开发性能优异的高值化工业材料、生物医药材料及纳米复合材料提供基础平台。⑥生物基仿生材料技术。⑦生物基木材胶黏剂技术。总体技术水平与国际发展同步。

第二节　林产化工的创新发展趋势和技术需求

一、中国生物质能源的技术发展趋势

(一)生物质气炭、热炭联产技术

集成农林剩余物多途径热解气化联产炭材料关键技术，研制自热式旋风快速活化工艺与装备，开发绿色黏结剂和低能耗快速胶粘固化成型工艺与装备，并结合高温炭化改性，制备多孔、分级孔道体系的炭陶复合吸附材料，实现通过生物质气化方式进行供气、供热和发电的产业化应用，开发锥形流化床热解气化联产活性炭、气化固体炭产品高值化利用等技术，建设大规模气化供热联产活性炭生产线。

(二)生物质成型燃料技术

将结构松散的生物质材料经过干燥、粉碎和压缩成型等工序，通过特定的加工工艺和技术，加工成成型颗粒、成型棒和成型块等形状规则、密度较大的固体燃料。生物质固体成型燃料可以用来发电、供暖以及家用，因此可部分替代化石燃料。生物固体成型燃料 CO_2 的净排放为零，NO_x 和 SO_2 的排放大为减少，这是煤燃料所不可比拟的。与传统的燃料相比，生物质成型燃料的形状和性质较为均一，密度较高且热值高，便于应用到工业领域。在欧洲的部分国家，生物质固体燃料已经完全市场化运作且不需要依赖政府的补贴措施，在超市中可购买颗粒状、棒状的生物质固化燃料。此外，生物质固化成型技术也提高了森林资源的利用效率。在我国，生物质成型燃料的生产设备根据生产产品的不同有螺旋挤压式、活塞冲压式、模辊碾压式。磨辊碾压式成型设备可分平模和环模生物质颗粒机，与螺旋式、柱塞式生物质成型机相比，具有对物料的适应性好、可实现连续生产、工作状态稳定、生产率高等优点。

(三)生物质制高品质气态燃料技术

生物质材料多为碳氢化合物，所以生物质气化是通过一定的热力学条件，在水蒸气和氧气的参与下，将碳氢化合物转化为一氧化碳和氢气等可燃性气体的过程。生物质热裂解是指在完全缺氧或只提供有限氧的条件下，生物质材料利用热能切断大分子中碳氢化学键，使之转化为小分子物质的热化学转化技术。通常液体生物油、可燃气体和固体生物质炭是上述热解过程的终产物，而产物的种类和比例与很多因素相关，如生物质的尺寸、升温速率、最终温度和压力等。

生物天然气是指以生物质废弃物为原料，经厌氧发酵然后净化提纯，生产出的可再生燃气，生

物天然气与常规天然气成分、热值等基本一致，且绿色低碳、清洁环保。一些国家研究了小型生物质气化设备，主要用于满足发展中国家农村用能的需要。为解决生物质气化过程中气化不完全产生的焦油、颗粒、碱金属、含氮化合物等不同浓度的污染物，人们正研究采用催化剂来提高气化率和消除气化中的焦油。寻找低成本和高热值的生物质气化技术是生物质热解气化技术发展的一个重要方向。

(四)生物质制液态航空燃料技术

生物乙醇、生物柴油是生物质制液态燃料的典型种类。以薯类废弃物、玉米秸秆、糖蜜废渣、小麦秸秆等为原料，经发酵、蒸馏而制成乙醇，将乙醇进一步脱水，最终成为燃料乙醇的技术称之为生物质固废生产乙醇技术。乙醇燃料生产居世界第一位的是美国，玉米、马铃薯是其主要生产原料等，年产乙醇40亿吨，美国总耗油量的三成以上是乙醇混合的汽油。同样，人们可以采用物理法(直接混合法和微乳化法)和化学法(高温热裂解法、脂交换法和超临界法)利用生物质固废生产柴油。

民航部门的一项重要减排措施是航空生物燃料的使用，在欧盟碳排放交易体系下，生物燃料飞机为零排放。所以，航空生物燃料的可持续要求将成为各方关注热点。2014年，中国石化的1号生物航煤技术标准规定项目获得了中国民用航空局航空器适航审定司的批准书(CTSOA)，这也标志着国产1号生物航煤正式获得适航批准，并商业使用。2017年，中美绿色示范航线生物燃料航班成功起航，该航线是由海南航空HU497航班载着从餐饮废油炼化而成的航空生物燃料，从北京飞往美国芝加哥。同时，海南航空也成为国内首家使用生物燃料跨洋载客飞行的航空公司。

二、中国活性炭的技术发展趋势

活性炭产品涉及大部分国民经济行业，尤其在环保、食品、新能源行业具有举足轻重的地位，但是活性炭产业从国外直接引进技术和设备比较困难，坚持自主创新、自我创新研发显得尤为重要。在宏观经济环境不明朗，整体外围经济平淡的大环境下，活性炭生产企业要加强与科研院所的紧密协作，坚持市场为导向，加快核心技术创新，加快产业智能化升级，提高规模化、产业化能力，构建完善的产业链。同时，企业应当根据自身技术水平，装备条件，产品特征，面对未来市场需求，做出合理规划，在传统经济向创新经济发展的调整期处于有利的市场地位。

(1)采用"清洁节能"的低碳生产方式，综合高效利用木质资源，针对物理法活性炭炭化过程中产生的大量热能和化学法生产需要外加热能的特点，将物理法-化学法生产一体化集成，将物理法炭生产碳化阶段丢弃的大量可燃气体和木焦油类物质，经加氧燃烧产生热能，供给化学法生产，实现生物质热能的自循环利用。降低燃料成本，减少CO_2和SO_2的排放；避免因燃煤热风夹带入硫、汞、重金属等杂质，降低洗炭和酸回收的负荷，以及木质原料碳化过程可燃气体和木焦油的浪费，实现节能环保的新型活性炭生产方式。

(2)采用机械替代手工，提高生产效率。传统活性炭产业技术工序多，劳动强度大，用工成本占总成本比例很大，必须要改造传统的加工工艺，通过生产过程的自动化或分段自动化来降低用工成本。一方面，可以改变工艺，使加工过程更简单，便于机械化改造。另一方面，也可以不改变原有工艺，应用信息技术和先进制造技术，加快生产线自动化、机械化改造，实现产业的优化升级。

(3)优化产品结构，提高经济效益。企业应当梳理自身优势和不足，做出产品结构合理规划。前景好、附加值高、在行业中具有一定竞争力的产品，应继续维持生产，并加大自动化设备投入，提高生产效率；产品前景一般，同类产品竞争非常激烈，实现自动化、机械化生产较难，生存环境非常激烈的产品,要坚决淘汰;通过新技术、新方法的逐步推广和应用实现原料的利用效率的提高和生产过程的清洁化,能源利用的循环化。

(4)针对市场需求,开发具有应用前景的产品科研人员和企业家应当将活性炭看作一种多功能新材料,跳出传统的应用领域,规划企业近期和中期发展方向,逐步走出经营困境。在未来数十年,可以预见活性炭行业在中国的发展前景仍十分广阔。活性炭在传统应用领域继续发挥重要作用的同时,许多新技术也与活性炭联系起来,如膜分离、临床医疗、新能源、分析传感器、化工分离等,这些新的应用领域的开拓给活性炭产品注入了新的活力,提供了新的机遇。当然,新的应用领域也对活性炭产品的研制提出了新的要求,根据各应用的具体要求对活性炭进行有针对性的研制及改性将成为活性炭研究的重要方向之一。

21世纪,活性炭领域仍然具有广阔的发展前景。同时,着眼于拓展应用领域进行活性炭研制具有重要意义,因此,有针对性地研制具有特殊吸附性能的活性炭新品种,根据吸附质的特征选择合适的活性炭及低成本制备方法,开发废活性炭清洁再生工艺设备以达到循环利用功能等均是重要的研究方向。今后,活性炭产业必须走经济、环境、社会"三赢"的可持续发展道路,通过活性炭产业结构调整,加快活性炭企业向高科技、规模化、自动化和绿色环保的方向发展,提高企业的技术水平,争取再形成若干优势互补、内外结合、增值率高、创新能力强的活性炭经济增长点和产业群。

三、中国生物质热解气化的技术发展趋势

目前,我国生物质热解气化技术产业的发展正面临重要历史机遇。从国家层面上看,绿色清洁能源利用是未来的发展趋势,生物质热解气化技术的发展应用,对推动就业、带动农民增收、振兴乡村、改善生态环境等都将起到积极作用。从需求上看,随着我国国民经济的快速发展和人民生活水平的提高,对清洁燃料的市场需求量越来越大,但是,目前我国存在缺油少气的现实问题,每年大量进口石油和天然气,对外依存度达60%以上,因此生物质燃气和生物质炭产业的发展将有助于缓解我国能源供应和能源结构的改善,同时对国家能源战略安全也具有重要意义。

(一)高品质燃气和高品位产品的需求

生物质热解气化的主要产品是生物质燃气和生物质炭。提高生物质燃气热值,生产中高热值燃气以满足工业窑炉等需要;生物质燃气进一步合成液体燃料,提高燃料品位,从而更加方便运输和使用;生物质催化热解气化制取富氢燃气,成为具有可再生和循环利用的氢气来源。

(二)产品应用领域拓宽

随着技术和产品不断发展,生物质热解气化技术从燃气产品应用,已经由单一产品向多元产品方向转变,实现生物质燃气和生物质炭联产,提高项目的经济效益,让企业获得最大化的收益,以及激烈市场环境下强大的竞争力,对技术的应用和发展至关重要。

(三)生产设备和新技术的研发

生物质热解气化技术装备将逐步与应用需求相适应,技术和产品不断升级,在装置规模、应用领域等方面将进一步扩大,更好地适应于不同种类、不同形状的物料,新的生产技术和先进装备将继续推动生物质热解气化产业加速升级,技术改造、淘汰落后产能将促进提升企业竞争力。

(四)产品环保要求变化

随着社会的进步与发展,人们对环境的关注及要求日益增强。所以,生物质热解气化技术应用必须考虑环保问题。首先,生物质热解气化过程中的环保要求,生产车间的原料粉尘等;其次,生

产排放的环保要求，特别是尾气排放的粉尘、氮氧化物和含硫气体等。因此，需要研究设计先进的技术工艺和装备，达到国家的环保要求和规范。

四、中国油脂化学利用的技术发展趋势

中国油脂化学利用的未来发展趋势为以下几点。

（一）原料来源方面

植物油脂的利用，一方面存在化工利用与人争粮的问题，另一方面，草本油料的种植还存在与粮争地的问题，因此，非食用木本油料化工产品制备利用是后期植物油脂化工产品制备利用的主要趋势。

（二）在能源应用领域

由于中国缺乏油脂资源从而制约国内油脂基能源产业发展，因此，对国内资源进行普查，进而引进和开发新的木本油料植物，通过人工栽培、遗传改良等先进技术手段提高其能源植物的利用率。此外，开发更加简单、安全和高效的方法技术，如无催化剂酯交换法、生物酶法等，对制备生物柴油将有更大的发展潜力和更高的商业应用价值。

（三）在化学品应用领域

在法规和标准对TVOC的限制越来越严、环境要求越来越高的条件下，低毒、安全和生物降解性是化学品未来发展的主要趋势之一。其中，应重点开展增塑剂（包含成膜剂）、润滑剂、热稳定剂、农药助剂等工农业助剂的制备技术研究，如环氧油脂类增塑剂和润滑剂的清洁高效催化技术、可降解型植物油基助剂的制备技术、植物油基除草剂助剂的制备技术、油脂基助剂与其他环保型助剂的复配技术等。此外，还需开发更多的新型植物油基精细化学品，避免相关企业由于同质化经营带来恶性竞争。

（四）在高分子材料应用领域

其发展趋势主要有：利用更低价格的非干性油制备合成性能更加优良的聚合物，从而进一步降低产品生产阶段的成本，提高植物油基聚合物的市场竞争力；开发植物油基聚合物新品种，并开拓其新的应用领域；利用新型无机或杂原子材料，开发高性能或功能型聚合物-无机纳米复合材料；进一步朝着生物基含量高、智能化、水溶性、可生物降解等更高的目标迈进，深化该类资源的利用程度，从而摆脱石化资源的限制并保护环境。

五、中国栲胶与提取物化学的技术发展趋势

（一）资源的保护与利用

我国林源植物提取业实现跨越式发展，首要问题是要突破国际技术门槛的制约，而要突破国际技术门槛制约的首要问题是使植物提取业实现生态化发展，即发展林源植物生态提取业，保护生态环境，合理利用资源。

1. 野生植物资源保护生态化

品种选育生态化要求我们控制采收强度，严格监控林源野生植物资源总量的季节动态变化，对于利用储量较大、人工培植程度低或未进行人工培植的林源野生植物，要严格控制采收强度，采收量应小于资源增长量，确保林源野生植物资源可持续发展；尤其对于国家重点保护植物要严格实行行政许可制度；不破坏野生植物资源，制定严格的林源野生植物资源采收规程，保证采收过程不会

对其生态环境造成破坏。

2. 人工种植植物资源的定向培育生态化

原料培育生态化以提高目的有效物质增量为核心,一方面要有效利用生态空间,加强生产用地的有效保护;鼓励人工培植林源植物资源,从而减轻对林源野生植物资源的采收压力;加大野生药用植物人工培植研究力度,努力突破人工培植中的关键技术瓶颈,不断提高人工培植的规模和质量,积极探索、利用和推广以林源植物生活史型理论为指导的规模化的立体种植模式;逐渐推广国际和国内GAP标准,开展人工培植林源野生植物的研究工作。另一方面要防止环境污染,根据实际情况减少或禁止生产用地农药和化肥的使用,尽量减轻生产过程对生态环境的破坏。

(二)分离纯化过程生态化

大力开发林源植物生态提取业的生态化工艺,在获得高得率、高纯度的植物提取物产品的同时控制工艺污染物和废弃物的排放,严格按照国际市场的需求,制定我国的植物提取物产品质量控制标准;使我国的植物提取物标准规范体系与国际技术体系和评价体系接轨,实现我国林源植物生态提取业的国际化。

同时配套发展我国的林源植物生态提取业专用机械工业,如东北林业大学林业生物制剂教育部工程研究中心自主研发的鲜磨匀浆设备、负压空化与混旋萃取设备、负压成膜与浓缩设备等,使我国林源植物提取物生产工艺控制客观化、自动化,工业生产装备系统化、集成化。通过这些自主创新技术和手段达到林源植物提取物分离纯化过程生态化。

(三)废弃物质的循环利用生态化

提取物生产企业对生产过程产生的植物性废渣,采用堆集、发酵或与当地的农民或种植基地联系用作有机肥料。对生产产生的废水也采取科学的处理方法,如适当的泡气、发酵等,使生物化学需氧量(BOD)、化学需氧量(COD)等做到达标排放。但有大量的提取物生产企业对建设和配备环保设备还缺乏足够认识,应该引起高度关注。

生产提取物的废水污染的防治特点:通常不含有重金属和剧毒化合物,多为悬浮或溶解的有机物。对人体不产生直接的危害。消耗水中的溶解氧,使水变臭,危及水中动植物的生存,影响人类赖以生存的生态环境。

六、中国松脂工业的技术发展趋势

石油化工技术的发展已经可以成熟的利用C5、C9副产品来制备石油树脂,逐步抢占天然松香在胶黏剂、涂料等领域的市场份额,对松香松节油市场造成了很大的冲击,但是松香的某些天然特性是化工产品至今仍无法实现的,这使得其仍是不可替代的工业原料。美国作为世界上石油树脂产量最大的国家,在1900年时松香产量就高达40多万吨,在1970年时仍有40多万吨的产量,而目前的产量也保有在25万吨左右,这说明作为石油化工大国仍离不开松香。松香深加工产品在合成橡胶、油墨和造纸等领域仍被广泛使用,作为发展中国家的中国,松香拥有者将近400多种用途,消费使用量也高达15万~20万吨。

随着我国环境保护意识加深,以及国内劳动力成本的逐年高涨,松脂的产量呈现明显下降趋势,近10年产量不到全盛时期的一半,加之我国松脂再利用水平发展迅速,国内的松脂产量已不能满足行业需求,越南、巴西、印尼等国的松脂产品开始进入我国市场,近年来松香和松节油的年进口量基本与国内产量持平,预计在未来几年将超过国内产量并继续上升。随着资源市场的转移,一些国内企业也开始在上述国家建厂投产,并逐渐将技术含量较低的采脂、炼脂、初加工等工序转移向国外市场，国内市场则更专注于精深加工。多方面因素促使我国正在从松脂生产大国向松脂加工强国转变。

目前，石油资源日渐枯竭，可再生资源制造精细化学品技术在国际上掀起了一股研究热潮，各国研究学者也在积极采用松脂这类可再生资源来开发高端化学产品，其研究重心也已从之前的普通化学品转移到具备生物活性的多功能合一产品上。近年来，我国的研究学者也相继研发出了如松香类表面活性剂（包括乳化剂、缓蚀剂、油田降黏剂等）、PVC 增塑剂、环氧树脂固化剂、聚酰胺亚胺树脂、杀虫增效剂、四氢萘香料等高效化学产品，以及单萜基酯或醚类除草活性物、单萜酰胺杀虫活性物、单萜二醇昆虫驱避活性物、萜烯基季铵盐杀菌活性物、新型高级香料等创新产品。当前，发达国家的松香产量大幅度下降，新产品研发能力日渐羸弱，而中国正处于创新体系深入发展阶段，现阶段的中国应该结合本国国情、把握时代机遇、加快研发速度、贴合市场需求、推动产品更新，奋力增强我国松脂研发水平、提升我国松脂产业在世界上的地位。

七、中国制浆造纸的技术发展趋势

"森林纤维工业 2050 路线图"由欧洲造纸工业联合会（CEPI）在 2011 年 11 月份提出，该路线图的主要目的是将 CO_2 的排放量降低 80%，并同时提高 50% 以上附加值。这个目标的实现需要借助于一些突破性技术的协助，并且要求在 2030 年必须将这些突破性技术实现商业化应用，在 2050 年将这些技术进行完全应用。CEPI 首先提出了突破性技术概念，并提出了 8 个技术性概念，要求这些技术可在 10~20 年的时间里实现工业应用，为制浆造纸行业创造更好的发展机会，赋予行业更强的竞争力和更多的价值财富，促进整个行业提供可持续发展新动力。

（一）低共熔溶剂法制浆技术概念

该技术利用低共熔溶剂（deep eutectic solvents）将多种形式的生物质溶解成木质素、纤维素和半纤维素，属于一种低温和常压式纸浆生产新方式，具有能耗低、碳排放低和残留物量低的特点，预期可降低 50% 的制浆能耗。制浆作为整个制浆造纸工艺全流程中耗能最高的环节，如果能将此环节的能耗降低 50%，这将会是造纸业在节能方向上的重大突破。

（二）无水造纸技术概念

现在的造纸方法需要消耗大量的水和能源，造纸过程中的纸浆上网纤维浓度仅仅才 1% 左右，而且需要复杂的脱水装备来进行纸浆脱水，极大地增加造纸的耗能等级。目前国际造纸界已发现低纤维浓度造纸方法的弊端，并正寻找解决方案。当前的无水造纸概念主要衍生出了两项技术：一是气流造纸，该技术是利用蒸汽搅拌将干燥纤维吹散到纸张成形区，通过自然沉降成纸幅，其用水量仅仅只达到现有方法的 1/1000，属于一种非常接近无水造纸的生产工艺。二是纸浆固化成形造纸，该技术是将处理纤维输送至黏稠溶液制成浓度高于 40% 的悬浮液，然后将悬浮液压出，根据纸种的不同选择相应助剂，利用助剂将纤维固化成纸张，也属于一种用水很少的造纸工艺。

（三）纸页轻量化技术概念

该技术的目的是利用较少的纤维来生产更多的产品，降低产品重量，提高产品附加值。纸张在进行轻量化的同时，要利用化学药品来保证其基本性能尤其是强度，其产品的轻量化程度极大地依赖于纸张成形技术与原材料混合技术的发展，产品的先进性依赖于绿色化学品的制备。

（四）纳米纤维素

纳米纤维素可在水中形成稳定的胶体悬浮液，通常与增稠剂、乳化剂一同混合使用。与一般纤维相比，植物纤维拥有较大的长宽比、较高的比表面积和强劲的氢键键合能力，用其开发的纳米纤维素具有自发成膜的优异特性，赋予了纳米纤维素更广泛的应用空间。纳米纤维素已经取得了重大研究成果，并逐步开始了商业化应用，预期这类特殊材料可以在造纸、食品、化妆品和涂料等领域中进行广泛推广，在电子、医疗和药物方面也将占据更多的市场份额。

(五)生物质精炼技术概念

该技术主要重视木质生物质材料的可持续开发，目前已研究了离子液体与酶在木质纤维素处理过程中的协同作用，开发了各种木质素、纤维素、半纤维素的衍生物和组合物，并将这些新物质应用到了薄膜、阻隔剂、吸附剂、胶黏剂和复合材料等材料制备工艺中。

(六)造纸机医生技术概念

目前造纸行业需要的造纸机产能、生产速率、纸张幅宽等技术参数均可在当前的装备制造业领域中得到满足，装备制造已不再是造纸业的发展屏障。因此，提出了造纸机医生技术概念，该技术重点是对造纸机进行运行状态诊断、定期维护和自动维修，以此来保证造纸机的正常运行和对新要求的适应能力。

八、中国生物基材料的技术发展趋势

生物基高分子材料具有绿色、可再生特性，可以作为石油基材料的高效替代物，目前正向着高附加值、定向转化、多功能化、综合利用化、环境友好化等方向发展。全世界每年会生产约3亿吨的高分子材料，我国每年消耗的聚酯聚醚多元醇，增塑剂、表面活性剂、塑料等精细化学品和材料也超过了7000万吨，这些材料目前还主要来源于石油资源，这也意味着我国每年的化学品需要消耗至少8000万吨的石油资源，然而我国的生物质基产品替代率还达不到1%。因此，想要降低生物基高分子材料的生产成本、规范生产规模，我国在基础研究、技术研发和产业示范等方面还需要付出更多的努力、开展更多的工作。

(一)淀粉和木质纤维基可降解材料技术

在国家的大力提倡和国际行业带领下，目前我国淀粉基全降解生物基材料技术发展取得了良好的发展，但仍存在着许多困难。全淀粉可控降解产品，特别是降解速度可控的地膜材料、包装材料等是未来5~10年内主要的发展趋势；持续提高材料的力学、防水、抗吸湿和阻隔性能，增强材料热稳定和防火性能，降低材料生产成本，研制淀粉高效规模化生产设备，这些将是今后的主要发展趋势。淀粉的物理化学改性研究，加工工艺研究，相应专用助剂的开发，都将带来重大的经济效益。

(二)生物塑料制造技术

针对我国聚酯类生物基塑料产业存在单体制备、产品高附加值化等问题，未来技术趋势是研发连续的、无灭菌的、利用廉价混合碳源的聚羟基脂肪酸酯(PHA)生产技术，以获得廉价的PHA材料，增加与石油基塑料的竞争力。开发带有高附加值功能的PHA材料，满足一些高附加值的应用，扩大PHA的应用领域；开发D-乳酸的聚合物右旋聚乳酸(PDLA)，使之与L-乳酸的聚合物左旋聚乳酸(PLLA)共混后形成的聚乳酸(PLA)立体复合物，具有更好的耐热性和力学性能。同时，通过新技术的应用大幅度降低D-乳酸的制造成本，以及更好的合成聚合物PDLA的技术；聚丁二酸丁二醇酯(PBS)由琥珀酸和1,4-丁二醇缩聚形成，生物法生产1,4-丁二醇的技术，将使琥珀酸和1,4-丁二醇都能廉价地用微生物转化的方法，从葡萄糖中获得。聚氨基酸的微生物制造技术以及高分子量生物聚酯（PBS、PLA）的化学聚合技术；建立生物聚酯的新型加工成型工艺以及环境降解性能和安全性评价体系。

(三) 生物基热固性树脂技术

随着石油资源价格的连续攀升和树脂化技术的不断成熟，生物基热固性树脂已进入了产业化示范和市场化起步阶段。在国家科技攻关计划和"863"计划的支持下，我国生物基热固性树脂的研究和开发应用取得了长足的进步，但仍存在着许多不足。重点研究木质素官能团反应活性分析及全质化利用技术；研究低成本环保型木质素基酚醛树脂胶黏剂制备技术；研究阻燃型木质素酚醛泡沫保温材料制备技术；解决生物质基环氧树脂、聚氨酯的功能化、衍生化改性技术，以及生物质基热固性树脂的分子结构与功能特性的协同控制技术；突破生物基聚氨酯产品大规模生产技术，以及生物基聚氨酯协同阻燃和节能保温性能开发与应用技术是生物基热固性树脂技术的主要发展趋势。

(四) 生物基功能材料技术

木质纤维为原料作为一种价廉、易得、储量丰富、可再生的生物质材料，其功能化及高附加值化研究一直受国内外关注。通过与其他功能材料复合或通化学性改性的方式引入功能性基团，木质纤维素被赋予光、电、磁、吸附、分离、催化等新的功能，并极大拓宽了其应用领域。随着木质纤维高效、环境友好的新技术和新工艺的研究水平的提高，生物质（如木材、竹材）、农业废弃物（如秸秆、甘蔗渣）、林产品加工废弃物（如木屑、枝丫）等可再生天然材料将受到更多的关注，获得更高效的开发利用。分子结构设计技术与纳米、生命科学等学科的交叉和融合将进一步促进生物质基功能材料研究的发展。

(五) 生物基纳米材料技术

从木质纤维资源高值化利用角度出发，木质纤维纳米化技术已经进入产业化示范和市场化的起步阶段。但是，国内现有的生物基纳米材料（纳米纤维素）还存在着产业化示范工厂少、技术含量低、产品质量不稳定等难题。因此，需要从制备技术上突破高能耗的瓶颈，发展生物基纳米材料高效制备技术，解决其产业化制备的技术难题。此外，生物基纳米材料的开发利用仍旧处在实验室研发阶段，具体增值效果尚未体现出来。需要进一步强化生物基纳米材料功能化衍生研究，拓展生物基纳米材料功能化的实际应用领域；建立生物基纳米材料制备与功能化衍生一体化的产业化示范技术。

参考文献：

[1] 立本英机，安部郁夫. 活性炭的应用技术：其维持管理及存在的问题[M]. 高尚愚，译. 南京：东南大学出版社，2002.
[2] 蒋剑春，孙康. 活性炭制备技术及应用研究综述[J]. 林产化学与工业，2017，37(1)：1-13.
[3] 孙康，蒋剑春. 国内外活性炭的研究进展及发展趋势[J]. 林产化学与工业，2009，29(6)：98-104.
[4] 古可隆，李国君，古政荣. 活性炭[M]. 北京：教育科学出版社，2008.
[5] 周孝棣，胡秀仁. 活性炭研究进展[J]. 生物质化学工程，1982.
[6] 陈冠益，马隆龙，颜蓓蓓. 生物质能源技术与理论[M]. 北京：科学出版社，2017：200-202.
[7] 王建楠，胡志超，彭宝良，等. 我国生物质气化技术概况与发展[J]. 农机化研究，2010(1)：198-205.
[8] 李建政，汪群慧. 废物资源化与生物能源. [M]. 北京：化学工业出版社，2004：83-90.
[9] 吴创之，马隆龙. 生物质能现代化利用技术[M]. 北京：化学工业出版社，2003：91-103.
[10] 张建安，刘德华. 生物质能源利用技术[M]. 北京：化学工业出版社，2009：41-51.
[11] 北京市建设委员会. 新能源与可再生能源利用技术[M]. 北京：冶金工业出版社，2006：175-177.

[12] 刘荣厚, 牛卫生, 张大雷. 生物质热化学转换技术[M]. 北京: 化学工业出版社, 2005: 109-142.

[13] 朱锡锋. 生物质热解原理与技术[M]. 合肥: 中国科学技术大学出版社, 2006: 144-181.

[14] 姚向君, 田宜水. 生物质能资源清洁转化利用技术[M]. 北京: 中国农业出版社, 2004: 134-143.

[15] 刘小娟, 于凤文, 罗瑶, 等. 生物质催化热解研究进展[J]. 能源工程, 2010(1): 15-18.

[16] 毕艳兰. 油脂化学[M]. 北京: 化学工业出版社, 2009.

[17] 李昌珠, 蒋丽娟. 工业油料植物资源利用新技术[M]. 北京: 中国林业出版社, 2013.

[18] 殷福珊. 油脂化学品的工业应用[J]. 中国油脂, 2000, 25(6): 24-30.

[19] 张勇. 油脂化学工业市场分析[J]. 日用化学品科学, 2008, 31(2): 4-9.

[20] 王海, 胡青霞. 我国的油脂市场及未来趋势[J]. 日用化学品科学, 2013, 36(5), 4-9.

[21] 程宁. 油脂化学品市场新格局正在形成[J]. 日用化学品科学, 2012, 35(10), 1-4.

[22] 王海, 胡青霞. 我国的油脂市场及未来趋势[J]. 日用化学品科学, 2013, 36(5), 4-9.

[23] 龚龙树, 刘均洪. 油脂的化学和生物转化研究进展[J]. 化学工业与工程技术, 2007, 28(5): 22-25.

[24] 殷福珊. 2003年油脂化学工业的回顾[J]. 日用化学品科学, 2004, 27(4): 1-4, 7.

[25] 俞福良. 中国油脂化学工业的进展与预测[J]. 日用化学品科学, 2001, 24(3): 1-5, 9.

[26] 董祥. 我国植物油脂制备化工产品的研究进展[J]. 林业调查规划, 2017(42): 22-25.

[27] 李昌珠, 吴红, 肖志红, 等. 工业油料植物资源高值化利用研究进展[J]. 湖南林业科技, 2014(41): 106-111.

[28] 唐冰, 郭东辉, 李从发. 植物油制备生物柴油工艺技术的研究进展[C]. 2005热带亚热带微生物资源遗传多样性与基因发掘利用研讨会论文集, 2005.

[29] 陈洁. 生物基环氧类增塑剂的合成及性能研究[D]. 北京: 中国林业科学研究院, 2015.

[30] 丁丽芹, 李孟阁, 念利利, 等. 植物油制备润滑油添加剂的研究进展[J]. 石油学报(石油加工), 2019(35): 414-420.

[31] 陈慧园. 植物油基PVC热稳定剂的制备与应用研究[D]. 无锡: 江南大学, 2014.

[32] 于帅, 马建中, 吕斌. 植物油基聚合物的研究进展[J]. 应用化工, 2019(48): 1197-1207.

[33] 罗伟, 杨万泰. 可再生资源基生物质材料的研究进展[J]. 高分子通报. 2013(4): 36-41.

[34] 国家林业局森林资源管理司. 第六次全国森林资源清查及森林资源状况[J]. 绿色中国, 2005(2): 10-12.

[35] 方彦. 树木营养器官分类的研究[J]. 南京林业大学学报(自然科学版), 2002, 26(6): 67-72.

[36] 沈兆邦. 我国森林资源化学利用的发展前景[J]. 林产化学与工业, 1999, 19(4): 75-80.

[37] 陈笳鸿. 我国树木提取物开发利用现状与展望[J]. 林产化学与工业, 1987, 19(1): 1-14.

[38] 周俊, 郝小江. 加强我国植物化学研究[J]. 中国科学院院刊, 2000(6): 413-416.

[39] 石碧, 狄莹. 植物多酚[M]. 北京: 科学出版社, 2000.

[40] HASLAM E. Plant polyphenols[J]. 林产化学与工业, 1987, 7(3): 1-19.

[41] 孙达旺. 植物单宁化学[M]. 北京: 中国林业出版社, 1992.

[42] 肖尊琰. 栲胶[M]. 北京: 中国林业出版社, 1988.

[43] 陈笳鸿, 汪咏梅, 毕良武, 等. 我国西部地区植物单宁资源开发利用状况及发展建议[J]. 林产化学与工业, 2002, 22(3): 65-69.

[44] 孙达旺. 植物单宁化学与栲胶生产技术新进展[J]. 林产化学与工业, 1993, 13(4): 339-345.

[45] 吕绪庸. 植物鞣剂简史及其取代铬鞣的技术建议[J]. 西部皮革, 2006(10): 20-22.

[46] 国家林业局. 全国历年木材、竹材、木材加工及林产化学产品产量[J]. 中国林业年鉴, 2005.

[47] 吴琪. 发展绿色皮革业 植物鞣剂独具魅力[J]. 中国皮革, 2006(15): 56-59.

[48] 石碧, 狄莹, 宋立江, 等. 栲胶的化学改性及其产物在无铬少铬鞣法中的应用[J]. 中国皮革, 2001, 30(9): 3-8.

[49] 国家林业局. 中国林业年鉴[M]. 北京: 中国林业出版社, 2001.

[50] 夏定久, 李志国. 塔拉的工业用途与丰产栽培[M]. 昆明: 云南科技出版社, 2005.

[51] 安建略, 朱汉权. 酿造单宁在啤酒生产中的使用效果[J]. 现代食品科技, 2006, 22(4): 169-170.

[52] 王海娟, 张生权, 尹盛华. 啤酒非生物稳定性及控制[J]. 酿酒, 2002(3): 65-66.

[53] 狄莹, 石碧. 含植物单宁的功能高分子材料[J]. 高分子材料科学与工程, 1998, 14(2): 20-23.

[54] 贺近恪, A G 布朗. 黑荆树及其利用[M]. 北京: 中国林业出版社, 1991.

[55] 林超岱. 植物提取物产业化前景与发展策略[J]. 中国中医药信息杂志, 2002, 9(6): 33-34.

[56] 徐炎章. 中国松香技术史[J]. 科学技术与辩证法, 1994, 11(3): 42-44.

[57] 徐炎章. 关于浙江出土墓葬松香的调查及探讨[J]. 中国科技史料, 1998, 19(2): 68-72.

[58] 徐权森. 广西松脂业的工业遗产价值研究——以梧州松脂厂为例[D]. 南宁: 广西民族大学, 2011.

[59] 魏军凤, 康霁, 李璟. 试论松香的精细化工利用[J]. 中国石油和化工标准与质量, 2017(15): 107-108.

[60] 赵振东, 刘先章. 松节油的精细化学利用(I): 松节油及精细化学利用基础[J]. 林产化工通讯, 2001.

[61] 宋湛谦. 对我国松脂产业发展的几点建议[J]. 林产化学与工业, 1998, 18(4): 79-86.

[62] 宋湛谦. 我国林产化学工业发展的新动向[J]. 中国工程科学, 2001, 3(2): 1-6.

[63] 宋湛谦. 我国林产化工学科发展现状和趋势[J]. 应用科技, 2009, 17(22): 13-15.

[64] 松香网: 松香价格, 松香行情, 松香市场分析预测 http://www.rosin-china.com.

[65] 赵伟. 中国造纸工业2017年产销形势分析[J]. 造纸信息, 2017(12): 8-12.

[66] 胡宗渊. 中国造纸工业六十年的光辉历程——纪念中华人民共和国成立六十年[J]. 天津造纸, 2009, 31(4): 2-7.

[67] 李昌涛. 制浆造纸废水深度处理技术综述[J]. 轻工科技, 2019, 35(6): 101-102.

[68] 朱琳, 巩正, 兰诗劼, 等. 造纸废水处理技术研究进展[J]. 现代农业科技, 2019(4): 152-153.

[69] 罗佐帆, 黄一峰, 柳春, 等. 造纸高浓磨浆技术研究进展[J]. 大众科技, 2018, 20(2): 11-13.

[70] 查瑞涛, 张春亮. 纳米技术在造纸工业中的应用[J]. 中华纸业, 2016, 37(21): 45-52.

[71] 李金定. 制浆造纸技术探析[J]. 科技展望, 2015, 25(03): 115.

[72] 陈嘉川, 李风宁, 杨桂花. 非木材生物制浆技术新进展[J]. 中华纸业, 2017, 38(4): 7-12.

[73] 田超. 2016—2017制浆造纸科学技术学科发展报告[C]. 中国造纸学会, 2018: 31.

[74] 陈克复. 探索造纸领域未来发展的工程科技[J]. 中华纸业, 2019, 40(13): 133-137.

[75] 程芝. 天然树脂生产工艺学(第2版)[M]. 北京: 中国林业出版社, 1996.

[76] 魏兰. 以木素为原料合成环氧树脂的研究[D]. 天津: 天津科技大学, 2004.

[77] 刘鹤, 徐徐, 商士斌, 等. 环氧树脂复合富马海松酸改性水性聚氨酯的合成及性能研究[J]. 林产化学与工业, 2014, 34(5): 122-126.

[78] 周祥顺. 葵花籽油多元醇的合成工艺研究[D]. 天津: 天津大学, 2009.

[79] 牛阿萍. 超临界二氧化碳协助制备纳米粒子[D]. 郑州: 郑州大学, 2010.

[80] 马晓军, 赵广杰. 木材苯酚液化产物制备碳纤维的初步探讨[J]. 林产化学与工业, 2007, 27(2), 29-32.

[81] 张猛, 周永红, 胡立红, 等. 松香基硬质聚氨酯泡沫塑料的制备及热稳定性研究[J]. 热固性树脂, 2010, 25(5): 37-40.

[82] 刘益军. 聚氨酯树脂及其应用[M]. 北京: 化学工业出版社, 2012.

[83] 薄采颖, 胡立红, 杨晓慧, 等. 木质素基聚氨酯预聚体改性酚醛泡沫的制备及表征[J]. 林产化学与工业, 2017, 37(1): 63-72.

[84] Sharmin E, Zafar F, Akram D, et al. Recent advances in vegetable oils based environment friendly coatings: A review[J]. Industrial Crops and Products, 2015(76): 215-229.

[85] Gallart-Sirvent P, Li A, Li K, et al. Preparation of pressure-sensitive adhesives from tung oil via Diels-Alder reaction[J]. International Journal of Adhesion and Adhesives, 2017(78): 67-73.

[86] Datta J, Glowinska E. Chemical modification of natural oils and examples of their usage for polyurethane synthesis[J]. Journal of Elastomers & Plastics, 2014, 46(1): 33-42.

第三章　林业机械科技创新

第一节　林业机械科技创新发展现状

一、林业机械分类

我国林业机械主要分为营林机械、加工机械、森保机械、园林机械和生物质能源转化机械五大类。其中，营林机械包括造林机械、木材生产机械和经济林果生产机械三小类；加工机械包括木材加工机械、竹材加工机械、人造板生产装备、林业与木工刀具、林产化工机械、林业清洁生产与环保机械六小类；森保机械包括森林病虫害防治机械和林火防扑机械二小类。

二、总体规模

经过 20 多年的高速发展，我国林业机械制造业已初具规模，产品研发取得明显进展，生产各类设备 2400 多种，国内市场占有率达 85% 以上，重大技术装备自主化取得较大突破，林业生产机械化程度进一步提升，特别是在木材加工、人造板生产、林产化工领域的机械化率已达到相当高的水平，基本实现林业生产方式从人力为主向机械化为主的历史性转变，有效提升了林产工业的综合生产能力，对推动林业生态建设和产业发展发挥了重要作用。

三、总体技术水平

我国林业技术装备种类多，发展水平不平衡，但加工机械近年来呈高速发展，其中木材加工机械、人造板生产机械、竹材加工机械和林业工具与木工刀具等装备总体技术水平与国际先进水平相比差距正在缩小，整体性价比优势明显，部分设备已接近或达到国际先进水平。营林机械、园林机械、森保机械相对比较落后，但近年来发展迅速，前景十分广阔。

四、企业情况

目前，我国各类林业机械制造企业超过 5000 家，规模以上企业超 1100 家，在长三角、珠三角和山东、东北、四川等地区形成了一批产业集群地，产生了一批具有行业代表性企业，日益成为我国林业机械行业参与国际国内市场竞争的中坚力量。

五、林业机械的发展程度

林业机械化的发展程度和水平因不同的国家和不同作业方式而异。在营林机械化方面，国外机械化程度一般限于林木种实采集作业，而通常以苗圃育苗作业的机械化程度和水平为最高，通常采用有关的农业机械进行。中国近年来研制出的苗木播种机，进一步提高了苗木生产的机械化水平。北美、欧洲各国和日本等采用温室容器育苗，有利于生产机械化和自动化。在营造人工林的作业中，平原地区的整地、植苗造林已使用机械；山地造林除用飞机直播外，机械化程度还很低。在森林抚育方面，欧洲等一些林业国家用疏伐联合机进行伐木和集材。

森林火灾是威胁森林的一个严重问题，中国现用防火塔、飞机巡逻和红外线探火仪发现火情，但灭火机械水平较低；美国、加拿等国家普遍使用飞机灭火，且病虫害防治的机械化程度也较高。在森林采伐运输的机械化方面，伐木和造林在中国使用油锯，打枝主要靠手工。

六、林业机械当前存在的问题

2008 年，我国林业技术装备总产值和出口总额已位居世界第三位，现已成为林业技术装备生产大国，但仍然不是装备强国。原因主要是从整体上对林业装备制造业的指导与协调不够，缺乏战略上的谋划和考虑；同时扶持和管理政策还很薄弱，技术研发投入不足，产品技术水平与发达国家差距较大。尤其是主机设备的关键技术缺乏创新，产品质量、自动化程度和节能环保水平与国际先进产品相比差距较大。着眼未来，要进一步明晰以下发展战略。

第二节 林业机械的创新发展趋势和技术需求

一、林业机械的系统化

单一的林业机械只应用于某一个环节，显然存在局限，而机械系统化则能大幅度提升效率。林业机械系统是指用全盘机械化的方法，来完成林业生产整个循环或其中某一部分的机械设备的最佳组合。所谓"最佳组合"，应使进入系统内的机械必须在机械性能和工艺性能上互相协调和互相匹配，而且这些机械应该完全适应林业生产环境的需要。

二、林业机械的数字化

微控制器及其发展奠定了机械产品数字化的基础，如机器人操作等；而计算机网络的迅速崛起，为数字化设计与制造铺平了道路，如虚拟设计、计算机集成制造等。相应的数字化也对生产环境、人才等提出了更高的要求。数字化的实现将便于生产的远程操作、诊断和修复。

三、林业机械的多层化

随着科学技术的不断发展，一些新型的林业机械设备将大量问世，需求量也将扩大，特别是那些小型、多用、节能、廉价的机械和机具。林业向多层次发展，机械化程度也会大幅度提高。一方面，需要大型机械满足生产高效率的要求；另一方面，发展小型机械，以此克服大型机械带来的问题。如便携式林业机械对人体平衡和安全更有利，树干注射器对防治虫害的效果显著等。

四、林业机械的绿色化

在资源逐渐减少、生态环境日益恶化的今天，保护环境、回归自然、实现可持续发展成为恒久的主题。因此，林业机械应做到低能耗、低材耗、低污染。在其设计、制造、使用和销毁时应符合环保和人类健康的要求。

五、林业机械的人性化

机械最终是为人服务的，因此，设计、制造林业机械应充分考虑人员操作的安全性、工作环境尽量舒适和便捷、降低劳动强度、简化工序、减少噪音等。同时应加大控制系统的科技含量，使操作人员通过仪表装置随时了解机器的工作状态，使机械发挥最大的效能。

当前林业的总体发展态势较好，中国经济发展速率非常快，对于木制品的需要量也很大，这就在无形中带动了林业设备的发展。为了更好地应对行业发展规定，林业设备就必须呈现出很多全新的特点，比如耗能少、环保等，这对于设备的研发人员来讲是一个很大的挑战。未来将需要便携性林业机械，成套化、专业化、自动化的生产线，兼顾生态环保与人性化。

参考文献：
[1] 焦玲. 园林绿化中机械设备适用性分析与发展趋势[J]. 中国高新区，2017(15)：190.
[2] 杨艳梅. 林业机械在林业发展中的重要作用及发展前景分析[J]. 科技经济导刊，2017(9)：123.
[3] 佟慧哲. 林业机械在林业产业中的作用及发展展望[J]. 科技创新与应用，2016(28)：285.
[4] 王振东. 我国林业小型动力机械发展回顾与现状[J]. 林业机械与木工设备，2015，43(3)：4-7.
[5] 张正华. 林业采运机械的应用与发展趋势[J]. 农村实用科技信息，2014(6)：64.
[6] 陈幸良. 中国现代林业技术装备发展战略与技术创新对策[J]. 农业工程，2013，3(4)：1-5.
[7] 于恩皓. 营林机械在我国林业发展中的作用[J]. 民营科技，2011(7)：75.
[8] 傲日格乐，刘尧. 林业机械的应用与发展前景[J]. 内蒙古林业，2010(4)：26-27.
[9] 张立富，陆怀民. 国内外园林绿化机械的现状及其发展前景[J]. 林业机械与木工设备，2009，37(7)：4-6.
[10] 程业昭. 国内外小动力园林机械的现状和发展前景[C]. 当代林木机械博览(2005)，2006(4)：70-73.
[11] 赵奇，赵小茜，徐克生. 国内外林业装备主要技术水平和发展趋势[J]. 林业机械与木工设备，2005(2)：10-12.

第二篇
中国林产工业科技创新成果及获奖集锦

第一章 国家和省部级科技奖集锦

时间	获奖等级	获奖单位	获奖产品
1989	林业部科技进步二等奖	南京林业大学木材工业系	QJ-1型带锯条适张度自动处理系统
1989	林业部科技进步二等奖	林业部北京林业机械研究所、国营江西第三机床厂	BQ 1813无卡轴旋切机的研制
1989	林业部科技进步二等奖	中国林业科学研究院木材工业研究所、苏州林业机械厂	快速装卸贴面压机机组的研制
1989	林业部科技进步三等奖	南京林业大学、信阳木工机械厂	磨刀机标准
1989	林业部科技进步三等奖	南京林业大学木工系、湖北省荆门市白云家具厂	实木弯曲工艺技术及实木弯曲家具新产品
1989	林业部科技进步三等奖	南京林业大学木工系、永泰县建筑构件厂、烟台木钟厂抚顺分厂、国营松山纺织器材厂	可逆循环侧向通风木材干燥窑的研究
1989	林业部科技进步三等奖	东北林业大学	我国现代制材生产线的研究
1989	林业部科技进步三等奖	北京光华木材厂、北京林业大学	纸基复塑中密度纤维板的研制及其在铁道客车上的应用
1990	国家科技进步二等奖	林业部北京林业机械研究所、国营江西第三机床厂	BQ1813无卡轴旋切机的研制
1990	国家科技进步三等奖	中国林业科学研究院木材工业研究所、林业部苏州林业机械厂	快速装卸贴面压机机组的研制
1990	林业部科技进步二等奖	北京林业大学、北京市木材厂	BMGK-I型微计算机木材干燥监控系统的研制
1990	林业部科技进步二等奖	南京林业大学木工系、西安市化工通用机械厂	木材间歇真空干燥技术的研究与推广
1990	林业部科技进步二等奖	中南林学院、岳阳君山复合材料板厂	低毒复合脲醛树脂胶的研制
1990	林业部科技进步三等奖	中国林业科学研究院木材工业研究所、湖南省农林工业勘察设计研究院、黑龙江省林业设计研究院、湖南省株洲市木材公司	中密度纤维板生产工艺研究
1990	林业部科技进步三等奖	中国林业科学研究院木材工业研究所、湖北省沙市水处理设备制造厂、山东省胶南县纤维板厂	超滤法处理湿法纤维板热压废水技术
1990	林业部科技进步三等奖	中国林业科学研究院林产化学工业研究所、江苏省连云港市墟沟林场林化厂、江苏省家禽科学研究所、广东省乐昌县坪石松针生化厂	粉状松针膏添加剂研制与应用
1990	林业部科技进步三等奖	中国林业科学研究院林产化学工业研究所	AE-36可发泡自交联丙烯酸乳液的研制
1990	林业部科技进步三等奖	中国林业科学研究院林产化学工业研究所、广东省德庆县林化厂	用乙二醇季戊四醇代替甘油制造松香树脂的研究
1991	国家科技进步三等奖	天津市木材工业研究所、天津市木材五厂	木质湿法超薄型硬质纤维板生产技术研究
1991	国家科技进步三等奖	南京林业大学木工系、西安市化工通用机械厂	木材间歇真空干燥技术研究
1991	国家科技进步三等奖	中国林业机械公司、林业部林产工业设计院、林业部北京林业机械研究所、林业部信阳木工机械厂、林业部镇江林业机械厂	年产3万 m^3 刨花板成套设备主机引进与研制

(续)

时间	获奖等级	获奖单位	获奖产品
1991	林业部科技进步三等奖	南京林业大学木材工业系	高频介质加热弯曲胶合成套技术
1991	林业部科技进步三等奖	南京林业大学木材工业系	定向刨花板中间试验
1991	林业部科技进步三等奖	信阳木工机械厂	微电子控制制材生产线成套设备的研制
1991	林业部科技进步三等奖	中国林业科学研究院木材工业研究所	间苯二酚苯酚甲醛树脂的研制及其在胶合木梁上的应用
1991	林业部科技进步三等奖	林业部苏州林业机械厂	BG 183A 三层喷气网带式单板干燥机与 ZHMD-1 型氧化锆高温湿度仪的研制
1991	林业部科技进步三等奖	中南林学院、湖北省崇阳县林业局	饰面竹基材混凝土模板的研制
1991	林业部科技进步三等奖	中国林业科学研究院林产化学工业研究所、南京市卫生防疫站	食品添加型松香甘油酯和氢化松香甘油酯国标的制订
1991	林业部科技进步三等奖	林业部林产工业设计院、广西壮族自治区武鸣栲胶厂、岳阳石油化工总厂设计院	栲胶生产节能新工艺
1991	林业部科技进步三等奖	中国林业科学研究院林产化学工业研究所	高剪切多用途丙烯酸系列乳液压敏胶的研究
1991	林业部科技进步三等奖	林业部哈尔滨林业机械研究所	BBP 123Q 小径原木剥皮机的研制
1992	国家发明奖四等奖	黑龙江省林业科学研究院	木工平刨安全防护新技术
1992	林业部科技进步一等奖	东北林业大学、林业部林产工业设计院	E1 级刨花板用 DN-6 号低毒性脲醛树脂胶的研制
1992	林业部科技进步二等奖	林业部苏州林业机械厂	BSG 2713、BSG 2613 双面定厚宽带砂光机的研制
1992	林业部科技进步三等奖	中国林业科学研究院木材工业研究所	木材缺陷国家标准的修订
1992	林业部科技进步三等奖	中国林业科学研究院林产化学工业研究所	高耐磨静电植绒用丙烯酸酯乳液胶黏剂的研制
1993	国家科技进步三等奖	林业部苏州林业机械厂	BSG 2713、BSG 2613 双面定厚宽带砂光机的研制
1993	国家科技进步三等奖	东北林业大学、林业部林产工业设计院	E1 级刨花板用 DN-6 号低毒性脲醛树脂胶的研制
1993	林业部科技进步二等奖	中国林业科学研究院木材工业研究所	中国裸子植物木材超微构造的研究
1993	林业部科技进步二等奖	中国林业科学研究院林产化学工业研究所	氢化松香脂类系列产品研制和应用研究
1993	林业部科技进步二等奖	中国林业科学研究院林产化学工业研究所	沙棘油提取新工艺扩试
1993	林业部科技进步二等奖	北京林业大学、哈尔滨林业机械研究所、南京林业大学、东北林业大学、黑龙江木材采运研究所	林业机械系统的研究
1993	林业部科技进步三等奖	中国林业科学研究院热带林业研究所	新防腐剂 TWP 橡胶木防腐试验
1993	林业部科技进步三等奖	南京林业大学化工系	湿强剂 PA E-LT 的开发和利用
1993	林业部科技进步三等奖	东北林业大学、哈尔滨市兴华木材干燥设备厂	CLZ 型木材干燥室的研制
1993	林业部科技进步三等奖	中国林业科学研究院林产化学工业研究所	210 松香改性酚醛树脂新工艺
1993	林业部科技进步三等奖	中国林业科学研究院木材工业研究所	泡桐剩余物刨花板生产新工艺
1993	林业部科技进步三等奖	福州人造板厂、福建省林业科学研究所	福州人造板厂引进设备国产化研制
1993	林业部科技进步三等奖	南京林业大学、广东省封开县林产化工厂	粉状松香强化造纸施胶剂生产性试验

(续)

时间	获奖等级	获奖单位	获奖产品
1994	林业部科技进步特等奖	中国林业科学研究院、北京市农林科学研究院、黑龙江省农技推广总站、吉林省浑江市科协、山西省林学会、昆明市农科所、内蒙古海拉尔农牧场管理局植保公司、解放军总后农业技术推广总站、四川省江津县ABT推广办公室、广西林业厅林业技术推广总站、山东省莱西市林业局、湖南省林业厅林业技术推广总站、辽宁省农业广播电视学校、陕西省林业厅林业技术推广站、江西省上饶地区林业局、云南省大理州科委、中国农业科学研究院作物品种资源研究所、北京大学数学系、上海市农科院作物所	ABT生根粉系列的推广
1994	林业部科技进步三等奖	南京林业大学、江西宜丰竹材胶合板厂	汽车车厢底板用竹材胶合板标准
1994	林业部科技进步三等奖	吉林省林业科学研究院	亚硫酸盐纸浆废液用于刨花板生产的研究
1995	国家发明三等奖	北京林业大学	湿法两面光中密度纤维板生产工艺技术
1995	国家科技进步二等奖	南京林业大学、苏州林业机械厂、西北人造板机械厂、溧阳林达机械厂	竹材胶合板的研究与推广
1995	林业部科技进步一等奖	中国林业科学研究院木材工业研究所	中国木材渗透性及其可控制原理和途径的研究
1995	林业部科技进步二等奖	中国林业科学研究院木材工业研究所	建筑用材防腐技术在古建筑上的应用——布达拉宫、塔尔寺、天安门古建维修工程
1995	林业部科技进步三等奖	南京林业大学木材工业学院、林业部林产工业设计院、溧阳平陵林机厂	新型S.D.C系列木材蒸汽干燥窑及其成套设备的研究
1995	林业部科技进步三等奖	中国林业科学研究院木材工业研究所、湖北省国营崇阳县桂花林场、林业部经济发展研究中心	马尾松、杉木间伐材指接技术研究
1995	林业部科技进步三等奖	中国林业科学研究院木材工业研究所、上海联合木材工业公司、天津市木材公司	《热带阔叶树材普通胶合板》国家标准的制定
1995	林业部科技进步三等奖	中国林业科学研究院林产化学工业研究所	《脂松香》《松香试验方法》国家标准的制定
1995	林业部科技进步三等奖	中国林业科学研究院木材工业研究所	WFR木材及人造板系列阻燃技术
1995	林业部科技进步三等奖	中国林业科学研究院木材工业研究所、核工业第二研究设计院	核工业乏燃料运输容器减震材料的研究
1995	林业部科技进步三等奖	林业部林产工业设计院、临安化工制剂厂	石蜡乳化剂（909）及破乳剂（909）的研制和推广
1995	林业部科技进步三等奖	中国林业机械总公司苏州林业机械厂	BG 134三层喷气辊筒式单板干燥机的研制
1995	林业部科技进步三等奖	东北林业大学机电系	MMJ 514型机械式宽带砂光机
1995	林业部科技进步三等奖	信阳木工机械厂	BQ 1213/8液压单卡轴旋切机
1996	国家科技进步特等奖	中国林业科学研究院、北京市农林科学研究院、黑龙江省农技推广总站、吉林省浑江市科协、山西省林学会、昆明市农科所、内蒙古海拉尔农牧场管理局植保公司、解放军总后农业技术推广总站、四川省江津县ABT推广办公室、广西林业厅林业技术推广总站、山东省莱西市林业局、湖南省林业厅林业技术推广总站、辽宁省农业广播电视学校、陕西省林业厅林业技术推广站、江西省上饶地区林业局、云南省大理州科委、中国农业科学研究院作物品种资源研究所、北京大学数学系、上海市农科院作物所	ABT生根粉系列的推广

(续)

时间	获奖等级	获奖单位	获奖产品
1996	林业部科技进步二等奖	云南省林业科学研究院、中国科学院昆明植物研究所、保山地区林科所、红河州芷村林场、祥云县清华洞林场、楚雄州一平浪林场、双柏县麦地新林场	云南松胶合板材、纸浆材种源选择
1996	林业部科技进步二等奖	中国林业科学研究院木材工业研究所	中国重要木材干燥基准的研制
1996	林业部科技进步三等奖	北京林业大学森林工业学院	STT-1微机控制圆锯片适张状态综合检测系统
1996	林业部科技进步三等奖	东北林业大学	板式家具优化排料法的研究与应用
1997	林业部科技进步一等奖	中国林业科学研究院林产化学工业研究所	浅色松香松节油增粘树脂系列产品开发研究
1997	林业部科技进步二等奖	林业部林产工业规划设计院、林业部林产工业规划设计院泰兴特种胶带厂、华东理工大学材料科学研究所	刨花板板坯热压传送带的研制与推广应用
1997	林业部科技进步二等奖	南京林业大学木材工业学院、中国林业科学研究院木材工业研究所、北京林业大学森林工业学院	短周期工业材木材干燥技术
1997	林业部科技进步二等奖	上海人造板机器厂	年产3000m^3中密度纤维板生产线成套设备
1997	林业部科技进步三等奖	林业部林产工业规划设计院、林业部林产工业规划设计院临安化工制剂厂	PVC浮雕制品成套设备的研制和推广应用
1997	林业部科技进步三等奖	中国林业科学研究院木材工业研究所	LF-87中密度纤维板用低毒脲醛树脂的研制和推广应用
1997	林业部科技进步三等奖	中国林业科学研究院林产化学工业研究所	《氢化松香》国家标准制定
1997	林业部科技进步三等奖	中国林业科学研究院木材工业研究所、长春胶合板厂	《木材工作胶粘剂用脲醛、酚醛、三聚氰胺甲醛树脂》国家标准的制定
1997	林业部科技进步三等奖	苏州林业机械厂、北京林业机械研究所	BG 23系列转子式刨花干燥机的研制
1997	林业部科技进步三等奖	苏州林业机械厂	SL 9200快速贴面生产线的研制
1997	林业部科技进步三等奖	东北林业大学	图像处理技术在木材无损检测中的应用
1997	国家科技进步二等奖	中国林业科学研究院林产化学工业研究所、重庆丰都康乐化工有限公司、四川省彭州天龙化工有限公司、老河口市林产化工总厂	五倍子单宁深加工技术
1998	国家林业局科技进步一等奖	中国林业科学研究院木材工业研究所、安徽农业大学、东北林业大学、中南学院、南京林业大学、北京林业大学、中国林业科学研究院林产化学工业研究所、华中农业大学	中国主要人工林树种木材性质研究
1998	国家林业局科技进步三等奖	中国林业科学研究院林产化学工业研究所、江苏省宜兴市江南合成胶粘剂厂	YH-1耐洗型喷胶棉用醋丙多元共聚乳液胶粘剂
1998	国家林业局科技进步三等奖	林业部林产工业规划设计院、福建省漳平市木质纤维瓦楞板厂	木纤维瓦楞板生产技术及成套设备的研究、开发与推广应用
1998	国家林业局科技进步三等奖	福州人造板厂	中密度纤维板的管道与搅拌联合施胶试验
1998	国家林业局科技进步三等奖	苏州林业机械厂	BSG 2813六砂架双面宽带砂光机的研制
1998	国家林业局科技进步三等奖	南京林业大学、东北林业大学、北京林业大学、中南林学院、中国林业出版社	《制材学》

(续)

时间	获奖等级	获奖单位	获奖产品
1998	国家林业局科技进步三等奖	中国林业科学研究院木材工业研究所、安徽农业大学、北京林业大学、中国林业出版社	《木材学》
1998	国家科技进步二等奖	中国林业科学研究院	浅色松香松节油增粘树脂系列产品开发研究
1999	国家林业局科技进步一等奖	中国林业科学研究院林产化学工业研究所、重庆丰都康乐化工有限公司、四川省彭州天龙化工有限公司、老河口市林产化工总厂	五倍子单宁深加工技术
1999	国家林业局科技进步二等奖	南京林业大学、江苏新大纸业集团公司	麦草低污染制浆新技术
1999	国家林业局科技进步三等奖	利用芦苇制造刨花板工艺技术的研究	黑龙江省林产工业研究所
1999	国家林业局科技进步三等奖	南京林业大学、江苏胜阳集团、江阴长虹塑木制品有限公司	难燃胶合板和木质防火门的研究
1999	国家林业局科技进步三等奖	中国林业科学研究院林产化学工业研究所	我国松属松脂化学特征及与分类学关系的研究
1999	国家林业局科技进步三等奖	苏福马股份有限公司	MB 402 四面木工刨床
2002	国家科技进步二等奖	中国林业科学研究院、北京大学、中国农业科学院作物品种资源研究所、北京市农林科学院、上海市农业科学院作物育种栽培研究所、河北省林学会、浙江林学院	绿色植物生长调节剂（GGR）的研究、开发与应用
2004	国家科技进步二等奖	中国林业科学研究院 等	人工林木材性质及其生物形成与功能性改良的研究
2004	国家科技进步二等奖	中国林业科学研究院木材工业研究所、中国林业科学研究院林业研究所、南京林业大学、安徽农业大学、华中农业大学、上海市计算技术研究所	人工林木材性质及其生物形成与功能性改良的研究
2005	国家技术发明二等奖	南京林业大学	落叶松单宁酚醛树脂胶黏剂的研究与应用
2005	国家技术发明二等奖	南京林业大学 等	南方型杨树（意杨）木材加工技术研究与推广
2006	国家技术发明二等奖	南京林业大学	农林废弃物生物降解制备低聚木糖技术
2006	国家科技进步一等奖	国际竹藤网络中心、中国林业科学研究院木材工业研究所、南京林业大学、中国林业科学研究院林产化学工业研究所	竹质工程材料制造关键技术研究与示范
2007	国家技术发明二等奖	浙江林学院	刨切微薄竹生产技术与应用
2008	国家科技进步二等奖	中国林业科学研究院林产化学工业研究所、株洲松本林化有限公司	松香松节油结构稳定化及深加工利用技术
2009	国家技术发明二等奖	北京林业大学	环境友好型人造板胶黏剂制造及应用关键技术
2009	国家科技进步二等奖	中国林业科学研究院林产化学工业研究所、江西怀玉山三达活性炭有限公司	活性炭微结构及其表面基团定向制备应用技术
2009	国家科技进步二等奖	南京林业大学、中国林业科学研究院木材工业研究所、万华生态板业荆州有限公司、山东淄博同森木业有限公司、江苏鼎元科技发展有限公司、常州洛基木业集团公司、苏州苏福马机械有限公司	稻麦秸秆人造板制造技术与产业化

(续)

时间	获奖等级	获奖单位	获奖产品
2009	国家科技进步二等奖	浙江林学院、南京林业大学、遂昌县文照竹炭有限公司、衢州民心炭业有限公司、福建农林大学、浙江富来森中竹科技股份有限公司、浙江建中竹业科技有限公司	竹炭生产关键技术、应用机理及系列产品开发
2010	国家技术发明二等奖	中国林业科学研究院	人造板及其制品环境指标的检测技术体系
2010	国家科技进步二等奖	中南林业科技大学、广州市木易木制品有限公司、华南农业大学	无烟不燃木基复合材料制造关键技术与应用
2011	国家科技进步二等奖	西南林业大学、昆明新飞林人造板有限公司、昆明人造板机器厂、昆明美林科技有限公司、河北金赛博板业有限公司、唐山福春林业有限公司、中国林业科学研究院木材工业研究所	防潮型刨花板研发及工业化生产技术
2012	国家科技进步二等奖	东北林业大学、中国林业科学研究院木材工业研究所、南京林业大学、中国资源综合利用协会、南京赛旺科技发展有限公司、湖北普辉塑料科技发展有限公司、青岛华盛高新科技发展有限公司	木塑复合材料挤出成型制造技术及应用
2012	国家科技进步二等奖	南京林业大学、新会中集木业有限公司、国际竹藤中心、南通新洋环保板业有限公司、湖南中集竹木业发展有限公司、嘉善新华昌木业有限公司、诸暨市光裕竹业有限公司	竹木复合结构理论的创新与应用
2012	国家科技进步二等奖	北华大学、吉林辰龙生物质材料有限责任公司、吉林森林工业股份有限公司、湖北福汉木业有限公司、敦化市亚联机械制造有限公司、东北林业大学	超低甲醛释放农林剩余物人造板制造关键技术与应用
2013	国家科技进步二等奖	中国林业科学研究院林产化学工业研究所、华北电力大学、福建农林大学、合肥天焱绿色能源开发有限公司、福建元力活性炭股份有限公司	农林剩余物多途径热解气化联产炭材料关键技术开发
2013	国家科技进步二等奖	中国林业科学研究院资源昆虫研究所、昆明西莱克生物科技有限公司	紫胶资源高效培育与精加工技术体系创新集成
2014	国家科技进步二等奖	福建农林大学、陕西科技大学、福建宏远集团有限公司、四川永丰纸业股份有限公司、福建省晋江优兰发纸业有限公司、贵州赤天化纸业股份有限公司、湖南拓普竹麻产业开发有限公司	竹纤维制备关键技术及功能化应用
2015	国家科技进步二等奖	中国林业科学研究院木材工业研究所、南京林业大学、安徽宏宇竹木制品有限公司、浙江大庄实业集团有限公司、青岛国森机械有限公司、太尔胶粘剂（广东）有限公司	高性能竹基纤维复合材料制造关键技术与应用
2016	国家科技进步二等奖	中国林业科学研究院林产化学工业研究所、江苏悦达卡特新能源有限公司、金骄特种新材料（集团）有限公司	农林生物质定向转化制备液体燃料多联产关键技术
2017	国家科技进步二等奖	东北林业大学、中国林业科学研究院木材工业研究所、中国木材保护工业协会、河北爱美森木材加工有限公司、徐州盛和木业有限公司、德华兔宝宝装饰新才股份有限公司、北京楚之园环保科技有限责任公司	基于木材细胞修饰的材质改良与功能化关键技术
2018	国家科技进步二等奖	中南林业科技大学、大亚人造板集团有限公司、广西丰林木业集团股份有限公司、连云港保丽森实业有限公司、河南恒顺植物纤维板有限公司	农林剩余物功能人造板低碳制造关键技术与产业化

(续)

时间	获奖等级	获奖单位	获奖产品
2019	国家科技进步二等奖	中国林业科学研究院林产化学工业研究所、南京林业大学、北京林业大学、山东晨鸣纸业集团股份有限公司、山东华泰纸业股份有限公司、江苏金沃机械有限公司	混合材高得率清洁制浆关键技术及产业化
2019	国家科技进步二等奖	国际竹藤中心、中国林业科学研究院木材工业研究所、上海中晨数字技术设备有限公司、中国纤维质量监测中心	植物细胞壁力学表征技术体系构建及应用
2019	国家科技进步二等奖	西南林业大学、上海人造板机器厂有限公司、云南新泽兴人造板有限公司、东营正和木业有限公司、商丘市鼎丰木业股份有限公司	人造板连续平压生产线节能高效关键技术
2020	国家科技进步二等奖	齐鲁工业大学、山东晨鸣纸业集团股份有限公司、山东太阳纸业股份有限公司、山东华泰纸业股份有限公司、山东恒联投资集团有限公司	高性能木材化学浆绿色制备与高值利用关键技术及产业化

第二章 梁希林业科学技术奖集锦

首届梁希林业科学技术奖			
获奖等级	获奖项目名称	项目主要完成人	项目主要完成单位
二等奖	木质环境品质与居住质量的研究	李 坚、刘一星、段新芳、赵荣军、于海鹏、姚永明、李雨红、刘迎涛、王立娟、崔永志 等	东北林业大学
	农林废弃物生物降解制备低聚木糖技术	余世袁、勇 强、徐 勇、陈 牧、朱汉静、宋向阳、江 华	南京林业大学化学工程学院
三等奖	2，3，4-三甲氧基苯甲醛新工艺	张宗和、黄嘉玲、徐 浩、李丙菊、秦 清 等	南京龙源天然多酚合成厂、中国林业科学研究院林产化工研究所
	锥形流化床生物质气化技术	蒋剑春、应 浩、戴伟娣、刘石彩、许 玉 等	中国林业科学研究院林产化学工业研究所
	人造板挥发物检测环境的动态精确控制技术	周玉成、程 放、高可城、李小群、杨建华	中国林业科学研究院木材工业研究所
	喜树碱新衍生物的制备及其分子作用机制	李庆勇、唐中华、于景华、付玉杰、祖元刚 等	东北林业大学
第二届梁希林业科学技术奖			
获奖等级	获奖项目名称	项目主要完成人	项目主要完成单位
一等奖	松香松节油结构稳定化及深加工利用技术研究与开发	宋湛谦、赵振东、孔振武、商士斌、陈玉湘、高 宏、王占军、李冬梅、王振洪、毕良武、黄 焕、周 浩、周永红、王 婧、陈 健	中国林业科学研究院林产化学工业研究所
二等奖	6HW-50 高射程喷雾机	周宏平、郑加强、崔业民、张沂泉、许林云、茹 煜、商庆清、唐进根、徐幼林	南京林业大学机电工程学院、南通市广益机电有限责任公司
二等奖	木材-SiO_2 气凝胶纳米复合材料的研究	李 坚、邱 坚、刘一星、隋淑娟、姚永明、李 斌、王立娟、苏润洲、于海鹏、崔永志	东北林业大学、西南林学院
二等奖	人工林木材增值利用加工技术	张久荣、吕建雄、吴玉章、孙振鸢、周永东、骆秀琴	中国林业科学研究院木材工业研究所
三等奖	环保型阻燃中密度竹木复合板的研制和开发	汪奎宏、李 琴、华锡奇、何奇江、杨伟明	浙江省林业科学研究院、北京林业大学、浙江省德清县莫干山竹胶板厂、安吉恒丰竹木产品有限公司
三等奖	木材加工粉尘治理技术与综合利用研究	周玉申、潘淑清、刘志武、陈雄伟、彭福坦	广东省林业调查规划院
第三届梁希林业科学技术奖			
获奖等级	获奖项目名称	项目主要完成人	项目主要完成单位
二等奖	木结构建筑材料开发与应用	费本华、吕建雄、王 正、傅 峰、于文吉、任海青、王 戈、林利民、赵荣军、周海宾	中国林业科学研究院木材工业研究所、国家林业局北京林业机械研究所、国际竹藤网络中心、黑龙江木材科学研究所

(续)

第三届梁希林业科学技术奖			
获奖等级	获奖项目名称	项目主要完成人	项目主要完成单位
二等奖	竹木复合结构理论及应用	张齐生、孙丰文、蒋身学、朱一辛、许斌、朱其孟、徐善平、关雪梅、李柏忠、黄河浪	南京林业大学竹材工程研究中心、诸暨市光裕竹业有限公司、嘉善新华昌木业有限公司、南车二七车辆有限公司、中国林业科学研究院
二等奖	农林废弃生物质清洁高效分离及高值化利用基础科学问题	许凤、孙润仓、刘传富、任俊莉、耿增超、苏印泉、彭锋、彭湃、余雕、张学铭	北京林业大学、华南理工大学、西北农林科技大学
二等奖	林纸一体化速生材制浆性能及其评估体系的研究	李忠正、房桂干、尤纪雪、施英乔、蒋华松、李萍、刘学斌、邓拥军、曹云峰、刘明山	南京林业大学轻工科学与工程学院、中国林业科学研究院林产化学工业研究所
三等奖	木质废料中密度纤维板工艺技术	周玉申、陈雄伟、丁丹、何莹泉、房仕钢	广东省林业调查规划院
三等奖	木材生物矿物形成机理与其在木材—无机质复合材制备中的应用	邱坚、杜官本、杨燕、王昌命、李君	西南林学院
三等奖	BSG 2626系列、BSG 2726系列八呎宽幅砂光机	沈文荣、刘艳丽、徐迎军、杨志林、李玲	苏州苏福马机械有限公司
三等奖	喷蒸—真空热压厚型中密度纤维板制造及产业化	徐咏兰、周定国、周晓燕、金菊婉、梅长彤	南京林业大学木材工业学院
三等奖	人工林立木质量的应力波无损评估技术	姜笑梅、殷亚方、周玉成、罗彬、王春明	中国林业科学研究院木材工业研究所、黑龙江省木材科学研究所
第四届梁希林业科学技术奖			
获奖等级	获奖项目名称	项目主要完成人	项目主要完成单位
一等奖	木竹材性光谱速测及品质鉴别关键技术与应用	江泽慧、费本华、傅峰、王戈、余雁、黄安民、赵荣军、杨忠、刘杏娥、王小青、李岚、覃道春、虞华强、汪佑宏、吕文华	国际竹藤网络中心、中国林业科学研究院木材工业研究所
二等奖	木本多糖结构性质与制备应用技术	蒋建新、孙润仓、张卫明、孙达峰、菅红磊、王堃、彭锋、冯月、宋先亮、朱莉伟	北京林业大学、中华全国供销合作总社南京野生植物综合利用研究院
二等奖	环境安全型木塑复合人造板及工程材料制造技术	王正、郭文静、常亮、高黎、任一萍、范留芬、陈正坤、王志玲、吴健身	中国林业科学研究院木材工业研究所
二等奖	松节油基萜类农药的合成、筛选、活性规律及构效关系研究	王宗德、陈金珠、宋杰、宋湛谦、姜志宽、韩招久、范国荣、陈尚钏、尹延柏、饶小平	江西农业大学、美国密歇根大学（弗林特）、中国林业科学研究院林产化学工业研究所、南京军区军事医学研究所
二等奖	承载型竹基复合材料制造关键技术与装备开发应用	傅万四、张齐生、丁定安、沈毅、张占宽、蒋身学、朱志强、周建波、王检忠、许斌	国家林业局北京林业机械研究所、南京林业大学、湖南省林业科学院、镇江中福马机械有限公司、中国林业科学研究院木材工业研究所
二等奖	速生材人造板技术和产品的集成创新与产业化	周定国、张洋、魏孝新、梅长彤、徐信武、周晓燕、徐咏兰、沈鸣生、申黎明、王卫东	南京林业大学、山东新港企业集团有限公司、江苏洛基木业有限公司、安徽管仲木业有限公司、宜兴市凯旋木业有限公司、南星家居科技（湖州）有限公司

（续）

第四届梁希林业科学技术奖			
获奖等级	获奖项目名称	项目主要完成人	项目主要完成单位
二等奖	高性能竹基复合材料制造技术	于文吉、余养伦、祝荣先、周月、任丁华、张亚慧、苏志英、洪敏雄	中国林业科学研究院木材工业研究所、廊坊市双安结构胶合板研究所、福建篁城竹业科技有限公司
三等奖	竹提取物杀虫、抗菌活性高效筛选与制剂制备技术	岳永德、汤锋、花日茂、操海群、王进	国际竹藤网络中心、安徽农业大学
三等奖	木结构构件连接关键技术研究	费本华、赵荣军、任海青、周海宾、王朝晖	国际竹藤网络中心、国家林业局北京林业机械研究所、中国林业科学研究院木材工业研究所
三等奖	浙江乡土珍贵用材树种木材性质及加工利用适应性研究	徐漫平、杨云芳、杨伟明、郭飞燕、于海霞	浙江省林产品质量检测站、浙江理工大学、浙江省林业科学研究院、淳安县林业局、浙江德生木业有限公司
三等奖	花木泥炭基质生产技术研究与应用	孙向阳、栾亚宁、李素艳、王勇、陈建武	北京林业大学
三等奖	木塑复合材料的挤出成型及产品开发	秦特夫、黄洛华、郭焰明、段新芳、李改云	中国林业科学研究院木材工业研究所
三等奖	苗圃机械化精细作业关键技术装备	吴兆迁、刘明刚、牛晓华、樊涛、王德柱	国家林业局哈尔滨林业机械研究所
三等奖	植物单宁加工业标准化研究与林业行业标准制定修订	陈笳鸿、汪咏梅、吴冬梅、吴在嵩	中国林业科学研究院林产化学工业研究所
第五届梁希林业科学技术奖			
获奖等级	获奖项目名称	项目主要完成人	项目主要完成单位
二等奖	松香改性木本油脂基环氧固化剂制备技术与产业化开发	夏建陵、聂小安、杨小华、李梅、黄坤、张燕、万厉、诸进华、陈瑶	中国林业科学研究院林产化学工业研究所、中国林业科学研究院林产化工研究所南京科技开发总公司
二等奖	人工林杨树木材改性技术研究与示范	刘君良、吕建雄、吴玉章、黄荣凤、周永东、柴宇博、吕文华、孙柏玲、张玉萍、李彦廷、谢志武、王少敏、孙伟圣	中国林业科学研究院木材工业研究所、中国林业科学研究院林业新技术研究所、河南省瑞丰木业有限公司、湖南万森木业有限公司、浙江锯丰源防腐工程技术有限公司、久盛地板有限公司
二等奖	无甲醛豆胶耐水胶合板的制造技术和产品创新与产业化	张洋、周定国、杨光、雷礼纲、贾翀、周兆兵、杨波、周培生、崔举庆、黄润州、沈鸣生、汪存栋、徐贵学、任元昌	南京林业大学、上海泓涵化工科技有限公司、江苏洛基木业有限公司、江苏舜天苏迈克斯木业有限公司、上海黎众木业有限公司、连云港华林木业有限公司
二等奖	利用三聚磷酸钠提高氧脱木素的脱除率及白度和粘度的方法	黄六莲、陈礼辉	福建农林大学
三等奖	C12-14烷基缩水甘油醚清洁生产工艺关键技术及产业化	朱新宝、程振朔、朱凯、王芳、周孜、杨云、李大钱	南京林业大学、安徽新远化工有限公司
三等奖	天然竹纤维高效加工成套技术装备研究与开发	姚文斌、张蔚、俞伟鹏、徐云杰、许晓峰、马国维、文勇、奉正顺、陈荣、俞友明、傅深渊	浙江农林大学、浙江华江科技发展有限公司、四川长江造林局(四川林业集团)、浙江绿卿竹业科技有限公司、杭州立德竹制品有限公司、江苏靖江艾利特食品机械有限公司、江阴延利汽车饰件有限公司、福建建州竹业科技有限公司、杭州个个爽竹纤维纺织有限公司

(续)

	第五届梁希林业科学技术奖		
获奖等级	获奖项目名称	项目主要完成人	项目主要完成单位
三等奖	高性能竹层积材生产技术与应用	李延军、刘红征、章卫钢、毛胜凤、林海、于红卫、张晓春、姚迟强、林勇、夏俐、赵正治、戴月萍	浙江农林大学、浙江大庄实业集团有限公司、国家木质资源综合利用工程技术研究中心、杭州强生圣威装饰材料有限公司、杭州和恩竹材有限公司、杭州森瑞竹木业有限公司
三等奖	纺织用竹纤维制取及鉴别技术	王戈、王越平、程海涛、费本华、刘政、覃道春、周湘祁、余雁、陈复明	国际竹藤中心、北京服装学院、湖南华升株洲雪松有限公司
三等奖	竹材定向刨花板防腐防霉技术研究	覃道春、江泽慧、费本华、金菊婉、蒋明亮、陆方、王戈、余雁	国际竹藤中心、南京林业大学
	第六届梁希林业科学技术奖		
获奖等级	获奖项目名称	项目主要完成人	项目主要完成单位
二等奖	重组竹材制备新技术及应用	汪奎宏、李琴、杜官本、张建、胡波、袁少飞、于海霞、雷洪、曾樟清、周庆荣	浙江省林业科学研究院、西南林业大学、安吉恒丰竹木产品有限公司、浙江腾龙竹业集团有限公司、浙江永裕竹业股份有限公司
二等奖	胶合竹的设计和制造	孙正军、江泽慧、刘焕荣、张秀标、严彦、倪林、宋光喃、杨利梅	国际竹藤中心
二等奖	松脂基功能衍生物的合成与作用机制研究	王宗德、王鹏、赵振东、宋杰、范国荣、陈金珠、陈尚钎、卢平英、李新俊、吴丽芳	江西农业大学、中国林业科学研究院林产化学工业研究所、美国密歇根大学(弗林特)、江西麻山化工有限公司
二等奖	漆树活性提取物高效加工关键技术与应用	王成章、周昊、叶建中、陈虹霞、张宇思、陶冉	中国林业科学研究院林产化学工业研究所
二等奖	南方特色木本植物油料全资源高效利用新技术与产品	李昌珠、林琳、刘汝宽、李辉、崔海英、李培旺、周建宏、蒋丽娟、张爱华、吴红	湖南省林业科学院、江苏大学、中南林业科技大学、湖南省生物柴油工程技术研究中心
二等奖	竹材原态重组材料制造关键技术与设备开发应用	傅万四、周建波、余颖、丁定安、张占宽、朱志强、孙晓东、卜海坤、赵章荣、陈忠加	国家林业局北京林业机械研究所、湖南省林业科学院、中国林业科学研究院林业科技信息研究所、中国林业科学研究院木材工业研究所、益阳海利宏竹业有限公司
三等奖	麻竹加工剩余物综合利用技术创新与示范	吕玉奎、李月文、王玲、包传彬、陈能威	荣昌县林业科学技术推广站、重庆市林业科学研究院、重庆市包黑子食品有限公司、荣昌县林业局、重庆市能威食用菌开发有限公司
三等奖	木竹材高温热处理关键技术与应用	李延军、顾炼百、丁涛、涂登云、姜志宏	南京林业大学、浙江农林大学、华南农业大学、江苏星楠干燥设备有限公司、浙江世友木业有限公司
三等奖	林木剩余物快速热解与热解油制备酚醛树脂技术及应用	常建民、任学勇、司慧、王文亮、王大张	北京林业大学、北京太尔化工有限公司、林产工业规划设计院、中国林业科学研究院木材工业研究所、廊坊华日家具股份有限公司
三等奖	功能森林化学成分高效分离利用理论与关键技术	赵修华、赵春建、路祺、付玉杰、祖元刚	东北林业大学
三等奖	竹材液化发泡材料制备技术研发与示范	刘乐群、钱华、张文福、方晶、刘贤森	浙江省林业科学研究院、杭州国立工贸集团有限公司、浙江亮月板业有限公司

（续）

第七届梁希林业科学技术奖			
获奖等级	获奖项目名称	项目主要完成人	项目主要完成单位
一等奖	低等级木材高得率制浆清洁生产关键技术	房桂干、邓拥军、沈葵忠、耿光林、张凤山、施英乔、范刚华、丁来保、盘爱享、李萍、韩善明、焦健、李红斌	中国林业科学研究院林产化学工业研究所、山东晨鸣纸业集团股份有限公司、山东华泰纸业股份有限公司、江苏金沃机械有限公司
二等奖	国产木材在轻型木结构中应用关键技术	任海青、周海宾、赵荣军、殷亚方、王朝晖、江京辉、邢新婷、钟永、王玉荣、武国芳	中国林业科学研究院木材工业研究所、国家林业局北京林业机械研究所、北京海德木屋有限公司、苏州昆仑绿建木结构科技股份有限公司、大连双华木业有限公司、山东新港企业集团有限公司
二等奖	节能环保竹质复合材料高效制造关键技术及产业化	吴义强、李新功、李贤军、赵星、丁定安、薛志成、吴金保、伍朝阳、卿彦、左迎峰	中南林业科技大学、湖南省林业科学院、湖南桃花江竹材科技股份有限公司、益阳桃花江竹业发展有限公司、湖南长笛龙吟竹业有限公司
二等奖	抑烟型阻燃中（高）密度纤维板生产技术与应用	陈志林、傅峰、梁善庆、吕斌、彭立民、林国利、詹满军、樊茂祥、纪良	中国林业科学研究院木材工业研究所、广西丰林木业集团股份有限公司、东营正和木业有限公司
二等奖	竹材及其人造板环保高效防腐防霉技术	覃道春、蒋明亮、刘君良、马星霞、任海青、赵荣军、李志强、张融、金菊婉、刘红征	国际竹藤中心、中国林业科学研究院
二等奖	木材加工高速电主轴制造技术与应用	张伟、金征、张前卫、傅万四、闫荣庭、杨建华、姚遥、闫承琳、丁文华	国家林业局北京林业机械研究所、天津市海斯特电机有限公司、上海跃通木工机械设备有限公司
三等奖	南洋楹良种选育与高效栽培技术	晏姝、韦如萍、梁仕威、陈海、曾建雄	广东省林业科学研究院
三等奖	紫穗槐丛枝菌根（AM）的研究	宋福强、周丹、郭昭滨、范晓旭、常伟	黑龙江大学、黑龙江省森林植物园
三等奖	环境友好型生物基酚醛树脂结构胶合板研究	时君友、李翔宇、段喜鑫、柴瑜、麻馨月	北华大学
三等奖	木质材料表面高效阻燃技术及应用	吴玉章、屈伟、蒋明亮、马星霞、罗文圣	中国林业科学研究院木材工业研究所、北京盛大华源科技有限公司、久盛地板有限公司
三等奖	有机/无机协同技术在竹材加工中的应用	沈哲红、于红卫、鲍滨福、方群、陈浩	浙江农林大学、浙江安吉永生胶粘剂有限公司、安吉仕强制胶有限公司
第八届梁希林业科学技术奖			
获奖等级	获奖项目名称	项目主要完成人	项目主要完成单位
一等奖	农林废弃物绿色多极利用关键技术创新及产业化	吴义强、李新功、卿彦、李贤军、陈介南、余建军、段家宝、陈东山、张林、陈文鑫、郑霞、孙坚、谢向荣、左迎峰、张新荔	中南林业科技大学、湖南碧野农业科技开发有限责任公司、河南恒顺植物纤维板有限公司、福江集团有限公司、宜华生活科技股份有限公司、连云港保丽森实业有限公司、河南中昊机械设备制造有限公司、江苏木易阻燃科技股份有限公司、绿建科技集团新型建材高技术有限公司
二等奖	松香基功能分离材料的合成及应用技术研究	雷福厚、刘绍刚、李小燕、李鹏飞、李前、刁开盛、侯文彪、卢建芳、江文夺、李浩	广西民族大学、广西梧州日成林产化工股份有限公司
二等奖	农林废弃生物质生物炼制关键科学问题的研究	翟华敏、任浩、程金兰、吴文娟、朱文远、马朴、李志勇、冯年捷、戴铠、傅瑜	南京林业大学

(续)

\multicolumn{4}{c}{第八届梁希林业科学技术奖}
获奖等级	获奖项目名称	项目主要完成人	项目主要完成单位
二等奖	人工林杉木增值加工关键技术研究与产业化	钱俊、马灵飞、俞友明、金永明、金春德、吴水根、陈江富、郑子忠、孙庆丰、郑进	浙江农林大学、江山欧派门业股份有限公司、浙江金凯门业有限责任公司、浙江新世纪木业有限公司、江山市林业产业联合会
二等奖	高性能竹集成材结构创新与产业化	李海涛、张齐生、李延军、熊晓洪、王正、许斌、陶瑜南、魏冬冬、苏靖文、熊晓晶	南京林业大学、江西省贵竹发展有限公司、浙江农林大学、江西省远南竹材集团有限公司、江西飞宇竹材股份有限公司、赣州森泰竹木有限公司
三等奖	油橄榄提取物高效加工及清洁循环利用关键技术	王成章、周昊、黄立新、谢普军、陈虹霞	中国林业科学研究院林产化学工业研究所、陇南市祥宇油橄榄开发有限责任公司、苏州市农业科学院
\multicolumn{4}{c}{第九届梁希林业科学技术奖}
获奖等级	获奖项目名称	项目主要完成人	项目主要完成单位
一等奖	植物细胞壁力学表征技术体系构建及应用	费本华、余雁、王戈、赵荣军、王汉坤、田根林、黄安民、王小青、刘杏娥、程海涛、杨淑敏、陈复明、王玉荣、邢新婷、于子绚	国际竹藤中心、中国林业科学研究院木材工业研究所
一等奖	林农剩余物气化关键技术创新及产业化应用	周建斌、张立军、陈登宇、章一蒙、邓丛静、张齐生、张守军、蔡承建、高秀美、马欢欢、田霖、成亮	南京林业大学、承德华净活性炭有限公司、国家林业局林产工业规划设计院、合肥德生物能源科技有限公司、云南亚象能源科技有限公司、山东新港生物科技有限公司
一等奖	节能环保型连续平压刨花板制造成套技术及工业化	杜官本、雷洪、王辉、储键基、周晓剑、邓书端、文天国、何云凯、李晓平、高伟、许文熙、崔茂利、周跃东、杨兆金、储天翔	西南林业大学、云南新泽兴人造板有限公司
二等奖	新型木质定向重组材料制造技术与产业化示范	于文吉、余养伦、张亚慧、李长贵、祝荣先、马红霞、柳金章、任丁华、王召龙、魏明	中国林业科学研究院木材工业研究所、广东省林业科学研究院、山东省林业科学研究院、青岛国森机械有限公司、山东旋金机械有限公司、山东京博木基材料有限公司、寿光市鲁丽木业股份有限公司
二等奖	基于PHBV/PLA的可降解竹基复合材料关键技术研究与产业化	李琴、盛奎川、陈鹏、袁少飞、王洪艳、张建、徐康、汪奎宏、逯柳、翁甫金	浙江省林业科学研究院、浙江大学、中国科学院宁波材料技术与工程研究所、绍兴永昇新材料有限公司、杭州品库工艺品有限公司、绍兴市上虞东虞塑料电器有限公司、宁波市北仑区霞浦宇通模塑厂
二等奖	人造板用无醛脱脂豆粉胶黏剂的关键技术创新及产业化	高振华、桂成胜、张彦华、顾继友、姚孜誉、徐益忠、舒焕然、张跃宏、张冰寒、范铂	东北林业大学、宁波中科朝露新材料有限公司、浙江衢州博蓝装饰材料有限公司
二等奖	木竹质板材超声波缺陷检测关键技术及装备	方益明、冯海林、鲁植雄、张晓春、蔺陆军、杜晓晨、周竹、章云、练素香、邰园园	浙江农林大学、南京农业大学、浙江双枪竹木有限公司
二等奖	仿生构建新型生物质复合材料关键技术与应用	孙庆丰、金春德、李松、陈波、张晓春、殷正福、章卫刚、沈晓萍、陈明伟、王勇	浙江农林大学、浙江新木材料科技有限公司、江苏锦禾高新科技股份有限公司、宁波大世界集团有限公司、浙江水墨江南新材料科技有限公司、浙江远特新材料有限公司
二等奖	高性能重组装饰薄木生产关键技术与应用	李延军、崔举庆、詹先旭、杨勇、王新洲、章卫钢、吴振华、吕荣金、孟祥晓、徐信武	南京林业大学、德华兔宝宝装饰新材股份有限公司、浙江农林大学、浙江升华云峰新材股份有限公司、山东凯源木业有限公司、宿迁市康利多木业有限公司、山东江河木业有限公司、杭州庄宜家具有限公司

(续)

第九届梁希林业科学技术奖			
获奖等级	获奖项目名称	项目主要完成人	项目主要完成单位
二等奖	林木油脂能源化联产增塑剂材料基础与关键技术研究	徐俊明、郑志锋、潘晖、黄元波、叶活动、王奎、李静、陈水根、陈洁、郑云武	中国林业科学研究院林产化学工业研究所、西南林业大学、南京林业大学、龙岩卓越新能源股份有限公司、江苏强林生物能源材料有限公司
二等奖	新型生物质基膜材料的构建与功能化研究	王立娟、李坚、刘守新、李伟、马倩云、梁铁强、胡冬英	东北林业大学
三等奖	家具实木用材高效预处理热加工关键技术	伊松林、陈国恩、何正斌、母军、聂靖	北京林业大学、广东联邦家私集团有限公司
三等奖	松树抚育采伐剩余物高值化加工利用关键技术创新及产业化	郑光耀、谢衡、李若达、闫林林、蔡杏军	中国林业科学研究院林产化学工业研究所、中健行集团有限公司

第十届梁希林业科学技术奖（自然科学奖）			
获奖等级	获奖项目名称	项目主要完成人	项目主要完成单位
二等奖	绿色溶剂用于生物质的处理和高值化	牟天成、薛智敏	中国人民大学、北京林业大学
二等奖	火烧后扎龙湿地生态补水恢复背景下丹顶鹤的生态响应与管理研究	邹红菲、吴庆明、董海艳、程鲲、朱井丽	东北林业大学
二等奖	半纤维素分离纯化及转化为软材料的研究	彭锋、任俊莉、马明国、李明飞、边静	北京林业大学、华南理工大学
一等奖	生物质多羟基化合物功能材料的关键制备技术	黄占华、刘守新、张斌、戚后娟、石彩、孙哲	东北林业大学
二等奖	人造板连续平压生产线核心控制技术	周玉成、王高峰、马岩、常建民、张星梅、闫承琳	中国林业科学研究院木材工业研究所、中国林业科学研究院林业新技术研究所、山东建筑大学、东北林业大学、北京林业大学、河北农业大学、广西丰林木业集团股份有限公司
二等奖	无裂纹竹展平装饰材制造关键技术与产业化	李延军、刘红征、王新洲、许斌、林海、郑承烈	南京林业大学、杭州庄宜家具有限公司、浙江大庄实业集团有限公司、双枪科技股份有限公司

第十届梁希林业科学技术奖（科技进步奖）			
获奖等级	获奖项目名称	项目主要完成人	项目主要完成单位
一等奖	木质活性炭绿色制造与应用关键技术开发	蒋剑春、孙康、左宋林、刘军利、缪存标、汤海涌、邓先伦、卢辛成、许伟、王傲、孙昊、陈超、方世国、项桂芳、朱光真	中国林业科学研究院林产化学工业研究所、南京林业大学、福建元力活性炭股份有限公司、木林森活性炭江苏有限公司
一等奖	建筑与交通用竹纤维复合材料轻量化增值制造关键技术	王戈、费本华、陈复明、程海涛、张双保、郭文静、马欣欣、覃道春、邓健超、俞先禄、唐道远、陈林碧、邵健、潘国立、李德月	国际竹藤中心、中国林业科学研究院木材工业研究所、北京林业大学、福建和其昌竹业股份有限公司、安徽森泰木塑集团股份有限公司、福建省有竹科技有限公司、福建省松溪县威耐机械有限公司、扬州超峰汽车内饰件有限公司
二等奖	竹材工业前序工段高效加工技术装备研发与应用	傅万四、周建波、孙晓东、刘金虎、刘占明、张彬、肖飞、李延军、陈忠加、常飞虎	国家林业和草原局北京林业机械研究所、湖南省林业科学院、安吉吉泰机械有限公司、北京金虎电子技术开发有限责任公司、南京林业大学、中国林业科学研究院林业新技术研究所

(续)

\multicolumn{4}{c}{第十届梁希林业科学技术奖（科技进步奖）}
获奖等级	获奖项目名称	项目主要完成人	项目主要完成单位
二等奖	低质速生材制造高品质复合层积材关键技术及应用	胡传双、周海宾、阙泽利、涂登云、章伟伟、古　今、倪　竣、钟　伟、潘　彪、夏朝彦	华南农业大学、中国林业科学研究院木材工业研究所、南京林业大学、广州厚邦木业制造有限公司、苏州昆仑绿建木结构科技股份有限公司
二等奖	杨木改性材实木家具制造关键技术及产业化示范	吴智慧、熊先青、李子倩、李荣荣、陈于书、关惠元、徐　伟	南京林业大学
二等奖	结构用高性能竹重组材关键技术创新与产业化	李海涛、张齐生、魏冬冬、苏靖文、王　正、熊振华、林海青、许　斌、刘红征、周春贵	南京林业大学、江西飞宇竹材股份有限公司、杭州大索科技有限公司、赣州森泰竹木有限公司、杭州润竹科技有限公司
二等奖	高性能木质素基阻燃建筑保温材料工业化生产关键技术	胡立红、唐晓君、张　猛、孙志武、薄采颖、周永红、贾普友、刘承果、冯国东、潘　政	中国林业科学研究院林产化学工业研究所、营口象圆新材料工程技术有限公司、山东北理华海联合复合材料股份有限公司
三等奖	环保型生物质3D打印材料成型技术及应用	郭艳玲、李　健、孙壮志、王扬威、李健成	东北林业大学
三等奖	装饰用难燃级竹质复合板生产技术研究与开发	翁甫金、李　能、戴月萍、张　建、马英刚	浙江省林业科学研究院、国家林业和草原局竹子研究开发中心、杭州大索科技有限公司、浙江省竹产业协会
三等奖	林源纤维素/木质素化学利用新方法与应用示范	郭　明、刘宏治、李　兵、杨胜祥、郭建忠	浙江农林大学

\multicolumn{4}{c}{第十一届梁希林业科学技术奖（自然科学奖）}
获奖等级	获奖项目名称	项目主要完成人	项目主要完成单位
二等奖	木质复合材料的碳素储存与环境效应	许　民、郭明辉、王成毓、李　坚、王奉强	东北林业大学
二等奖	竹基水体吸附净化新材料创制与作用机理	金春德、王　喆、孙庆丰、姚秋芳、熊　业	浙江农林大学
一等奖	纤维类生物质绿色分离及全质化利用关键技术	许　凤、曾宪海、查瑞涛、张学铭、曹知朋、张凤山	北京林业大学、厦门大学、国家纳米科学中心、山东银鹰股份有限公司、山东华泰纸业股份有限公司、济南圣泉集团股份有限公司、江苏祥豪实业股份有限公司
二等奖	实木层状压缩及其定型处理技术	黄荣凤、吕建雄、王艳伟、张耀明、高志强	中国林业科学研究院木材工业研究所、久盛地板有限公司

\multicolumn{4}{c}{第十一届梁希林业科学技术奖（科技进步奖）}
获奖等级	获奖项目名称	项目主要完成人	项目主要完成单位
一等奖	新型豆粕胶黏剂创制及无醛人造板制造关键技术	储富祥、王春鹏、范东斌、李改云、王高峰、陈　涛、顾水祥、王利军、南静娅、杨　昇	中国林业科学研究院木材工业研究所、中国林业科学研究院林产化学工业研究所、广西丰林木业集团股份有限公司、宁波中科朝露新材料有限公司、浙江升华云峰新材股份有限公司
一等奖	木质建筑结构材分等装备关键技术与应用	张　伟、王晓欢、张厚江、杨建华、刘焕荣、姚利宏、管　成、陈　红、倪　竣、金　征、王　勇、高　锐、杨　健、张立峰、翟志文	国家林业和草原局北京林业机械研究所、北京林业大学、国际竹藤中心、南京林业大学、内蒙古农业大学、福建省林业科学研究院、苏州昆仑绿建木结构科技股份有限公司、镇江中福马机械有限公司、福建省顺昌县升升木业有限公司

(续)

第十一届梁希林业科学技术奖（科技进步奖）			
获奖等级	获奖项目名称	项目主要完成人	项目主要完成单位
二等奖	低等级木材溶解浆制备关键技术与产业化	黄六莲、马晓娟、李建国、胡会超、陈礼辉、陈秋艳、应广东、刘泽华、林思球、柴欣生	福建农林大学、山东太阳纸业股份有限公司、福建省青山纸业股份有限公司、华南理工大学、陕西科技大学
二等奖	废弃木质材料再利用关键技术	于志明、母 军、张德荣、金小娟、张 扬、张 颖、唐睿琳、于文杰、滕 越、李 红	北京林业大学、万华禾香板业有限责任公司、山东鹤洋木业有限公司
二等奖	单组份豆粕胶粘剂创制及其在竹质板材的应用	李 琴、袁少飞、杨 光、王洪艳、徐 康、张 建、杨 波、胡 波、刘红征、朱 劲	浙江省林业科学研究院、上海理工大学、安吉恒丰竹木产品有限公司、杭州庄宜家具有限公司、浙江衢州博蓝装饰材料有限公司、浙江庄诚竹业有限公司、嘉兴天贝装饰材料有限公司
二等奖	实体木质材料高质高效低碳热加工关键技术及产业化	李贤军、徐 康、何正斌、郝晓峰、刘 元、胡进波、薛志成、黄琼涛、谭宏伟、姚若灵	中南林业科技大学、北京林业大学、中山市大自然木业有限公司、宜华生活科技股份有限公司、湖南桃花江竹材科技股份有限公司、江门市康丰木业有限公司、海太欧林集团有限公司
二等奖	木质制品有毒有害挥发物检测关键技术与应用	吕 斌、龙 玲、杨 帆、卢志刚、付跃进、段新芳、沈 隽、徐建峰、贾东宇、王 晨	中国林业科学研究院木材工业研究所、南京海关工业产品检测中心、东北林业大学、东莞市升微机电设备科技有限公司
三等奖	竹材高效展平及其加工剩余物利用关键技术	张文标、李文珠、余文军、刘志佳、张晓春	浙江农林大学、国际竹藤中心、浙江德长竹木有限公司、浙江佶竹生物科技有限公司、浙江双枪竹木有限公司、浙江笙炭控股有限公司
三等奖	高性能多榀木桁架制造关键技术及其应用	阙泽利、王菲彬、郭明辉、周捍东、高一凡	南京林业大学、东北林业大学、苏州昆仑绿建木结构科技股份有限公司、上海融嘉木结构房屋工程有限公司、福州小米木屋建设工程有限公司
三等奖	超浅色高稳定性萜烯树脂和萜烯基功能材料的研制及产业化	刘祖广、李 军、吴爱群、李玉明、雷福厚	广西民族大学、广西鼎弘树脂有限公司
三等奖	非食用木本油脂连续化制备醇醚专用化学品关键技术与产业化	朱新宝、陈慕华、郭登峰、王 芳、付 博	南京林业大学、常州大学、江苏怡达化学股份有限公司、安徽新远科技有限公司、扬州晨化新材料股份有限公司

第十二届梁希林业科学技术奖（自然科学奖）			
获奖等级	获奖项目名称	项目主要完成人	项目主要完成单位
一等奖	木质纤维素气凝胶的构建、调控及功能化机制	卢 芸、李 坚、高汝楠、邱 坚、万才超	东北林业大学、中国林业科学研究院木材工业研究所、西南林业大学
二等奖	木质素结构解译及功能碳材料可控制备机理研究	袁同琦、文甲龙、王西鸾、孙少妮、曹学飞	北京林业大学

第十二届梁希林业科学技术奖（技术发明奖）			
获奖等级	获奖项目名称	项目主要完成人	项目主要完成单位
一等奖	植物蛋白胶黏剂制备及应用关键技术	李建章、张世锋、高 强、詹先旭、毕海明、任崇福	北京林业大学、德华兔宝宝装饰新材有限公司、千年舟新材科技集团股份有限公司、山东千森木业集团有限公司
二等奖	功能化低有害物释放人造板制造与生产装备关键技术	时君友、郭西强、李翔宇、崔学良、陆铜华、徐文彪	北华大学、亚联机械股份有限公司、圣象集团有限公司、千年舟新材科技集团股份有限公司

(续)

	第十二届梁希林业科学技术奖（科技进步奖）		
获奖等级	获奖项目名称	项目主要完成人	项目主要完成单位
一等奖	结构用木质材料的制造与安全性评价关键技术	任海青、钟　永、王志强、龙卫国、龚迎春、赵荣军、覃道春、邱培芳、卢晓宁、武国芳、黄素涌、刘丽阁、王建和、倪　竣、宁其斌	中国林业科学研究院木材工业研究所、国际竹藤中心、中国建筑西南建筑设计研究院有限公司、南京林业大学、西南林业大学、应急管理部天津消防研究所、烟台博海木工机械有限公司、宁波中加低碳新技术研究院有限公司、苏州昆仑绿建木结构科技股份有限公司
二等奖	木制品表面数字化木纹图案UV数码喷印装饰关键技术研究与示范	吴智慧、桑瑞娟、冯鑫浩、季德才、万弋林、陈宏芒、顾颜婷、杨子倩、赵建忠、高水昌	南京林业大学、南京雷牧数码科技有限公司、广州精陶机电设备有限公司、湖州尚上采家居有限公司、浙江升华云峰新材股份有限公司、山东乐得仕软木发展有限公司、浙江简巨木业科技有限公司
二等奖	生物质原料自适应胶黏剂预处理关键技术及产品产业化	黄润州、贾　翀、严　俊、郭晓磊、周培生、陆　斌、兰　平、杨　蕊、冒海燕、汤正捷	南京林业大学、江苏亚基木业有限公司、连云港华林木业有限公司、迈安德集团有限公司、苏州富明新型材料科技有限公司
二等奖	云南主要工业林木竹材性质研究及尺寸稳定化处理关键技术	王昌命、詹　卉、陈太安、董春雷、杨　燕、王　锦、黄晓园	西南林业大学
二等奖	竹质材料生物耐久性增强技术研究与应用	谢拥群、余　雁、王汉坤、杨文斌、王必囤、刘景宏、李万菊、魏起华、田根林、牛　敏	福建农林大学、国际竹藤中心、江西竺尚竹业有限公司、广东省林业科学研究院
二等奖	进口木材检疫检验及增值利用关键技术研究	姚利宏、王喜明、王雅梅、张晓涛、余道坚、徐伟涛、张　伟、王晓欢、于建芳、陈　红	内蒙古农业大学、国家林业和草原局北京林业机械研究所、南京林业大学、北京林业大学、国家林业和草原局林产工业规划设计院、深圳海关动植物检验检疫技术中心、靖江国林木业有限公司
二等奖	超低VOCs释放人造板定制家具关键技术创新与应用	高振忠、柯建生、黄志平、张　挺、侯贤锋、马　路、孙　瑾、甘卫星、顾继友、王海东	华南农业大学、索菲亚家居股份有限公司、广东利而安化工集团有限公司、广西三威家居新材股份有限公司、广西大学、东北林业大学
二等奖	林业剩余物木质纤维资源能源化综合利用关键技术	王　奎、周铭昊、胡立红、李文志、徐俊明、钟宇翔、叶　俊、夏海虹、王瑞珍、薄采颖	中国林业科学研究院林产化学工业研究所、中国科学技术大学、扬州大学、俏东方生物燃料集团有限公司、徐州市洛克尔化工科技有限公司
二等奖	木材数控微米刨铣加工及智能控制装备研究	宋文龙、杨春梅、马　岩、任长清、吴　哲、姜新波、边书平、白　岩、赵瑞锦、徐洪阳	东北林业大学
三等奖	竹子应材加工与高值化利用	周松珍、钱　俊、马中青、周一帆、周宜聪	浙江九川竹木股份有限公司、浙江农林大学、江西东方名竹业有限公司
三等奖	西南特色木结构民居工业化制造关键技术与示范	陆步云、卢晓宁、冷魏祺、喻乐飞、杨守禄	南京林业大学、国家林业和草原局林产工业规划设计院、贵州省林业科学研究院、黔东南州开发投资有限责任公司、贵州凯欣产业投资股份有限公司
三等奖	木质纤维素气化裂解反应器及其定向气化制合成气技术应用	罗锡平、杜理华、王永刚、马中青、宋成芳	浙江农林大学、浙江工业大学、浙江天目工程设计有限公司

第三章 国家林业和草原局重点推广林草科技成果集锦

2016 年			
序号	成果名称	成果单位	成果人
1	竹缠绕复合材料	浙江鑫宙竹基复合材料科技有限公司 国际竹藤中心	叶 柃
2	E_0 级胶合板用新型木材胶粘剂制备技术	中国林业科学研究院林产化学工业研究所	储富祥
3	竹材原态多方重组材料制造技术	国家林业局北京林业机械研究所	傅万四
4	生物质基玉米淀粉 API 新型秸秆人造板开发	北华大学	时君友
5	竹纤维制备关键技术及功能化应用	福建农林大学	陈礼辉
6	高性能多用途竹基纤维复合材料制造技术	中国林业科学研究院木材工业研究所	于文吉
7	农林剩余物富氧气化新技术应用与示范	中国林业科学研究院林产化学工业研究所	蒋剑春
8	高浓废水高效低成本处理技术	中国林业科学研究院林产化学工业研究所	房桂干
9	肚倍蚜规模化人工繁育技术	中国林业科学研究院资源昆虫研究所	杨子祥
10	苦杏仁精深加工关键技术	西北农林科技大学	赵 忠
11	食用菌高产培育及深加工技术	黑龙江省林副特产研究所	阎宝松
12	黄精活性成分高效提取及利用技术	国际竹藤中心	汤 锋
2017 年			
序号	成果名称	成果单位	成果人
1	棕榈藤室内装饰材料制造技术	国际竹藤中心	江泽慧
2	改性大豆蛋白胶黏剂压制杨木胶合板技术	北华大学	庞久寅
3	杨木改性材实木家具设计与制造技术	南京林业大学	吴智慧
4	竹材液化发泡材料制备技术	浙江省林业科学研究院	刘乐群
5	竹基生物质固体燃料制备技术	国际竹藤中心	刘志佳
6	小径级杉木集成材薄板制备技术	南京林业大学	王宝金
7	可降解竹纤维增强高分子复合材料制造技术	中南林业科技大学	吴义强
8	木材人造板生物质基胶粘剂关键技术	广西大学	甘卫星
9	高强度功能化木塑复合材料制造技术	东北林业大学	王清文
10	低等级材薄板层压复合地热地板加工技术	南京林业大学	潘 彪
11	杨木热塑性树脂单板复合制备关键技术	中国林业科学研究院木材工业研究所	常 亮
12	小径级松杉薄板干燥与增强技术	南京林业大学	金菊婉
13	新型竹丝装饰材料绿色防护关键技术	国际竹藤中心	覃道春
14	低施胶量环保木质单板复合材料制造技术	南京林业大学	周晓燕
15	连续长度竹束单板层积材及大跨度建筑构件制造技术	国际竹藤中心	王 戈

(续)

2017 年			
序号	成果名称	成果单位	成果人
16	生物油脂能源化多联产工程化关键技术	中国林业科学研究院林产化学工业研究所	蒋剑春
17	木质纤维乙醇生物共转化关键技术	中南林业科技大学	陈介南
18	低等级木材高得率制浆清洁生产关键技术	中国林业科学研究院林产化学工业研究所	房桂干
19	改善银杏叶饲喂适口性及产品生物活性技术	南京林业大学	赵林果
20	利用杨木加工剩余物制取文化用纸技术	中国林业科学研究院林产化学工业研究所	邓拥军
21	漂白紫胶微波—真空干燥技术	中国林业科学研究院资源昆虫研究所	张 弘
2018 年			
序号	成果名称	成果单位	成果人
1	木质纤维糖基表面活性剂及其制备方法	中国林业科学研究院林产化学工业研究所	蒋剑春
2	气化供热活性炭生产联产生物质液体肥新技术	南京林业大学	周建斌
3	生物基净水关键技术	浙江农林大学	刘 力
4	人造板节能环保制造关键技术	中南林业科技大学	吴义强
5	大规格耐候性竹质重组结构材制造技术	中国林业科学研究院木材工业研究所	于文吉
6	中低温固化重组竹技术及产业化	福建农林大学	杨文斌
7	微波处理木材流体通道可控化技术	中国林业科学研究院木材工业研究所	林兰英
8	木质素基阻燃保温材料的制备技术	北华大学	姜贵全
9	木质素酚醛泡沫及连续化生产工艺技术	中国林业科学研究院林产化学工业研究所	胡立红
10	木质材料高温热处理关键技术开发与应用	南京林业大学	李延军
11	整竹快速软化炭化和等量去青定厚去黄关键技术	浙江农林大学	沈德长
12	橡胶木高温热改性生产炭化木产业化关键技术	中国热带农业科学院橡胶研究所	李家宁
13	油橄榄提取物高效加工及清洁循环利用关键技术	中国林业科学研究院林产化学工业研究所	王成章
2019 年			
序号	成果名称	成果单位	成果人
1	园竹结构材高效利用关键技术	国际竹藤中心	费本华
2	微波膨化木材制备技术	中国林业科学研究院木材工业研究所	傅 峰
3	全竹高效利用制造竹质混凝土模板关键技术	福建农林大学	林金国
4	竹加工与制浆剩余物制造新型竹塑复合材料关键技术	国际竹藤中心	程海涛
5	全天然可降解竹基生物复合塑料关键技术推广与示范	浙江省林业科学研究院	李 琴
6	结构用木质复合材料构件制造关键技术与示范	东北林业大学	郭明辉
7	木基人造板蜂巢仿生轻质化技术	中南林业科技大学	郝景新
8	环保型增塑剂连续化生产关键技术开发	中国林业科学研究院林产化学工业研究所	蒋剑春
9	林农剩余物气化关键技术产业化应用	南京林业大学	周建斌
10	竹(木)溶解浆粕及其纤维素膜的研发与产业化	福建农林大学	陈礼辉
11	多元共聚树脂浸渍胶制备关键技术及应用	浙江农林大学	傅深渊
12	耐盐植物酶法制备半乳甘露低聚糖技术	南京林业大学	勇 强
13	纯种芳樟高效栽培与精油提取技术	福建农林大学	邹双全
14	茶油系列新产品生产技术	华南农业大学	吴雪辉

(续)

2019年			
序号	成果名称	成果单位	成果人
15	樟木剩余物高效复合利用关键技术	江西省林业科学院	胡玉安
16	火力楠植物油高效提取技术	中国林业科学研究院热带林业研究所	姜清彬
17	胭脂虫繁养及色素提取技术	中国林业科学研究院资源昆虫研究所	李志国
18	热塑性树脂胶合板连续组坯设备	中国林业科学研究院木材工业研究所	常 亮
19	毛竹笋干高效加工技术及关键设备	浙江省林业科学研究院	张 建

2020年			
序号	成果名称	成果单位	成果人
1	木质纤维主要组分高效分离及功能材料制备技术	北京林业大学	许 凤
2	木质原料磷酸法绿色制造高性能活性炭关键技术	中国林业科学研究院林产化学工业研究所	蒋剑春
3	木质原料梯级反应调控制备大容量储能活性炭关键技术	中国林业科学研究院林产化学工业研究所	蒋剑春
4	一种木材的膨化方法及其制备的膨化木材技术	中国林业科学研究院木材工业研究所	傅 峰
5	无裂纹竹展平装饰材制造关键技术	南京林业大学	李延军
6	低密度木材表层压缩增强实木地板坯料加工技术	中国林业科学研究院木材工业研究所	黄荣凤
7	人造板VOC快速释放检测技术	东北林业大学	沈 隽
8	竹机制棒成型和连续炭化关键技术与装备应用	国际竹藤中心	刘志佳
9	多元共聚快速固化木材胶黏剂制造关键技术	西南林业大学	杜官本
10	连续平压难燃刨花板技术	中国林业科学研究院木材工业研究所	姜 鹏
11	超低甲醛释放脲醛树脂制造技术	北华大学	时君友
12	竹材高效展平及其加工剩余物利用关键技术	浙江农林大学	张文标

2021年			
序号	成果名称	成果单位	成果人
1	林木剩余物高得率清洁制浆产业化技术	中国林业科学研究院林产化学工业研究所	房桂干
2	环保型长效抗菌自清洁柜橱材料制备关键技术	北京林业大学	郭洪武
3	高性能木竹质重组材技术	中国林业科学研究院木材工业研究所	于文吉
4	建筑与桥梁用竹质结构材料与构件的设计和制造技术	国际竹藤中心	江泽慧
5	实木木材热改性及其功能性材料应用技术	广东省林业科学研究院	曹永建
6	原竹自动定段技术与设备	国家林业和草原局北京林业机械研究所	周建波
7	竹质异色层积装饰材制造技术	国家林业和草原局竹子研究开发中心	陈玉和
8	圆竹分级展平及展平复合规格材制造技术与装备	国际竹藤中心	刘焕荣
9	豆粕胶黏剂无醛中密度纤维板制造关键技术	中国林业科学研究院林产化学工业研究所	王春鹏
10	无醛胶合板用豆粕胶黏剂制备及应用关键技术	中国林业科学研究院木材工业研究所	范东斌
11	低质人工林木材高效干燥技术	中国林业科学研究院木材工业研究所	周永东
12	低施胶量环保木质单板复合材料制造技术	南京林业大学	周晓燕
13	一种木质纤维定向液化制备乙酰丙酸的综合利用方法	中国林业科学研究院林产化学工业研究所	蒋剑春
14	豆粕胶黏剂无醛刨花板制造关键技术	中国林业科学研究院林产化学工业研究所	储富祥
15	人造板VOC快速释放检测技术	东北林业大学	沈 隽

第四章　中国林产工业创新成果集锦

1. 成果名称：高性能竹基纤维复合材料制造关键技术与应用

主要完成人	于文吉、李延军、余养伦、祝荣先、张亚慧、任丁华、周月 等
主要完成单位	中国林业科学研究院木材工业研究所
成果等级	国家科学技术进步二等奖，梁希林业科学技术二等奖，北京市科学技术二等奖，中国专利优秀奖
获奖时间	2015年，2011年，2013年，2014年

成果主要内容：

项目以我国资源丰富的竹材为研究对象，针对竹材壁薄中空、竹青竹黄表面富含蜡质层和硅质层、无径向射线组织等生物学特征，而导致传统竹材加工过程中存在资源利用率低、生产效率低、质量难以控制、产品附加值不高、难以大规模工业化利用等产业瓶颈难题，在基础理论、关键技术、专用装备和新产品开发等方面开展了系统的研究，构建了高性能竹基纤维复合材料制造技术平台，突破竹材单板化利用、竹材青黄界面有效胶合和竹材渗透性差等技术难题，取得多项创新性成果：

(1) 发明纤维化竹单板精细疏解技术，创制多功能专用疏解装备，突破了竹材单板化利用的技术瓶颈，使竹材人造板基本单元的宽度提高10~15倍，生产效率提高10倍以上；解决了竹材青黄难以胶合的技术难题，使毛竹的一次利用率从50%提高到90%以上，小径竹、丛生竹等也可以实现大规模工业化利用。

(2) 开发高渗透性环保型酚醛树脂合成与应用技术，解决了竹材渗透性差和胶黏剂分布不均匀的技术难题，减少了施胶量，室内用重组竹浸胶量降低15%以上；室外用重组竹浸胶量降低25%以上；提高了产品的环保性能，甲醛释放量为0.1mg/L，游离酚释放量为28μg/m³。

(3) 发明高效重组成型技术，研制的重组竹专用冷压机，解决了超高压状态下压机压头的精准定位技术难题，实现冷压自动穿销技术，成型效率提高20%以上；研制的多层大幅面重组竹专用热压机，解决了闭合速度慢、板坯热压过程散坯和胶合质量难以保证等技术难题，使重组竹热压成型效率提高10%以上，降低能耗20%以上，所压制的板材密度偏差可控制在0.05g/cm³以下。

(4) 发明竹材单元高温热处理技术，采用生物质为燃料的反烧式设备，开发了高温热处理工艺技术，解决了户外用重组竹易开裂、变形和霉变等问题，提高了目标产品的尺寸稳定性，丰富了产品的色泽和装饰性能，拓展了产品的应用范围。

(5) 构建高性能竹基纤维复合材料制造技术平台，开发了高强度、高耐候性、高尺寸稳定性和高环保型四大系列的高性能重组材料，研制了竹质风电叶片、户外材、建筑结构材、室内装饰材、门窗、家具、集装箱底板等高附加值产品。

本项目创新集成的高性能竹基纤维复合材料制造技术，实现了竹制品从室内地板、家具、水泥模板等中低端应用领域向风电能源、建筑和园林景观等高端领域应用的跨越，成果拥有自主知识产权，经鉴定总体技术达到国际领先水平。本技术成果的推广应用有力地推动和促进了竹产业的科技进步，确保了我国竹产业的世界领先地位。

主要技术创新点：

(1) 发明竹材单板化精细疏解技术及装备。创制了多功能竹材专用疏解机，开发了竹材单板化制造、点裂微创、纤维原位可控分离一体化疏解工艺，发明了纤维化竹单板，解决了竹材青黄的胶合问题，提高了竹材的一次利用率和单元制备效率，实现了竹材的大规模工业化利用。

(2) 发明了高温热处理技术与装备。研制了反烧式高温热处理设备，开发了纤维化竹单板高温热处理工艺，达到防腐改性和颜色可控的目的。

(3) 研制高渗透性酚醛树脂合成与应用技术。合成了高渗透性酚醛树脂，具有渗透性好，游离醛、酚低等性能；开发了负压真空、加压和梯级导入的一体化树脂浸渍工艺，提高了浸渍质量和效率，为高性能竹基纤维复合材料的制备提供了基础保证。

(4) 发明了高效重组成型技术与装备。创制了冷压机、多层热压机和芯层温度在线监控系统，开发了冷压热固化法和热压法两种成型工艺，提高了成型效率。

(5) 竹基纤维复合材料制造技术平台的构建与新产品创制。通过关键技术及设备的集成创新，建立了竹基纤维复合材料制造技术平台，创制了高强度、高耐候性、高尺寸稳定性和环保型四大系列竹基纤维复合材料，开发了竹质风电叶片、户外材、室内装饰材、门窗、家具等高附加值产品。

(续)

技术指标：

本项目使竹材的一次利用率从 50% 提高到 90%~95%，单元制备效率提高 5 倍，施胶量降低 15%~25%，成型效率提高 12%~17%，能耗降低 15%。产品的静曲强度 364MPa（国标≥110MPa），防腐等级从稍耐腐级（Ⅲ级）提高到强耐腐级（Ⅰ级），28h 循环吸水厚度膨胀率低至 0.6%（国标<5%），甲醛释放量降至 0.1mg/L（国标 E_0 级<0.5mg/L），游离酚释放量降至 $28\mu g/m^3$。

推广应用情况：

本项目技术成果已在安徽、浙江、福建、四川、湖北、广东、河北、山东、重庆 9 省（直辖市）推广应用，建立 29 条生产线，产品已应用于北京、上海、浙江、安徽、江苏、山东、新疆、湖北、贵州、云南等 20 多个省（自治区、直辖市）的多处建筑、景观等类工程项目，并出口到美国、英国、德国、法国、荷兰等 46 个国家。

本技术体系下多功能疏解机、重组竹专用热压机和冷压机共销售 233 台套，覆盖我国浙江、福建、安徽、江西等 26 个省（自治区、直辖市），国内市场占有率达到 80%，并出口到新加坡、日本、韩国、伊朗、越南、柬埔寨、印度、马达加斯加、加纳、巴基斯坦、沙特、波兰、俄罗斯、乌克兰、阿联酋等国家。

经济效益：

本项目创新集成的高性能竹基纤维复合材料制造技术，共建成重组竹（冷压热固化法和热压法）生产线 28 条，产品出口到美国、欧盟、日本和东南亚等 46 个国家和地区。2013—2015 年 3 年间，新增销售额 14.58 亿元，新增利润 2.04 亿元，新增税收 8411 万元。本技术成果的推广应用取得了显著的直接经济效益。

本项技术将竹材的一次利用率从 50% 提高到 90%~95%，单元制备效率提高 5 倍，产品附加值提高 3 倍，是实现竹材高效高值化利用的有效途径，据测算，利用 1 吨竹材将减少砍伐森林 3.9 亩，减少二氧化碳排放 1.62 吨。本技术已经投产的项目每年消耗竹材约 43 万吨，可以实现减排 69.66 万吨，增加竹农收入 3.87 亿元（仅卖竹材一项，切实有效地延长竹产业链提升竹制品的附加值，对安排农村劳动力就地就业，帮助农民脱贫致富有非常积极的作用，间接经济效益显著）。

社会效益：

该项目资源利用率高，产品附加值高，在风电能源、园林景观、装潢装饰材料、建筑等领域得到了突破和规模化生产，应用前景广阔，具有良好的发展潜力，对节约森林资源、农民增收和保护生态环境具有重大意义。项目的工业化生产，推动了我国竹产业的科技进步，促进了产业的转型升级，具有显著的社会效益。

2. 成果名称：高性能重组木制造技术

主要完成人	于文吉、余养伦、祝荣先、张亚慧、任丁华 等
主要完成单位	中国林业科学研究院木材工业研究所
成果等级	河北省科学技术二等奖，国家林业局鉴定成果
获奖时间	2015 年，2016 年

成果主要内容：

本项成果是基于利用人工林木材逐步替代天然林木材，以缓解我国优质木材资源的压力。针对人工林软质木材和竹材使用中存在径级小、材质软、密度低、强度低、易变形等问题，经过近 8 年的产学研联合攻关，突破了纤维化木单板制造、木单板化精细疏解和高效重组等关键技术，创制了超厚单板旋切装备、纤维定向分离重型疏解装置、多功能竹材专用疏解装备、高效成型装备等关键装备，开发了可用于替代优质硬阔叶材的新型木质重组材，取得了多项创新性成果。

（1）发明了纤维化木单板制造技术。创制了无卡轴超厚单板旋切装备和纤维定向分离重型疏解装置，开发了超厚单板旋切、线裂微创、纤维可控分离一体化疏解工艺，发明了纤维化木单板，解决了重组木单元制备技术难题，为速生林木材的高效重组奠定基础。

（2）发明木单板定向线裂纤维化分离技术。创新性地提出了先将原木单板化再疏解的工艺技术方案，采用疏解辊错位间断、异型叠加疏解齿结构，并通过定向分离装置、疏解辊压力控制装置、疏解辊间隙在线调节装置等研究，研制了纤维定向分离重型疏解机 1 套，实现了单板定向线裂分离和纤维化制造技术。

（3）发明高效重组成型技术。创制了卧式压机、多层热压机和芯层温度在线监控系统等关键装备，开发了冷压热固化法和热压法两种成型新工艺，提升了我国重组成型制造和装备水平。

（4）（竹）重组材制造技术平台，开发了新型木质重组材，可用于替代优质硬阔叶材。本项目的实施，使我国成为世界上唯一拥有新型木竹重组材自主知识产权、标准和产品体系的国家，整体技术达到国际领先水平。

该技术成果具有资源利用率高，产品附加值高，在园林景观、装潢装饰材料、建筑等领域得到了突破和规模化生产，应用前景广阔，具有良好的发展潜力，对节约森林资源、农民增收和保护生态环境具有重大意义。项目的工业化生产，推动了我国木材产业的科技进步，促进了产业的转型升级。

主要技术创新点：

(1) 纤维化木单板制造技术及装备。创制了无卡轴超厚单板旋切装备和纤维定向分离重型疏解装置，开发了超厚单板旋切、线裂微创、纤维可控分离一体化疏解工艺，发明了纤维化木单板，解决了重组木单元制备技术难题，为速生林木材的高效重组奠定了基础。

(2) 发明了高效重组成型技术与装备。提出了纤维化木单板在超高压力作用下重组的技术方案，创制了冷压机、多层热压机和芯层温度在线监控系统，开发了冷压热固化法和热压法两种成型工艺，将速生林木材加工成可用于替代优质硬阔叶材的高性能重组木，为解决我国优质木材短缺提供了行之有效解决方法。

(3) 新型木质重组材新产品开发。通过技术和设备，辅助环保型低分子量酚醛树脂合成、树脂梯级导入、连续成型等技术，建立了重组木制造技术平台。可根据目标产品性能需求，通过控制材料密度、树脂导入量、纤维分离度和成型工艺，创制了新型重组木，开发了梁柱、户外材、室内装饰材、门窗、家具等八类高附加值产品。

技术指标：

本项目开发的新型木（竹）重组材的静曲强度 364MPa（国标≥110MPa），防腐等级从稍耐腐级（Ⅲ级）提高到强耐腐级（Ⅰ级），28h 循环吸水厚度膨胀率低于 0.6%（国标<5%），甲醛释放量降至 0.1mg/L（国标 E_0 级<0.5mg/L），游离酚释放量降至 $28\mu g/m^3$。

推广应用情况：

本项目通过专利技术实施许可，在全国建成包含关键装备、材料和产品等生产线 28 条，产能达到 16.5 万 m^3，系列产品在北京、新疆等 21 个省（自治区、直辖市）推广应用，并出口到美国、德国等 46 个国家，创制的关键设备在浙江、四川等 13 省（自治区、直辖市）推广应用，并出口到新加坡、印度等 9 个国家。该项目资源利用率高，产品附加值高，在风电能源、园林景观、装潢装饰材料、建筑等领域得到了突破和规模化生产，应用前景广阔，具有良好的发展潜力，对节约森林资源、农民增收和保护生态环境具有重大意义。项目的工业化生产，推动了我国木材产业的科技进步，促进了产业的转型升级。

经济效益：

2013—2015 近 3 年期间，通过技术转让获得直接经济效益 930 万元，设备新增销售额 1.82 亿元。本项技术在河北、安徽等 9 省（自治区、直辖市）大规模推广，转让企业中的 4 家已经大规模生产，3 年新增产值 8.31 亿元，新增利润 1.30 亿元，新增利税 4119 亿元。

社会效益：

我国是一个优质木材资源十分短缺的国家，利用人工林木材逐步替代天然林木材，以缓解我国优质木材资源的压力，是我国林业可持续发展的一项战略国策。本项目以我国资源丰富的速生林木材和竹材为主要原料，在基础理论、关键技术、专用装备和新产品开发等方面开展了系统的研究，构建了新型木竹重组材制造技术平台，开发了可用于替代优质硬阔叶材的新型木竹重组材，研制竹质风电叶片、户外地板、梁柱、门窗、家具、集装箱底板等高附加值产品，在河北、福建、安徽、四川等 9 省（自治区、直辖市）建成了 28 条高性能竹基纤维复合材料生产线，开拓了人造板在风能、运输、建筑和园林景观等应用新领域，提高了技术和装备的国际市场竞争力，有力地推动和促进了木材产业的科技进步，具有显著的社会效益。

3. 成果名称：麦秸秆人造板制造技术与产业化

主要完成人	于文吉、周月、任丁华 等
主要完成单位	中国林业科学研究院木材工业研究所
成果等级	鉴定成果，国家科学技术进步二等奖（第 2 完成单位）
获奖时间	2005 年，2009 年

成果主要内容：

本项目属于木材科学与技术领域，涉及生物质资源综合利用和循环利用。研究以麦秸秆为原料，以不含甲醛的异氰酸酯为胶黏剂，制造环保型人造板的技术，并实现产业化。

(1) 秸秆界面调控技术，研究了水热处理、化学处理、生物处理、等离子体处理和机械处理 5 种处理方法。通过对比，确定采用机械处理方法，并研制了新型秸秆粉碎设备。使麦秸秆用胶量从 4.0% 降至 3.5%，稻草板用胶量从 5.0% 降至 4.5%。

(2) 防止异氰酸酯粘板的技术，研究了添加内脱模剂或外脱模剂、采用聚四氟乙烯不粘垫板、放置隔离纸和用不加胶的砂光粉做隔离层等脱模方法。通过技术创新，把硅树脂类脱模涂层烧结在金属垫板表面和热压板的下表面上，同时在板坯两表面喷洒外脱模剂，圆满解决了异氰酸酯热压时粘板的问题。

(3) 提高秸秆单元异氰酸酯拌胶均匀性的技术，麦秸秆单元比表面积大，而异氰酸酯用量少，拌胶均匀性差。采用雾化原理，细化胶黏剂粒度，同时借助摩擦理论，使胶液在单元之间互相传递，改善拌胶均匀性。可使产品的内结合强度提高 10% 以上。

(续)

(4)保证秸秆板坯平稳传送的技术，针对因异氰酸酯初粘性差和秸秆板坯压缩性小而引起的板坯初强度低的问题，采用有垫板装卸和平面回送的方式，使垫板在整个铺装热压工序形成一个连续封闭的循环链，实现了板坯的平稳传送。

(5)加快秸秆板坯传热的技术，研究了汽击法、高频加热法和喷蒸处理等方法。通过对比，确定采用汽击法处理，使热压时间比常规缩短了20%以上。

(6)国产化秸秆人造板生产设备集成技术，通过工艺创新，对秸秆单元粉碎设备、拌胶设备、垫板回送系统、热压脱模装置等进行改进设计，集成组装了国产化年产15000m³麦秸板生产线和年产50000m³稻草板生产线。

(7)秸秆原料收集模式，本着市场经济的原则，提出了"农民—经纪人—企业"三位一体的收集模式，解决了农民卖草难和企业收草难的问题。

本项技术的应用，有力地推动了建材、化工、家具生产和机械制造等行业的科技进步和技术的跨越式发展，促进了产品升级换代，增强了企业竞争力。

主要技术创新点：
(1)秸秆原料单元界面特性调控技术创新。改善了秸秆界面性状，提高了胶合效果，降低了用胶量。
(2)秸秆人造板制造工艺技术创新。解决了因使用异氰酸酯胶黏剂所引起的拌胶不均和热压粘板，以及秸秆板坯传送困难和传热速度慢等一系列问题。
(3)应用麦秸秆制造人造板的产品创新。在世界上率先提出了制造麦秸板的专利技术，形成了工业化生产。
(4)麦秸秆板工业化生产线集成创新。研制成功了年产15000m³麦秸板生产线，实现了产业化。

技术指标：
本项技术适用于稻草和麦秸，原料适应性优于国外同类技术；产品性能达到国外同类技术的领先水平，但能耗低于国外技术；生产线规模相同的前提下，本项技术的设备价格仅相当于国外同类生产线的1/6~1/3，设备市场竞争力优于国外同类技术；本项技术建厂投资小，用胶量少，生产成本低，项目投入产出比和产品市场竞争力优于国外同类技术；本项技术已经形成了国家标准，标志着我国秸秆人造板产业已经走上了规范的发展轨道。

推广应用情况：
应用本项成果，已在湖北、山东、江苏和黑龙江各推广建成了一条生产线，产能达16.5万m³。另有辽宁、陕西和吉林等省（自治区、直辖市）多家企业已完成了项目可行性研究报告，将采用本项技术建厂，总产能达21万m³。

本项技术的应用，有力地推动了建材、化工、家具生产和机械制造等行业的科技进步和技术的跨越式发展，促进了产品升级换代，增强了企业竞争力。秸秆板不含甲醛，适于制造无醛家具和进行绿色装修，成为环保人造板材料中的一个亮点。

经济效益：
一条年产5万m³的秸秆人造板生产线，年创产值1.0亿元，创利润1000万元，创税收1500万元，农民售草收入1200万元。

全国年产稻麦秸秆4亿吨，若取其1%（400万吨）制造人造板，折合300万m³，需建60条年产5万m³的秸秆人造板生产线。则全年可创产值60亿元，创利润6.0亿元，创税收9.0亿元。同时农民通过售草收入7.2亿元。

社会效益：
(1)有利于节省森林资源：每2亩农田的秸秆就相当于1亩林地一年木材生长量；
(2)有利于解决秸秆的出路问题：杜绝农民焚烧秸秆，维护了生态环境，使我国丰富的稻麦秸秆资源得到合理利用；
(3)有利于营造卫生安全的民居环境：向社会提供了一种不含甲醛的绿色材料；
(4)有利于促进农业产业结构调整：帮助农民增收和就业，推动了"三农"问题的解决。

4. 成果名称：木塑复合材料的挤出成型及产品开发

主要完成人	秦特夫、黄洛华、郭焰明、段新芳、李改云
主要完成单位	中国林业科学研究院木材工业研究所
成果等级	梁希林业科学技术三等奖，中国林业科学研究院科技奖励二等奖，国家科技进步奖
获奖时间	2011年，2009年，2012年

成果主要内容：

在进行木质材料高新技术应用及新材料的研究和应用方面，木塑复合材料是最具广泛应用潜力的一种新型材料。它克服了木材的耐腐性差和耐水性差、变异性大，及有机材料的低模量等造成的使用局限性。同时在木塑复合材料的加工利用过程中，其产品质量由于基本上不受所使用的木材的品质的限制，可以使低质木材、废旧木材以及锯末和树木枝叉等木材采伐加工剩余物得到最大限度的利用。

（续）

本项目采用高分子界面化学理论和塑料填充改性技术，将木粉经特殊工艺处理后，配以一定比例的塑料，通过挤出加工成型的一种可循环利用的多用途新型环保材料。本项目核心技术之一是建立了木材界面与塑料界面之间的相容体系，使木材与塑料之间形成具有良好复合性能的界面层；另一核心技术是发明了木粉含量可达到60%以上与聚丙烯（PP）挤出成型技术工艺和有机纤维预应力增强的木塑材料制造技术，利用高分子融合技术和纤维增韧技术提高了木塑复合材料的抗冲击性能；并开发多项功能系列产品。

本技术具有原料资源化、使用环保化、成本经济化、回收再生化等特点。充分体现了资源利用、健康环保、节约替代、循环经济等一系列的先进理念。采取以企业为主体，以市场为导向，产学研相结合的模式进行推广、示范，以引导我国木材加工工业向高技术含量、高增值的新型材料及产品发展，提升木材工业技术的生产力，达到资源保护和改善生态环境的目的。

主要技术创新点：
本项目技术的核心创新点主要体现在如下三个方面：
1) 建立了木材表面非极性化的技术体系
本技术以木材表面非极性化研究为基础，以降低木材表面的自由能和消除氢键为目的，采用木材表面乙酰化、接枝共聚和表面偶联等技术，建立了木材表面处理技术体系。解决了木材与塑料的表面间的极性差异问题，掌握了木粉与塑料之间形成有效复合界面层的核心技术，并在木粉与塑料之间形成互穿的网状物理结合，提高了复合材料的复合稳定性和物理力学性能。
2) 建立了具有自主知识产权的制造工艺体系
针对所用塑料种类的差异和植物纤维在高温下不能熔化，不具流动性且极易分解，造成成型困难的技术难点，系统的研究了不同塑料、树种和木粉尺寸在复合过程中的特点，通过调整工艺配方，提高了加工时的物料流动性，并使木塑复合材料中的木粉含量从传统的40%以下提高至60%以上，并同时提高生产效率。
3) 独创木塑复合材料增强技术
采用高强度有机纤维预应力设计理念，发明了有机纤维增强的木塑材料制造技术，用该方法生产的木塑复合材料可以大大提高材料的抗弯强度、抗弯弹性模量和冲击韧性。采用界面融合、纳米改良、塑料增韧和短纤维增强等技术改善了复合材料的抗冲击强度，使木塑复合材料的抗冲击强度提高25%以上。

技术指标：
本技术由于采用的是木粉与具有工程塑料性质的聚丙烯复合技术体系，具有较高的技术含量和独特的工艺技术，其产品性质在国内处于领先地位。与国外现有技术相比本技术生产的结构型木塑复合材料，无论是物理力学性能、外观和耐光性等各项技术参数均与处于世界先进地位的日本 EIN WOOD 相似。根据国家人造板质量监督检验中心的检测：以本技术生产的木塑复合材料的静曲强度可达40MPa，弯曲弹性模量在5GPa以上。使用该技术制造的木塑复合材料物理力学性能指标均优于木材。吸水厚度膨胀率为0.2%，静曲强度41.4MPa，甲醛释放量达到E_1标准。同时该材料能重复使用和回收利用。

推广应用情况：
该项目技术已成功实现产业化生产，并在青岛华盛高新科技发展有限公司实现了年产7000吨，产值达1.0亿~1.2亿元的规模化生产。产品已用于北京奥运场馆、上海世博会、建设部青岛经济适用房示范小区建设等工程中，并出口日本、澳大利亚等国，市场良好。
已建成示范生产线，应用该项技术生产的产品具有力学强度高，抗老化性能好，不易磨损等优点。通过界面复合等技术可以制成外观绚丽的制品，广泛用于户外装修园林、景观设计、庭院、地板、景观椅、护栏制作等首选材料。同时该技术工艺控制相对容易，组织生产灵活，受到企业的欢迎。

经济效益：
木塑材料是生态环境材料，适用范围广泛，可以涵盖木材、塑料、塑钢、铝合金及其他类似用途复合材料的应用领域。该技术能够将低值的木粉或稻壳、麦秸、玉米杆、花生壳等天然植物同塑料混合加工成高附加值的工业产品，并大规模利用。对于木材自由匮乏的我国来说，具有重大的经济开发价值。

社会效益：
近几年，在国家循环经济政策的鼓励和企业潜在效益需求的双重推动下，全国性的"木塑"热正在兴起。2017年中国木塑产品含量占世界总产量的三分之二。生产、销售、消费均为世界第一。
按每吨木塑复合材料可替代1.5~2.0m^3木材计算，每年可替代7.3万hm^2林地的木材产出。这对保护森林资源，维护生态安全具有显著的生态效益。在另一方面木塑材料制造技术是实现资源节约和资源替代的重要技术之一，为国家大量回收利用废旧材料开辟了新途径，它的推广使用能有效整合相关产业并形成联动效应，能带动相关新材料产业的技术和产品的升级，形成良性竞争，有效互利，开发出更多新技术，这些新技术的应用将有效节约资源，缓解资源危机。促使相关企业、木业、建材企业及其他相关产业加快技术变革，形成高新技术产业集群，提升竞争力，延伸加长产业链，带动建筑业、家具家装业等领域实现跨越式发展。

5. 成果名称：微电子技术在木材干燥中的应用研究

主要完成人	刘耀麟、滕通濂、李荣俊、崔佩涵、任风云、何清浩、戴增安、孟京明、陈省兰、王怀军
主要完成单位	中国林业科学研究院木材工业研究所
成果等级	林业部科技进步一等奖
获奖时间	1990 年

成果主要内容：

通过"微电子技术在木材干燥中的应用研究"课题，首次利用称重传感器在线监测木材含水率，克服了电阻式传感器在高含水率阶段在线检测不准确的缺点，本技术获得1990年林业部科技进步一等奖。同时还开发了木材干燥自动控制系统，并在北京科力森新技术开发公司的木材干燥成套技术及设备上推广应用，用户遍布全国10多个省（自治区、直辖市），大力促进了当时木材干燥产业升级和技术发展。

主要技术创新点：

采用特制的应变式称重传感器对材堆中检验板重量进行动态连续检测，计算机根据测得的信号算出检验板含水率，并根据此含水率依照事先存入的基准给定值对干燥机内介质条件进行精确的自动控制。系统还具有记录干燥过程的各种参数和曲线，且有汉字提示及自动调零程序，断电后恢复供电时可自动恢复运行，无需人工干预等。经部级鉴定，达到国际先进水平，称重传感器获国家发明专利。在国内率先研究应用含水率连续干燥基准，能够实现干燥过程最佳控制，干燥基准的存取和转换方便，便于用户增加基准。可用的基准数目不限。

技术指标：

采用本系统比国内常规干燥周期缩短16%，减少能耗18%以上。该成果特点：①测量检验板含水率的称重传感器保证检验板的作用力通过传感器的轴心线，消除侧向力的影响，并保护读数的准确；②用一开关信号作指针，如果此信号为零，则通电后系统自动进入干燥程序，否则将由操作人员根据计算机的汉字提示输入必要的数据；③由计算机根据输入的阶梯式基准，计算出各点的斜率等参数，再由这些参数确定出一条新的连续基准，从而完成了阶梯式基准到连续基准的自动变换。

推广应用情况：

在全国近20个省（自治区、直辖市）推广使用。

经济效益：

生产销售LK系列木材干燥成套300多台（套），销售收入超过5000万元，为企业新增产值超过10亿元。

社会效益：

本技术的推广使用，丰富了木材干燥自动化控制手段，促进了木材干燥自动化控制发展，为提供木材干燥质量，提高木材利用率做出了贡献。

6. 成果名称：轻型木结构材料制造与应用技术

主要完成人	任海青、周海宾、赵荣军、殷亚方、王朝晖、江京辉、邢新婷、钟永、王晓欢、尹建军、黄泳、孙德魁、赵福霞
主要完成单位	中国林业科学研究院木材工业研究所
成果等级	北京市科学技术二等奖
获奖时间	2015 年

成果主要内容：

发展绿色木质建材，加大木材在建筑中的应用，是我国实现节能减排、社会可持续发展战略目标的重要举措。本技术针对国产木质材料在轻型木结构中质量不可控和预制化程度低的技术难题，突破强度等级化规格材、结构胶合板及多功能预制木结构墙体等关键制造技术，构建国产结构用木质材料评价与应用技术标准体系。通过标准制定、人才培养和实验室建设，构建了我国轻型木结构材料制造与应用的技术体系平台，支撑了产业健康发展。制定了国家、行业标准9项；组建了一支产学研相结合的木结构创新团队；建成了国内首个CNAS、CAL和CMA认证的结构用木质工程材料检测中心。实现了木质结构材料的工业化生产和应用，改变了长期以来轻型木结构材料全部依赖进口的局面。本核心技术经鉴定达到国际先进水平，获得鉴（认）定成果10项，发明、实用新型授权专利各7件；出版著作6部，发表学术论文75篇；在北京等地进行了推广示范，保障木质产品在建筑结构中的安全应用，推动我国木材工业向建筑结构应用领域的转型升级。

主要技术创新点：

①创立了结构用规格材制造、评价及应用技术体系；②创新了集成芯和超厚芯结构胶合板制造技术；③集成创新了多功能预制墙体目标化设计与制造技术。

(续)

技术指标：

①突破了结构用规格材等级与设计指标关联的技术难题，建立了结构用规格材应力分等规则，确定了规格材强度等级及其设计指标，发明了结构用规格材在线强度检测系统，创新了规格材桁架齿板新型连接技术，构建了结构用规格材制造和性能评价标准体系，填补国内空白。②针对普通胶合板制造中的单板强度分等技术难题，创新了单板应力波和超声波分等技术，研发了落叶松小规格单板对称异等集成铺装关键工艺，突破了马尾松8mm超厚单板渐进式旋切和应力柔化等关键技术，提高原木利用率7.5%~10%，降低生产成本15%~20%。③为提高轻型木结构墙体构件工业化制造水平和性能质量，突破了木结构墙体结构与热量和声波传递交互控制的技术难题，创新了节能隔声预制墙体目标化设计制造技术，产品传热系数降低50%，隔声性能提高20%，建房速度提高5~10倍。

推广应用情况：

①通过标准制定、人才培养和实验室建设，构建了我国轻型木结构材料制造与应用的技术体系平台，支撑了产业健康发展。制定了国家、行业标准9项；组建了一支产学研相结合的木结构创新团队；建成了国内首个CNAS、CAL和CMA认证的结构用木质工程材料检测中心。②实现了木质结构材料的工业化生产和应用，改变长期以来轻型木结构材料全部依赖进口的局面。本技术经鉴定达到国际先进水平，在北京等地进行推广示范。

经济效益：

在北京等4省（自治区、直辖市）建成了5条生产线，近6年新增产值14649万元，新增利润2111万元，新增利税607万元。

社会效益：

本技术实施，对我国木材加工产业结构调整、建筑节能降耗及生态环境改善产生了显著成效，将有力推动木结构产业及整体装配式建筑的发展。

7. 成果名称：人造板及其制品环境指标的检测技术体系

主要完成人	周玉成、程放、井元伟、安源、张星梅
主要完成单位	中国林业科学研究院木材工业研究所
成果等级	国家技术发明二等奖，北京市科学技术一等奖
获奖时间	2010年，2006年，2009年

成果主要内容：

围绕产业链展开：①甲醛、VOC释放规律分析技术：以人造板主要用材为对象，发明神经元网络分析方法和仪器，揭示木材这一类复杂生命体内部结构与宏观特征和释放量之间的关系；②生产过程监控技术：研发先进的设备，探索生产过程人造板释放规律，动态调整生产设备各项参数，在生产过程中性能最优化；③终端产品监控与检测技术：开发出国内首台大型甲醛、VOC检测室，对整体家具进行检测。开发手持式甲醛监测仪、公共场所甲醛监控网；④高端仪器校准技术：开发PPM级多功能动态配气仪器，解决国内没有先进设备校准高端仪器的问题。

建立自主产权的我国人造板及其制品整个产业链的环境指标检测技术体系，颁布实施人造板其及制品甲醛释放量的国家标准、检测方法的行业标准、VOC检测方法的行业标准，同时开发出相应的检测仪器，解决了由人造板构成的家具和生活工作环境的实时监测、检测与控制问题，及甲醛、VOC检测环境精度低和检测结果准确性、可靠性差这一难题，在人造板生产过程中控制甲醛指标，使成品达到国家强制性标准，实现对产业链的各环节的监测与控制。从根本上解决人造板及其制品中释放的有害挥发物污染环境、危害人类健康这一关系国计民生的重大问题。

主要技术创新点：

(1) 建立了自主产权的我国人造板及其制品整个产业链的环境指标检测技术体系及相关标准。

(2) 开发出自主知识产权检测仪器，解决了由人造板构成的家具和生活工作环境的实时监测、检测与控制问题，及甲醛、VOC检测环境精度低和检测结果准确性、可靠性差这一难题。

技术指标：

建立了系统动力学模型，实现了挥发物检测环境温、湿度的动态精确控制（温、湿度精度分别在±0.1%和±3%内），检测数据精确、可靠。成果已成为国家行业标准，使我国甲醛检测水平处于世界领先地位。

解决了在动态条件下挥发物检测环境的精确控制这一世界难题。成果包括7项发明，即检测环境模型的提出，能精确描述检测环境的动态实时变化规律；渐进跟踪自校正控制技术，当环境变量呈线性状态时，可以达到任意理想的精度；静态渐进跟踪的控制技术，当环境变量呈非线性状态时，也可以达到任意理想的精度；检测环境分布控制技术，解决了观测向量与控制器之间的伴随迟响和失真的多信道方法传送时受比特率约束问题；一类系统解耦技术，运用正则动态补偿器解决了非线性控制系统的可测扰动解耦问题；一类受扰动系统解耦问题，当闭环系统是规则的且为自由脉冲时，得出几乎扰动可解的充要条件；鲁棒跟踪系统的PLC程序设计与实现等项技术。目前国内外尚无报道。

（续）

制定 2 项标准，其中一项国家标准，一项行业标准。产生 14 项专利。发表论文 26 篇，其中 2 篇被 SCI 收录，8 篇被 EI 收录。

推广应用情况：
2004 年 6 月获得由北京市新技术产业开发试验区颁发的北京市新产品证书（产品编号：2004-H0500-1626）。
2005 年 5 月获得由科学技术部、星火计划办公室颁发的国家级星火计划项目证书（项目编号：2005EA169021）。
建立年集成生产能力为 600 台，产值达 9480 万元的生产基地，项目产品在国家人造板质量监督检验中心等 20 多个省（自治区、直辖市）近百家单位使用，负责国家含甲醛产品的释放量检测、监督与仲裁。

经济效益：
三年来检测产品占全国人造板总产值的 3/4，检测与仪器销售收入已达 24663 万元。其中技术产品的销售收入达 19793 万元，各省（自治区、直辖市）检测收入达 4870 万元。

社会效益：
项目的推广使我国人造板及其制品环境指标的检测技术水平处于领先地位。保证我国的人造板及其制品行业继续成为国民经济的重要支柱产业的地位，突破了国际上"绿色瓶颈"对我国人造板及制品出口的限制，在资源的高效利用和节能、环保、可持续发展成为重要趋势的今天，保证人们有一个安全、健康的生活与工作环境。

8. 成果名称：木质复合材料抑烟低毒表面阻燃技术研发与应用

主要完成人	吴玉章、罗文圣、屈伟、吕建雄、蒋明亮、王艳伟、马星霞、张赟、梁军、翟玉龙、孙伟圣 等
主要完成单位	中国林业科学研究院木材工业研究所
成果等级	北京市科学技术三等奖
获奖时间	2017 年

成果主要内容：
该成果属于林业工程学科木材科学与技术领域。阻燃木质材料属于低碳、可再生且可循环使用的绿色建材，为预防建筑火灾提供了安全保障。针对传统阻燃技术树脂与阻燃剂相容性差、阻燃效率低、成本高、烟气毒性大等制约阻燃木质材料产业发展的技术瓶颈问题，项目围绕高效阻燃体系构建、烟气毒性机制及毒性评价、抑烟低毒技术和阻燃处理技术开发等方面，通过产学研相结合，创立了木质材料抑烟低毒表面阻燃技术及其理论体系。2012 年 1 月，国家林业局组织专家对项目核心技术进行鉴定，该成果达到国际领先水平。项目通过产学研相结合，形成了阻燃体系、阻燃处理技术、烟气毒性分析与评价、抑烟低毒阻燃技术及产品的研究和开发等完整的技术体系，以及专利申请、论文著作发表等知识产权体系。目前，项目授权发明专利 10 项、实用新型 6 项，鉴定成果 2 项，发表学术论文 30 篇（EI 2 篇，SCI 3 篇）。成果先后在北京、河北、广东、浙江、吉林等省（自治区、直辖市）推广应用，其中阻燃胶合板、阻燃层积材和阻燃中密度纤维板分别应用于美国大使馆和 APEC 日出东方凯宾斯基酒店及会展中心等重点工程。

主要技术创新点：
（1）发明了一种集胶合和阻燃于一体的阻燃氨基树脂（MUF），构建了 MUF/磷氮阻燃体系，实现了对木材、纸张等材料同时实施阻燃和胶合的一体化目的，为木质复合材料表面阻燃技术奠定了基础。基于 MUF/磷氮阻燃体系，通过"表面微创—涂布"及阻燃纸处理工艺，在材料表面构筑阻燃层，实现了表面阻燃，克服了传统浸注/混合技术的不足。
（2）建立了基于锥形量热仪的定性定量的烟气毒性评价方法，构建了模拟火灾条件下有害烟气成分与毒性关系的数学模型，揭示了磷氮阻燃剂对烟气成分的影响及机制。
（3）设计合成了多层微胶囊阻燃剂，降低了阻燃剂的吸湿性，减小了阻燃剂对材料物理力学性能的影响。
（4）基于 MUF/磷氮体系的阻燃/胶合功能，与木材天然纹理及装饰纸的装饰功能复合，集成创新出集阻燃/装饰功能于一体的饰面型阻燃木质复合材料，突破了防火涂料表面装饰性差的瓶颈问题。

技术指标：
（1）MUF／磷氮一体化阻燃体系燃效果较传统技术提高 60% 左右。
（2）使用 MUF/磷氮阻燃体系，在相同阻燃等级前提下，阻燃剂用量减少 40%~70%，阻燃效率提高，简化了生产工艺，阻燃成本降低 50% 以上。
（3）借助无机阻燃剂抑烟功效，烟气生成速率指数下降，烟气毒性等级提高到准安全级。

推广应用情况：
成果先后在北京、河北、广东、浙江、吉林等省（自治区、直辖市）推广示范，其中阻燃胶合板、阻燃层积材和阻燃中密度纤维板分别应用于美国大使馆和 APEC 日出东方凯宾斯基酒店及会展中心等重点工程。

(续)

经济效益:

成果先后在北京、河北、广东、浙江、吉林等省(自治区、直辖市)建成8条示范生产线,近3年新增产值15540万元,新增利润681万元,新增利税689万元。

社会效益:

随着我国经济的快速发展以及城乡现代化程度的提高,火灾隐患越来越多,火灾形势越来越严峻,火灾已成为我国城乡发展的主要威胁之一。根据《消防法》和《建筑内部装修设计防火规范》等法规的规定,建筑结构必须采用不燃和难燃材料,民用建筑和工业厂房的内部装修积极采用不燃性材料和难燃性材料,尽量避免采用在燃烧时产生大量浓烟或有毒气体的材料。本项目通过创新阻燃体系,克服了传统体系树脂与阻燃剂相容性差、烟气毒性高的问题,实现了阻燃和胶合功能的一体化,达到了抑烟低毒的目的,产烟量降低,烟气毒性等级提高到准安全级;创新了阻燃处理技术,开发出表面阻燃技术,解决了阻燃效率低、阻燃剂降低木质复合材料物理力学性能的问题,同时,简化了生产工艺,降低了阻燃成本。项目成果形成了多项具有自主知识产权的专利技术,这对提升企业技术水平,产品的科技含量,增强自主创新能力具有重要作用。同时,为提高企业经济效益提供了技术支撑,这对推动阻燃木质材料产业的发展发挥了积极作用。

以北京为代表的国际大都市高楼林立,人口众多,公共安全尤为突出,其中建筑火灾安全更是重中之重。本项目的阻燃家具和阻燃建筑装饰装修材料,可广泛应用于饭店、会展中心、机场等大型公共场所,也可应用于办公室、居民家庭等工作和生活场所,提高阻燃和防火性能,为保障人民生命和财产安全发挥作用。

9. 成果名称:人工林木材性质及其生物形成与功能性改良的研究

主要完成人	江泽慧、鲍甫成、姜笑梅、吕建雄、傅峰、秦特夫、叶克林、彭镇华、阮锡根、张守攻、苏晓华、卢孟柱、张建国、成安生、蔡登谷
主要完成单位	中国林业科学研究院木材工业研究所
成果等级	国家科技进步二等奖
获奖时间	2004年

成果主要内容:

该项目成功地将人工林木材性质及其生物形成机理与木材功能性改良有机结合进行研究,这是木材科学研究的开拓性思路。该项目揭示了人工林木材性质的特点和规律,对人工林培育及加工利用的作用和影响,为人工林培育与木材性质及人工林木材加工利用之间的关系提供了科学依据。取得了16项重要研究成果,获得2项发明专利,发表研究论文127篇,其中在SCI收录8篇,国外刊物上发表23篇。项目研究成果有重大创新,主要有以下四个方面:①在细胞和分子水平上,系统研究了木材超微结构特征、化学分子构成以及木材流体渗透性,发现了杨树心、边材的木质素具有不同的化学式和化学键结构,揭示了边材管胞长度和未搭接率之积与管胞膜缘厚度的比值大于心材是边材渗透性优于心材的主要原因;②运用同步辐射光源和有限元算法研究了木材断裂过程,发现木材顺纹断裂韧性是材料固有属性,运用分形理论研究人工经济林木材的密度和孔隙度,发现木材密度和孔隙度具有分形特征,运用晶体学理论研究了竹材超微构造,发现竹材结晶度的动态变化规律,使人工林木材强度预测和木结构安全性评估成为可能;③利用数量遗传学和分子标记方法,发现了与杨树木材密度相连锁的5个分子标记,并对其定位在遗传连锁图谱上,为选育生长快、抗性强、密度高的优良品种提供技术手段;④利用溶胶-凝胶方法阐明了陶瓷体与木材官能团之间化学键结合机理,提出了机械犁铧预处理、超临界二氧化碳预处理和陶瓷化复合3种新方法,为人工林木材功能性改良开拓了新方向。

主要技术创新点:

首次用TEM观察了形成层细胞休眠期的变化,研究了杨树形成层细胞年活动周期中的活动,分析了整个周期中POD同工酶变化及其与次生组织分化的关系。

首次系统地研究了杨树心、边材木质素化学分子式和官能团组成等化学结构上差异,发现杨树心、边材的木质素具有不同的化学式和化学键结构。

首次提出了边材管胞长度和未搭接率之积与管胞膜缘厚度比值大于心材是边材渗透性大于心材另一重要原因。

在国内首次运用有限元算法、同步辐射光源模拟木材断裂过程、观察木材的显微拉伸过程,发现木材中裂纹扩展以及终止的机理。

技术指标:

项目取得了16项技术成果,获得国家发明专利2项,发表研究论文127篇,其中国外刊物23篇,SCI收录8篇。培养博士后7名、博士11名和硕士9名,课题组成员出国进修,培养科研骨干50余人,形成一支稳定的高水平科研队伍,走出一条产学研相结合的成功之路,探索了一种自主创新的研发模式。

（续）

推广应用情况：	
项目产出主要为基础性和应用基础性研究成果，可为木材科学提供宝贵的科学资料和数据，为林木定向培育、木材生物形成和木材加工利用提供指导，是解决我国木材资源不足和保持国民经济可持续发展的理论依据和科学基础之一。	
经济效益：	
项目成果具有先创性，部分重要成果已经或正在拓展至具有自主知识产权的技术，具有广阔的应用和产业化前景。	
社会效益：	
通过对人工林木材性质的特点和规律、人工林木材性质生物形成机理、人工林木材功能性改良机理以及三者之间有机相互作用规律等方面的深入研究，直接为人工林木材的定向培育，达到优质高产、高效、稳定和人工林木材的优化加工、高效利用提供科学基础依据，因此，"九五"之初，"人工林木材性质及其生物形成与功能性改良机理"成为全国林业系统被列入国家"攀登"计划的第一个项目，该项目的实施对改善人工林木材质量和提高人工林木材利用水平，缓解我国木材供求矛盾、保障优质木材供给、实现国民经济的可持续发展都具有重大意义。	

10. 成果名称：中国木材渗透性及其可控制原理和途径的研究

主要完成人	鲍甫成、胡荣、吕建雄
主要完成单位	中国林业科学研究院木材工业研究所
成果等级	林业部科学技术进步一等奖，国家科技进步三等奖
获奖时间	1995年，1997年

成果主要内容：
该研究成果是一项基础性研究成果，在理论上有一定的学术价值，使我国木材渗透性的研究达到一个新阶段，为国际木材渗透性研究领域提供了新论据、新结果、新论点，同时，对我国木材加工处理技术（防腐、阻燃、干燥、浸提、油漆、胶粘、制浆、造纸等）的进一步发展有重要理论指导作用。该项研究采用国际先进试验技术和首创独有的"木材显微渗透试验技术"和自行设计的"木材高压下液体渗透试验技术"，对中国木材流体渗透性进行全面、系统、深入的研究，并取得六个方面成果：①中国重要树种木材流体渗透性；②泡桐木材渗透性与扩散性；③木材中流体流动形态和机制；④木材有效毛细管结构；⑤木材流体渗透性可控制原理；⑥木材渗透性可控制途径，该成果属当代世界木材流体渗透性研究领域的前沿，理论充分，见解新颖，结论正确，达到国际先进水平。

主要技术创新点：
研究得出早、晚材渗透性高低因树种而异的新见解，一反国内外认为晚材渗透性比早材高的论点。
实验提出木材渗透性与密度无关的新创见，对国内外长期公认密度低的木材渗透性高的观点提出了异议。
首创国内外至今未见的"木材显微渗透试验法"，能进行木材微区和解剖分子渗透性试验，把木材渗透性的测定从宏观水平提高到微观水平，深化了研究深度。
研究用细菌选择性降解纹孔塞，成功地改善了难浸注木材的渗透性。

技术指标：
在我国首次提出国产40种重要树种木材渗透性参数，从理论上揭示了我国木材渗透性特点和规律。
首次研究报道世界木材科学热点木材流体动力学，流体流动形态和机制。
在国内首次报道当代木材科学前沿木材具有流体可渗性有效毛细管结构。
探明木材渗透性可控制原理、提出木材渗透性可控制途径。

推广应用情况：
本技术为应用基础研究成果，可为木材干燥、防腐及热处理提供基础数据和理论指导。

经济效益：
本技术为木材应用基础研究成果，在木材干燥防腐等领域广泛无偿使用。

社会效益：
丰富木材科学知识、提供中国木材科学研究水平。

11. 成果名称：中国主要人工林树种木材性质研究

主要完成人	鲍甫成、江泽慧、管宁、姜笑梅、陆熙娴、方文彬、李坚、彭镇华、秦特夫、柴修武
主要完成单位	中国林业科学研究院木材工业研究所
成果等级	国家科技进步二等奖，国家林业局科技进步一等奖，国家图书奖
获奖时间	1998年，1999年，1999年

成果主要内容：
该项目取得了丰硕的基础性成果，包括10项研究结果和3部论著。10项重要研究结果：①幼龄材与成熟材及人工林与天然林木材解剖性质的特点和差异规律；②幼龄材与成熟材及人工林与天然林木材超微构造的特点和差异规律；③幼龄材与成熟材及人工林与天然林木材化学组成与化学性质的特点和差异规律；④幼龄材与成熟材及人工林与天然林木材物理性质的特点和差异规律；⑤幼龄材与成熟材及人工林与天然林木材力学性质的特点和差异规律；⑥木材强度与显微构造的关系；⑦不同遗传结构的木材材性的变异规律；⑧不同培育措施对人工林木材材性的影响规律；⑨材性早期预测原理和方法；⑩人工林木材材性对加工利用适应性。

主要技术创新点：
详细阐述了幼龄材与成熟材在解剖性质、化学成分、物理力学性能方面的特点与差异。
详细阐述了天然林木材与人工林木材在解剖性质、化学成分、物理力学性能方面的特点与差异。
详细阐述了不同培育措施对人工林木材材性的影响规律。

技术指标：
10项研究结果和3部论著及10项重要研究结果。

推广应用情况：
项目产出主要为基础性和应用基础性研究成果，人工林木材高效利用和林木定向培育提供指导，是解决我国木材资源不足和保持国民经济可持续发展的理论依据和科学基础之一。

经济效益：
项目成果为基础性和应用基础性研究，为木材定向培育与高效利用提供指导。

社会效益：
随着人们生活水平的提高及天然林保护等政策的深入实施，我国木材资源的缺口越来越大。大力发展高质量商业人工林是解决或缓解这一矛盾的出路。本项目成果为定向培育高质量的人工林木材提供理论指导，具有显著的经济、生态和社会效益。

12. 成果名称：人工林软质木材提质优化技术研究与应用

主要完成人	刘君良、柴宇博、吕文华、王小青、孙柏玲、李理、李延廷 等
主要完成单位	中国林业科学研究院木材工业研究所
成果等级	北京市科学技术三等奖，中国产学研合作创新成果二等奖，梁希林业科学技术二等奖
获奖时间	2016年，2015年，2013年

成果主要内容：
（1）针对传统浸渍树脂改性剂对木材渗透性差和降低木材韧性等技术难题，开发出以1,3-二羟甲基-4,5-二羟基亚乙基脲等为主要成分的高渗透性和高反应活性木材改性剂，实现了从细胞腔填充到细胞壁物质化学交联的细胞水平全方位功能改良，解决了以往改性剂对木材渗透性差和渗透不均匀等技术难题。
（2）针对人工林杉木木材渗透性差、难以浸注等问题，通过对传统的满细胞法和空细胞法浸渍处理工艺的改进，开发出递进式逐级渗透控制技术，实现了改性剂对难浸注木材的快速、均匀渗透，使杉木增重率由10%提高到30%；通过逐级加压的方式替代传统浸渍处理工艺一次充压的方式，解决了因充压过大、过快而造成木材表面凹凸不平甚至塌陷的技术问题，改性后木材表面刨削量减少15%以上。
（3）针对杨木和杉木改性材在干燥过程中易出现的内裂、湿芯等干燥缺陷以及干燥周期长等技术问题，发明了优化木干燥与固化联合处理技术，通过不同温度梯度下的水分移动速率与药剂聚合速率控制，实现了优化木材干燥与固化增强同步进行，处理后木材的干燥缺陷由传统干燥法的20%降低到5%以下，干燥周期由25~30天减少到10天左右。
（4）集成创新了人工林软质木材多功能优化技术，研发出集有机树脂增强、阻燃、防腐、防水等功能为一体的多元复合新型木材改性剂，解决了传统木材改性剂功能单一及不能重复利用的药剂兼容问题；通过有机树脂对无机功能性助剂的包覆及化学交联作用，解决了无机盐类处理剂吸潮、返霜和木材强度降低等问题。

(续)

主要技术创新点：
(1) 发明了高渗透性和高反应活性木材改性剂(1,3-二羟甲基-4,5-二羟基亚乙基脲)，使改性剂可充分渗透到木材内部，并与细胞壁物质发生化学反应，解决了以往改性剂对木材渗透性差的技术难题。
(2) 开发出递进式逐级渗透控制技术，通过正负压的转换作用与逐步加压的推进作用，实现了难浸注木材的快速、均匀渗透，使木材增重率由10%左右提高到30%。
(3) 发明了优化木材干燥与固化联合处理技术，通过不同温度梯度下的水分移动速率与药剂聚合速率控制，实现了优化木材干燥与固化增强同步进行，处理后木材的干燥缺陷由传统干燥法的20%左右降低到5%以下。
(4) 集成创新了人工林软质木材多功能优化技术，研发出集有机树脂增强、阻燃、防腐等功能为一体的多元复合新型木材改性剂，解决了传统改性剂功能单一及不能重复利用的药剂兼容问题。

技术指标：
本成果发明的改性剂储存期达30天以上，可循环使用；改性剂对木材渗透性高、均匀性好，改性材增重率达30%以上；改性材环保性能好，总挥发性有机化合物(TVOC)释放率为 $0.10mg/(m^2 \cdot h)$，达到环境标准 HJ 571—2010 要求；游离甲醛释放量 $\leq 0.3mg/L$，达到国家标准 E_0 级要求；改性材密度、强度高、尺寸稳定性好，以杨木为例，改性后密度达 $0.57g/cm^3$，比未改性材(密度 $0.38g/cm^3$)提高50%；抗胀缩率最高可达65%，抗弯强度和弹性模量分别提高92%和41%；阻燃性能达到国家标准 GB 8624—2006《建筑材料及制品燃烧性能分级》要求的 B_1 级；改性材燃烧5分钟时的总热释放量 $\leq 5MJ/m^2$，达到国际标准 ISO5660：2002 难燃级要求($\leq 8MJ/m^2$)；耐腐性达到国家标准 GB/T 13942.1—2009《木材耐久性能 第1部分：天然耐腐性实验室试验方法》耐腐等级Ⅱ级水平。

推广应用情况：
技术成果先后在河北爱美森木材加工有限公司、广东省宜华木业股份有限公司、河南省瑞丰木业有限公司、湖南栋梁木业有限公司、白河林业局洪泰木业综合厂、湖南万森木业有限公司、海南洋浦久聚台木材科技有限公司、北京诚信锦林装饰材料有限公司等多家企业完成了推广应用，提高了行业的技术水平和产品的市场竞争力，经济效益明显。

经济效益：
该成果已在广东、河北、湖南、河南等省(自治区、直辖市)建成8条示范生产线，近5年取得产值13.35亿元，经济效益显著。

社会效益：
(1) 通过对我国丰富的人工林杨木和杉木等软质木材进行提质优化处理，使其达到实木地板、家具、门窗等高附加值产品的材料使用要求，可实现每年替代优质珍贵天然林木材(如桦木、水曲柳等)1500万 m^3，将对我国逐年增长的木材供应缺口形成有效的填补，有利于降低我国木材进口对外依存度，保障国家木材安全。
(2) 技术的辐射推广，推动了人工林杨木市场价格的上涨，促进了林农增收，提高了林农植树造林的积极性，同时延长了杨树生长年限，实现了生态环境保护与木材产业持续发展的良性循环。

13. 成果名称：快速装卸贴面压机机组的研制

主要完成人	吴树栋、余丽慈、饶福先、秦少芳、陈正坤、曾真、赵战明 等
主要完成单位	中国林业科学研究院木材工业研究所
成果等级	林业部科技进步二等奖，国家科技进步三等奖
获奖时间	1989年，1990年

成果主要内容：
该机组系国内首次研制成功，包括单层热压机、快速加压液压系统、快速装卸板机和输送辊台等设备。本机组规模适宜，价格便宜，可以部分代替进口设备，满足国内刨花板厂贴面设备的配套需求。总体技术水平已达到国外工业发达国家20世纪70年代后期水平。该机组为满足低压短周期贴面热压温度高、周期短实现热上热下快速装卸板和快速闭合，快速升压特点，完成了，①研制了托板—夹钳式装板机和真空吸盘式卸板机，传送过程中板坯下无不锈钢衬板，衬板固定在压机内，节省了热能。吸盘材料采用耐热硅橡胶。②液压系统满足了快速闭合、快速升压的工艺要求，而且系统中仅用一台油泵，节约了电能。③试制了石棉铜丝复合衬垫，缓冲性能和导热性能较好，符合工艺要求。使用寿命较长。④电控系统采用可编程序控制器，满足机组快捷、动作复杂的要求。编制程序灵活，使用可靠。⑤热压机框架设计用材料力学方法和有限元法计算。并用光弹试验进行对比，设计合理，与同类压机相比，应力集中系数较小。

主要技术创新点：
国内首次研制成功，包括单层热压机、快速加压液压系统、快速装卸板机和输送辊台等设备。
满足低压短周期贴面热压温度高、周期短实现热上热下快速装卸板和快速闭合，快速升压要求。

技术指标：
机组整体到达国际先进水平，可替代进口设备。

推广应用情况：
项目研制成功的国内第一台快速装卸贴面压机机组，转让苏州林机厂批量生产，填补了国产设备的空白，降低了生产线的投入成本，为贴面装饰人造板产业的蓬勃发展奠定了基础。

经济效益：
实现了国产设备快速实施贴面装饰人造板生产，大大提高了人造板产品的用途和产品附加值。同时为国内人造板机械厂带来了利润增长点，经济效益显著。

社会效益：
提升了我国人造板机械化制造水平、增加了人造板的用途和附加值，促进了木材综合利用、合理利用、高效利用水平。

14. 成果名称：抑烟型阻燃中(高)密度纤维板生产技术与应用

主要完成人	陈志林、傅峰、梁善庆、吕斌、彭立民、林国利、詹满军、樊茂祥、纪良 等
主要完成单位	中国林业科学研究院木材工业研究所
成果等级	梁希林业科学技术二等奖
获奖时间	2016 年

成果主要内容：
以三聚氰胺、磷酸为原料制备得到三聚氰胺磷酸盐阻燃剂，同时以硼酸锌、钼酸钠为抑烟剂，通过复配、凝聚相成炭、改变木材高温裂解反应进程、增加成炭量等技术，开发适于中(高)密度纤维板的阻燃剂，同时采用在线施加技术，在不改动原有生产线的基础上，实现阻燃中(高)密度纤维板工业化生产。
①研究了高效阻燃、环保、稳定性好的阻燃剂，解决了阻燃中密度纤维板吸湿、成本高的技术关键；②研究了以钼为主要成分的抑烟剂低温催化成炭抑烟机理；③采用复配技术、超细化技术发挥协同效应，提高了阻燃效率、降低了阻燃高密度纤维板和阻燃木质复合地板的烟密度；④研究了阻燃中密度纤维板生产工艺的关键技术，并在生产线上推广应用，取得了良好的经济效益；⑤以阻燃高密度纤维板为基材，开发了阻燃地板，获得了阻燃标识，提高了技术成果的转化效率。
所生产的阻燃中(高)密度纤维板具有物理力学性能好、阻燃、产烟量低的特点，可用于室内装饰装修行业，用作阻燃地板基材、室内装修墙板、挂板、天花板，满足了市场需求，保障了人民生命和财产安全。

主要技术创新点：
在三聚氰胺磷酸盐阻燃剂制备及其与抑烟剂协效复配技术研究方面取得重要突破。
依据磷的脱水成炭、钼的低温催化成炭机理，通过改变木材高温裂解反应进程、增加成炭量。
在阻燃中(高)密度纤维板工业化生产方面取得了重要突破。

技术指标：
以三聚氰胺和磷酸为原料，采用酸化预反应方法，研制的三聚氰胺磷酸盐阻燃剂，使反应产物得率由原来的 85% 提高到了 91%。
以三聚氰胺磷酸盐阻燃剂，硼酸锌、钼酸钠为抑烟剂，通过复配、低温催化成炭技术研制的抑烟型阻燃剂，其产烟量降低了 30%，抑烟效果好，且无味、无毒、无污染，不影响涂饰性能。

推广应用情况：
本项成果应用前景广阔。自项目实施以来，在国内开展了技术辐射和带动工作，先后在广西丰林木业集团股份有限公司、山东聊城阳谷森泉板业有限公司、山东东营正和木业有限公司进行了生产应用，年生产产量平均达到了 1.5 万 m^3。

经济效益：
本项技术成果分别在广西丰林木业集团股份有限公司和山东阳谷森泉板业公司建成了年产 5 万 m^3 阻燃中密度纤维板示范生产线。通过在线施加方式，调整干燥和热压工艺，示范生产的阻燃中(高)密度纤维板。广西丰林木业集团股份有限公司完成了研究和优化抑烟性阻燃板中密度纤维板各生产工艺，解决了抑烟性阻燃板板理想的生产工艺及相匹配的质量控制方法和阻燃剂均匀自动化施加和计量问题，产品经国家权威部门检测检测阻燃性能等级达到了 GB 8624—2006 标准的 B-s1-d0-t1 等级，并获得了阻燃标识认证，产品投放广州、上海、北京等地，用户反映良好，目前年均生产约 8000m^3 抑烟型阻燃中(高)密度板，每年新增生产总值 2500 余万元，年新增利润 745 万元，年新增税收 120 余万元，效益显著。山东阳谷森泉板业有限公司年生产约 4000m^3 抑烟型阻燃中(高)密度板，年新增生产总值 800 万元，年新增利润 225 万元。

（续）

社会效益：

我国传统的木材工业属于资源型、劳动密集型产业，产品附加值低，迫切需要高新技术推动行业进步和升级，开发高附加值、高质量产品，推动行业进步和技术升级具有重要作用和意义。我国人造板年产量居世界首位，其中传统的胶合板、纤维板、刨花板占 80% 以上，同质化产品低价竞争激烈，木材加工产业急需调整产品结构，增加技术产品，满足多元化市场需求，因此在促进产品结构调整，满足市场需求方面具有重要作用和意义。我国火灾大多发生在室内，引燃可燃材料，酿成灾难，不仅给人民财产和安全造成损失，而且造成环境污染，因此开展阻燃木质材料研究，减少火灾发生，保证公共安全，建设和谐社会具有社会效益和环境效益，在创建和谐社会，保障社会安全方面具有重要作用和意义。

15. 成果名称：人工林木材增值利用加工技术

主要完成人	张久荣、吕建雄、吴玉章、孙振鸢、周永东、骆秀琴 等
主要完成单位	中国林业科学研究院木材工业研究所
成果等级	梁希林业科学技术二等奖
获奖时间	2007 年

成果主要内容：

通过向木材内浸注化学物质来改善木材物理力学性能是一种重要的处理方法。影响该技术的关键因素有树种、化学药剂以及相应的浸注处理工艺。树种不同其木材的渗透性有很大差异，而木材渗透性的差异决定了化学药剂浸注的难易性。同时，树种和化学药剂之间也存在相互影响。树种不同，由于木材内含物的差异而使木材表面性质表现出差异性，从而影响了化学物质在木材内的扩散性能。因此，树种与所选择的化学物质要相互适应。在化学物质的选择上还要注意不能因为提高木材的力学性能而破坏其他性能或带来其他负面影响，如尺寸稳定性、环境污染、危害人类健康等。本项目以"木材注入木材"的新思想，将具有与木材结构相近的化学物质通过化学合成形成树脂注入木材中，重点解决化学处理带来的危害人类健康的问题，同时采用合理的浸注处理和固化工艺，使材料的性能达到优化。

单板压缩处理技术既有效地利用了原木又提高了软质木材的表面硬度，做到了木材的充分而有效的利用。单板压缩处理技术可使杉木人工林木材的表面硬度提高 2~4 倍，表面耐磨性提高。该技术避开了繁杂的木材整体压缩处理工艺，在获得与整体压缩工艺相当的表面硬度的前提下，产品成本增幅大大降低，更易于实现工业化。

单板压缩处理技术的核心是将原木旋切成单板，并对该单板进行压缩处理，通过这样的操作，虽然是以软质木材为原料，得到的单板材料表面硬度和耐磨性已经显著提高，可以作为木质表面装饰材料使用，然后再将压缩的单板表面材料贴覆在木材上，尤其是贴覆在软质木材的表面，可以显著提高木材制品的表面硬度和耐磨性。

木材整体压缩或表面压缩的最终产品是板材，而单板压缩处理最终的产品形式是表面装饰材料，就像刨切薄木、人造板表面装饰纸一样可以贴覆在任何材料的表面。该产品具有实木特性，木材表面纹理、视觉特性依然如故，属于表面装饰材料中新的一族。通过压缩单板的贴面处理，既提高了木制品表面硬度和耐磨性，同时降低了压缩处理带来的成本增加幅度大的问题。

主要技术创新点：

1) 改性三聚氰胺树脂增硬人工林杨木处理技术

使用国内原材料，使浸渍树脂比原新方树脂成本降低一半；使用国内合成的起交联作用的三聚氰胺树脂，使浸渍树脂游离醛降低 2/3；浸渍树脂配方改进，改性三聚氰胺树脂增硬人工林杨木甲醛释放量大大降低，达到 1.9mg/L（干燥器法），符合国家标准。

2) 强化人工林杉木贴面材制造技术

采用单板压缩技术，可以使木材压缩处理生产工艺实现连续化，为木材压缩技术的工业化开辟了新途径；对单板进行压缩处理，可以根据实际需要确定最终的压缩率，避免了表面压缩处理工艺中表面压缩率难控制（要想达到要求的压缩率需要采取特殊手段），产品容易产生翘曲、表面层与内层间容易产生破坏等问题；单板压缩处理技术中由于引入辊压处理方法，避免了板材压缩处理过程中（采用树脂固定变形方法）出现的二次板材干燥问题，减少了能耗。

技术指标：

1) 改性三聚氰胺树脂增硬人工林杨木处理技术

改性三聚氰胺树脂增硬人工林杨木处理技术使杨木人工林木材尺寸稳定性得到改善，表面硬度提高 1 倍左右，静曲强度、抗压强度等提高，素板板材甲醛释放量 35mg/100g（穿孔法），油漆后的产品，达到我国标准所规定的指标（≤1.5mg/L）和日本标准的 Fc2 级所规定的指标（≤0.5mg/L）。

2) 强化人工林杉木贴面材制造技术

杉木人工林木材的表面硬度提高 2~4 倍，表面耐磨性提高。在获得与整体压缩工艺相当的表面硬度的前提下，产品成本增幅大大降低。同时，引入了树脂辊压浸注处理技术易于实现连续化生产。

利用压缩单板制成三层结构复合地板，其吸水厚度膨胀率 10%，低于日本农林地板标准（≤20%）。

（续）

推广应用情况：
利用强化单板开发了实木复合地板，该产品表面硬度达到常用硬质阔叶材的程度。该产品力学性能指标满足国家标准（GB/T 18103—2000）要求；环保性能指标满足国家标准（GB/T 18103—2000）要求。

经济效益：
在经济效益方面，以杨木单板为例，单板成本1500元/m^3，经过处理后，包括人工等，成本为3500元/m^3，折合成表板的成本（幅面尺寸950mm×130mm）为7元/m^2（2mm厚）、11元/m^2（3mm厚）、14元/m^2（4mm厚）。在人工、水电、胶黏剂用量相同情况下，新型地板制造成本为107元/m^2（2mm厚表板），现有产品成本127元/m^2（2mm厚表板），生产成本降低20元/m^2，年产200万m^2，成本可降低4000万元。

社会效益：
由于世界性天然林木材资源趋于枯竭，工业用木材资源已经逐步转向人工林。但由于人工林生长速度快，轮伐期短，木材材质材性与天然林木材有较大差异，突出表现在材质松软、强度低、表面硬度差，难与天然林木材抗衡，影响了应用范围和市场竞争力，同时还影响了林农造林的积极性。目前，人工林木材只能以低价值形式应用，如单板（芯板或背板）、刨花、纤维等，很少作为实木产品资源。同时，人工林木材资源的利用问题又直接阻碍了人工林的发展。如此恶性循环，对解决木材供需矛盾，缓解木材资源紧张的压力不利。因此，改善人工林木材的材质，提高利用价值，扩大人工林实木制品的应用范围，替代天然林木材，已经成为主产区的林业部门迫切要求解决的问题。

16. 成果名称：木材学

主要完成人	成俊卿、李正理、张英伯、吴中禄、鲍甫成、柯病凡、李源哲、申宗圻 等
主要完成单位	中国林业科学研究院木材工业研究所
成果等级	国家新闻出版署全国优秀科技图书一等奖
获奖时间	1988年

成果主要内容：
全书共7篇34章。第1篇木材构造包括：树木生长与构造、植物细胞壁、木材构造与识别、木材花纹、木材构造与性质和用途的关系。第2篇木材化学性质包括：木材细胞壁的化学成分、木材浸提成分、木材的化学性质、树皮的化学成分。第3篇木材物理性质包括：木材与水分、木材密度、木材热学性质、木材电学性质、木材声学性质、木材透气性质。第4篇木材力学性质包括：基本概念、木材抗压强度、木材抗拉强度、木材抗弯强度、木材冲击韧性、木材顺纹抗剪强度和扭曲强度、木材硬度和耐磨性、材料抗劈力和握钉力、木材容许应力、木材物理力学性质变异的分析。第5篇木材缺陷包括：天然缺陷、生物危害缺陷、干燥及加工缺陷。第6篇木材材质改进包括：木材干燥、木材防腐、木材改性、材质改进与营抚措施。第7篇中国重要木材包括：主要商品材的特征和用途、商品木材主要用途。

主要技术创新点：
从木材形成、构造、化学性质、物理性质、力学性质、主要用途等全方位诠释了木材科学，是一部权威性木材学著作。

技术指标：
全书共7篇，32章，178万字。本书内容较之其他国家的木材学范围更宽、资料更丰富、试验的树种更多，并在木材声学、电学、热学性质及木材天然耐久性等研究方面填补了国家的空白，达到或接近世界先进水平。全书写成后，曾邀请全国120多个有关科研、教学、设计、生产单位的840余人进行审改，最后又邀请20位教授、专家与全体作者共同复审、定稿，从而确保了全书的质量。

推广应用情况：
本书是一部木材科学方面的著作，外教学、科研工作提供了重要参考。本书收录了500多种中国重要木材的解剖特征、物理力学性能和主要用途，为木材识别、贸易及木材工业生产等均有参考价值和指导意义。被学校、科研院所、生产企业等广泛无偿使用。

经济效益：
本书是基础性、公益性图书，为社会各界免费使用。

社会效益：
本书的出版，集成了当时国内外木材学研究的最新成果，理论联系实际，对木材科学与木材工业产学研等方面均有重要的指导意义和实用价值。

17. 成果名称：中国裸子植物木材超微构造的研究

主要完成人	周崟、姜笑梅
主要完成单位	中国林业科学研究院木材工业研究所
成果等级	林业部科学技术进步二等奖、国家自然科学四等奖
获奖时间	1993年，1995年

成果主要内容：
该项成果对中国裸子植物所有属的代表种(100种，隶属4纲8目11科42属)的木材超微构造进行了较全面深入研究，内容包括：①裸子植物木材管胞瘤状层的研究；②13种中国裸子植物木材径列条的研究；③裸子植物木材具缘纹孔结构类型的研究；④裸子植物木材交叉场纹孔的电镜观察；⑤中国裸子植物木材中晶体和硅石的电镜观察；⑥黄花落叶松、马尾松木材超微构造及其对渗透性影响的研究。揭示了一些过去未见到的现象，它符合从宏观→微观→超微观构造研究的科学发展过程，为木材的识别及其植物系统发育、分类提供了科学依据，具有重要的学术价值，研究成果居国内领先，达到国际先进水平。

主要技术创新点：
通过对裸子植物超微结构的系统研究，揭示了一些过去未见到的现象，为木材的识别及其植物系统发育、分类提供了科学依据。

技术指标：
全书632页，86.5万字，是有关木材超微构造研究的包括裸子植物种类最多的一部专著(包括4纲8目12科42属100种)。

推广应用情况：
本书被教学和科研单位广泛参考和使用。

经济效益：
本书是基础性、公益性图书，为社会各界免费使用。

社会效益：
本书的研究成果，丰富了木材解剖学的内容，为木材科学的深入研究奠定了基础。

18. 成果名称：带图像的微机辅助国产木材识别系统的研制

主要完成人	杨家驹、程放、卢鸿俊、刘鹏 等
主要完成单位	中国林业科学研究院木材工业研究所
成果等级	林业部科学技术进步三等奖
获奖时间	1991年

成果主要内容：
该识别系统具有以下特点：①采用当时世界上通用的IBM-PC微型计算机(或其兼容机)和Turbo Pascal语言，容量大和检索速度快；②有500种阔叶树木材，169种针叶树木材以供针、阔叶树的检索；③增加了木材解剖特征图像，给使用者具体形象，以加深直观印象，提高检索的效能；④采用全部组合式特征，并有管孔平均弦径、导管、纤维长度的平均值和变异范围具体数据，与目前世界上使用的全部单一特征方式比较，具有占库存容量小，而实际检索时又以单一特征方式对待。与世界上另一种对分、组合和数量式三种并存的方式比较，解决了数量式变动很大的特点；⑤树种检索到最后10个以下时，能显示树种间相异特征表，对确定最后树种有较大帮助。该成果中有英、中两种版本，有可供检索的针叶树木材和阔叶树木材669种，有可供微观或(及)宏观检索的特征90个(其中针叶树木材43个，阔叶树木材47个)，单一特征317个(其中针叶树木材138个，阔叶树木材179个)，木材解剖特征图像27幅(其中针叶树木材8幅，阔叶树木材19幅)，涉及木材特征50个，达到国内领先水平。

主要技术创新点：
①在世界上第1次使用木材特征图像，增添了直观效果。②在检索特征中取消了对分式和数量式，完全采用了组合式，其最大优点，除了恢复特征间固有的有机联系外，在存盘时以一个组合数据存储，大大减少了占用的空间，而在使用时则分为单一特征检索，十分简便。③改进了科名缩写方法。无论树种的数量，还是可供检索的宏观及微观特征的数目居全国首位。

技术指标：
使用通用PC微型计算机(或其兼容机)和Turbo Pascal语言，容量大和检索速度快。
可快速检索500种阔叶树木材，169种针叶树木材。

(续)

推广应用情况：
广泛用于木材树种的快速辅助识别。

经济效益：
由于识别速度快，在实际生产应用时，可减少备料、分料时间，提高生产效率。

社会效益：
本项目的研究成果，丰富了木材识别的手段，为木材自动快速识别的发展具有指导意义。

19. 成果名称：中国重要木材干燥基准的研制

主要完成人	何定华、滕通濂、郭焰明、高瑞清、孟京明、陈省兰、何清慧、赵亮、周永东 等
主要完成单位	中国林业科学研究院木材工业研究所
成果等级	林业部科学技术进步二等奖
获奖时间	1996 年

成果主要内容：
窑干法是我国锯材的主要干燥方法。干燥基准是窑干工艺的核心。合理的干燥基准是提高干燥质量，减少降等、节约能耗和缩短干燥周期的基本保证。持续 30 多年的研究。研制了 63 种中国重要木材的干燥基准，包括了东北产区主要木材及南方已开发的重要木材和主要速生材；编制了中国木材窑干基准系列。研制的基准属含水率基准。主要特点是：采用多段结构。介质湿度在整个过程中均匀地降低；介质温度在木材含水率 30% 以上上升不大，而在含水率 15% 以下大幅度上升。这样既保证干燥质量，又增加干燥速度。基准系列按针、阔叶树材分别编制，按温度基准分组，每组有湿度基准若干，形成一个体系。新开发树种可以采用已有的干燥性质相似树种的基准，也可以在现有体系中增加新基准。可以更好地适应我国树种丰富的特点。这些基准已作为主要内容列入林业部行业标准 LY/T 1068—92《锯材窑干工艺规程》推广应用，试验表明：应用此基准干燥时间比采用苏联旧基准缩短 20% 以上，且质量好，经济效益显著。

主要技术创新点：
应用本干燥基准干燥时间比采用苏联旧基准缩短 20% 以上，且质量好。

技术指标：
包括了中国全部主要商用材的干燥基准。

推广应用情况：
这些基准已作为主要内容列入林业部行业标准 LY/T 1068—92《锯材窑干工艺规程》，在全国范围内推广应用。

经济效益：
应用本基准，可缩短干燥周期 20%，干燥质量好，经济效益显著。

社会效益：
本基准作为林业行业标准颁布实施，为木材干燥行业提供了理论和实践指导，为木材干燥工艺和技术提升奠定了基础。

20. 成果名称：WFR 木材及人造板系列阻燃技术

主要完成人	刘燕吉、朱家琪、吴健身、李玉栋、王天佑 等
主要完成单位	中国林业科学研究院木材工业研究所
成果等级	林业部科学技术进步三等奖
获奖时间	1995 年

成果主要内容：
WFR 阻燃剂以难燃树脂为载体，阻燃剂被包覆其中，二者合为一体。阻燃型木材及人造板生产均用 WFR 型树脂型阻燃剂，该成果主要内容有：①木质材料用多功能系列阻燃剂研制；②多功能系列阻燃剂在阻燃木制品生产中的应用技术包括：a. 阻燃木材，采用 WFR-1 型阻燃剂，加压浸渍处理。阻燃性能达 GB 8624-88 B_1 级，处理后木材力学性能不降低，产品具有防腐防霉性。b. 阻燃胶合板，分 2 个等级，B_1 级和 B_2 级。此两种处理均不影响板材物理力学性能、表面油漆及粘接性能。c. 阻燃刨花板，采用 WFR-2 型阻燃剂与刨花混合工艺。工艺简单、不污染环境、板材阻燃性能好，物理力学性能达国标一等品指标，甲醛

（续）

释放量<10mg/100g。d. 阻燃中密度纤维板，采用 WFR-4 型阻燃剂与 ZR-01 型难燃、防水胶黏剂混合，一次加的技术路线。不加固化剂、防腐剂。该成果形成系列技术，WFR 系列木质材料阻燃技术在国内处领先地位，有广阔的应用推广前景。

主要技术创新点：
采用多功能木材阻燃剂和多功能树脂型胶黏剂分别应用于实体木材和人造板的阻燃处理，产品具有防霉、防腐与阻燃性能。

技术指标：
甲醛释放量<10mg/100g。
工艺简单、不污染环境、板材阻燃性能好，物理力学性能达国标一等品指标。

推广应用情况：
该成果形成系列技术，WFR 系列木质材料阻燃技术在国内处领先地位，有广阔的应用推广前景。

经济效益：
应用本成果处理木材和人造板，可提升产品的阻燃与防腐性能，使用于阻燃防腐要求高的场合，产品附加值高，经济效益显著。

社会效益：
火灾是危害人民生命健康的危险因素。本技术的推广应用，可以有效阻止和缓解火灾的发生或蔓延，保护人民财产和生命安全，有显著的社会效益。

21. 成果名称：马尾松、杉木间伐材指接技术研究

主要完成人	朱焕明、罗文士、鲍加芬 等
主要完成单位	中国林业科学研究院木材工业研究所
成果等级	林业部科学技术进步三等奖
获奖时间	1995 年

成果主要内容：
该成果是加拿大国际技术研究中心资助的国际合作项目。以人工林间伐材为研究对象，在吸收国内外成功技术，结合我国国情基础上，优化工艺参数，开发出以间伐材为原料生产指接材的成套适用技术。主要研究内容有指接工艺、胶黏剂、防腐剂及其处理工艺、经济分析和生产应用五部分。研制的指接工艺成套技术与设备简易、实用，便于在广大林区推广应用。该成果提出了马尾松、杉木间伐材指接工艺参数的优化；阔叶树材混合树种指接；高含水率间伐材指接，可实现湿材指接；研制了苯酚-间苯二酚-甲醛（PRF）树脂；研制开发了间伐生产结构用指接材，使间伐材能替代成材用于承重结构。成果处于国内领先，达到国外同类研究水平。

主要技术创新点：
研制了苯酚-间苯二酚-甲醛（PRF）树脂。
开发了高含水率湿材指接工艺。

技术指标：
间伐材能替代成材，指接后可用于承重结构。
成果处于国内领先水平。

推广应用情况：
使用本项目成果的间苯二酚树脂生产的 12m 长大截面木胶合梁，替代了进口产品用于北京亚运会场馆康乐宫戏水乐园。

经济效益：
使用本技术，可使低质和低值的人工林间伐材，指接重组为大规格大尺寸的木材，提升综合利用率，提高产品附加值，经济效益显著。

社会效益：
通过指接等工艺技术，提升人工林的尺寸和性能，替代珍贵天然林大规格木材，缓解木材供需矛盾，保护天然林资源，保护生态平衡，生态和社会效益显著。

22. 成果名称：泡桐剩余物刨花板生产新工艺

主要完成人	齐维君 等
主要完成单位	中国林业科学研究院木材工业研究所
成果等级	林业部科学技术进步三等奖
获奖时间	1993 年

成果主要内容：
根据泡桐的材质特性，以泡桐剩余物为原料进行了系统的研究，得出了行之有效的新工艺。该新工艺能有效地利用泡桐剩余物内含的多元酚衍生物（单宁），在适宜的热压工艺条件下，使单宁和脲醛胶中的游离甲醛起化学反应成为具有胶粘性和耐水性的物质，其产品质量好、密度较小，并具有施胶量低，不加防水剂、降低甲醛释放量的特点。同时，根据泡桐材质松软的特性，研制出了适合泡桐剩余物的刨花制备技术，提高了刨花质量及生产效率，节约了物耗和电耗。该成果工艺先进，为利用泡桐枝桠材剩余物生产刨花板产品提供了科学依据。

主要技术创新点：
有效的利用泡桐剩余物内含的多元酚衍生物，减少胶黏剂的用量。
刨花板产品密度低。

技术指标：
国内领先水平。

推广应用情况：
可用于生产中低密度刨花板，提高泡桐木材、特别是枝丫材的利用率。

经济效益：
使用本技术，可提高泡桐和泡桐枝丫材的综合利用率和产品附加值，经济效益显著。

社会效益：
通过合理利用泡桐等速生人工林木材，替代天然林大规格木材，缓解木材供需矛盾，保护天然林资源，保护生态平衡，生态和社会效益显著。

23. 成果名称：中国主要树种木材物理力学性质的研究

主要完成人	齐维君 等
主要完成单位	中国林业科学研究院木材工业研究所
成果等级	林业部科学技术进步二等奖
获奖时间	1992 年

成果主要内容：
该项成果组织全国 35 个科研单位和高等院校，历时 20 多年，共对 342 个树种，根据木材的多种最终用途要求和加工利用条件，对这些树种木材的物理、力学性质进行了全面试验，测定指标包括年轮宽度、晚材率、密度、干缩系数、抗弯弹性模量、顺纹抗压、抗弯、顺纹抗剪、横纹抗压、顺纹抗拉、冲击韧性、硬度、抗劈力等；并列出了木材主要用途和主要地区木材商品名称。该项成果为工矿、基建、国防等部门提供了木结构设计的基本数据；为优良造林树种选择、木材科学加工和合理利用提供了基本的科学依据；也为林业科学与木材科学研究，以及教学提供了基础资料。该成果的试验方法、试验规模、试验设备和技术水平，均达到了国外同类研究的水平，其完整性和系统性，达到国际先进水平。

主要技术创新点：
对国内 342 个主要用材树种的木材的物理、力学性质进行了全面试验。

技术指标：
国际先进水平。

推广应用情况：
该项成果可用于工矿、基建、国防等部门优选木结构设计的基本数据，提高产品性能和安全性，也可用于林木优良品种选育。

(续)

经济效益：	
本成果属于基础性研究，广泛无偿应用于科研、教学和生产，创造了显著的间接经济效益。	
社会效益：	
本成果属于公益性研究成果，为全社会的木材科学研究、教学与生产提供指导，社会效益显著。	

24. 成果名称：中密度纤维板生产工艺研究

主要完成人	钱瑛琳、王天佑 等
主要完成单位	中国林业科学研究院木材工业研究所
成果等级	林业部科学技术进步三等奖
获奖时间	1990 年

成果主要内容：
该成果为我国中、小型规模中密度纤维板生产工艺提供了系统可靠的科学依据。该成果体现了：①结合中南地区木材加工及采伐剩余物等原料的特点，研究工艺因素与产品质量的关系，在生产试验中找出最佳工艺条件，研制符合质量标准的产品；②研制了黏度低、树脂含量高、渗透性能好的专用脲醛树脂胶黏剂，及其干燥前的施胶工艺；③研制了同位素板坯密度测定仪，干燥系统火花检测及控制系统、施胶定量控制系统等。改造了气流成型机、热压机液压控制系统以及车间的除尘系统等；④利用株洲木材厂现有生产纤维板设备，进行改造生产出合格的中密度纤维板产品，为老厂改造提供了条件。

主要技术创新点：
对国内 342 个主要用材树种的木材的物理、力学性质进行了全面试验。

技术指标：
国际先进水平。

推广应用情况：
该项成果可用于工矿、基建、国防等部门优选木结构设计的基本数据，提高产品性能和安全性，也可用于林木优良品种选育。

经济效益：
本成果属于基础性研究，广泛无偿应用于科研、教学和生产，创造了显著的间接经济效益。

社会效益：
本成果属于公益性研究成果，为全社会的木材科学研究、教学与生产提供指导，社会效益显著。

25. 成果名称：超滤法处理湿法纤维板热压废水技术

主要完成人	王正 等
主要完成单位	中国林业科学研究院木材工业研究所
成果等级	林业部科学技术进步三等奖
获奖时间	1990 年

成果主要内容：
该成果是利用超滤膜的截留作用，将热压废水中的悬浮物与部分可溶高分子物质被截留，使透过水直接参与循环回用，进一步提高湿法纤维板工艺废水的封闭水平。采用此法处理湿法纤维板热压放心水，当超滤膜截留率为60%情况下，可保持平均透过量在 $40L/hm^2$ 左右，透过水的 COD 值低于循环系统内循环水的 COD 值，因而透过水（占全部热压水量的80%以上）的回用对整个循环系统水的浓度及生产工艺、产品质量、产量仍保持回用前水平。经超滤处理后的高浓度截留水（COD 值在 10 万 mg/L 左右，水量占全部热压水20%以下），采用掺入煤中烧掉或综合利用，变废为宝。其处理效果居国内领先水平，并接近国际水平。该成果：①探索出合理的处理工艺，使热压废水可以长期回用而不引起工艺问题，达到工艺废水的全封闭。并用合适的滤膜孔径，尽可能保持高的处理量；②探索出适合于纤维废水处理用的膜面清洗剂，保证了污水治理设备长期、稳定的运行。提出热压废水回用引起粘板原因是由热磨、热压时进一步溶出的高分子量的木素-半纤维素复合体所造成的，并提出除去的有效方法——超过滤法。

(续)

主要技术创新点：	
实现湿法纤维板废水全封闭循环利用。 采用超过滤法解决热压废水回用引起粘板问题。	

技术指标：
国内领先水平。

推广应用情况：
可广泛用于湿法硬质纤维板废水处理和循环利用，实现全封闭生产。

经济效益：
湿法硬质纤维板废水处理难度大，成本高，本技术的推广应用，在一定程度上可为企业节约废水处理的成本。创造更大的经济效益。

社会效益：
湿法纤维板最大的问题是废水污染问题，本技术成果可有效解决湿法纤维板生产废水循环利用问题，实现零排放，保护环境，生态和社会效益显著。

26. 成果名称：浅色松香松节油增粘树脂系列产品开发研究

主要完成人	宋湛谦、王振洪、唐孝华、王延、王文龙、李云霄、周永红、唐元达、梁志勤
主要完成单位	中国林业科学研究院林产化学工业研究所
成果等级	国家科技进步二等奖
获奖时间	1998 年

成果主要内容：

本成果是以松香松节油为原料，通过新型酯化技术和创新反应设备，研究开发浅色增粘树脂系列产品。该成果在酯化工艺中提出加压酯化技术，设计新型酯化反应压力釜，得到浅色松香树脂。在浅色松节油树脂生产工艺中采用辅助催化剂、水洗助剂、控制反应温度等特殊工艺条件，设计新型的聚合釜构型、自动加料装置和设有消泡装置的蒸馏设备，采用载热加热体系，得到浅色松节油树脂，产品质量达到国外同类产品先进水平；在浅色松香树脂生产工艺中提出精制工艺，在酯化过程中使用抽真空代替氮气保护，所得浅色松香树脂质量达到国外同类产品先进水平等。

该成果提出的改进工艺和新型设备在生产浅色增粘树脂系列产品时能节约能源，减少原材料消耗，并能降低劳动强度，提高工效。该成果利用我国丰富的松脂资源制成的松香和松节油为原料，开发出 10 多种浅色松香松节油增粘树脂系列产品，具有广泛的用途。

浅色松香松节油增粘树脂系列产品的开发研究，适应了当前胶黏剂工业日趋发展浅色甚至无色胶黏剂的需要。所研制的浅色萜烯树脂、浅色松香树脂、液体松香树脂等均已获得工业生产与应用。项目总体技术水平处于国内领先地位。

主要技术创新点：
①采用加压酯化工艺，设计新型酯化压力釜，得到浅色松香树脂，质量达到国外同类产品先进水平；②采用辅催化剂，水洗助剂，控制反应温度等特殊工艺条件，并设计新型的聚合釜构型和自动加料装置，和设有消泡装置的蒸馏设备，得到浅色松节油树脂(萜烯树脂)，质量达到国外同类产品先进水平；③通过真空精制，和在酯化过程中用抽真空代替氮气保护，使所得浅色松香树脂质量达到国外同类产品先进水平。

技术指标：
松香树脂：颜色(加特纳色号)≤4，酸值(mg KOH/g)≤8，黏度(mPa·s)4000~7000。 萜烯树脂：颜色(加特纳色号)3~4，酸值(mg KOH/g)≤1，软化点 110~120℃。 助焊剂用松香树脂：颜色(加特纳色号)<2，软化点 80~85℃，酸值 170~175，绝缘电阻≥3×10^{13}Ω，水萃取液电阻率≥5×10^{5}Ω·cm。

推广应用情况：
本成果先后建成 6 个生产车间，生产能力超过 1 万吨/年，设备运转正常，操作稳定可靠，产品质量达到国外同类产品先进指标。

经济效益：
本成果自 1993 年陆续投入生产，先后建成 6 个生产车间，设备运转正常，操作稳定可靠，产品质量达到国外同类产品先进指标。新增产值超过 1 亿元，新增利润超过 1000 万元，具有很好的经济效益。

(续)

社会效益：

松香松节油是可再生的天然资源，用途广泛，涉及的行业占国民 GDP 的 15% 以上，我国一直是松香松节油生产第一大国。本成果的技术开发和应用，扩宽了松香松节油的运用领域，提高了我国本土产品国际竞争力，而且对当地农民的增收致富起到巨大的推动作用。

27. 成果名称：松香松节油结构稳定化及深加工利用技术

主要完成人	宋湛谦、赵振东、孔振武、商士斌、陈玉湘、高宏、王占军、李冬梅、王振洪、毕良武
主要完成单位	中国林业科学研究院林产化学工业研究所、株洲松本林化有限公司
成果等级	国家科技进步二等奖
获奖时间	2008 年

成果主要内容：

本成果突破了松香松节油结构稳定化深加工利用新技术及相关关键技术问题，开发了无色松香及无色松香树脂系列产品、户外耐候性环氧树脂、松节油萜烷烃类氢过氧化物、松节油萜类高级香料等一系列深加工产品，并实现产业化，取得了明显的经济效益。不仅提高了我国松香松节油产业的整体技术水平，同时对西部贫困山区脱贫致富、改善农林生态环境和生态效益，也产生了积极影响。

(1) 集成加成与异构化反应技术，将化学改性和物理方法综合应用于松香的改性处理，使松香的化学组成发生了根本的变化，使松香分子中不稳定的枞酸、新枞酸和长叶松酸等枞酸型树脂酸含量大幅减少、最后消失，而具有稳定结构的二氢枞酸，四氢枞酸和去氢枞酸的含量显著提高，总含量达到 95% 以上。通过该项技术的突破，实现松香分子结构中易黄变基团的完全除去，相关产品的色泽、稳定性、抗氧性等各项理化指标达到国外类似产品指标。

(2) 发明了一种高效酯化符合功能催化剂，在松香树脂生产过程中将松香适度异构，使松香树脂酸结构稳定化，再利用助剂吸收氧、分解氧化过程中产生的过氧化氢、屏蔽紫外线等一系列作用达到浅色稳定的目的。本方法无需高压设备，生产工艺简便，产品成本低，稳定性、适用性等综合效果好，在胶黏剂、油墨、涂料等领域具有广阔的应用前景。

(3) 利用结构稳定化松香的稠环化学结构的稳定性、耐候性，经化学改性后替代石化原料六元环酸，采用独创的无溶剂、无水环境下与环氧氯丙烷、固体碱反应技术合成结构创新的耐候性特种环氧树脂。通过化学合成、应用关键技术研究，实现在电工、电力行业高压开关绝缘件、互感器制造等领域的应用。

(4) 松节油及异构产物因分子结构的化学活泼性而具有很高的深加工利用价值，但同时也存在易聚合、颜色变深等不良变化而影响深加工利用性能的不稳定因素。通过改变和饱和其分子结构得到的稳定化结构即被赋予了新的深加工利用价值和途径，由此可以获得作为合成橡胶助剂或者合成芳樟醇及高单体纯度对甲酚等重要的中间体物质氢过氧化物。本技术拓展了松节油的利用范围，发挥和提高资源的附加价值。

(5) 在松节油深加工利用合成萜类香料产品的生产技术中，某些产品需要比较苛刻的反应条件，如绝对无水条件、以液氨为溶剂、以金属钠为原料以及工艺技术存在的环境污染等因素影响，由于对分子不稳定因素造成的影响认识不足和工艺技术的不完善或落后，导致产品的品质、生产成本等得不到很好的控制。本技术着眼于松节油合成萜类高级香料的生产新工艺技术的研究与开发，使产品品质和技术水平得以明显提升。

主要技术创新点：

(1) 发明了松香无色化方法，创制了合成无色松香酯用复合功能催化剂。将加成、异构等化学改性方法与精制、提纯等物理手段相结合，消除了松香分子中主要的变色因子，实现了松香产品的无色化、稳定化。通过复合功能催化剂将原料松香直接转变为具有稳定结构的松香树脂，再利用助剂吸收氧、分解氧化过程中产生的过氧化氢、屏蔽紫外线等一系列作用，达到浅色、稳定的目的，工艺简便，成本低。

(2) 开发了在无溶剂、无水环境下制备特种耐候环氧树脂的新技术。以生物质资源替代石油资源，合成特种耐候环氧树脂，突破了无溶剂、无水环境下合成环氧树脂的关键技术，避免了水解等副反应，工艺简便、产率高（达 95% 以上）。该耐候性环氧树脂已在我国电工行业得到广泛应用，实现替代进口 30%~40%。

(3) 创制了松节油稳定化结构的氧化催化剂，发明了合成松节油类高级香料的一体化和乙炔化新技术。以空气代替纯氧，采用创制的催化剂，增加了氧分子的活性，提高了反应速度，实现了连续化生产，能耗低，效率高，安全性好。一体化技术可使松节油香料的合成反应与产物的分离提纯在同一体系中完成，而乙炔化新技术以固体碱和乙炔为原料，在 -10~0℃ 温度下反应，比用液氨节能 40% 以上，工艺简单，环保安全。

技术指标：

(1) 无色松香：颜色(哈森)<250，软化点>80℃，酸值(mg/g)>170。

(2) 无色松香酯：颜色(加纳色号)<1，软化点>85℃，酸值(mg/g)<8。

(3) 特种耐候环氧树脂：环氧值(eq/100g) 0.40~0.49，黏度(mPa·s)800~2000，密度(g/cm^3)1.18~1.22，挥发份(%)<1。

(续)

推广应用情况：

通过本成果的创新和集成，开发了五套产业化技术：无色松香产品生产技术、无色松香酯系列产品生产技术、特种耐候环氧树脂生产技术、松节油类香料加氢和氧化技术、松节油类高级香料一体化及乙炔化合成技术。以上创新技术已分别在湖南株洲松本林化、广东华林化工、南京大自然精细化学品、江苏洪泽宏富工贸等单位推广应用，建立中试示范生产线8条，形成每年7000吨产能，形成3个产业化示范基地。通过示范作用，相关技术已辐射到长沙、吉林等地，并与广西梧州松脂、广东松林香料、海南五指山集团等单位进行合作，建立行业区域性技术中心，实现该项目技术推广应用。

经济效益：

通过示范生产线基地的建设、技术推广和产品应用，每年新增产值超过1亿元，新增利润1000万元，具有很好的经济效益。

社会效益：

本成果的技术开发和应用，显著提高了我国松香松节油深加工利用行业的整体技术水平，促进了我国丰富的松脂资源开发和利用的技术进步，使松脂资源发挥更大的经济、社会和环境效益；对利用可再生资源发展精细化学品起到积极的示范作用；同时也对西部贫困山区脱贫致富、改善生态环境、发挥生态效益等产生了积极的影响。

28. 成果名称：竹山县肚倍资源综合开发利用的研究

主要完成人	张宗和、吴在嵩、肖尊琰、陈笳鸿、孙先玉、汪咏梅、肖乾勇、邓庆安、吴江、顾人侠、马莎、严立楠、徐进、方志新
主要完成单位	中国林业科学研究院林产化学工业研究所、湖北省竹山县林产化工厂
成果等级	国家科技进步二等奖
获奖时间	1991年

成果主要内容：

五倍子是中国的特产，利用其富含的单宁可生产单宁酸、没食子酸、甲氧苄氨嘧啶等系列精细化工及医药产品，经济价值很高，市场紧俏。竹山产区历史上仅以原料出售。为充分发挥其资源优势，并针对国内五倍子加工利用系列产品的生产工艺落后、设备陈旧、产品质量较差、收率较低、劳动强度大等问题，开展了新工艺、新技术、新设备为特点的试验、应用、开发综合性研究，在较短时间内将多项试验研究成果应用于生产，并取得显著的经济效益和社会效益，产品出口创汇，技术水平处于国内领先地位，并达到国际同行先进水平，成果中的许多关键技术属首创。研究成果有以下主要内容：

(1)单宁酸生产新工艺研究。包括：五倍子原料连续净化新技术、连续浸提新工艺、降膜蒸发技术及二级回收的干燥新技术。应用新工艺设计建成单宁酸车间(生产能力为500吨/年)，原料单耗降到1.42~1.45吨五倍子/吨产品，产品实现产业化生产。

(2)没食子酸生产新工艺的研究。采用加压酸水解法生产，新工艺的研究包括："一步结晶法"脱色制纯，活性炭的品种筛选，废炭再生利用。应用新工艺建成没食子酸车间(生产能力为200吨/年)。"一步结晶法"脱色制纯为国内首创，缩短生产周期30%，收率提高4%~6%，节省基建投资10%~15%。

(3)甲氧苄氨嘧啶(以下简称TMP)中间体制备新工艺的研究。包括：五倍子粉直接制备三甲氧苯甲酸甲酯(以下简称"酯化物")和复合电解氧化法制备三甲氧基苯甲醛(以下简称"醛")。两项制备新工艺均属国内首创，试验表明可降低成本，消除环境污染。

(4)以五倍子单宁及其衍生物为原料的新产品开发研究。包括：食用油脂抗氧化剂——没食子酸甘油酯的研制、试剂单宁酸及高纯单宁酸的研制，其中前者为国内首创的新产品，后二者提出了产品的制备新工艺，为进行工厂的生产提供技术依据。

主要技术创新点：

①单宁酸生产新工艺：筛选、磁选、风选多级净化，凸条面双辊机破碎，皮带机、埋刮板及风力相结合输送等组成的原料连续净化新技术及其新设备的研制、造型设计；无极调速、带可调喷淋溢流装置及双功能换热循环管的平转型连续浸提器新设备的研制及完全适合五倍子物料特性的连续浸提新工艺；带"筛板—蜗壳"进液二级分配和浓液分流循环系统的降膜蒸发技术及其新设备的研制、选型设计；"旋风分离器组—脉冲袋滤器"二级回收的喷雾干燥新技术及其新设备的研制、造型设计。②没食子酸生产新工艺"一步结晶法"脱色制纯：控制投料配比、温度、时间等条件，将粗脱色后的滤液趁热直接进行精脱色，只作一道结晶分离处理；脱色活性炭选用粉状活性炭；废炭进行化学法再生利用。③甲氧苄氨嘧啶中间体制备新工艺：五倍子直接制备"酯化物"的原料粉碎度，去渣等反应条件；复合电解氧化法制备"醛"的电解槽结构、操作电压、电流密度、电解质配比等。

技术指标：

(1)单宁酸生产新工艺新设备突破地解决了产品的得率和质量的关键问题，总固物抽出率达到95%~98%，单宁抽出率达到98%~99%，原料单耗为1.42~1.45吨五倍子/吨产品，质量超过国标一级品指标，并实现了生产的机械化和连续化；而传统的单宁酸生产工艺为间歇人工操作，劳动强度大，抽出率低，原料单耗为1.50~1.65吨五倍子/吨产品，且一级品率低。因而新工艺不仅技术水平高，而且经济效益和社会效益显著。

(续)

(2) 没食子酸"一步结晶法"脱色制纯新工艺减少了一道冷却结晶工序和一道离心分离工序，比传统工艺缩短了生产周期30%，脱色制纯收率达到92%，比传统工艺提高 4%~6%；由于简化了生产，可以节省基建投资 15%。

推广应用情况：

林产化学工业研究所从 1983 年起，承担湖北竹山县林化厂单宁酸车间的建厂设计，并结合设计任务开发了单宁酸生产新工艺的研究。这些研究、设计工作，后来列入了林业部和湖北省科委分别下达的"竹山肚倍资源综合开发利用的研究"和"单宁酸生产新工艺的研究"课题内容。林业部下达的课题研究内容还包括：没食子酸生产新工艺的研究、TMP 中间体生产新工艺的研究等。南京林化所在竹山县林化厂的协作下，经过 5 年的努力，完成了研究任务，并应用研究成果建成了单宁酸车间(生产能力为500 吨/年)、没食子酸车间(生产能力为 200 吨/年)和 TMP 车间(生产能力为 50 吨/年)。据竹山县林化厂生产统计(至 1988 年 10 月止)，单宁酸车间于 1986 年 8 月投入试产，累计生产 500 多吨工业单宁酸；没食子酸车间于 1987 年 11 月投入试产，累计生产 120 多吨工业没食子酸；TMP 车间于 1988 年 6 月投入试产，累计生产"醛"20 吨。各车间设计能力达标，设备运转正常、操作稳定，研究成果已转化为生产力并发挥出显著的经济效益和社会效益。

经济效益：

(1) 应用本成果，在湖北省竹山县新建成一座现代化的林产化工厂，包括单宁酸车间、没食子酸车间、TMP 车间，各车间均已陆续投产，取得显著经济效益。1988 年为该县新增产值 1131 万元，创收外汇 95 万美元，新增利税 136 万元，支付银行贷款利息 94 万元。该厂在产量达标后，可实现总产值 2195 万元，利税 503 万元。

(2) 本成果中的新工艺等与传统工艺相比，经济效益明显：①单宁酸生产新工艺：节省五倍子原料 0.05 吨/吨产品，按五倍子购价 1.5 万元/吨，单宁酸年产量为 500 吨计，可节约生产成本 37.5 万元/年；②没食子酸生产新工艺：节省原料(单宁酸)0.104 吨/吨产品，按单宁酸售价 28000 元/吨计，计入节约水、电、汽、人工成本，扣除多耗活性炭成本，没食子酸年产量按 200 吨计，可节约生产成本 56.84 万元/年；③五倍子粉直接制"酯化物"：节约生产成本 4000 元/吨，按全年生产"酯化物"92 吨计可节约 36.8 万元/年；④复合电解氧化法制"醛"：节约生产成本 5000 元/吨。

应用以上新工艺，产量达标后共可节约生产成本 166.14 万元/年。

(3) 本成果生产应用的林化厂工程由于采用新工艺、新设备、新技术，工程设计先进合理，因地制宜，与预算投资和国内同行相比，节省基建投资 150 万元。

社会效益：

(1) 本成果是针对我国五倍子加工利用工艺、设备落后，原料产区缺乏科学技术的状况而进行的以新工艺、新技术、新设备、新产品为特点的试验、应用、开发综合性研究，并在短期内应用于生产，不仅取得显著经济效益，而且也获得很高的社会效益。这些新工艺新技术新设备大大提高了我国林化工业特别是五倍子加工利用的科技水平。

(2) 本成果中的单宁酸生产新工艺，采用先进的净化除尘技术。TMP 中间体制备新工艺以及各生产工序中废液的处理和回用方法的研究，都有利于环境保护。

(3) 本成果中的单宁酸生产新工艺，实现了生产的机械化、连续化，免除了传统工艺中上料、出渣工序的繁重体力劳动和危险性；没食子酸生产新工艺大大简化了生产环节，减少了劳动工作量。这些都是显著地改善了劳动条件，保证了安全生产。

(4) 应用本成果新建成竹山县林产化工厂，开发利用了竹山一带原料产区的五倍子资源，搞活了贫困山区的农村经济。该厂已收购五倍子原料 1200 吨，为倍农增加收入 900 万元以上，提高了产区农民的生活水平。

29. 成果名称：低等级木材高得率制浆清洁生产关键技术

主要完成人	房桂干、邓拥军、沈葵忠、耿光林、张凤山、施英乔、丁来保、盘爱享、李萍、韩善明、焦健、李红斌
主要完成单位	中国林业科学研究院林产化学工业研究所、山东晨鸣纸业集团股份有限公司、山东华泰纸业股份有限公司、江苏金沃机械有限公司、江苏天瑞新材料有限公司
成果等级	梁希林业科技进步一等奖
获奖时间	2016 年

成果主要内容：

本成果开展了低等级木材原料(混合材、小径材、枝桠材和林木加工剩余物等)材性、纤维形态结构、药液渗透浸渍机理、纤维解离与结合强度的关系、过氧化氢分解和作用机制、梯度用药高效漂白规律等研究；开发了高效均质浸渍、低温解纤和高浓磨浆组合的节能磨浆、多点用药调控的高效漂白等关键技术；创制了多级差速揉搓挤压浸渍机、新型软化漂白双功效反应仓、气相过氧化氢捕捉和回用系统、纤维解离过程同步梯度加药装置和控制系统等核心装备。创新集成了成套的低等级混合材高得率制浆清洁生产技术，并成功进行了产业化应用，制浆得率 87%~92%，纤维束含量低于 0.08%，松厚度 $2.5~3.2cm^3/g$，抗张强度 25~

（续）

35N·m/g，白度可控制在76%~85%ISO范围内，适用于铜版纸、高档白卡纸、面巾纸等高档印刷、包装和生活用纸的生产。与国内外现有技术相比，化学品消耗减少20%~30%、电耗降低30%以上、节水20%以上；万吨产能设备投资约为500万元左右，仅为进口设备投资的1/4。获授权发明专利5件、实用新型专利8件，发表学术论文63篇。

本技术实现了高得率制浆技术和装备的自主化，突破了现有技术和装备无法利用低等级木材制造优质纸浆的技术瓶颈，打破了国外公司对我国高得率浆技术和装备的长期垄断，为缓解造纸行业纤维原料供应短缺的局面、降低高得率浆生产消耗、提高企业经济效益和市场竞争能力提供了可靠的技术支撑。成果的推广应用取得了显著的经济、社会效益。根据6家代表性应用企业近3年新增加经济效益的统计，新增销售53.8亿元、利润5.2亿元、新增税收3.1亿元、节支总额4.9亿元；按照推广应用的高得率浆生产线产能计算，每年高值利用低等级木材原料460万吨，替代优质木材1100万m^3；增加林农收入35亿元，节水4600万m^3、节电10亿kWh和减少COD排放10万吨。

主要技术创新点：
(1)揭示了低等级木材风干、氧化过程中干涸的细胞液堵塞纹孔，覆着在细胞内壁的表面，导致药液难以渗透和浸润吸收的规律；创制了多级差速揉搓挤压技术及多级差速揉搓挤压浸渍机，有效提高了木片的吸液能力；创制了多段通汽、梯度用药浸渍软化技术，实现了胞腔内干涸物质的有效溶解和脱除，并稳定反应体系的药液相对浓度和pH值，成功实现了低等级木材有效渗透和均质浸渍的目标。

(2)揭示了低质纤维原料的物理结构、化学性质，制浆过程中关键因素对制浆性能的影响和作用机理，及化学预处理对磨浆节能的影响规律；开发出常压低热组合节能磨浆技术。

(3)开发了多段梯度用药、反应体系温度调控、实现物料的同步软化和漂白、纤维解离调控等系列新技术；创制了抑制H_2O_2分解、捕捉逸气相H_2O_2的回收利用技术；创制了纤维解离过程同步梯度加药装置和控制系统、软化漂白双功效反应仓以及气相H_2O_2回收和循环利用等装备。

(4)发明了木材加工剩余物等低质木材原料全国产化装备的节能型清洁制浆生产技术；创新开发出完全采用国产装备的节能型清洁制浆生产线，适用于多种低质原料生产高档纸品配抄用浆；建成了多级差速揉搓挤压浸渍机、软化漂白双功效反应仓、节水型木片洗涤机、高浓混合器等具有自主知识产权的清洁制浆核心装备生产基地。

技术指标：
与国内外同类技术比较，在木片高效浸渍、纤维解离和软化漂白技术方面取得了突破，解决了现有技术无法利用低质原料生产优质纸浆的技术瓶颈，创新开发出双螺旋多级差速挤压浸渍技术，挤压和浸渍同步进行，节能的同时操作更加稳定；开发的常压低热纤维解离的高浓磨浆技术，与现有引进技术压力磨浆比较电耗显著降低。发明的木材加工剩余物等低质纤维原料高得率制浆技术，完全采用创新技术和国产化装备，原料适应性广、流程紧凑灵活，所生产的优质纸浆，可用于配抄生产轻型纸、液体包装纸、防伪白卡纸、低定量涂布纸、铜版纸以及高档涂布白卡纸和生活用纸等高档纸及纸板产品，打破了国外公司对我国化机浆技术和装备的长期垄断。"利用杨木加工剩余物制取文化用纸配抄漂白化机浆的方法"获得了2013年度中国专利优秀奖。与进口生产线相比，投资额仅为进口线的1/4，实现节电30%以上、节约化学品20%~30%和节水20%以上。具有自主知识产权的成套高得率制浆技术和装备出口马来西亚，标志着"林化所积20余年不懈努力自主研发的清洁高效制浆技术开始跨出国门、走向世界""我国清洁制浆技术首次出口"。

同行专家评价认为，混合材化机浆技术具有世界创新性；差速挤压揉搓浸渍机达国际先进水平；紧凑流程清洁制浆技术，耗水、用电、化学品用量等消耗指标达国际领先水平。

推广应用情况：
已形成"技术研发—装备制造—工程设计—工程转化"产学研联合创新和产业化应用体系。利用创新和集成的成套技术和装备主持设计建造全国产装备高得率清洁制浆生产线7条、高得率清洁制浆装备生产基地1个；相关技术成果和核心装备先后成功推广应用到了国内30多家企业生产线的工程设计、技术升级及工艺优化等项目中，并实现了成套技术及装备出口。技术成果在本领域的覆盖率达到60%以上。

本成果实现了低质纤维原料的高值化利用，市场应用前景广阔。若本技术成果应用普及率按30%计算，则可每年利用低质木材达1530万吨，替代优质木材资源约5100万m^3，新增GDP产值492亿元，创造就业岗位61500个，林农增加直接经济收入达126亿元以上。因此，本技术成果的推广应用，对缓解我国纸浆纤维资源缺乏状况、保护森林资源、降低企业生产成本、减少污染物排放、提高林农的收益，实现造纸工业的可持续发展均具有重要的现实意义。

经济效益：
项目总投资32300万元，为山东晨鸣、山东华泰、江苏金沃、江苏天瑞、福建腾荣达和宿州禾鑫兴业6家公司用于应用本技术时对高得率浆线进行的技改和新建投资之和。

2012—2014年新增利润累计52464.9万元；新增税收累计30592.8万元；创收外汇1542万美元；依据生产过程用电量、化学品消耗、用水量等估算节支总额约48564万元；项目投资回收期为2.1年。

2002—2013年申报单位完成技术服务和技术转让合同53项，合同金额1854.1万元。

（续）

社会效益：
使用本技术成果改造、新建和技术应用的高得率浆生产线总产能为389万吨。每年利用小径材、枝桠材、混合材、商品木片及林木剩余物等低等级木材纤维原料约460万吨，替代优质木材原料约1100万 m^3，增加林农收入35亿元，节电10亿kWh，节水4600万 m^3，减少COD排放10万吨。培养硕士27名，博士或博士后15名，中组部"西部之光"访问学者2名。

技术成果的推广应用，为高值化利用低等级木材纤维原料生产优质纸浆提供了技术支撑，有利于打破制浆技术和装备进口的进口依赖，确保国家经济安全运行，对于提高林区效益、增加林农收入和创造就业机会具有重要意义，经济、社会和生态效益显著。

30. 成果名称：活性炭微结构及其表面基团定向制备应用技术

主要完成人	蒋剑春、邓先伦、刘石彩、刘军利、戴伟娣、孙康、郑晓红、张天健、应浩、龚建平
主要完成单位	中国林业科学研究院林产化学工业研究所、江西怀玉山三达活性炭有限公司
成果等级	国家科技进步二等奖
获奖时间	2009年

成果主要内容：
本成果利用木屑、酸木素等农林废弃物，通过活性炭孔隙结构、表面基团与选择性吸附关系基本科学问题和理论的创新研究，独创和突破了活性炭超微孔隙结构定向调控、表面功能化基团选择性修饰、木质原料低分子化自成型造粒等关键技术，创新集成开发了活性炭定向制备工艺方法及清洁生产关键装备，大幅度提高了活性炭选择性吸附能力，成功创制出气体精制、液相大分子脱色、挥发性有机物（VOC）捕集及双电层电容器用等系列功能化活性炭新产品，实现了废弃资源高值化利用和节能减排的目的，显著促进了生物质产业及环保、食品、医药、化工等领域和行业的技术进步。

主要技术内容：①活性炭超微孔隙结构定向调控技术。首创类分子筛微孔孔隙催化活化定向调控、介孔纳米级孔隙结构二次活化定向调控、微孔与介孔高温定向重整等定向成孔方法和制备技术，将活性炭孔径主要集中调整于介孔或超微孔范围，定向制备出0.7纳米级超微孔达80%以上和1.5～3.0纳米级介孔达50%以上的孔隙。②表面功能化基团选择性修饰产业化技术。根据活性炭的化学吸附特性，独创了氧化性气氛空气氧化、化学药品催化氧化等表面功能化基团选择性修饰技术，选择性获得羟基、羧基、内酯基等官能团，并结合应用场合吸附质的特性研究，设计与制造出具有物理和化学吸附联合作用的活性炭功能材料，实现了经济可行的工业化应用。③木质原料低分子化自成型造粒技术。首创了低温催化降解低分子化、不添加粘结剂木质颗粒自成型、低温催化活化及清洁生产工艺技术，高值化利用废弃粉状资源成功进行了高强度颗粒活性炭的造粒。④定向制备技术集成创新与新产品创制。集成创新出活性炭定向制备工艺，解决了成果工程化应用关键技术，创新开发出四类系列活性炭，成功实现了产业化，产品技术指标超过国内外同类产品指标。

随着科学技术的发展和人们生活水平的提高，活性炭将在食品、化工、水源治理及空气污染治理等领域中发挥更加重要的作用。活性炭微结构及其表面基团定向制备技术的应用与推广示范，将为我国1000多家活性炭企业的产品升级换代和技术进步提供支撑，使我国活性炭制造技术达到国际先进水平。提高农民收入和增加就业岗位，促进农村经济发展。

主要技术创新点：
(1) 首创了类分子筛超微孔孔隙催化活化定向调控、纳米级介孔结构二次活化定向调控、微孔与介孔高温定向重整等定向成孔方法和制备技术，将活性炭孔径主要集中调整于超微孔或介孔范围，定向制备出0.7纳米级超微孔达80%以上和1.5～3.0纳米级介孔达50%以上孔隙。

(2) 独创了氧化性气氛空气氧化、化学药品催化氧化等表面功能化基团选择性修饰的产业化技术。根据活性炭的化学吸附特性，研究活性炭表面官能团的表征、调控机理和方法，选择性获得酚羟基、羧基、内酯基等官能团，并结合应用场合吸附质的特性研究，设计与制造出具有物理和化学吸附联合作用的活性炭功能材料，实现了经济可行的工业化应用。

(3) 创新开发催化降解低分子化、不添加粘结剂木质颗粒自成型、低温催化活化及清洁生产工艺技术，高值化利用废弃粉状资源成功进行了高强度活性炭颗粒的造粒。4. 创新集成活性炭定向制备工艺，开发出活性炭专业生产关键装备，成功创制出气体精制、液相大分子脱色、挥发性有机物捕集、双电层电容器电极材料用等系列高选择性活性炭新产品。

技术指标：
本成果在国家"863"，国家自然科学基金等国家、部委项目的支持下，经过13年针对瓶颈技术的攻关，开发出活性炭微结构及其表面基团定向制备与应用技术。发表论文31篇，EI收录6篇；申请专利5项，已授权4项；制定国家标准3项，行业标准6项，形成3项核心技术，填补3项国内空白。创新研制产品的丁烷工作容量达到11.4g/100mL，与美国、日本同类产品的丁烷工作容量相当，对挥发性有机物的吸附能力是普通活性炭的2倍以上，特别是被吸附有机物可以在低能耗的情况下从活性炭中高效脱附解吸，脱附残存率不超过普通活性炭脱附残存率的10%，具有节能减排的作用；开发出液相精制用焦糖脱色率达到100%～120%的高吸附能力活性炭，产品性能指标达到和超过了美国同类产品，处于国际先进水平。

(续)

推广应用情况：

在江西怀玉山三达活性炭有限公司、江西玉山三清活性炭厂等龙头企业推广了高吸附性能颗粒活性炭生产技术，实际年产能力超过1.2万吨。我国每年仅发酵糖年产200万吨，以每吨产品消耗2%的活性炭计，则每年需消耗脱色精制活性炭4万吨，本技术得到推广后，就会有近9亿元的产值，利润2亿元。国内大型石化企业及增加氢合成产品等大型化工企业每年需类分子筛颗粒专用活性炭达1万吨左右，目前主要依靠进口。该技术进行推广、放大，以年产1万吨计，就会有3.5亿元产值，利润近1.5亿元。国外大型制氢装置达500套以上，每年需该专用活性炭在4万吨以上，目前这种发展趋势还在增加。在有机溶剂回收和环境废气治理等节能减排方面已取得显著社会效益。

制造高吸附功能性粉状活性炭技术已推广至江西怀玉山三达活性炭有限公司、上海活性炭厂有限公司等大型活性炭生产企业，年产量超过1.2万吨。产品包括柠檬酸、柠檬酸钠、乳酸、VC、柴油、甘油等脱色系列功能性粉状活性炭，已广泛用于丰原生化集团、无锡协联生物化工有限公司等国内生物发酵龙头企业。本技术生产的专业活性炭吸附力强，产品质量稳定，脱色过程中用量少，从而使价格昂贵的生化、医药产品夹带损失少，为应用单位创造了显著的潜在经济效益。因此，本项目应用前景广阔，市场巨大。项目技术一旦获得大规模应用，具有明显的技术优势、独特的产品质量和价格优势，促使我国活性炭行业进入世界先进行列。

经济效益：

本成果推广应用期间共建立了12条生产线，生产颗粒活性炭3.7万吨，生产粉状活性炭3.2万吨。通过示范生产线基地的建设和产品的应用，共新增产值7.5亿元，新增利润1.3亿元。

社会效益：

本成果通过开发高效吸附剂定向制造和应用技术，生产的活性炭产品市场占有率超过10%，促进了活性炭行业科技进步。溶剂回收新产品的使用已减排有机物3万吨以上，为我国每年100万吨以上挥发性有机污染物减排提供了新材料和示范，产生了良好的环境效益。另外，培养硕士研究生22人，博士研究生5人，博士后1人。项目技术充分利用了农林废弃物制备高附加值的功能性活性炭产品，解决了废弃物污染问题，增加了就业岗位，从而推动我国农林业的发展，带动了农村地区的增收致富。

31. 成果名称：松香、木本油脂基环氧固化剂制备与应用技术及产业化开发

主要完成人	夏建陵、杨小华、李梅、黄坤、聂小安、张燕、万厉、诸进华、陈瑶
主要完成单位	中国林业科学研究院林产化学工业研究所
成果等级	国家科技进步二等奖
获奖时间	2014年

成果主要内容：

本技术成果以利用我国丰富的木本油脂和松脂资源为前提，材料结构与性能研究为理论依据，市场需求为导向，环境友好为目标，研究环氧树脂及聚酰胺固化剂中木本油脂及松香分子结构对其性能的影响，创制了松香改性油脂基高韧性的环氧树脂、与环氧树脂相容性好的低温固化高耐热性聚酰胺固化剂及环保型胺类水性固化剂；通过集成创新，率先开发了室温固化型环氧沥青铺装材料。①油脂结构修饰技术及对合成环氧树脂与固化剂材料性能调控机理研究。本成果利用高效催化技术，研究利用松香、丙烯酸、马来酐等物质调控、改性油脂的活性官能团和分子结构，首创了具有刚性环状松香衍生物和长链烷基脂肪酸刚柔结构融合型二元酸。为制备下游环氧树脂固化剂新材料提供理论支撑和工业化应用途径。②与环氧树脂相容性好的低温固化高强度聚酰胺固化剂制备技术与产业化开发。通过分子结构与性能关系研究，定量设计分子结构，将松香改性二元脂肪酸经F-C反应、Mannich反应、酰胺化等反应，创制了高相容性、高反应活性的耐热性聚酰胺固化剂；突破产业化关键技术，建立国内首条专用生产线。产品所有指标均达到或超过合同预定指标；制定并实施了聚酰胺固化剂企业标准1项。③脂肪醇基改性胺类水性固化剂制备技术。在国内外独创了工业脂肪酸经催化加氢、接枝聚合、酯化及高效水性化等技术，创制了水性化环氧树脂胺类固化剂，实现了环氧涂料工艺环保化。④油脂改性制备生物质柔性环氧树脂及其在环氧结构胶与环氧沥青材料中应用研究。以无溶剂、无废水排放条件下油脂接枝改性环氧树脂的环保技术，实现了环氧树脂柔性化与功能化。建立国内首条专用生产线；开发柔性环氧体系在结构胶、灌封胶及桥梁道路用室温固化型环氧沥青材料等领域的应用技术，并在钢桥梁路面材料上进行推广应用；解决了环氧沥青铺装材料需要加热施工的问题；与企业密切结合，进行中试及生产性试验，建立中试示范生产线，将成果进行产业化推广。关键技术成果增加下游产业的就业岗位，增加农民收入，带动整个产业链；相关关键技术节能减耗，提升了国内同类产品的质量档次，提高了产品的附加值；达到有效带动国内环氧聚酰胺固化剂生产企业向高效、环保、节能方向发展的目的；显著促进了生物质产业及环氧树脂行业科技进步。

主要技术创新点：

（1）将松香、植物油脂及废弃油脂等可再生资源替代石油资源开发高性能环氧树脂固化剂及其下游胶黏剂等专利技术与新产品，拓宽了可再生的生物质油脂资源的应用领域，为日益短缺的石化资源提供了资源补充。

(续)

（2）协调发挥油脂柔性、松香刚性优势，合成刚柔平衡型新型油脂/松香基二元酸，实现合成材料的性能调控，解决常规油脂基固化剂只柔不韧和松香基固化剂只刚不柔的弊端；同时综合利用未参与加成反应的脂肪酸制备生物柴油，实现了木本油脂及废弃油脂等的能源/材料的双重利用价值。

（3）自制的加成聚合催化剂与市场常用的催化剂相比，可提高二聚体和三聚体的含量、降低反应温度，实现了高效率与低能耗的绿色制备新工艺。

（4）将改性二元脂肪酸独创性的经 F-C 反应、Mannich 反应、酰胺化等反应，创新制备了与环氧树脂相容性好、反应活性强的高耐热性聚酰胺固化剂，开拓了聚酰胺固化剂应用的新途径。

（5）利用木本油脂或废弃油脂，结合环氧树脂结构柔性化技术，通过环氧树脂分子结构重组，创制了国内外独有的室温固化的钢桥梁道路用环氧沥青材料及环氧沥青道路施工新方法，既节能减排，又简化环氧沥青道路施工工艺。

技术指标：

技术内容	本项目技术水平
油脂松香基二元酸聚酰胺性能	拉伸强度：53.51MPa；压缩强度：77.38MPa；邵氏硬度：82.6MPa；冲击强度：16.37kJ·m^{-2}；热变形温度：56.3℃
C21 二元酸的性能	玻璃化温度：90℃；拉伸强度：58.63MPa；弯曲强度：99.90MPa；固化温度：>0℃
水性胺类环氧固化剂性能	铅笔硬度：2H；附着力(级)：1；柔韧性(mm)：1；抗冲击强度(kg·cm)≥50；耐乙醇性≥30d；耐水性≥30d
挠性环氧树脂性能	固化物性状：弹性体；拉伸剪切强度：11MPa；击穿强度：22kJ·m^{-2}
室温固化型道桥用环氧沥青材料性能	拉伸强度：8.37MPa；断裂伸长率：223%；热固性：不熔化(300℃)；施工温度：室温操作

推广应用情况：

相关技术在江苏、上海、安徽、浙江、湖北等省多家企业进行了推广；开发的产品用户遍布全国 16 个省份，80 多家企业。

经济效益：

开发的产品，近 5 年新增销售额 1.455 亿元，新增利润 1164 万元；其中 2017 年初至 2018 年底产量为 1150 吨，新增销售额 2910.0 万元，新增利润 232.0 万元。使用成果产品的用户由此共新增产值 4 亿多元，新增利润 4000 多万元，新增税收 2000 万元，出口创汇 1000 多万美元。

社会效益：

成果推广将使用木本油脂及废弃油脂等生物基材料，可带动整个产业链，增加下游产业的就业岗位，增加农民收入。相关关键技术提高了国内产品的质量档次，提高了产品的附加值，达到有效带动国内环氧聚酰胺固化剂生产企业向高效、环保、节能方向发展的目的，显著促进了生物质产业及环氧树脂行业科技进步。

32. 成果名称：农林生物质定向转化制备液体燃料多联产关键技术

主要完成人	蒋剑春、周永红、聂小安、张伟明、张维、徐俊明、陈洁、颉二旺、杨锦梁、胡立红
主要完成单位	中国林业科学研究院林产化学工业研究所、金骄特种新材料(集团)有限公司、江苏悦达卡特新能源有限公司
成果等级	国家科技进步二等奖
获奖时间	2016 年

成果主要内容：

该成果针对农林生物质转化利用过程中存在的热化学降解产物定向可控性差、间歇式生产能耗高、利用率和附加值低等问题，历经 10 多年的科技攻关，通过承担国家、部省级课题，以木质纤维、植物油脂等农林生物质为研究对象，从定向液化反应规律及控制机制、催化裂解产物定向转化的作用机理等基础理论着手，创新研究了降解产物定向调控、连续酯化和酯交换、多联产高值化利用等关键技术与装备，创制出生物质液体燃料和燃油添加剂、酚醛泡沫以及生物基增塑剂等生物基产品，实现农林生物质资源的能源化和高值化综合利用。项目鉴定委员会专家一致认为："该成果总体技术达到国际先进水平，在木质纤维原料全质利用选择性转化乙酰丙酸及其酯，植物油脂连续转化高品质燃油联产环保增塑剂工程化等方面达到国际先进水平。"

该成果获得授权发明专利 47 件，发表论文 189 篇，其中 SCI、EI 收录 84 篇。通过产学研相结合的研发模式，建成 10 万吨/年生物柴油、国内首条年处理 8 万吨木质纤维制备乙酰丙酸及其酯、全球最大的 5000 吨/年催化裂解制备富烃燃油和国内外首条 6 万 m^3/年木质素酚醛泡沫等连续化生产线。成果已在我国江苏、浙江、山东、内蒙古、安徽等地区得到了推广应用，取得了显著的经济、社会和生态效益。

（续）

主要技术创新点：
（1）创新研发农林生物质热化学降解产物的定向调控技术，揭示了木质纤维和植物油脂等不同原料的定向降解过程基本规律；创制了定向调控产物分子结构及分子量的催化降解技术；首次成功开发出规模化应用的工程化成套关键技术。
（2）创制了连续酯化和酯交换制备液体燃料的关键技术，发明了连续酯交换专用催化剂，首创了植物油脂(酸值<100mg/g)自催化酯化降酸值、催化酯交换和温敏减粘高效分离等连续化制备生物柴油工程化集成技术；创制了连续酯化耦合精馏分离制备富烃燃油及燃油添加剂关键技术。
（3）创新了液体燃料联产高值化生物基新材料关键技术，发明了氧化降解木质素改性酚醛泡沫材料的连续化制备和生物柴油双键结构组分均相催化聚合等关键技术；首次成功开发出木质素改性酚醛塑料和高闪点增塑剂等生物基新材料工程化技术。

技术指标：
研发了卧式、立式有机组合的连续化高温高压无蒸煮液化装置及工程化生产与控制系统，木质纤维原料转化率>95%，乙酰丙酸收率较传统蒸煮水解方法提高了30%以上，产物纯度>98%；发明了有效调控植物油脂定向裂解为烃类产物的专用催化剂，创建了不凝气体的热量自循环回收系统，开发了自热式连续裂解关键技术及成套装置，裂解油收率>75%，烃类组分含量>85%；创制了连续酯化和酯交换制备液体燃料的关键技术。研究了高酸价油脂自催化酯化、管道式自混合均相催化和串联式酯交换反应新技术，实现了生物柴油生产过程的连续化，能耗较传统工艺降低20%，生产成本节约15%以上；开发了酯交换产物温敏减粘、闪蒸等高效连续分离技术，效率较传统沉降法提高4倍，能耗降低约40%；创制了串联式酯化耦合精馏分离连续化制备富烃燃油与乙酰丙酸酯的工程化关键技术，酯化转化率达99.5%。燃料油低温流动性和热值得到明显改善（热值≥43MJ/kg，冷凝点-23℃，冷滤点-21℃），乙酰丙酸酯纯度>98%。
创新了液体燃料联产高值化生物基新材料关键技术。研究了新型氧化法调控木质素分子量和分子结构的预处理方法，研发了氧化木质素替代苯酚(20%~50%)制备酚醛模塑料和酚醛泡沫关键技术，实现了木质素酚醛泡沫的连续化生产；首次开发了生物柴油联产二聚体、高浓过氧化氢与纳米固体酸催化环氧化等技术，创制了高性能油脂基环氧增塑剂，闪点提高30℃。

推广应用情况：
实施期间，项目成果先后推广到江苏、浙江、山东、内蒙古、安徽等地区，共建成12条生产线，主要产品总产能达30万吨/年，每年可转化生物质50余万吨，废弃物资源增值超过10亿元，替代化石资源30万吨以上，减排CO_2约100万吨。

经济效益：
成功建设了国内首条年处理8万吨木质纤维制备乙酰丙酸及酯、10万吨/年生物柴油联产2万吨/年生物基增塑剂、全球最大的5000吨/年催化裂解制备高品质富烃燃油和国内外首条6万m^3/年木质素改性酚醛泡沫4条连续化示范生产线。近3年新增销售收入31.4亿元，新增利润4.1亿元。其中，乙酰丙酸及酯、生物柴油等产品国内市场占有率约30%。

社会效益：
农林生物质定向转化制备液体燃料多联产关键技术，在内蒙古金地生物质有限公司、青岛环科废油脂利用有限公司等10家生物质资源利用企业得到转化和应用。主要产品乙酰丙酸及酯、生物柴油的国内市场占有率约30%，促进了我国林产化工和生物质能源行业的技术进步，提高了生物质液体燃料技术应用的经济性，为农林生物质资源的高值化利用开拓了新途径。
本技术成果建成的12条工业化示范生产线，进行了长期的运行，主要产品总产能达30万吨/年，每年可转化利用生物质50余万吨，废弃物资源增值超过10亿元，替代化石资源30万吨以上，减排CO_2约100万吨。对节能减排、改善生态环境、应对气候变化、实现循环经济具有十分重要的现实意义。

33. 成果名称：农林剩余物多途径热解气化联产炭材料关键技术开发

主要完成人	蒋剑春、应浩、张齐生、黄彪、邓先伦、刘勇、卢又健、许玉、孙康、孙云娟
主要完成单位	中国林业科学研究院林产化学工业研究所、华北电力大学、福建农林大学、合肥天焱绿色能源开发有限公司、福建元力活性炭股份有限公司
成果等级	国家科技进步二等奖
获奖时间	2013年

成果主要内容：
热解气化技术是生物质能源转化利用的重要途径。本技术成果以不同物性的农林剩余物（如木屑、枝桠、秸秆等）为对象，从原料性质、热解气化规律与控制机制、流态化流体力学、富氧气化、焦油催化裂解机理以及气化反应器的放大等基础理论研究着手，开展基础理论研究和有效的定向控制手段的研发，解决了技术单一、气化设备的原料适应性窄、燃气品质低、系统操作弹性和运行稳定性差、气化固体产物未高值化利用、工程化技术集成应用创新不足等问题，突破了传统技术的原料适应性窄、燃气品质低、焦油含量高、系统操作弹性小和运行稳定性差、气化固体产物未高值化利用，以及工程化技术集成应用创新不足等技术

(续)

瓶颈;开发出锥形流化床气化、大容量固定床气化、焦油裂解和自热式热解等关键技术与装备;创新集成生物质多途径热解气化及联产炭材料成套技术并规模化推广应用,推动了产业化进程,达到了农林剩余物气炭联产的高值化综合利用的目标,减少化石燃料使用,具有显著的经济、社会和生态效益。

主要技术创新点:
(1)内循环锥形流化床气化技术及装备创制:揭示了锥形流化床的多相流动特性及放大模拟方程;发明了锥形流化床气化技术及装备。
(2)大容量固定床气化技术及装备创制:创制大容量上吸式固定床气化技术及装置;开发大容量下吸式固定床气化技术及装备。
(3)富氧气化和催化裂解制备高品质燃气技术:创新研究了生物质富氧气化技术;开发了生物质焦油裂解复合催化剂及高温裂解技术。
(4)农林剩余物热解气化联产炭材料技术:揭示了木质原料的热解过程和演变规律;热能自给型生物质成型物连续热解新技术;热解气化固体副产物制备系列炭产品技术。

技术指标:
(1)锥形流化床运行生物质气化炉,操作弹性大,满足25%~100%负荷调节正常运行,适于热熔低、灰分高、易结渣的细颗粒和软秸秆气化。
(2)固定床单机气化发电规模800kW以上;适用含水率45%的原料;气化介质分布均匀;有效防止结渣,装置稳定连续运行;适用于含灰高的生物质原料。
(3)富氧介质气化制备生物质燃气热值达$9MJ/Nm^3$以上;创制复合催化剂催化降解焦油,燃气焦油含量低至$10mg/Nm^3$。
(4)建成世界上最大规模的生物质燃气供热活性炭生产线(5000吨/年)。

推广应用情况:
本成果开发了适用于不同原料、不同用途、不同规模的多途径生物质热解气化新技术,集成锥形流化床、大容量固定床、富氧气化、焦油催化裂解、生物质成型物连续热解及固体炭利用等关键技术与装备。创制出分布式利用的居民供气(100~1000户)、工业供热(1~10MW)、燃气发电(200~3000kW)等生物质热解气化成套装置,成功地实现了产业化应用。
本技术成果首次开发了锥形流化床热解气化联产活性炭、气化固体炭产品高值化利用等技术,并建成世界上最大规模(5000吨/年)利用生物质燃气供热的活性炭生产线。2000年起建成190台套锥形流化床、固定床热解气化系统装置,在国内市场占有率达30%以上,应用到北京、安徽、山东、辽宁等地区,并出口到英国、意大利、日本、马来西亚等10多个国家。

经济效益:
技术成果建成的工业化系统装置进行了长期的示范运行,近3年利用生物质约180万吨,替代燃煤约100万吨,减排CO_2约250万吨,减排SO_2约3万吨,增加就业岗位6000个以上,培养硕士24名、博士9名。
本成果近3年累计产生间接经济效益约27亿元,主要包括销售原料、增加就业人员的工资和销售设备等收入。
(1)农民出售农林剩余物原料180万吨的收入。以单价300元/吨计,共计销售额5.4亿元。
(2)生物质原料热解气化生产燃气27亿标准立方米。燃气按0.46元/Nm^3计,销售额12.5亿元;生产固体炭30万吨,按每吨300元计,销售额0.9亿元;共计13.4亿元。
(3)增加就业人员6000人的工资性收入。每人年平均工资3.6万元计,共计收入6.48亿元。
(4)新增热解气化设备190台套销售收入约1.9亿元。

社会效益:
农林剩余物多途径热解气化联产炭材料技术及装备实现了工业化应用,建成系统装置190台套,并成套出口到10多个国家,促进了生物质能源行业科技进步,提高了我国生物质能源技术的国际竞争力;热解气化联产炭材料技术,提高了生物质气化技术应用的经济性,为生物质可再生能源转化综合利用开拓了新途径;利用农林剩余物制备能源替代或减少使用化石燃料,节能减排,增加了农业人口的收入和就业机会,改善生态环境,对于实现能源可持续发展战略和解决能源安全等问题,具有十分重要的现实意义。

34. 成果名称:人造板调供胶系统研究

主要完成人	傅万四
主要完成单位	国家林业和草原局北京林业机械研究所
成果等级	茅以升科学技术奖——木材科研一等奖
获奖时间	2006年6月10日

(续)
成果主要内容： 1）主要研究内容 针对刨花板、MDF/HDF、OSB、麻屑板、竹材板等不同的生产工艺和控制方法，本项目的主要研究内容包括两个方面：调胶（配胶）部分，研究如何使原胶与各种辅助添加剂自动合理比配；供胶（施胶）部分，研究如何将配置完备的胶液按人造板纤维材料的比例均匀自动施胶。在研究调供胶工艺技术的基础上，开发出多重模式的机电一体化的调供胶系统。 2）系统组成 JL-glue 系列计算机控制失重法人造板调供胶系统由集成架组、智能控制单元及拌胶设备等部分组成。不同类型的人造板生产线，具有不同的工艺要求，对调供胶系统的配置要求也不相同，刨花板调供胶系统组成如下： （1）集成架组。集成架组由三层组成，上层安放原胶、乳液、固化剂、氨水及热水等胶液配方罐，中层为带有称重功能的混合罐，下层为芯表层胶液贮罐。其中，混合罐和芯、表层贮罐具有重量计量功能。 （2）智能控制单元。控制单元主要包括：工业控制计算机、PLC、I/O 采集系统、打印机、UPS 不间断电源及传感器、二次仪表等。该部分是调供胶系统的核心，通过现场采集各种信号，实现对调供胶过程的随动控制。 （3）拌胶设备。拌胶设备有拌胶机、电子皮带秤和电动振动给料器。本课题组研制的 BS-系列环式喷胶拌胶机具有以下特点：①采用双水内冷：防止胶料预固化；②精铸胶爪：采用 1Cr18Ni9Ti 制作；③调心轴承：消除运动内应力；④多点喷射：3~4点；⑤施胶均匀：形成胶雾进入施胶腔。 BJL-13 系列电子皮带秤具有以下特点：①失衡式设计，灵敏度高；②设计为二级可拆式挡板，适用输送高蓬松或粉末密实物料；③滑块调心轴承调偏，易于调整，运行平稳；④一次性标定后，发生零点漂移时，可随时清零；⑤具有模拟量输出功能可与上位机联网，实现配料过程在线自动控制。 3）基本功能 （1）胶料自动配比。实现以下三种配方之一完成自动配胶（调胶）：①计算配方：根据工艺参数电脑自动生成；②指定配方：由生产车间工艺管理员提供，操作员可以直接输入；③保留配方：前次生产所用的配方，系统自动保留。 （2）自动施胶。根据已输入的工艺参数，计算机将电子皮带秤测得刨花流量和胶罐称重传感器的重量信号进行处理，经过计算得到胶液的实际流量，按已经输入的施胶量（施胶比）自动完成 PID 调节，自动调整施胶量（供胶）。 （3）在线修改及打印。在不停产的情况下，操作员既可对有关参数及配方进行修改，也可随时打印生产报告，为生产管理部门提供必要的管理数据。 （4）数字显示及动画模拟。在生产过程中，对刨花流量、胶液流量、各种贮罐内的原料贮量及原料的累计消耗等，均备有数字显示。此外，对生产过程及各设备的状态进行动画模拟，彩色屏幕显示。
主要技术创新点： （1）20 世纪 90 年代，将电子计算机技术在国内首次应用于人造板生产线的调胶与施胶控制中，用"失重法"取代了传统的体积计量方式，填补了当时国内技术空白。 （2）调供胶系统的刨花流量和胶液流量均有滞后性，依据现代控制理论，这是一个大惯性系统。把调胶和刨花的"流量"作为控制目标，针对惯性系统的特性，按拉普拉斯控制理论，利用电子计算机的强大运算功能，实现了在线随动系统的离散控制。 （3）创新实现三种配方在线自动配胶（调胶）：①计算配方：根据工艺参数电脑自动生成；②指定配方：由生产车间工艺管理员提供，操作员可以直接输入；③保留配方：前次生产所用的配方，系统自动保留。
技术指标： 主要技术性能指标： 原胶、防水剂、添加水计量精度：±0.5kg；氨水、固化剂计量精度：±0.1kg；刨花计量精度：±1.0kg。
推广应用情况： JL-Glue 人造板调供胶系统可用于各种类型的人造板生产线中，包括刨花板、中密度纤维板、定向刨花板及其他特种人造板。 JL-Glue 系统将电子计算机技术在国内首次应用于人造板生产线的调胶与施胶控制中，用"失重法"取代了传统的体积计量方式，填补了国内技术空白。该项技术成果目前在国内具有行业内领先地位。自推广应用以来，先后被东北林业大学、南京林业大学、苏福马人造板机械有限公司、信阳木工机械厂等科研单位和企业选用，作为人造板生产线的定型技术和设备，并实现配套出口。 经国家木工机械质量监督检验中心检测，技术性能参数全部合格，得出结论"该调供胶系统的研制是成功的，可以进行广泛的推广使用。"
经济效益： 自推广应用以来，先后被东北林业大学、南京林业大学、苏福马人造板机械有限公司、信阳木工机械厂等科研单位和企业选用，作为人造板生产线的定型技术和设备。经过不断的成果转化和技术升级，该系统已经在北京市木材厂、中法合资万力木业等企业的 26 条人造板生产线上应用，不仅有效地提高了成品板材的质量，而且节省人造板的主要成本之一——胶料 5% 以上，平均降低生产成本 2% 左右，为人造板生产企业降低生产成本数千万元。本项目成果转化推广，取得了较好效果，已经为本单位实现横向创收 600 余万元，利润 120 多万元，成为北京林机所产业化支柱项目。

(续)

社会效益：

实现调供胶系统自动控制，必须从理论上优化控制系统。本项目从理论上研究了调胶、供胶控制方法及工艺过程，所获得的科研成果对优化生产工艺、提高产品质量、降低生产成本具有重要的指导意义。调供胶系统的刨花流量和胶液流量均有滞后性，依据现代控制理论，这是一个大惯性系统。把胶液和刨花的"流量"作为控制目标，针对惯性系统的特性，按拉普拉斯控制理论，利用电子计算机的强大运算功能，实现了在线随动系统的离散控制。

调供胶技术是人造板生产的关键技术之一，虽然整个工段设备投资仅占全线设备投资的3%~6%，但对全线生产影响很大。目前我国95%以上的人造板是以热固性树脂为主胶黏剂生产的，原胶和各种助剂的成本占车间总成本的比重很大，一般为30%左右。提高调供胶工段装备技术水平，可有效提高产品质量，降低生产成本。本项目的实施，有效地促进了我国人造板工业的技术进步与发展。

35. 成果名称：竹材工业前序工段高效加工技术装备研发与应用

主要完成人	傅万四、周建波、孙晓东、刘金虎、刘占明、张彬、肖飞、李延军、陈忠加、常飞虎、罗梅、刘延鹤、蒋鹏飞
主要完成单位	国家林业和草原局北京林业机械研究所、湖南省林业科学院、安吉吉泰机械有限公司、北京金虎电子技术开发有限责任公司、南京林业大学、中国林业科学研究院林业新技术研究所
成果等级	第十届梁希林业科学技术进步奖二等奖
获奖时间	2019年10月31日

成果主要内容：

近年来，我国竹材工业蓬勃发展，已成为林业产业的重要组成部分。竹材定段、破竹、竹单元成型及竹片分选等前序工段是竹材工业化加工中重要的共性关键技术环节。现行竹材工业前序工段采用半手工半机械加工，简易的加工机械故障率高，功能单一，耗能高，竹材利用率低，加工质量差，不能很好地适用于现代竹材工业化生产，严重制约竹材加工行业的转型升级，已经成为竹材加工行业亟待解决的瓶颈问题。

本项目攻克了竹材定段、破竹、竹单元成型及竹片分选加工智能化技术难关，构建了竹材工业前序工段高效加工技术装备产学研体系，创新了竹材工业前序工段13种新技术、8类关键技术装备：①13种创新技术涵盖竹材定段、破竹、竹单元分选及竹片分选智能化加工全体系，填补了国内外空白；②创新研发原竹智能定段技术装备，比人工效率提高2倍；③创新研发自动分级破竹机器人，送料速度11.2m/min，比人工效率提高1.5倍；④创新研发了数控自动破竹机，送料速度达到8~10段/min，比人工效率提高2倍；⑤创新研发4种竹单元精准高效成型关键技术装备，比人工效率提高1.5~3倍；⑥创新研发竹片智能快速分选技术装备，实现了8级分选，生产能力达1200片/h，比人工效率提高3倍以上。

研究成果在前程竹木机械有限公司、安吉吉泰机械有限公司、北京金虎电子技术开发有限责任公司等建成5个设备制造基地，在福建省雅康工贸有限公司、益阳海利宏竹业有限公司、湖南风河竹木科技股份有限公司等近千家企业推广应用，直接提供了近3000个就业岗位。近3年，主要应用企业直接新增产值38277万元，新增利润8915万元，新增税收3827万元，产生了显著的经济社会效益。

本项目属于林业装备与信息化学科关键共性技术，是国内外首次系统化、规模化开展竹材工业前序工段高效加工技术装备研发与应用，对促进我国竹材加工机械化和连续化生产，加速竹材工业智能化产业升级具有重要意义。

主要技术创新点：

1）创新开发原竹智能定段技术及关键设备

创新了原竹自动去头去梢技术，研发了竹节智能识别与物理精准避让技术，开发了原竹自动定长定段及分级技术，智能定段加工比人工提高效率200%，识别精度达99%，改变了竹材定段加工方式，实现了竹段智能化、柔性化分级定段。

2）首创自动进料分级连续破竹技术及破竹机器人和自动进料快速对心连续破竹技术

实现了竹段快速连续进料、竹段快速对心定位及矫正、竹段径级检测及适配换刀、竹片分类归料。

3）创新研究竹单元精准高效成型关键技术装备

创新了竹单元原态弧形高效成型关键技术，开发了竹单元梯形非等厚高效成型关键技术，研究了开发竹单元宽幅精细化疏解高效成型技术，首创竹单元超长热塑化展平高效成型关键技术。竹材重组成型加工平均利用率达到84%、一次性重组厚度达到45mm，竹青、竹黄铣削率达到100%，使竹展开板的竹肉层无损伤性深痕，再加工时不必刨去较厚的竹肉层，减小了切削。

4）创新开发基于机器视觉的竹片智能快速分选技术装备

创新了竹片颜色识别技术，研究了竹片表面物理缺陷识别技术，开发了竹片分选及归类技术。比人工分选颜色种类提高100%，实现了竹片缺陷标准化分选，准确率达到99%，竹片分选能力达到1200片/h，比人工效率提高300%以上。

(续)

技术指标:
(1)原竹智能定段技术装备。50~200mm 径级有效去头去梢、加工长度 500~3000mm、竹节识别和避让率达到 99%。
(2)自动分级破竹机器人。刀具数量 4 把、送料速度 11.2m/min、加工长度 500~2000mm、加工直径 80~190mm。
(3)数控自动破竹机。刀具数量 8 把、刀具外径 300mm、送料速度 8~10 支、加工长度 1200~2100m、加工直径 60~150mm、电机总功率 6.87kW。
(4)竹片颜色分选机。竹片色彩分选类别达到 6 级、8 种分选归类、竹片分选能力达到 1200 片/h、准确率达到 99%。

推广应用情况:
研究成果在前程竹木机械有限公司、安吉吉泰机械有限公司、北京金虎电子技术开发有限责任公司等建成 5 个设备制造基地,1 条生产示范线,在福建省雅康工贸有限公司、益阳海利宏竹业有限公司、湖南凤河竹木科技股份有限公司等近千家企业推广应用,直接提供了近 3000 个就业岗位。近 3 年,主要应用企业直接新增产值 38227 万元,新增利润 8915 万元,新增税收 3827 万元。

经济效益:
通过本项目关键技术设备的应用与推广,已建成 5 个设备制造基地,销售推广竹材工业前序工段高效加工技术装备 840 台/套,直接提供了 3000 个就业岗位。近 3 年,主要应用企业共新增产值 38227 万元,新增利润 8915 万元,新增税收 3827 万元。

社会效益:
(1)提升了竹材加工制造技术水平,引领工业化竹材前序工段高效加工技术、竹材高效利用、低碳经济型竹材工业新体系发展。
(2)提高我国竹材加工机械化水平及竹材加工机械体系发展,加速了竹材工业智能制造产业升级。
(3)工业化竹材前序工段高效加工技术装备关键技术与设备开发应用对竹材高效利用发展开辟了新的利用途径,产品附加值高,增加了竹农购置竹工机械的积极性,对促进农民增收、社会主义新农村建设具有重要意义。
(4)培养了中国竹材加工机械尤其是竹材加工前序工段装备科技及一线技术人才 200 余名,建立了中国竹材加工机械产学研人才体系。

36. 成果名称:竹材原态重组材料制造关键技术与设备开发应用

主要完成人	傅万四、张齐生、周建波、孙晓东、沈毅、刘占明、张占宽、黄成存、朱志强、卜海坤
主要完成单位	国家林业局北京林业机械研究所、中国林业科学研究院新技术研究所、湖南省林业科学院、镇江中福马机械有限公司、中国林业科学研究院木材工业研究所
成果等级	第六届梁希林业科学技术进步二等奖
获奖时间	2015 年 11 月 1 日

成果主要内容:
项目攻克了竹材原态重组难以实现产业化,难以加工应用于结构材料领域的技术难关,开发了 3 种新材料、4 项新工艺和 7 台(套)关键技术装备。①首次提出"竹材原态重组"理念,开发出竹材弧形原态重组材料制造技术及关键装备:竹材弧形原态重组材料最大厚度达 45mm;静曲强度(MOR//)为 140MPa,弹性模量(MOE//)为 5800MPa,胶合强度为 96MPa。其物理力学性能优于普通实木。②创新开发出竹材原态多方重组材料制造技术及关键设备:竹材原态多方重组材料(14 单元)抗压强度 493.5kN,抗弯强度为 37kN,符合常规建筑领域结构材料抗压强度。③创新开发出竹材对剖联丝重组材料制造技术,材料静曲强度(MOR//)为 98MPa、弹性模量(MOE//)为 5800MPa,承载性能优于《汽车车厢底板用竹材胶合板》(LY/T 1055—2002)标准。

主要技术创新点:
(1)首次提出"竹材原态重组"理念,开发出竹材弧形原态重组材料制造技术及关键装备。
(2)创新开发出竹材原态多方重组材料制造技术及关键设备。
(3)创新开发出竹材对剖联丝重组材料制造技术。

技术指标:
(1)竹材弧形原态重组材料最大厚度达 45mm;静曲强度(MOR//)为 140MPa,弹性模量(MOE//)为 5800MPa,胶合强度为 96MPa。
(2)竹材原态多方重组材料(14 单元)抗压强度 493.5kN,抗弯强度为 37kN,符合常规建筑领域结构材料抗压强度。
(3)竹材对剖联丝重组材料静曲强度(MOR//)为 98MPa,弹性模量(MOE//)为 5800MPa。

(续)

推广应用情况：
　　研究成果在益阳海利宏竹业有限公司、湖南风河竹木科技股份有限公司及益阳桃花江竹业发展有限公司等近10家企业推广应用，建成1个设备制造基地，5条生产线，直接提供了近2000个就业岗位。本项目属于农林非木质材料制造技术，特色鲜明，延长业链，培育竹产区新的经济增长点，带动了广大竹产区经济的发展，在林产工业升级中发挥了重大作用，取得显著经济效益、社会效益和生态效益。

经济效益：
　　该成果在益阳海利宏竹业有限公司、湖南风河竹木科技股份有限公司及益阳桃花江竹业发展有限公司等近10家企业推广应用，建成1个设备制造基地，5条生产线，直接提供了近2000个就业岗位。

社会效益：
　　该成果属于农林非木质材料制造技术，特色鲜明，延长业链，培育竹产区新的经济增长点，带动了广大竹产区经济的发展，在林产工业升级中发挥了重大作用，取得显著经济效益、社会效益和生态效益。

37. 成果名称：承载型竹基复合材料制造关键技术与装备开发应用

主要完成人	傅万四、张齐生、丁定安、沈毅、张占宽、蒋身学、朱志强、周建波、王检忠、许斌、周建斌
主要完成单位	国家林业局北京林业机械研究所、南京林业大学、湖南省林业科学院、镇江中福马机械有限公司、中国林业科学研究院木材工业研究所
成果等级	第四届梁希林业科学技术进步二等奖，2012年度北京市科学技术二等奖
获奖时间	2011年11月1日，2012年3月1日

成果主要内容：
　　项目攻克了竹基复合材料难以应用于建筑结构、车船制造等承载型用途难关，开发了4种新材料、5项新工艺和7台(套)关键技术装备：①首次提出"竹材原态重组"理念，开发出2种竹材原态重组材料制造技术及关键装备：竹材弧形原态重组材料和竹材原态多方重组材料，静曲强度(MOR∥)达到140MPa，其物理力学性能优于普通实木；②创新开发出竹质OSB的制造技术，竹质OSB材料静曲强度(MOR∥)为35.1MPa，弹性模量(MOE∥)为5070MPa，承载性能优于《定向刨花板》(LY/T 1580—2000)最高等级OSB/4标准；③首次研发出大规格竹箦积成材制造技术，材料静曲强度(MOR∥)为151.6MPa，弹性模量(MOE∥)为17793MPa，承载性能优于《人造板及饰面人造板理化性能试验方法》(GB/T 17657—1999)标准；④创新开发出竹材对剖联丝重组材料制造技术，材料静曲强度(MOR∥)为98MPa，弹性模量(MOE∥)为5800MPa，承载性能优于《汽车车厢底板用竹材胶合板》(LY/T 1055—2002)标准。
　　我国竹资源丰富，竹子种类、面积都居世界首位。竹子作为一种生长周期短，易更新，成材快，再生能力强的森林资源，易实现永续经营受到人们广泛重视。随着我国竹材的大规模开发利用，以及绿色节能生产的要求。竹材的高效、低耗、自动化加工利用成为现行竹材深精加工的新方向。因此开发竹材利用率高、环保、低耗、高性能的承载型竹基复合材料及其系统化装备对绿色环保复合生物结构材料及装备的革新应用具有重要意义。必将促进竹材工业的现代化升级及发展。

主要技术创新点：
1) 原创提出"竹材原态重组"理念，开发出竹材原态重组材料制造技术
　　提出弧形竹片对中定位技术和多刀分量切削加工技术，研制出竹材定型弧铣机。创新将仿生蜂窝、多边形化与竹材原态重组相结合，开发出竹材原态多方重组材料。较大限度保留了竹子具有中空、竹隔等独特结构，使竹竿抗弯、抗压和抗剪能力强，物理性能优良等的原态特性得以保留。

2) 创新开发出竹质OSB制造技术及关键设备
　　突破竹材具有中空、锥度、竹青、竹黄、竹节等特殊构造导致难以加工规则竹刨花的技术难点，创新开发出竹质OSB的制造技术。突破竹材定向切削难点，开发出工业化、高效率制造大规格形态、不去竹青的竹材定向切削技术。

3) 创新开发出大规格竹箦积成材制造技术及关键设备
　　创新研发竹箦积成材制造技术，克服了现有冷压竹箦积成材只能制造小截面规格材、生产周期长、易使近表层胶黏剂脆化、胶合性能差等缺陷。

4) 创新开发出竹材对剖联丝重组材料制造技术及关键设备
　　创新研发出竹材对剖联丝重组材料制造技术及其关键设备，将以往竹单板生产中的竹条加工工艺，改变成竹材对剖后利用竹丝自然连接并一次性定厚加工的新工艺。充分利用了小径级毛竹，较大限度的保留了竹青面，增加了板面硬度，提高了产品质量。

技术指标：
(1) 竹材弧形原态重组材料静曲强度(平行)为140MPa，弹性模量(平行)为5800MPa，胶合强度为96MPa。

(2) 竹质 OSB 平行静曲强度为 35.1MPa，平行弹性模量为 5070MPa，内结合强度为 2.18MPa，主要力学性能指标优于 LY/T 1580—2000《定向刨花板》最高等级 OSB/4 标准。
(3) 开发的大规格竹篾积成材平行静曲强度为 151.6MPa，平行弹性模量为 17793MPa。

推广应用情况：
研究成果在江苏镇江中福马机械有限公司、山东青岛国森机械有限公司、安徽宁国中集竹木制品有限公司、湖南恒盾集团有限公司及浙江诸暨光裕竹业有限公司等 10 多家企业推广应用，建成 3 个设备制造基地，6 条生产线，直接提供了近 3000 个就业岗位。近 3 年，主要应用企业共新增产值 155040 万元，新增利润 18744 万元，新增税收 10555.4 万元。

经济效益：
依据主要应用企业财务部门核准的应用效益证明的统计，2008 年新增产值 33860 万元，2009 年新增产值 56830 万元，2010 年新增产值 64350 万元，新增利润 18744 万元、新增税收 10555.4 万元。

社会效益：
(1) 提升了承载型竹基复合材料制造技术水平，引领竹材原态重组技术、竹材高效利用、低碳经济型竹材工业新体系发展。
(2) 提高我国竹材加工机械化水平及竹材加工机械体系发展，促进竹材加工技术装备产业升级。
(3) 承载型竹基复合材料制造关键技术与装备开发应用对竹材高效利用发展开辟了新的利用途径，产品附加值高，增加了林农购置竹工机械的积极性，对促进农民增收、社会主义新农村建设具有重要意义。

38. 成果名称：竹材原态多方重组材料及其制造方法

主要完成人	傅万四、周建波
主要完成单位	国家林业局北京林业机械研究所
成果等级	第十六届中国专利优秀奖
获奖时间	2014 年 11 月 1 日

成果主要内容：
首次提出"竹材原态重组"理念，开发出竹材原态多方重组材料及设备：力学强度满足《木结构设计规范》(GB 50005—2003) 抗压强度等级 TC12 设计值要求，开发出整竹正多边形化面铣机、整竹纵向指接机、竹材原态多方重组成型拼接机 3 台(套)关键设备。开发出竹材弧形原态重组材料制造技术及关键设备：静曲强度(MOR//)达到 140MPa，弹性模量(MOE//)为 5800MPa，胶合强度 96MPa，其物理力学性能优于普通实木，开发出 CGPB—65SP 多功能竹材弧形重组高频拼板机、MBHC—9 竹材定型弧铣机、弹力式竹材去内节破竹机 3 台(套)关键设备。

我国林业产业特别是竹产业正处于快速发展时期，而竹材加工方式落后，现行多采用矩形竹片或竹篾方式重组，竹材利用率低，耗能高，耗胶大，且机械技术水平低，需要大量先进的竹材加工技术与装备，以适应现代林业产业发展需求。竹材原态重组材料制造关键技术与设备开发应用源于竹加工产业链的实践需要，针对性强，技术先进，适用性广，增产增效明显，因此应用前景广阔，市场需求量较大，竞争力较强。

主要技术创新点：
1) 创新将仿生蜂窝、多边形化与竹材原态重组相结合，开发出竹材原态多方重组材料制造技术

最大限度保留了竹子具有中空、竹隔等独特结构，使竹竿抗弯、抗压和抗剪能力强，物理性能优良等的原态特性得以保留，充分利用圆孔蜂窝状材料能避免正多边形孔角上的应力集中、受力性能更合理等优良特性，使竹材原态多方重组材料具有高强度、大跨度、原态性、绿色环保等特点，力学强度满足《木结构设计规范》(GB 50005—2003)抗压强度等级 TC12 设计值要求，原竹一次性利用率达 85%以上，比现有矩形竹片利用率提高 35%~50%。

2) 首次研发出竹材弧形原态重组材料制造技术，研究并优化了破竹、弧铣竹青及竹黄、组坯、干燥、热压工艺技术

与常规竹材矩形单元重组相比，提高竹材利用率 15%~30%，提高了竹材重组材料力学强度，经国家林业局林产品质量检验检测中心(长沙)检测，竹材弧形原态重组材料静曲强度(平行)为 140MPa，弹性模量(平行)为 5800MPa，胶合强度为 96MPa。

3) 首次提出弧形竹片对中定位技术和多刀分量切削加工技术

加工的竹片最大程度保留竹材原态特性，弧铣竹材利用率达 60%~80%，比传统平铣加工提高利用率 15%~30%，同时，由于弧形铣削的加工余量小，较大程度上降低了铣削加工的动力消耗，节能环保。

技术指标：
竹材弧形原态重组材料静曲强度(MOR//)达到 140MPa，弹性模量(MOE//)为 5800MPa，胶合强度 96MPa，其物理力学性能优于普通实木。

（续）

推广应用情况：
本研究成果在镇江中福马机械有限公司、益阳海利宏竹业有限公司及湖南恒盾集团有限公司等多家企业推广应用。本项目属于农林非木质材料制造技术，特色鲜明，延长产业链，培育竹产区新的经济增长点，带动了广大竹产区经济的发展。

经济效益：
依据主要应用企业财务部门核准的应用效益证明的统计，该专利截至2013年底，产量达8.02万 m^3，新增产值54420万元、新增利润11573万元、新增税收8240万元。

社会效益：
(1) 引领竹材原态重组技术、竹材高效利用、低碳经济型竹材工业新体系发展。
(2) 对竹材高效利用发展开辟了新的利用途径，产品附加值高，对促进农民增收、社会主义新农村建设具有重要意义。
(3) 提高竹材加工机械化水平。

39. 成果名称：基于木材细胞修饰的材质改良与功能化关键技术

主要完成人	李坚、谢延军、刘君良、王清文、王立娟、王成毓、肖泽芳、柴宇博、王奉强、王海刚、张志军、党文杰、李理、魏鹏、詹先旭
主要完成单位	东北林业大学、中国林业科学研究院木材工业研究所、中国木材保护工业协会、河北爱美森木材加工有限公司、徐州盛和木业有限公司、德华兔宝宝装饰新材股份有限公司、北京楚之园环保科技有限责任公司
成果等级	国家科技进步二等奖
获奖时间	2017年12月6日

成果主要内容：
(1) 创建了木材细胞壁反应改性技术。研制了以活化醛糖和酮糖等天然产物为主剂，柠檬酸和二羟甲基二羟基亚乙基脲等为交联助剂的绿色改性药液，解决了传统改性木材甲醛或游离酚等挥发物释放超标问题，通过与细胞壁大分子进行接枝交联反应和对细胞壁内部结构进行充胀，提高了木材尺寸稳定性、力学强度和耐腐朽性能。改性木材抗胀缩系数可达60%以上，腐朽导致的质量损失从未处理材的82.4%下降到10.6%，达耐腐朽级。
(2) 集成创新了木材改性防护一体化技术。发明了以改性药液为主剂、阻燃防虫组分为助剂的改性、阻燃与防虫一剂多效药液，解决了组分之间相容性差、药剂贮存期短等难题，功能助剂固着率>90%，赋予木材尺寸稳定、阻燃抑烟和防虫功能，其中燃烧性能达到GB 20286规定的 B_{fl}-s1，t0级（难燃级）。
(3) 研发了木材细胞腔填充增强技术。发明了甲基丙烯酸甲酯为主要单体，以苯乙烯为共聚单体、马来酸酐为偶联剂的浸渍药液和专用浸渍固化装置，突破了单体利用率低、聚合体收缩和界面结合差的技术瓶颈。单体利用率从70%提高至95%以上，处理枫木（30%的增重率）的抗弯强度、冲击强度和表面硬度分别提高了31.0%、99.5%和76.7%。
(4) 创新发展了木材仿生功能化基础理论和方法。在创制趋磁、超疏水、自修复和自清洁等功能木材方面引领研究前沿。比如，发明了木材短流程非钯化学镀镍合金方法，解决了传统胶体钯活化技术界面结合差和工艺复杂的难题，电磁屏蔽效能在9kHz~1.5GHz频段可达65dB；构建了仿生荷叶表面的无机纳米粒子/低表面能物质处理制备超疏水木材方法，表面水接触角可达153°。系列仿生研究成果为开发新一代木材功能化产业技术奠定了坚实的理论基础。

主要技术创新点：
(1) 提出了以天然单糖/二元糖为主要原料、柠檬酸和1,3-二羟甲基-4,5-二羟基亚乙基脲等为交联助剂的绿色改性药液，建立了基于细胞壁分子修饰和微孔结构调控的木材修饰技术，实现木材品质大幅提升。
(2) 集成创新了木材改性阻燃防虫一剂多效防护处理技术。发明了以二羟甲基二羟基亚乙基脲为改性主剂、硼化合物和羟甲基磷酸脒基脲为阻燃功能助剂的一体化药液，通过加入表面活性剂，解决了改性主剂与阻燃功能助剂之间相容性差、药液贮存期短的难题，实现了尺寸稳定、阻燃和防虫的一剂多效。
(3) 发明了甲基丙烯酸甲酯为主剂的改性药液，抑制了单体聚合体积收缩，解决了聚合体与细胞腔内壁之间界面结合差的问题，提高了单体利用率。
(4) 首创了新型短流程非钯化学镀技术，成本低、时间短；创新了微纳米二级表面结构的木材超疏水技术，界面稳定且效果持久。

技术指标：
改性处理后，药剂在木材中的固着率大于90%（GB/T 29905—2013），杨木的尺寸稳定性显著改善，抗胀缩系数可达65%，表面硬度由14.7N增加到66.6N，抗压强度由47.9MPa增加到91.5MPa，木材胶合强度由1.1MPa增加到2.1MPa。对以柠檬酸为交联助剂的药液处理木材，未检出甲醛释放，对以1,3-二羟甲基-4,5-二羟基亚乙基脲为交联助剂的药液处理木材，甲醛释放量为0.10mg/L。改性木材抗白腐菌和褐腐菌分别达到了耐腐和强耐腐等级。

(续)

实现了一剂多效处理,处理木材抗胀缩系数提高60%以上,静曲强度提高30%。所制备的药液存储期可达3个月以上,改性药剂的反应活性不受阻燃组分影响。阻燃组分在木材中的固着率达90%以上,抗流失性好。改性阻燃处理杨木的燃烧性能达到B_{fl}-s1,t0级(难燃级)。

利用所发明的配方和装置,显著提高了塑合木制造技术的水平。以枫木改性为例,增重率可调控在10%~80%范围,密度由0.45g/m³增加到0.8g/m³,表面硬度由21.5N增加到98.7N,抗弯强度和冲击强度分别提高了172%和126%。该技术处理木材可用于制备室内和户外地板、桌面等高附加值产品。

推广应用情况:
本成果根据技术特点在河北、江苏、浙江、北京等地区选择典型企业,建设生产线进行了示范性生产,开发了改性板材、改性集成材等改性木材。这些企业包括河北爱美森木材加工有限公司、徐州盛和木业有限公司、德华兔宝宝装饰新材股份有限公司、北京楚之园环保科技有限责任公司等。以改性木材作为优质木材原料,通过企业自用和销售他用等途径,后续开发了地板、橱柜、门窗和家具等多种家居和户外用终端产品。

经济效益:
本技术成果研发成熟后,积极在木材加工企业中进行推广落地,改性木材的年产能超过30万 m³/年,为相关企业创造了可观的经济效益。

社会效益:
本技术采用环境友好的功能改性药剂对人工林木材进行处理,提高杨木、杉木、橡胶木等人工林速生木材的密度、尺寸稳定性、抗弯强度等物理力学指标,将原本主要用于胶合板、刨花板等低端原材料的人工林速生木材品质大幅度提升,并赋予其阻燃、防虫、电磁屏蔽等新功能,用于生产门窗、家具、地板等高附加值产品,实现人工林木材高效高值化利用,推动了木材加工产业的技术升级。

本技术的实施提升了速生人工林木材的品质,既可满足消费者对高档实木产品的需求,又能减少产业对优质天然林木材资源的依赖和索取,因而推动了木材加工产业原材料需求从天然林转向人工林,配合了国家天然林保护战略的实施。

技术的实施改善了林农的收入水平,同时,低质木材的高值化利用降低了实木类产品的价格,使更多的消费者能够用上实木类产品,有利于提升工作和家居微环境质量,提升人民的幸福指数。

技术的实施向科研院所和企业等相关单位输送了若干高层次科技人才,为企业培训了多名技术人员,为产业技术创新和新产品开发奠定了坚实基础。相关业绩成果被中央电视台"新闻直播间"栏目和黑龙江省电视台"科技传奇"栏目等新闻媒体广泛宣传,产生了一定的社会影响。

40. 成果名称:木材基新型电磁屏蔽材料研究

主要完成人	李坚、王立娟
主要完成单位	东北林业大学
成果等级	省级
获奖时间	2010.9

成果主要内容:
木质基电磁屏蔽材料(wood-based EMI shielding material)是以木材为基质材料,通过化学镀法在其表面沉积金属或合金镀层,该复合材料对电磁波具有很好的反射作用或吸收作用,从而达到电磁屏蔽的作用。它是通过复合的方式开展木材功能性改良的典型产品,既保留了木材的原有特性,又赋予了木材新的特殊功能。

20世纪90年代初,日本的研究者长泽长八郎在木材化学镀方面进行了初步研究,但镀液浓度高,稳定性差,工艺复杂。我国在21世纪初起步开始研究木质基电磁屏蔽材料的相关技术。研究开发了对各种木材普遍使用的高效、稳定的镀液体系。本项目针对木材的电磁屏蔽化功能性改良及应用,分别开展了①以胶体钯为活化剂的木材表面化学镀 Ni-P 二元合金和 Ni-Cu-P 三元合金;②超声波辅助木材表面化学镀 Ni-P 二元合金;③以 $PdCl_2$ 真溶液为活化催化剂的木材表面化学镀 Ni-P 二元合金和金属铜;④非钯活化短流程木材表面化学镀 Ni-P 合金和金属铜四个方面的系统研究工作。尤其发明了短流程化学镀方法,简化了工艺,降低了成本,属国内外首创。该研究的系列成果形成了完备的理论和技术体系,为实现木质资源多领域应用提供了技术支持。

在后续的深入研究中,采用短流程化学镀镍结合化学转移膜技术,发明了彩色木质基电磁屏蔽材料,在保证电磁屏蔽功能情况下,还具有多彩的装饰性,为木材基电磁屏蔽材料的应用提供的依据。

项目技术比较成熟,与知名木材企业签署推广应用协议,在市场对产品达到一定认知度后,将产生显著经济效益和良好社会效益,推动了我国木质功能材料的快速发展,为生木质资源高附加值利用和木材工业技术更新、升级提供重要的技术支撑。

（续）

主要技术创新点：
木材由纤维素、半纤维素和木质素组成，表面富含羟基，亲水性强。而且，木材具有多级孔隙结构。利用木材的表面物理和化学结构特性，发明了高效、稳定的镀液体系、发明了短流程化学镀，突破了常规化学镀的技术模式，形成了独特木材表面化学镀的技术方法，大大缩短了工艺过程，实现了木材的电磁屏蔽功能化。

技术指标：
表面电阻率低于 $1\Omega/cm^2$，电磁屏蔽效能大于 40dB。

推广应用情况：
略。

经济效益：
略。

社会效益：
随着各种电器设备的普及使用，电磁辐射无处不在，危害人类健康，同时，可造成信息泄露，危害国家安全。木质电磁屏蔽材料的原料来源广泛，且木材多孔，电磁波可在木质电磁屏蔽材料的孔隙中多次反射而消耗，减少电磁波二次污染。因此，木质电磁屏蔽材料的普及将对保障人类健康、商业秘密和国家利益具有重要意义，助力我国经济和社会的可持续发展。对木材企业的创新发展和技术升级转型提供重要的技术支撑。

41. 成果名称：超疏水性木材的仿生制备

主要完成人	王成毓、刘守新、贾贞、徐扬、王书良
主要完成单位	东北林业大学
成果等级	黑龙江省自然科学一等奖
获奖时间	2012 年

成果主要内容：
本研究是化学模拟生物体系研究中的一个新领域。荷叶等植物叶面的奇妙的滴水不沾的超疏水现象为在不同基底上制备仿生超疏水性表面提供了有趣的自然现象和实践基础。根据这一仿生研究的思路，首先在木材基底表面构建微纳结构，形成微纳观的表面粗糙度，然后对其表面进行自组装化学修饰以降低其表面能，从而得到超疏水性木材。这种超疏水性木材既有较大的静态接触角，又具有较小的滑动角，具有类似荷叶表面滴水不沾的性质，有自清洁、防冰雪、防污染、防腐和抗氧化等优良性能，同时原位生成的纳米无机质可以改善木材的物理性能，如防腐、防虫、阻燃等，应用前景广阔。

主要技术创新点：
本研究模拟自然界生物的完美结构，通过纳米材料的先进化学合成手段，在木材表面构建微—纳米的粗糙结构，再利用低表面能的有机质进行自组装表面修饰，赋予木材表面具有类似荷叶表面一样的滴水不沾的超疏水性能；在赋予木材表面优良的超疏水性能的同时，与木材复合的纳米无机质可以同时改善木材的性能；反应在低温低压液相中进行，不受基底材料的尺寸和形状的限制，所采用的原料简单易得，突破了现有仿生超疏水性表面在制备方法上过于依赖精密的实验设备和复杂的化学物质，可以实现仿生超疏水材料的规模化生成。

技术指标：
木材表面具有类似荷叶表面一样的滴水不沾的超疏水性能。
在木材表面生长的无机质可以同时改善木材的某些性能，如环境学、力学、防腐、防虫、阻燃等。

推广应用情况：
略。

经济效益：
略。

社会效益：
本研究通过仿生合成在对木材进行性能改良的同时在材料表面形成一层天然涂料，这一研究将大大拓宽木材的使用领域。整个反应在水体系中进行，不会对人体健康和环境造成不良影响。把仿生矿化技术从理论研究及实验室研究的水平提升到工业化规模生产的水平，实现工业化连续生产，处理能力较强。生产工艺不依赖设备，可在国内多家木材性能改良的企业推广应用，可解决我国木材资源短缺的局面，提高木材的有效利用率，不仅对提高我国木材行业的附加值有示范意义，并且可使相关产业成本大幅度下降，如室外建筑木材、浴室用木家具、地板、水上栈道等产品，社会效益非常明显。同时可解决下岗职工再就业，促进林业经济、木材加工、包装、物流相关产业发展。

42. 成果名称：多孔炭-纳米氧化物半导体协同作用机制及功能材料合成机理

主要完成人	刘守新、黄占华、李长玉、李伟、王成毓
主要完成单位	东北林业大学
成果等级	教育部自然科学二等奖
获奖时间	2014 年 1 月 1 日

成果主要内容：

本项目是在国家自然科学基金（30400339，30771692）、教育部新世纪优秀人才支持计划、黑龙江省杰出青年基金等项目资助下完成的。多孔炭材料因其孔结构发达、吸附性能强等优点，被广泛用作高效吸附剂。其对吸附质的去除主要通过两相之间吸附质的相转移过程实现。该方法存在如下缺陷：吸附容量有限，短时间即可达吸附饱和实效，成为二次污染源；吸附饱和失效多孔炭需无害化再生处理。功能多孔炭（如生物多孔炭、光催化功能多孔炭）是解决上述问题的有效途径。金属氧化物半导体微粒界面的光诱导电子转移过程所诱发的光化学反应对于消除环境中有机污染物质具有显著效果，是一种直接利用空气中氧和太阳能降解有毒有害污染物的绿色氧化技术。

项目以揭示多孔炭-纳米氧化物半导体的协同作用机制为主要目标，系统研究了多孔炭复合对 TiO_2 晶相结构、能阈结构、微观形貌以及光催化活性的作用机制，系统研究了多孔炭孔结构、表面化学官能团结构对 TiO_2 光催化活性的影响规律，探索了杂原子修饰对多孔炭复合光催化剂的活性提高机理，指导控制合成出了新型氧化物半导体氧化物及生物质基多孔炭载体，阐明了光照条件下纳米氧化物半导体对多孔炭的原位再生机理，揭示了多孔炭-纳米氧化物半导体的协同作用机制，合成出了吸附—光催化双功能多孔炭、吸附—光催化—热催化功能多孔炭系列功能炭吸附材料。

项目结合多孔炭吸附、光催化氧化和热催化氧化方法的各自优势，采用酸催化水解法在多孔炭（AC）表面合成 TiO_2 前驱体，制得了不同 AC 含量的 TiO_2/xAC 复合光催化剂。结果表明：适宜 AC 含量的 TiO_2/AC（AC 5 wt%）具有较高的光催化活性，可多次循环使用不致失活，在较宽溶液 pH 值范围内都保持较高的活性，而且催化剂很容易从液相中分离。适宜的 AC 掺杂可以使 TiO_2 粒子分布均匀、减小粒子凝聚，但对 TiO_2 的晶相结构、晶粒大小以及表面性质影响不大，对 TiO_2 能阈结构不产生影响。TiO_2 与 AC 结合牢固，接触界面处有 Ti-O-C 键生成。$TiO_2/5AC$ 表现出高光催化活性的主要原因是：AC 所提供的适宜高浓度环境及对纳米尺寸 TiO_2 团聚的有效抑制。

通过 N 在 TiO_2 晶格上的掺杂形成新的能级结构，得到可见光响应复合催化材料 TON/AC。系统研究了多孔炭孔结构、表面化学官能团结构对复合光催化剂活性的影响。结果表明：活性炭孔结构性质对 TiO_2/AC 活性影响显著。活性炭对 TiO_2 活性提高的协同系数与接触界面 $\triangle S$ 值变化趋势一致。同时具有发达的微孔及中孔结构的活性炭与 TiO_2 复合光催化活性最高。微孔发达可为污染物提供较多的吸附位，中孔结构发达利于活性炭孔内吸附苯酚迅速向光催化活性中心 TiO_2 扩散，并可阻断 TiO_2 晶粒间的聚集，提高 TiO_2 分散性能，增大接触界面。

首次系统研究了多孔炭的光催化再生，阐明了多孔炭的光催化再生机理。对于 TiO_2-活性炭负载体系，由于活性炭的吸附性能使其成为有机物的浓集中心，液相中有机污染质苯酚在活性炭上吸附而得到浓缩。活性炭表面及其大孔内负载的光催化剂 TiO_2，在光照情况下产生活性基团，则是使苯酚降解转化分解为无机物的降解中心。正是由于降解中心的存在及其表面苯酚浓度趋于零的状态，使得已吸附于活性炭孔内苯酚不断向这个中心扩散，形成活性炭孔内苯酚的浓度差。在浓度差的作用下，扩散作用持续进行，导致活性炭内吸附位的逐步空出，从而实现活性炭的光催化再生。

采用原位生长技术，在多孔炭表面及孔内控制合成 TiO_2 前驱体，然后进行催化再活化，打开堵塞孔隙同时实现无定型 TiO_2 向锐钛矿相的转变制得吸附—光催化双功能多孔炭、吸附—光催化—热催化功能多孔炭，并通过 Ag 的担载实现了材料的杀菌抑菌性能和高光催化活性，深刻阐述了 Ag 与 TiO_2 和多孔炭的协同作用机理。系统评价了功能多孔炭材料对典型气相有机污染的去处机理。紫外光照条件下，溶胶-凝胶法合成的 TiO_2/ACF 复合材料对高浓度苯的去除表现出较高活性。煅烧温度、负载次数是影响 TiO_2/ACF 材料苯去除性能的主要因素。TiO_2/ACF 对苯的光催化氧化去除不产生毒性较大的酚、醌类中间产物。Gd 掺杂可有效 TiO_2/ACF 活性。其原因在于 Gd 能有效抑制催化剂的晶粒生长，使催化剂的平均晶粒尺寸减小，抑制醌类中间产物的生成。通过光沉积 Pt 制得吸附—光催化—热催化功能多孔炭，热催化的引入可大大降低酮类等中间产物含量，从而提高甲苯的去处率能。

项目发表论文 73 篇，其中 SCI 收录 48 篇；出版著作 1 部；授权发明专利 4 件。本项目的研究成果对于赋予多孔炭功能化、扩展多孔炭应用领域、深度治理环境污染、深入研究吸附作用与光催化化学反应之间的内在联系，改善人类生存环境，具有重要理论和现实意义。

主要技术创新点：

多孔炭材料因其孔结构发达、吸附性能强等优点，被广泛用作高效吸附剂。其对吸附质的去除主要通过两相之间吸附质的相转移过程实现。该方法存在如下缺陷：吸附容量有限，短时间即可达吸附饱和实效，成为二次污染源；吸附饱和失效多孔炭需无害化再生处理。功能多孔炭是解决上述问题的根本途径。但我国在功能炭吸附材料领域的研究与发达国家相比，尚有一定差距。

（续）

本项目以多孔炭-纳米氧化物半导体的协同作用机制为主线，以传统多孔炭材料的多功能化为目标。分别在：①多孔炭复合对 TiO_2 晶相结构、能阈结构、微观形貌以及光催化活性、中间产物分布的作用机制；②多孔炭孔结构、表面化学官能团结构对 TiO_2 光催化活性的影响规律；③杂原子修饰对多孔炭复合光催化剂的活性提高机理；④控制合成出新型氧化物半导体氧化物及生物质基多孔炭载体；⑤光照条件下纳米氧化物半导体对多孔炭的原位再生机理；⑥合成吸附—光催化双功能多孔炭、吸附—光催化—热催化功能、杀菌抑菌多孔炭系列功能炭吸附材料。该系列研究的成果形成了一个较为完整的理论和技术体系，从而为实现传统炭吸附材料的功能化提供了科学依据。

技术指标：
略。

推广应用情况：
略。

经济效益：
略。

社会效益：
本项目历时10余年，先后参与项目研究人员30余人，项目发表论文73篇，其中SCI收录48篇，出版著作1部，授权发明专利4件，SCI论文他引400余次，关于活性炭的光再生部分成果经黑龙江省科学技术厅鉴定为国际先进。在国内外产生了较大影响。首次总结归纳出多孔炭-纳米氧化物半导体协同作用机制、功能炭材料的合成及作用机理等方面的科学问题和基本理论，取得了丰硕的研究成果。现已形成了较为全面系统，且有学术创新的多孔炭-纳米氧化物半导体协同作用机制理论体系和科学方法，对国内同类研究具有引领作用，对国际同类研究具有借鉴意义。

43. 成果名称：仿生功能性生物质材料的创生与表征

主要完成人	王成毓、李坚
主要完成单位	东北林业大学
成果等级	黑龙江省自然科学奖一等奖
获奖时间	2017年

成果主要内容：
该项目属于林业领域林业工程学科，是绿色材料的研究热点和前沿课题。基于天然生物质材料存在固有缺陷，导致其附加值低、应用受限，在保证生物质材料本身优良性质的基础上，赋予其特定的新型功能是解决其天然不足、实现绿色可持续发展的关键科学问题。本项目以捕捉到的自然现象为研究思路，以典型的生物质材料为研究对象，依据自然现象所给予的启发，运用微纳米技术和生物学原理，仿生构建了多功能性、智能性生物质材料。通过大量的科学实验，经现代先进分析测试，发现和发展了符合绿色材料、绿色发展基本原则的新思路、新方法和新技术，获得了新的理论，形成了较为完整的科学理论体系，从而为实现传统生物质材料的高附加值、多功能化开辟了新的路径。

主要技术创新点：
(1) 率先构建了生物质材料仿生智能化研究体系。以仿生智能性生物质材料的反应机理的科学问题为核心，通过对重要的基础理论和关键技术原理多视角深入探索，通过生物质材料智能化的设计理念、多尺度结构效应的协调、智能响应性分子的设计与合成、异质界面设计和弱相互作用双稳态协调效应五个层次的系统研究，获得了针对智能性生物质材料的科学问题的规律性认识，在世界范围内率先构建了生物质材料仿生智能化研究体系。
(2) 首次开展了生物质结构化仿生表面的构筑及智能响应型生物质复合材料的研究。利用天然生物质材料在长期进化演变过程中形成的优化生物结构，首次开展了结构化仿生表面的构筑，创立了超疏水生物质材料的仿生合成方法，并且通过在生物质表面纳米尺度运用二元协同效应概念，制备具有互补性质的亲水/疏水无限可逆转化的智能生物质材料。
(3) 揭示了生物质材料多尺度微观结构与宏观奇异功能的关系。研究发现复合材料的宏观性能主要是由化学组成及微观结构共同作用的，生物质材料体系的分子结构、纳米结构、微米结构等结构的多尺度效应是形成宏观奇异功能性的内在本质。系统研究了各种生物质材料的化学组分、物理结构以及表面性质，研究了无机功能纳米粒子与生物质材料之间的界面化学反应调控机理，探究了化学组成、结构、功能的内在关联规律，揭示了生物质材料多尺度微观结构与宏观奇异功能的关系。

技术指标：
仿生功能性生物质材料具有超疏水性的同时具备阻燃、抗紫外等性能，具有实际应用价值，可广泛应用于吸附、吸油、自清洁、油水分离等应用领域。

(续)

推广应用情况：
略。

经济效益：
略。

社会效益：
本项目为构筑仿生科学体系新框架奠定基础，丰富了生命学科的研究内涵，确立了我国在仿生智能性生物质材料研究领域的地位，促进了林业工程、生命科学、材料科学、化学工程与技术等学科的交叉融合体系，为构建生物质材料与人居环境的绿色发展提供了可借鉴的途径。产品具有实际应用价值，可广泛应用于防水、防油、防雾、自清洁、吸油、油水分离等领域，具有显著的社会效益和生态效益。

44. 成果名称：林木剩余物制造低醛阻燃纤维板和高效能固体燃料技术

主要完成人	郭明辉、宋魁彦、袁媛、杜文鑫、王勇 等
主要完成单位	东北林业大学
成果等级	黑龙江省科技进步二等奖
获奖时间	2017 年 10 月

成果主要内容：
在林业产业的开发和拓展研究过程中，林木剩余物的高效转化长期以来被世界各国所重视，利用其制造纤维板和固体燃料始终为研究热点。但纤维板产品甲醛释放量高、产品附加值低；固体燃料燃烧热值低、燃烧效能低、污染物释放量大等关键技术难题始终制约着林木剩余物资源的广泛利用。为解决上述关键技术难题，开发具有自主知识产权的林木剩余物制造高附加值纤维板产品和高燃烧效能生物质固体燃料集成技术，促进林业产业结构调整，加快我国林业经济健康可持续发展，本团队在国家及省部级科研项目支持下，以分子修饰、胶合固化、烘焙理论原始创新为基础，经系统研究和产业化推广后提出了林木剩余物制造低醛阻燃纤维板及高效能固体燃料新技术。①解决了林木剩余物及工业造纸废弃物附加值低，家具、地板、室内装修等人造板材料游离甲醛释放量高等国际难题。以木质素磺酸铵与尿素为原料，研制了环保无醛黏合剂，制造低甲醛释放的阻燃纤维板产品，游离甲醛释放量远低于国家标准（2.1<8.0mg/100g），性能优于国家标准。②解决了我国现存的废弃菌糠量大，其压缩成的固体燃料的性能差、烟尘大及污染空气等问题。以废弃菌糠为原料，采用无外载气氛半封闭系统进行烘焙预处理并添加无机盐助剂，制造热值和燃烧效能高、烟点和烟气排放量小的固体清洁燃料，热值相比原煤高89%。

成果获得授权发明专利4项，实用新型专利3项，共发表论文26篇，其中SCI、EI收录7篇。经科技查新，结论表明，本成果具有原始创新性。产品经国家林产品质量检验检测中心、黑龙江省精细化工产品质量监督检验站检测，性能指标优于国家标准。经黑龙江省森林工业总局组织行业专家鉴定，达到同类研究的国际先进水平。

成果经产业化推广应用于东营正和木业有限公司、宁波大世界集团有限公司、伊春有溢人和机制炭厂等知名企业，开发的低醛阻燃型地板、门窗、家具和燃点低、热值高、排烟量小的固体清洁燃料等多种产品，取得可观的经济效益。

本成果促进了人造板制造技术的革新与清洁能源产品的转型升级，对高效利用资源、保护生态与人居环境，发展循环经济具有重要的推动作用，必将产生更大的经济社会效益。

主要技术创新点：
（1）发明了用于纤维板产品的低成本无醛黏合剂，研制了低醛阻燃纤维板产品制造技术，攻克了产品游离甲醛释放高、耐水性差、易燃等国际难题。
（2）发明了高燃烧热值、排烟量小的固体清洁燃料制造技术，突破了固体燃料燃烧热值及效能低、释放污染物量大等技术瓶颈。

主要技术经济指标达到国际先进水平，为林产工业结构调整、产品转型和技术升级提供了重要的技术支撑，对产业绿色循环和资源可持续高效利用具有重要的指导意义。

技术指标：
（1）以木质素磺酸铵与尿素为原料，采用二元复配和配比调控技术手段，制备了环境友好型生物质纤维板产品用无醛黏合剂。主要技术参数为：合成温度为25℃，酸碱度pH值4.5，木质素磺酸铵与尿素质量比为5∶3。在20℃条件下对黏合剂产品进行物化性能测试，产品游离醛含量<0.03%，固含量(50±2)%，pH值3~5，黏度400~800mPa·s。

（2）以林木剩余物木纤维为原料，添加无醛黏合剂以及阻燃剂磷酸二氢铵，采用高温热压法制造出环境友好型阻燃纤维板。主要工艺参数(低醛阻燃纤维板目标密度0.9g/cm³、厚度3.5mm)为：木质素磺酸铵/尿素的填料量22%，其质量配比为5∶3，石蜡防水剂1%，磷酸二氢铵阻燃剂用量8.5%，板坯含水率11%，热压压力12MPa，热压温度190℃，热压时间7.5min。采用上述工艺技术在示范线上进行了环境友好型阻燃生物质纤维板的示范生产，测试产品游离甲醛释放量2.1mg/100g，低于国家标准

(续)

(8.0mg/100g)。其阻燃性能达到 GB 8624—1997 中难燃 B_1 级规定。其静曲强度 39.67MPa，内结合强度 1.46MPa，吸水厚度膨胀率 8.83%，满足国标 GB/T 11718—2009《中密度纤维板》中高湿状态下使用的家具型中密度纤维板的性能要求。

(3)以废弃菌糠和木质纤维为原料，添加木质素、无机盐助剂，通过燃料密化和烘焙预处理的方法制备高燃烧效能固体燃料。在生产过程中已基本熟化，成功获得燃烧热值为 27539J/g、挥发分含量为 8.20% 的木耳段基生物质炭固体燃料。工艺参数为：根据原料不同，木质素添加量 15%~20%，$KMnO_4$、$Ba(NO_3)_2$ 添加量分别为 3%~5%，水分添加量 10%~15%；压缩温度 170~200℃，压缩压力 5000N，保压时间 60s，烘焙预处理温度为 280~320℃，保留时间 60min。

推广应用情况：

本项目自 2014 年起与宁波大世界集团有限公司、山东泰然集团有限公司、有溢人和机制炭厂等单位合作，进行示范应用。其中"林木剩余物制造低醛阻燃纤维板技术"能够显著提高板材制品的性能和品质，可广泛地应用于生产功能化复合地板、门窗、家具、墙体挂板和木结构用材等领域。"高效能固体燃料制备技术"能够大幅度提升固体燃料热值、燃烧耐久性等效能，并极大地降低了污染和生产成本。本技术创新生产工艺技术，开发环保型阻燃纤维板产品，提升了产品综合品质和附加值，性能满足国家相关质量标准要求，具备较强的市场竞争力，市场需求空间较大。成果转化及产业化示范前景广阔，表现出投资少、适用性强、产品附加值高的特点。此外，本技术所采用的工艺体现了绿色环保理念，基本无环境污染，具有良好的环境效益。本技术的应用对人造板行业可持续发展、劳动再就业、地方经济建设和产业结构调整、社会进步、环境保护等具有重大的社会效益。

经济效益：

本项目的基础理论原始创新不仅在木材加工学术前沿推动了学科的发展，而且为建立林木剩余物高效利用新技术提供了科学基础；攻克了长期以来国际林木剩余物开发和科学利用的技术瓶颈，主要技术经济指标达到国际先进水平，取得了可观的经济效益。本技术解决了纤维板产品存在游离甲醛危害和经济附加值低，生物质固体燃料产品燃烧性能低和烟气排放多等行业性技术难题，为我国林产工业结构调整和木材加工产业技术升级提供了重要的支撑技术，对优化森林生态系统功能和保护生态环境具有重要的现实意义。

社会效益：

该项目的实施显著改善了人造板材的性能并赋予其新功能，将废弃菌糠充分利用转变为高效能燃料，大幅度提升了产品的品质与附加值，培养和储存了一批本领域高端人才，推动相关产业链的技术升级，符合国家低碳环保、资源高效节约利用的政策导向，对森林经济结构进行了合理化调整，缓解了我国木材资源突出的供需矛盾，推动林区经济发展模式和木材加工产业发生转变，对促进木材加工行业健康发展和保护森林生态均具有重大的现实意义。

45. 成果名称：新型生物质基膜材料的构建与功能化研究

主要完成人	王立娟、李坚、刘守新、李伟
主要完成单位	东北林业大学
成果等级	省级
获奖时间	2018 年

成果主要内容：

该项目以生物质纤维素、大豆分离蛋白、塔拉胶等制备可生物降解的新型膜材料、活性膜材料和智能膜材料的科学理论与方法为核心，分别在以下几方面开展了深入、系统的基础研究工作。

(1)针对纤维素在植物细胞壁中的分布及聚集特点，提出有效破解包裹纤维素纤维的"铠甲"层的理念和方法。发现采用超声辅助酸水解以及高强超声分丝法制备出不同形貌的纳米纤维素(NCC)，同时解决了团聚的问题。

(2)研究纳米纤维素的形态、分布与增强膜材料的关系和广泛适用性。将纤维素纳米纤丝(NCFs)与 PVA 共混成膜，填加量为 6% 时拉伸强度和杨氏模量分别是纯 PVA 的 2.8 倍和 2.4 倍；将纳米纤维素与塔拉胶共混获得的膜材料，拉伸强度和接触角分别是纯膜的近 3 倍和 2 倍，透光性良好。以甘草渣为原料制备纳米纤维素(LNC)并与 SPI 共混获得的复合膜对水蒸气和氧气的阻隔性分别提高了 27.3% 和 66.9%。

(3)研究纤维素季铵阳离子化改性与原位增强膜的机制及抑菌性的形成。季铵阳离子化纤维素主要发生在纤维表面，与阴离子化合物具有强烈的相互作用。原位增强的共混膜的拉伸强度和水蒸气阻隔性比纯 PVA 膜高出 25% 和 62.32%。同时获得了良好的抑菌性，对香蕉等易腐水果体现了明显的保鲜作用。

(4)研究多酚化合物在膜中分布及释放规律对膜的特性构建的影响。甘草提取物(LRE)与 SPI 形成复合膜比纯 SPI 膜抗拉强度提高了 40.8%。复合膜具有明显的抗氧化性，与聚乙烯保鲜膜比较，包装的猪油的过氧化值显著降低，在油脂类食物的包装方面显示了很好的前景。研究葡萄皮提取物为变色活性物质的智能膜材料，拉伸强度在 27.52~37.46MPa 范围内，且阻隔氧气性能均高于市售的高密度聚乙烯、低密度聚乙烯薄膜。随着鱼肉逐渐变质，膜材料的颜色从淡粉色逐渐变为绿色且非常明显，证明该智能膜对鱼肉的腐败可灵敏诊断，在食品质量监控方面具有很好的应用潜力。

(续)

主要技术创新点：

该项目重点研究纤维素聚集态的调控及与聚乙烯醇、大豆分离蛋白和塔拉胶等可降解高分子复合形成膜材料的规律，研究纤维素阳离子改性的表面官能团分布与膜性能的关系，研究多酚成分与复合膜中纤维素及膜基质分子的作用关系及释放规律。创新点如下：

（1）以木质纤维素为原料，提出温和化学预处理结合高强度超声制备纳米纤维素的新思路，新方法，制备出具有高长径比（400~1500）、高结晶度（73%）和高热稳定性（300℃）的纳米纤维素，并将纳米纤维素用于增强聚乙烯醇复合薄膜。

（2）基于酸水解制备的纳米纤维素手性向列自组装薄膜螺距结构在不同湿度条件下变化规律，成功制备出基于湿度变化下的湿敏指示薄膜材料。

（3）采用碱尿素体系溶解纤维素，在均相体系中合成季铵阳离子化纤维素并与PVA共混，再生形成原位增强的共混膜。膜的拉伸强度和水蒸气透过率较纯PVA膜提高，同时获得了良好的抑菌性，对香蕉等易腐水果体现了明显的保鲜作用。

（4）小分子多酚加入大豆分离蛋白形成复合膜的抗拉强度与纯的SPI膜相比强度提高了40.8%。膜总酚含量在10%乙醇中释放速度大，具有明显的抗氧化性，与聚乙烯保鲜膜比较，使用SPI/LRE抗氧化膜包装的猪油的过氧化值显著降低，可阻止油脂类的腐败。

技术指标：

膜材料的拉伸强度在27.52~37.46MPa范围内，具有良好的力学性能，发现其阻隔氧气性能非常好，高于市面上的高密度聚乙烯、低密度聚乙烯材料。

推广应用情况：

略。

经济效益：

略。

社会效益：

塑料包装膜用途广泛，需求量极大。全球平均每分钟消耗100万个塑料袋，回收率只有10%。它来源于石油资源，需要100~200年才能降解。在环境中长期存在并积累，破坏环境的美观、损坏土壤的通透性和肥力、危害水生动物的安全，给社会可持续发展带来巨大障碍。塑料包装膜中的添加剂有可能污染食品，直接危害人类健康，如曾经发生的增塑剂污染事件。生物质基膜材料易降解，无残留、无污染、无需人工回收。在土壤中分解为肥料，有利于土壤肥力的增长和微生物的繁殖。生物质膜的基质和添加剂均为无毒成分，不存在食品污染的风险。生物质膜材料的应用可以消除白色污染、净化环境、避免食品污染和节约石油资源，符合"建设节约型社会"和"建设生态文明是中华民族永续发展"千年大计。

活性包装膜具有抗菌性、抗氧化性，可以延长所包装食品的保质期，同时减少直接在食品中添加防腐剂、抗氧化剂等对健康不利的添加剂，保证食品品质、避免人们摄入过多的食品添加剂而损害健康。

有些食品的腐败不容易被肉眼发现，造成食品浪费和经济损失，也会造成食物中毒。在食品新鲜度下降时，生物质基智能变色膜材料颜色发生显著的变化，让人们通过颜色了解到食品的质量，及时处理可减少食品浪费造成的经济损失，也能避免食品腐败危害人们的健康。人民健康是民族昌盛和国家富强的重要标志，避免食品腐败和食品污染才能让人民吃得放心。因此，新型生物质膜的相关基础研究和成果为保证国家实施"食品安全战略和健康中国战略"具有重要意义，社会效益重大。

46. 成果名称：无烟不燃木基复合材料制造关键技术研究与应用

主要完成人	吴义强、彭万喜、杨光伟、刘元、周先雁、李凯夫、刘君昂、胡云楚、吴志平、李新功
主要完成单位	中南林业科技大学、广州市木易木制品有限公司、华南农业大学
成果等级	国家科学技术进步二等奖
获奖时间	2010年

成果主要内容：

首创NSCFR阻燃剂、NCIADH无机不燃胶黏剂、增强阻燃层三项重大创新制备技术，成功研发无烟不燃木基复合材料制造关键技术，开发出四大无烟不燃系列新材料。通过技术开发与推广，引领国际阻燃木基复合材料产业和低碳经济型木材工业新体系发展，产生了重在经济、社会和生态效益，对促进木基复合材料行业科技进步和产业结构优化升级有重大作用，对公共安全保障、社会主义新农村建设具有重要意义。

主要技术创新点：

（1）发明NSCFR阻燃剂制备技术，优选出一种具有高效阻燃抑烟性能的无机矿物质，经微/纳米化后，与催化抑烟杀菌减毒功能组分进行复配，产生高效协同效应，发明了NSCFR阻燃剂，实现木基复合材料无烟不燃。

(续)

(2)创制 NCIADH 无机胶黏剂制备技术,以硅酸盐、磷酸盐为主要原料,采用乳化、界面调控和配位桥连作用原理和技术,研制出胶合性能高的无机不燃胶黏剂,攻克了长期困扰木材工业界木材——无机材料界面难融合的技术难题。

(3)研发出增强隔离阻燃层制备技术,以农林剩余物与无机矿石为主要原料,加入 NCIADH 不燃胶黏剂和适量 NSCFR 阻燃剂,制备出具备无烟不燃、烧不穿、隔离性能好的多种结构单元,实现后续生产的标准化、模块化。

(4)创建无烟不燃木复合材料制造关键技术,通过设计、优化木基复合材料制造工艺,成功解决压力传递不均与无机胶黏剂固化慢的技术难题,显著提高胶合质量和生产效率。

(5)创造性地研发出家具、地板、墙体和结构工程用四大系列无烟不燃木基复合新材料,产品还具有无甲醛释放、防腐防虫、耐水抗潮等优良特性。

技术指标:
无烟不燃木基复合材料的燃烧性能达到 GB 8624—2006、欧盟标准 EN13501(2007)B-s1.d0.t0 级,烟气毒性达安全一级。防腐等级、防虫等级、天然耐久性均达到中国、美国、欧盟等标准的最高级别。甲醛释放量低于 0.1mg/L,达到天然木材水平。物理力学性能指标达到中国、美国、欧盟等相关标准的要求。

推广应用情况:
项目整体技术在 2006 年 1 月首先在项目产学研合作单位广州市木易木制品有限公司应用,然后推广到河南、江苏、云南等省(自治区、直辖市)的 15 家大中型木材加工企业,建成 25 条生产线,产品出口伊朗、日本、美国、欧盟等国家和地区,国内销售已遍及全国 30 多个省(自治区、直辖市)。

经济效益:
本项目技术的主要应用企业共新增产值 20 多亿元,新增利润 7 亿多元,创造了重大的经济效益和社会效益,为行业技术进步和产业结构优化升级提供了成熟、配套的制造工艺技术。

社会效益:
项目技术已在广东、江苏、河南、云南等省(自治区、直辖市)大量推广应用,有效地促进木基复合材料加工企业的持续健康发展,产生了重大的社会和生态效益。具体如下:①提升了木基复合材料制造技术水平,引领低碳经济型木材工业新体系发展;②实现木基复合材料无烟不燃,对公共安全保障具有重大作用,切实保障人民群众的生命财产安全;③为木竹材采伐、加工剩余物及农业剩余物开辟了新的利用途径,资源全部利用,产品附加值高,对促进农林增收、社会主义新农村建设具有重要意义;④吸收转移了大量农村剩余劳动力,直接从业人员 1 万多人,带动了林农、经销商等近 6 万人就业,对加快农村经济发展,实现农民增收等起到积极作用。

47. 成果名称:绿色竹质功能材料节能制造关键技术及产业化

主要完成人	吴义强、李贤军、李新功、左迎峰、刘元、卿彦、孙晓东、赵星、赵仁杰、吴志平、薛志成、胡立明
主要完成单位	中南林业科技大学、湖南省林业科学院、湖南桃花江竹材科技股份有限公司、益阳桃花江竹业发展有限公司
成果等级	湖南省科学技术进步一等奖
获奖时间	2017 年

成果主要内容:
针对目前竹材加工产业存在能耗高、效率低、环境不友好、利用率和附加值不高等制约行业可持续发展的瓶颈问题,研发了竹材功能定向精准调控、竹单元高质高效节能备料、环保快固酚醛树脂胶制备和多级高效节能热压成型技术,集成绿色竹质功能材料节能制造关键技术,实现了竹材低碳高质加工利用,竹材利用率由 45% 提高到 95% 以上,产品附加值提高 120% 以上。为解决竹材加工领域共性关键技术难题、推动行业科技进步、促进产业结构调整和转型升级提供重大技术支撑。

主要技术创新点:
(1)发明了竹材硅质固着纳米铜系防霉防腐剂,揭示了固—液—气多维屏障阻燃抑烟机理,研发了多元协同表面修饰与环保立体通透染色技术,为竹质材料定向功能化利用提供基础理论与技术支撑。

(2)创制了竹单元微压闭环节能干燥—热处理一体化、竹单元高效精细疏解—整张组坯技术,显著降低生产能耗和废气排放,大幅度提高原料利用率、生产效率及产品质量,实现了竹质功能材料低碳制造。

(3)研发了酚醛树脂胶纳米多元催化合成和有害成分多极消解技术,通过自识键合、多元共聚、定向捕捉和催化转化,实现了酚醛树脂胶中温快固,显著改善环保性能。

(4)创新了竹纤维板单级超大幅面单层热压成型、竹质工程材热—冷双级步进多层成型、竹塑复合材高—中—低三级联控连续成型等多级高效节能热压成型技术,显著提高竹质复合材生产效率,降低成型能耗。

(续)

技术指标：	
竹材防霉、防腐等级达到最高级（0级和Ⅰ级）、阻燃等级最高达到不燃级（A_2级），处理废液零排放，热压能耗降低30%以上，生产效率显著提高，竹质功能材料强度提高35%以上。	
推广应用情况：	
项目整体技术在湖南、福建、广东、浙江、江西等地20余家企业进行技术产业化推广，并成功培育1家竹材加工上市公司，先后建立20余条生产线，产生了重大经济、社会和生态效益。	
经济效益：	
项目技术在湖南、福建、广东等地20余家企业推广应用，主要应用企业新增产值近30亿元，新增利润2亿多元，产生了重大经济效益。	
社会效益：	
（1）有效缓解了我国木材资源供需矛盾，提高了木材和生态安全性；成功解决了竹质功能材料发展存在的环境不友好、竹材利用率和生产效率低、能耗高等瓶颈问题，提升了我国竹质功能材料国际竞争力。	
（2）为解决我国竹产区剩余劳动力的转移、带动农民直接增收以及农村工业的壮大提供了强有力的技术支撑，对打造湖南千亿竹产业、推动精准扶贫、解决"三农"问题具有重大意义。	

48. 成果名称：农林剩余物功能人造板低碳制造关键技术与产业化

主要完成人	吴义强、李新功、李贤军、卿彦、胡云楚、刘元、陈秀兰、詹满军、陈文鑫、段家宝
主要完成单位	中南林业科技大学、大亚人造板集团有限公司、广西丰林木业集团股份有限公司、连云港保丽森实业有限公司、河南恒顺植物纤维板有限公司
成果等级	国家科学技术进步二等奖
获奖时间	2018年

成果主要内容：
针对我国人造板生产原料匮乏、能耗高、环境友好性差、产品功能单一等制约行业发展的重大技术瓶颈问题，系统开展农林剩余物功能人造板绿色胶黏剂及高效制备、锌锡掺杂液固双相环保阻燃抑烟、多元体系坯料分级节能快构、高效节能成形技术及装备研究，构建了农林剩余物功能人造板低碳制造技术体系，突破了农林剩余物人造板绿色环保、阻燃抑烟、防水防潮以及节能生产等关键技术，为推动行业科技进步、促进产业结构调整和转型升级提供重大技术支撑，对保障木材安全、生态安全，实现绿色发展具有重大现实意义。

主要技术创新点：
（1）创制农林剩余物人造板绿色功能胶黏剂及其高效制备技术，突破胶黏剂环保性和耐水性差、生产效率低等重大技术难题，功能人造板可实现无甲醛释放，尺寸稳定性提高60%以上，胶黏剂生产效率显著提高。
（2）发明农林剩余物人造板锌锡掺杂液固双相环保阻燃抑烟技术，攻克了多元协同耦合、多相立体屏障阻燃技术难题，填补火灾过程智能温控反馈技术国际空白，功能人造板阻燃等级可达不燃级（A_2级）。
（3）创新农林剩余物功能人造板多元体系坯料分级节能快构技术，攻克高效施胶、铺装/预压一体成型、反向温度场闪构等核心技术难题。
（4）集成创新农林剩余物功能人造板高效节能成形技术及装备，解决人造板压控潜伏与网络预锁衍生固化、无间歇切换连续热压关键技术难题，无机人造板压控自加热成形技术填补国际空白。

技术指标：
农林剩余物功能人造板生产效率提高25%以上，能耗降低20%以上，可实现无甲醛释放，尺寸稳定性提高60%以上，阻燃等级可达不燃级（A_2级）。

推广应用情况：
项目技术先后在大亚人造板集团有限公司、广西丰林木业集团股份有限公司、连云港保丽森实业有限公司、福江集团有限公司等30余家企业进行了推广应用。

经济效益：
主要应用企业新增销售额近40亿元，新增利润4亿多元。

社会效益：
（1）项目技术以农业秸秆为原料生产功能人造板，可有效缓解我国木材资源短缺的现状。

（续）

（2）项目技术将农业秸秆应用于人造板生产，可以从根本上解决农业秸秆焚烧带来的雾霾等严重环境污染问题。

（3）可以显著改善居民室内生活环境、提高居家和公众场合的防火安全等级，能有效降低因甲醛等引起的癌症发病率，并保障人们生命及财产安全。

（4）项目技术的推广新增直接就业岗位近 2 万个，辐射带动就业岗位 10 万余个，有助于转移农村剩余劳动力，带动农民直接增收，实现精准扶贫，推进我国农村的城镇化进程和新农村建设，解决"三农"问题。

49. 成果名称：防潮型刨花板研发及工业化生产技术

主要完成人	杜官本、张建军、储键基、李学新、廖兆明、李宁、李君、张国华、雷洪、龙玲
主要完成单位	西南林业大学、昆明新飞林人造板有限公司、昆明人造板机器厂、昆明美林科技有限公司、河北金赛博板业有限公司、唐山福春林木业有限公司、中国林业科学研究院木材工业研究所
成果等级	国家科学技术进步奖二等奖
获奖时间	2011 年 12 月

成果主要内容：

本成果以开发橱柜系列刨花板新产品和提高刨花板使用安全性为目标，针对我国刨花板质量存在尺寸稳定性差和甲醛释放量高两个技术难题，围绕共缩聚树脂胶黏剂、生产工艺、关键设备和产品技术规范等进行系统、成套技术研发，经 10 余年产学研联合攻关，形成了完整的防潮型刨花板生产技术体系，实现了大规模工业化生产。

本成果在国内率先开展了环保防潮刨花板生产新技术，实现了从实验室研发到工业化生产的转化，产生了较大的经济和社会效益，对推动行业技术进步和产业结构调整及转型升级有重大意义，项目具有重大技术创新，产业化程度高，该技术既可用于环保防潮型刨花板生产，也可用于普通刨花板生产。

主要技术创新点：

（1）共缩聚胶黏剂合成及应用技术。针对三聚氰胺-尿素-甲醛树脂稳定性差和共缩聚成分低的技术难点，创建结构形成跟踪研究方法，发明了共缩聚树脂合成配方与合成路线。

（2）防潮型刨花板工艺技术。针对构建刨花板长、中、短防潮性能的技术关键以及提高树脂反应活性的技术关键，发明了防潮型刨花板均质结构以及三层结构制造技术，创建了在线施胶技术、热压强化技术、密度调控技术，突破了刨花板防潮性能与环保性能相互矛盾的技术难题，先后研发了传统防潮型刨花板和环保防潮型刨花板。

（3）关键设备以及生产线控制技术。针对传统铺装机铺装精度低和适应性差的技术难点，研制了国产刨花板分级式铺装机；集成研发了刨花板生产线控制系统，应用 Controller Link 等技术实施全数据交换与联网，实现了各生产工艺的有机衔接，大大提高了生产线的柔性。通过关键设备研制与控制技术集成，提高了刨花板生产线控制水平。

（4）产品标准体系与应用技术。建立了我国防潮型刨花板标准体系，制定了相关国家标准；对防潮型刨花板产品功能定位、适用环境条件、产品命名、外观标识、产品认证等进行了系统研发。

技术指标：

防潮型刨花板各项物理力学性能优于国家标准要求，24h 吸水厚度膨胀率控制在 5% 以下，甲醛释放量控制在 5mg/100g 以内，每立方米新增利税 150 元以上。

推广应用情况：

本成果研发的传统防潮型刨花板于 2000 年 12 月首先在昆明新飞林人造板有限公司实现工业化生产，然后不断推广并不断进行技术升级改造，开发研制了环保防潮型刨花板，突破刨花板防潮性能与环保性能互相矛盾的技术难题，同时研发生产分级式铺装机、在线施胶系统、生产线控制系统、热压强化系统等系列技术与产品。之后，防潮型刨花板工艺技术及配套技术已在河北金赛博板业有限公司、唐山福春林木业有限公司、吉林森工股份有限公司、福建福人集团等全国 41 家企业推广应用，实现大规模工业化生产与销售。产品是橱柜家具制造的首选，供应国内知名整体橱柜和家具企业如瑞典宜家 IKEA、欧派橱柜等。产品获美国 CARB 认证，被广泛应用于替代进口，使用防潮型刨花板生产的各类柜体、家具销往海内外，享有良好的市场信誉。

经济效益：

防潮型刨花板具有显著市场优势，产品获各类奖励和荣誉称号 30 余项，每立方米新增利税 150 元以上。

社会效益：

（1）通过产学研结合，对刨花板生产技术和产品进行了一系列创新和开发，促进了行业的技术进步和产业结构优化升级，提高了刨花板使用安全性和产品品质，提高了行业经济效益和企业竞争力。

（2）刨花板生产关键设备和生产控制技术的自主研发，显著提高了生产线控制水平和生产效率。

（3）与胶合板和中密度纤维板比较，防潮型刨花板所用主要原料为林业三剩物和次劣木材，资源综合利用率高，过程能耗低，有利于行业节能减排，低碳环保。

50. 成果名称：人造板节能高效生产工艺及配套装备关键技术

主要完成人	杜官本、雷洪、周晓剑、储键基、杨志强、刘翔、文天国、王辉、何云凯、邓书端
主要完成单位	西南林业大学、上海人造板机器厂有限公司、云南新泽兴人造板有限公司、商丘市鼎丰木业有限公司
成果等级	云南省科学技术进步奖一等奖
获奖时间	2019年4月

成果主要内容：
本成果针对人造板工业存在生产效率不高、能耗大、存在甲醛释放和废水废气污染物排放等问题，围绕人造板制造过程节能、生产工艺高效、产品性能环保等目标，在加速固化技术与配套装备、连续平压生产技术与生产线配置、人造板胶黏剂合成与应用技术等领域进行了系列技术创新，实现了大规模工业化应用。

主要技术创新点：
(1) 加速固化技术与配套装备。为了加速树脂固化并提高人造板生产线效率，构建了穿透式蒸汽预热加速固化技术体系，研制了穿透式蒸汽预热成套装置，研发了喷蒸预热成套工艺技术，发明了人造板含水率梯度构建方法。
(2) 分段加压技术。首创性提出了热压工艺与树脂固化匹配性理论，发明了具备压力释放的分段加压技术，提高板材内结合强度，改善了人造板断面密度分布和表面质量。
(3) 连续平压生产技术与生产线配置。研发了高固体含量树脂制备一体化合成技术；针对传统间歇式刨花板生产线存在效率低、能耗高、原材料消耗高且产品质量不稳定等不足，集成创新了连续平压刨花板生产成套技术，建成了年产20万m^3节能高效连续平压刨花板生产线。
(4) 甲醛释放量低于3mg/100g刨花板制造技术。发明了一种具有一定分子量的共缩聚树脂甲醛捕捉剂，创新了提高低摩尔比脲醛树脂性能的新方法，研制了甲醛释放量低于3mg/100g刨花板制造技术。
(5) 室外级人造板制造技术。发明了高三聚氰胺加量MUF共缩聚树脂和单宁-三聚氰胺-尿素-甲醛半生物质共缩聚树脂(TMUF)，突破了室外级人造板制造技术关键。

技术指标：
(1) 采用穿透式蒸汽预热加速固化技术，可由外至内快速提升板坯温度至50~75℃，生产线速度提高15%~25%，并显著减少了成品表面预固化层厚度。
(2) 连续平压刨花板生产线整体水平达到国际领先水平，但价格仅为成套进口设备的50%~70%。
(3) 刨花板甲醛释放量低于3.0mg/100g。
(4) 工业化生产的刨花板2h沸水煮后内结合强度0.39MPa，中密度纤维板循环试验后内结合强度0.32MPa。

推广应用情况：
成果完成单位上海人造板机器厂有限公司设计研发了成套穿透式蒸汽预热加速固化装置，并于2014年12月在山东茌平能通木业有限公司实现工业化安装运行。之后，迅速推广至江西吉安绿洲木业有限公司、河南濮阳市光明密度板制品有限公司等合计11条中密度纤维板生产线。
成果中的具备压力释放特征的分段加压技术于2009年开始在刨花板企业(代表企业：昆明新飞林人造板有限公司，云南新泽兴人造板有限公司前身)和中密度纤维板企业(代表企业：普洱福通纤维板有限公司)推广应用。
上海人造板机器厂有限公司和西南林业大学与云南新泽兴人造板有限公司、商丘市鼎丰木业有限公司合作开展连续平压刨花板生产线定向配置和生产节能环保技术创新。云南新泽兴人造板有限公司1条年产20万m^3连续平压刨花板生产线于2016年1月正式投产，年产25万m^3的商丘鼎丰一号线于2014年8月正式投产，年产30万m^3的兰考鼎丰二号线于2017年8月正式投产。成果中的高固体含量树脂制备一体化合成技术、甲醛释放量低于3mg/100g刨花板制造技术、加速固化技术、刨花板节能环保生产技术等为新生产线配套技术。成果相关技术已推广至安徽叶集丽人木业有限公司等合计7家生产线。

经济效益：
成果技术先后在全国15省(自治区、直辖市)18条生产线上实现工业化应用，产生了显著的经济效益。

社会效益：
(1) 突破了人造板节能高效生产的核心和技术关键，为我国人造板企业技术升级改造提供了切实可行的技术方案和产业示范。
(2) 通过关键设备自主研制和生产线自主配置，显著降低了生产线配置成本，提高了行业的经济效益和市场竞争力。
(3) 提高了人造板产品使用安全性和产品品质，有利于拓展人造板应用领域，改善了人造板整体形象。

51. 成果名称：节能环保型连续平压刨花板制造成套技术及工业化

主要完成人	杜官本、雷洪、王辉、储键基、周晓剑、邓书端、文天国、何云凯、李晓平、高伟、许文熙、崔茂利、周跃东、杨兆金、储天翔、李涛洪、张俊、曹明

(续)

主要完成单位	西南林业大学、云南新泽兴人造板有限公司
成果等级	第九届梁希林业科学技术一等奖
获奖时间	2018年7月

成果主要内容：

刨花板用脲醛树脂环保制造技术。针对传统刨花板用脲醛树脂制备过程中能耗高和废水污染等技术缺陷，研发了高浓度甲醛制备与树脂制备一体化技术，优化了树脂制备工艺和树脂质量，彻底消除了树脂制备过程中废水污染问题并节省制胶能耗30%。针对低摩尔比脲醛树脂所导致的树脂性能劣化及生产效率低下等技术难题，研制了三聚氰胺-尿素-甲醛共缩聚树脂基甲醛捕捉剂以及树脂复配技术。针对低摩尔比脲醛树脂结构缺陷，本项目发明了提高树脂支化度的合成技术。

连续平压刨花板生产技术集成与创新。以连续平压生产技术替代传统间歇式生产技术，刨花板单位能耗降低30%以上。通过定向配置，显著降低连续平压刨花板生产线配置成本，年产20万m^3刨花板生产线，与进口成套生产线相比，配置成本节约30%左右，产品优等率提高到98%以上。通过调整密实化和树脂化的匹配性，发明了具备压力释放的分段加压技术，发明了刨花板含水率梯度构建方法和预热技术，实现了脲醛树脂固化加速，热压周期由19s/mm缩短至11s/mm，显著提高了生产效率。

主要技术创新点：

（1）甲醛制备与树脂制备一体化技术。本项目创建了高固体含量树脂制备一体化合成技术，提高了树脂制备及使用过程中的环保性能，研究了合成—结构—性能相关性，通过对树脂聚合物的结构设计、控制合成和缩聚反应工艺条件的研究，优化了高固体含量脲醛树脂及三聚氰胺-尿素-甲醛共缩聚树脂（MUF树脂）制备工艺。

（2）共缩聚树脂基甲醛捕捉剂和高支化脲醛树脂。低摩尔比脲醛树脂合成制备后期，为了控制树脂游离甲醛，添加了大量小分子尿素，降低了树脂体系平均分子量和支化度，导致树脂性能劣化。

（3）分段加压技术和含水率梯度构建技术。提出刨花板热压工艺的过压缩技术方法，即首先将板坯压缩到小于目标厚度，产生适量压溃效果，从而有利于消除木材回弹应力，在板坯从过压缩位置向常规位置回复过程中，板坯的内部蒸汽压有效释放，从而有利于降低板坯内部蒸汽压对树脂内聚力的破坏。

（4）高三聚氰胺加量的MUF树脂胶黏剂以及超长贮存期的MUF树脂及制备方法。结合量子化学理论方法和产物化学结构分析方法，研究了不同反应条件下MUF树脂的反应微观历程、动力学和热力学性质，研究了不同工艺条件下MUF树脂的结构形成过程及产物性能，阐明了共缩聚树脂合成过程中各种反应间的竞争关系及反应条件影响机制，探索了影响共缩聚树脂稳定性的因素，通过树脂结构定向控制，提高树脂共缩聚反应程度，为MUF树脂合成工艺改进和树脂结构优化提供了理论依据。

技术指标：

（1）显著提高了刨花板生产效率，连续压机热压因子降低20%。

（2）刨花板甲醛释放控制在3mg/100g以下。

推广应用情况：

根据本项目技术配置的年产20万m^3连续平压刨花板生产线建成投产后，迅速在刨花板行业内产生积极广泛影响，全国新建刨花板生产线均以该生产线为蓝本，经上海人造板机器厂有限公司确认，该生产线设备与成套技术已在安徽叶集丽人木业有限公司、广西华晟木业有限公司、山东菏泽茂盛木业有限公司、河南商丘鼎丰木业有限公司、河南兰考鼎丰木业有限公司、河北唐山金信木业有限公司、山东华康新希望木业有限公司、福建西禅木业有限公司、河北香河天亚木业有限公司、山东新港企业集团有限公司、河南兰考三环木业有限公司、山东临沂广林木业有限公司国内12家企业生产线推广应用。

经济效益：

云南新泽兴人造板有限公司刨花板年销售收入26249万元，年利润2500万元。

社会效益：

本项目的社会效益主要体现在如下三个方面：

（1）为高速发展的刨花板工业提供核心技术支撑。近年来，我国刨花板工业发展迅猛，产品供不应求，刨花板行业经济效益和社会效益显著提高，但存在刨花板生产线配置成本高、生产过程节能环保性能差、产品应用市场狭窄、高值化不足等的缺陷。本项目通过成套技术研发，突破了刨花板产业节能环保的关键技术，提高了生产效率，降低了产品生产消耗，提高了刨花板使用安全性和产品品质，有助于彻底改变刨花板产品"劣质"和"廉价"的形象。

（2）促进地方特别是林区社会经济发展。年产20万m^3刨花板生产线利用林业三剩物和次劣木材约20万吨，有利于提高森林资源综合利用率，生产线年产值约2.8亿元，年利税约2600万元，增加就业机会约250个，有助于改善林农就业，提高生活质量，在当前经济形势下，发展刨花板工业正逢其时。

（3）为保障国家木材安全提供切实可行的技术路径。大力发展刨花板工业是提高我国森林资源利用效率、降低我国木材对外依存度的有效途径。我国总体是一个缺林少绿的国家，木材对外依存度超过50%，木材安全形势严峻。刨花板的原料主要是小径材、枝桠材、采伐剩余物或木材加工剩余物，刨花板生产是综合利用木材资源和农业剩余物资源、缓解我国木材供应紧张的一条重要途径。本项目为刨花板行业转型升级和技术进步提供了产业示范，有利于我国刨花板行业健康发展。

52. 成果名称：APG 天然大豆胶实木复合地板

主要完成人	谭宏伟、鹿小军、于文革、朱海涛、姚武鹏、林皓
主要完成单位	大自然家居(中国)有限公司、广东盈然木业有限公司
成果等级	新产品鉴定
获奖时间	2013 年 7 月 10 日

成果主要内容：

大豆蛋白胶的研制一直是行业内的一个研究热点，将大豆蛋白胶运用于地板的生产，实现地板产品完全无甲醛是众多地板生产企业追求的目标。大自然家居(中国)有限公司经过多年的产品研制，实现了 APG 天然大豆胶实木复合地板的规模化生产，产品已经投放市场，为大自然地板产品健康环保的核心诠释提供了一个强有力的产品支撑。关注客户对产品健康环保的需求，努力进行产品在健康环保领域的技术突破，必将带来市场的成功，成为未来地板市场的一个引领产品。

主要技术创新点：

(1) 基材用胶黏剂选用大豆蛋白胶。

(2) 为提高大豆基胶黏剂的耐水性和胶接强度，我们在胶黏剂配方中加入了纳米添加剂，如层状硅酸盐，利用其中无机阳离子(如钠离子或钾离子)可以被蛋白质结构中的有机铵阳离子交换从而形成蛋白插层纳米结构的原理，极大地提高蛋白胶的胶接强度和耐水性。

(3) 本项目还通过加入碱性硅酸盐或硼酸盐等使胶黏剂处于碱性状态而使蛋白和有机胶黏剂形成的复合物能溶解在水中，同时硅酸盐或硼酸盐还有稳定蛋白和提高蛋白胶的耐水性和胶粘强度。

技术指标：

(1) 产品浸渍剥离测试的技术指标。每一边的任一胶层开胶的累计长度不超过该胶层长度的 1/3(3mm 以下不计)。

(2) 产品甲醛释放量的技术指标。按国家标准要求，实木复合地板的甲醛释放量不得超过 1.5mg/L，本产品的甲醛释放量可以低至 0.1mg/L 以下，达到国际先进标准(日本 JAS F☆☆☆☆级产品)要求的水平。

(3) 产品的含水率控制技术指标。为保证产品的品质，我们将产品干燥后含水率控制在 12% 以下，并适当延长产品烘干的时间。

(4) 产品力学性能技术指标。产品拥有良好的力学性能，产品的静曲强度、弹性模量均达到优等实木复合地板的水平。

推广应用情况：

本产品技术已广泛应用在我们复合地板产品上，推广效果反馈良好。

经济效益：

该产品所创造的经济效益是十分可观的。通过分析预算，传统优质实木复合地板的一般销售单价为 200 元/m^2，生产成本为 150 元/m^2，与传统优质实木地板相比，更为绿色健康环保的 APG 天然大豆胶实木复合地板生产成本与传统实木复合地板相当，而销售价格可以达到传统实木复合地板的 1.2 倍，因此该产品为企业带来的直接利润为传统产品的 2 倍以上，大大提升了产品单品的毛利率，为企业带来巨大的经济利益，该项目产品预计年销售 100 万 m^2，实现销售收入 1.5 亿元。公司每年的产品销售量均以 30% 的速度增长，预计该增长趋势还会保留几年，所以该产品将有一个持续增长过程，会为公司带来一个持续增长的经济效益。

社会效益：

APG 天然大豆胶实木复合地板的社会效益主要体现在以下几个方面：一是胶黏剂的原材料豆粕价格低廉且可再生，且成品无污染无公害。传统的"三醛"胶黏剂中的主要成分甲醛基合成树脂是一种石油化工产物，而石油是一种不可再生的资源。随着石油储量的不断减少和石油价格的不断上涨，传统"三醛"胶黏剂的价格也在不断上扬。与此同时，"三醛"胶黏剂给木材工业带来的有害气体(如甲醛、苯酚等)也严重危害着人体健康。因此采用以大豆蛋白胶为代表的环保且可再生的新型胶黏剂取代传统的"三醛"胶黏剂是时代的必然选择。

APG 天然大豆胶实木复合地板的成功研制，标志着实木复合地板的甲醛释放量进入欧标 E0 级和日标 F☆☆☆☆的时代。这将有力的推动实木复合地板，乃至木地板行业全面步入一个更健康、更环保的时代。

53. 成果名称：零醛添加(MDI)基材强化木地板

主要完成人	谭宏伟、蒋修涛、林春法、李中发、费东阳、胡新四、姚武鹏、黄立章
主要完成单位	中山市大自然木业有限公司、广东盈然木业有限公司
成果等级	新产品鉴定
获奖时间	2016 年 12 月 3 日

(续)

成果主要内容：

本产品的研发旨在为消费者提供一种零醛添加（MDI）基材强化木地板。传统强化地板一般是采用脲醛树脂制作的高密度纤维板作为基材，随着消费者对甲醛释放量的敏感度及对自身健康诉求越来越高，传统人造板产品慢慢被消费者排斥，市场销售量增长逐步趋缓，市场的购买力在减弱。本产品由于基材制备采用不含甲醛的 MDI 胶，因此该地板的环保性能比传统强化地板更加优越，且防水防潮性能更优于传统强化地板，为消费者提供了一种新的健康环保、性能优越、性价比高的地板产品。

主要技术创新点：

（1）产品甲醛释放量极低。经过国家人造板与木竹制品质量监督检验中心检测，本项目产品的甲醛释放量可以低至 0.04mg/L，超过国际先进标准（日本 JAS F☆☆☆☆级产品）要求的水平。

（2）产品耐热性更好，MDI 无醛胶在木材纤维间质中，反应生成耐热的聚氨酯键，这种化学键对热源敏感度降低，从而起到耐热的效果，使室内温度保持在一个比较稳定的范围。

（3）产品耐水性增强，MDI 无醛胶在木材纤维间质中，反应生成一种耐水的聚脲键化学键，从而使 MDI 无醛板材的膨胀率降低，短时间可晾干，即使长时间放置，板材表面仍然光滑平整，地板使用寿命更长。

（4）产品的稳定性更好，MDI 胶黏剂既有橡胶的弹性，又有塑料的强度和优异的加工性能，能够快速、深入的渗透入木材纤维质间，热压后地板稳定性高，拉力更强，整体应用性能更好。

技术指标：

产品经过国家人造板与木竹制品质量监督检验中心检测，检测项目均达到 LY/T 1859—2009《仿古木质地板》中仿古浸渍纸层压木质地板的要求，其中主要技术指标检测结果如下：

（1）甲醛释放量：0.04mg/L，甲醛释放量不仅远低于国家最高标准（$E_0 \leqslant 0.5$mg/L）的要求，也低于国际先进标准日本 JAS F☆☆☆☆级（$\leqslant 0.3$mg/L）产品要求。

（2）静曲强度：平均值 36.3MPa（标准规定值≥30 MPa），最小值 34.4MPa（标准规定值≥24 MPa）。

（3）内结合强度：平均值 2.06MPa（标准规定值≥1.0MPa），最小值 1.69MPa（标准规定值≥0.8MPa）。

（4）尺寸稳定性：0.50mm（标准规定值≤0.9mm）。

（5）吸水厚度膨胀率：8.1%（标准规定值≤18%）。

推广应用情况：

本产品技术已广泛使用到公司强化地板产品上，推广效果反馈良好。

经济效益：

该产品所创造的经济效益是十分可观的。通过分析预算，传统优质强化地板的一般销售单价为 100 元/m²，生产成本为 60 元/m²，与传统强化地板相比，新型强化木地板因为采用不含甲醛的 MDI 胶以及改性三聚氰胺浸渍胶，生产成本为 65 元/m²，比传统工艺生产增加 8%，但由于市场对零醛系列产品的强烈需求，消费者对零醛添加（MDI）基材强化木地板的喜爱，新型强化木地板销售单价可达到 130 元/m²，比传统产品销售价格提高 30%，该产品为企业带来的直接利润上升了 20% 以上，大大提高了产品的单品毛利润。

社会效益：

零醛添加（MDI）基材强化木地板的问世，标志着强化木地板进入"零醛"时代。家具产品的甲醛释放量一直以来都是社会舆论关注的热点问题，新型强化木地板的成功开发极大满足了人们日益增强的环保安全意识。"零醛智造"，该项目不仅从消费者的角度出发解决了产品甲醛释放的问题，而且生产过程中重点突出了"智"造，公司选择零醛添加的环保基材，在全封闭生产过程中实现零醛污染，同时，还通过环保工艺与技术阻挖天然木材中糠醛物质的挥发，让地板无限接近零醛。未来随着 MDI 胶及其改性胶技术的日益成熟，"零醛"系列强化地板将成为同类产品的发展趋势。

54. 成果名称：压干法高尺寸稳定性白橡实木地热地板

主要完成人	谭宏伟、罗成立、郑敏、欧阳倩雯、林春法、太林飞、黄立章、姚武鹏
主要完成单位	中山市大自然木业有限公司
成果等级	新产品鉴定
获奖时间	2017 年 11 月 13 日

成果主要内容：

本产品的研发旨在为消费者提供一种用于地热环境下且其尺寸稳定性好，即具有耐高温高湿性能的实木地热地板。普通实木地板用于地热环境极易发生热缩湿涨，从而使铺装的地板发生翘曲变形、收缩开裂。随着消费者对实木地热地板产品的需求越来越大，市场亟待一种健康环保、性能优越、质量过硬的实木地热地板产品解决方案。压干法实木地热地板通过实验室科学的验证以及大量的生产试制，将实木用于地热环境下产生的尺寸变化降到了合理的范围，使其符合标准要求且铺装后实际效果良好。

主要技术创新点：

（1）产品尺寸稳定性好，经国家建筑材料及装饰装修材料质量监督检验中心检测，压干法实木地热地板产品耐热尺寸稳定性（收缩率）长度方向变化率为 0.11%，宽度方向为 0.14%；耐湿尺寸稳定性（膨胀率）长度方向为 0.12%，宽度方向为 0.22%。尺寸稳定性参数不仅满足《地采暖用实木地板铺装、验收及使用规范》的标准要求，并且达到了 LY/T 1700—2007《地采暖用木质地板》对实木复合地热地板的要求（收缩率长度方向≤0.3%、宽度方向≤0.4%，膨胀率长度方向≤0.2%、宽度方向≤0.3%）。

（2）产品铺装拆卸方便，压干法实木地热地板四边采用榫槽拼接，背板开槽采用钢夹卡入槽口使地板固定的模式。该模式不仅使地板的铺装、拆卸方便且背板的槽口可在一定程度上缓解板坯的收缩膨胀。

技术指标：

耐热尺寸稳定性（收缩率）长度方向变化率为 0.11%，宽度方向为 0.14%；耐湿尺寸稳定性（膨胀率）长度方向为 0.12%，宽度方向为 0.22%。

推广应用情况：

本产品技术已开展小范围推广试销，推广效果反馈良好。

经济效益：

目前市面上存在的实木地热地板或多或少会出现收缩或膨胀的问题，压干法实木地热处理工艺极大地缓解了木材的干缩湿涨，其吸湿性可降低 33.67%，尺寸稳定性可提高 37.96%。压干法实木地热地板所创造的经济效益是十分可观的。与普通窑干处理工艺相比该产品每平方增加能源费成本 5 元；与普通实木地板相比其加工成本每平方增加 25 元左右，成本增加约为 10%~20%。但是由于市场对实木地热产品的强烈需求，该产品附加值得以极大地提高，与普通实木地板相比实木地热地板每平方出厂价高 100 元左右，可提升企业带来毛利率达 40%以上。

社会效益：

我国 60%以上人口需要在冬季采暖，部分地域冬季采暖期长达 7 个月。如何通过技术处理实木地板打破使用局限性的深挖空间巨大，实木地热采暖模式会因其节能、舒适、环保等特点而得到更多消费者的认可。实木地板作为地采暖用材存在诸多缺点，其中最主要的是供暖期造成的温湿度变化会使其产生干缩或湿胀变形，从而造成地板变形、翘曲及开裂，因此提高地采暖用木质地板的尺寸稳定性十分重要。

此外，本技术不局限运用在某单一木种，更可广泛运用到多种常见中低价位的木种，可大大扩大实木地热地板的使用人群，降低使用成本。

55. 成果名称：木质地板弹性涂装关键技术

主要完成人	孙伟圣、王艳伟、吴忠其、徐立、张子谷、孙龙祥、朱鑫炎、晁久
主要完成单位	久盛地板有限公司
成果等级	中国林业产业创新二等奖
获奖时间	2017 年 9 月

成果主要内容：

该成果针对普通漆面木地板应用于温湿度变化较大的环境中易产生漆面易皲缩开裂，甚至剥落等行业关键共性技术难题，通过聚氨酯丙烯酸酯预聚体合成制备适用于木质地板表面涂饰的弹性油漆，并利用 UV 涂层结构优化设计，采用低能量光固化工艺，开发了木质地板弹性涂装关键技术，该技术应用于木质地板的表面涂饰，减少了木质地板使用的局限性，延长了木质地板使用寿命，提高了产品使用舒适度，解决了木地板行业存在的关键共性技术难题。以该技术为依托，获授权发明专利 4 件，实用新型专利 2 件，发表论文 6 篇，制定企业标准 2 项，鉴定科技成果 1 项。本技术在木地板表面涂装领域处于国内领先水平，该成果获得第三届中国林业产业创新奖二等奖、民营科技发展贡献奖二等奖、湖州市科学技术进步奖三等奖，被浙江省科技厅登记为浙江省科学技术成果。

主要技术创新点：

（1）弹性 UV 油漆制备技术：针对弹性漆面木质地板特有的漆面弹性、漆面柔韧性、漆面抗冲击性及漆面耐磨性等特性指标，通过聚氨酯丙烯酸酯预聚体合成，开发了柔韧性佳、附着力好、光泽度高、耐磨性等特点的 UV 弹性油漆。

（2）弹性漆面涂层结构设计：根据不同涂层组合结构的漆膜性能进行深入研究，对几种差异性较大的功能型油漆进行不同结构的组合设计，并对其综合性能进行评价，找到最优的组合结构。将自主开发的 UV 弹性油漆作为漆面的核心涂层，引入到木地板涂装工艺中，其他功能型油漆作为辅助涂层，通过弹性漆与功能油漆优化组合，成功研发了弹性漆面木质地板、防开裂漆面实木复合地板及柔韧性漆面地板等产品，进而解决了传统 UV 漆涂饰脆性大、漆面易开裂问题。

（3）解决了木质地板漆面皲缩、开裂、剥落等行业共性关键问题：干缩湿胀作为木材的自然属性，当其处于温度湿度变化剧

(续)

烈环境中时，因其吸湿解吸等现象存在会导致木材尺寸产生微小变化，而普通 UV 漆不具有良好的韧性。弹性漆面具有一定柔韧性和形变能力，在一定程度上内可适应木材尺寸变化，缓解漆面开裂。此外，与现有木质地板相比大大提高了使用舒适度，可以较好缓解地面对于足部的冲击。当漆面收到一定压力作用下产生的压痕可以自行恢复，进而减少了漆面的压痕损伤，解决了传统 UV 漆面易皱缩、开裂、剥落等行业共性关键技术难题。

（4）创造性提出弹性漆面木地板评价方法：在充分研究弹性漆面与普通漆面特性差异的基础上，针对弹性漆面木地板的特性，率先提出以漆面弹性、柔韧性、抗冲击性以及耐磨性作为产品的重要检测评价指标。开发了弹性漆面检测用划(压)痕检测装置，有效解决了弹性漆面性能检测和表征的难题，同时，制定了 2 项企业标准《弹性漆面实木地板》《弹性漆面实木地板》，填补了弹性漆面木质地板检测空白，规范了弹性漆面木质地板产品市场。

中国科学院上海科技查新咨询中心于 2015 年 10 月 29 日对"弹性涂装技术"进行科技查新，认为弹性涂装技术通过开发弹性油漆，以该油漆作为弹性漆面的核心涂层，采用 UV 低能量固化技术，并对涂层结构进行组合优化，大幅提升了产品抵抗环境温湿度大幅变化的能力，起到了基材保护作用，其应用范围更广；通过木地板常用油漆的筛选、性能研究、弹性涂装工艺研究等工作，解决了实木、实木复合地板表面漆膜皱缩、开裂、脱皮等问题，并且当地板表面受到外力冲击后留下的划(压)痕会在一定时间内恢复至原状，使得地板漆面外观免受损害，地板的使用寿命相应延长；该项技术的研发为解决木地板行业同质化、突破创新提供了有力支撑。未见国内与项目方完全相同的报道，因此具有新颖性。

技术指标：

产品经"浙江省木业产品质量检测中心"检测，检测结果为：所检指标符合企业标准 Q/JS 12—2015《弹性漆面实木地板》及 Q/JS 13—2015《弹性漆面实木复合地板》要求，其他性能达到 GB/T 15036《实木地板》要求：漆面柔韧性≤5mm，且漆膜无断裂；漆膜附着力≤1 级；漆面经落球冲击后无裂痕；划(压)痕恢复性达到 96%；耐磨性达到 0.06g/100r。

推广应用情况：

在久盛地板有限公司建立年产 100 万 m² 的弹性涂装木地板示范生产线 1 条，技术于 2015 年 12 月开始实现推广应用，主要用于弹性漆面木质地板类产品，包括实木地板、实木地暖地板、实木复合地板等产品，材种包括红橡、栎木等，市场反应良好，售后成本降低 40% 以上，推广前景广阔。

经济效益：

该产品销售以来，扣除材料成本、人力成本、管理费用等可实现平均利税约 30~80 元/m²，同比传统产品利润率提高了约 20% 以上，产品附加值较其他同类普通地板提升明显。截至 2018 年底，新增销售量约 120 万 m²，实现销售收入 23650 万元，利税 2960 万元，经济效益明显。从现有销售增长趋势来看，未来的销量将以 15% 的速度增长。

社会效益：

项目通过体系漆面木质地板产品示范生产线的成功建设，实现了弹性漆面木质地板高附加值家装产品的产业化，从而提升了我国家装材与室外材产品附加值，为企业创造了显著的经济效益和税收，促进了地区的经济发展。

传统木地板行业存在产品同质化严重，严重地阻碍了地板产业发展，功能型产品创新势在必行，该技术的研发为解决木地板行业产品同质化、突破创新做出了积极贡献。产品技术有效延长了木地板的使用寿命，平均延长木材使用寿命 5~10 年，从而节约了木材资源，减少了木地板行业对于进口木材的过度依赖，具有现实的战略性意义。

产品的开发对促进我国生态体系建设和产业体系建设的良性互动、自然资源的高效利用、林业的可持续发展、推进建设节约型社会、发展循环经济、推进我国林业产业化集约化经营和发展、促进林业行业的技术进步和新材料新技术的开发应用也将产生一定影响。

56. 成果名称："红棉花牌"精准对纹智能导电板

主要完成人	曾敏华、项敏
主要完成单位	广东耀东华装饰材料科技有限公司
成果等级	新产品鉴定、第四届中国林业产业创新奖(人造板业)二等奖、全国建筑材料科技创新成果
获奖时间	2017 年

成果主要内容：

红棉花精准对纹智能导电板是广东耀东华装饰材料科技有限公司自主研发的产品，集外观性和功能性于一体的一种新型饰面板材。它将导体以安全的方式嵌入到精准同步对纹板材当中，外观与普通板材相同，但内部已有本质的变化，既实现布线又不改变原有装饰功能，有效地解决了家具柜体智能终端最后一米的布线问题，创新了定制家具、衣柜、橱卫、装饰隔断等应用场景，成为室内装饰物联网应用载体、人工智能平台。

(续)

精准对纹智能导电板，创新了木质饰面板基础材料的智能应用模式，是木质饰面板行业与智装行业深度融合的产品。它具有耐磨、耐划痕、耐污染、耐香烟灼烧、耐光色牢等优异的物化性能，且板面效果与实木天然、细腻的纹理高度一致，视觉和触觉效果好，高度还原了实木木皮的花色纹理。

红棉花精准对纹智能导电板，融合供电、通信和装饰于一身，创新了木质饰面板基础材料的智能应用模式，荣获由国务院核准的部级奖项——"中国林业创新二等奖"，也是林业行业科技进步、产品创新方面的最高奖项。它通过严格的SGS安全检测，通过国家专利授权，具有较强实用性，经中国林产工业协会新品鉴定委员会鉴定，达到国际先进水平，被行业白皮书收录，得到了整个智能家装行业的肯定与赞誉。

内置导体智能板，创新了定制家具、衣柜、橱卫、装饰隔断等应用场景。可应用于有手机无线充电、无线WIFI路由器、台灯等智能终端的桌面，可应用于有智能灯光的柜体，可应用于有壁灯、镜面屏幕等智能终端的墙体，改善了家具的制造工艺，改善了装修的施工流程，解决了传统柜体、墙体布线不美观、加工难、空间利用率低等问题。

内置导体智能板，是传统制造企业向高度专业的智能企业转型升级的模式，是一个面向未来人工智能的供电通讯平台。

主要技术创新点：
1）精准定位，全自动对纹
三点定位摄像、计算机处理技术，全自动对纹，精准度控制在±1mm左右。
2）还原实木，纹理逼真
板面高度还原实木的花色纹理，视觉纹理与浮雕触感相结合，肌理天然、细腻。
3）内置导体，通电通讯
安全、科学地将导体嵌入到板材中，增加通电、通讯功能，无缝对接各种声、光、电等智能终端。
4）专利授权，国际先进
产品获专利授权，达"国际先进"水平，荣获国务院核准的部级奖项"中国林业创新二等奖"。
5）创新材料属性
创新了饰面人造板的通电属性，为智能应用终端产品提供了通电、通讯平台，拓展了饰面人造板的功能和属性；创新了导体外在的包覆材料是木质人造板；创新了既实现布线又不改变原有的装饰功能的饰面板。
6）创新智能应用场景，创新行业转型模式
创新了饰面人造板的各种智能应用场景，使内置导体智能板的应用有了无限的发展空间；创新了传统木质人造板企业向高度专业的智能企业转型升级的模式。

技术指标：
①外观质量：符合GB/T 15102《浸渍胶膜饰面人造板》《浸渍胶膜纸饰面胶合板（生态板）消费指南》；②理化性能：符合GB/T 15102《浸渍胶膜饰面人造板》《浸渍胶膜纸饰面胶合板（生态板）消费指南》；③表面温升：在负载300W的情况下，通电3h，表面温升小于1℃；④极间绝缘电阻：经500V绝缘电压测试，极间绝缘电阻≥0.5kΩ；⑤24h水浸泡后极间绝缘电阻：经500V绝缘电压测试，极间绝缘电阻≥0.1kΩ，可在湿度大于99%的情况下保证量好的绝缘性能，远优于国家标准要求；⑥甲醛释放量：符合GB 18580—2017《室内装饰装修材料人造板及其制品中甲醛释放限量》的要求。

推广应用情况：
红棉花精准对纹智能导电板，目前已广泛应用于衣柜、间隔柜、橱柜、餐边柜、书柜、电视柜、鞋柜等柜体上的照明系统，未来还将有以下三大应用趋势：

（1）以饰面板通电、通讯作为平台，构建声、光、电、传感器等智能家居的场景。饰面导电板作为通电、通讯平台，已经在智能家具、墙体板上应用，为智能家具或智能家居的声光电实现通电、通讯。

（2）装修板件工厂预制化，使装修更环保、快捷，成本更低。对饰面导电板的充分利用，可以让家居装修变得更简单、更快捷，让我们的空间利用率更大。

（3）带来更多美好体验。①最大限度地节省空间，带来美好舒适体验。未来的各种智能终端设备，可以在饰面导电板上实现。如超薄型的屏幕可直接贴在饰面板上，作为智能终端的一部分来使用。目前屏幕显示技术，已经开发出厚度为1.6mm的显示器。未来的电视墙、装饰墙体的功能将有更多的可能，可节省更多的空间。②饰面导电板隐藏电源，视觉上不受外露导体的羁绊，带来更多美好的视觉体验。饰面导电板可以更加完美地实现声、光、电的智能应用场景，呈现与美好生活先关的场景，带来更美好的装饰和展示效果。③内置导体饰面人造板、云数据、社区功能的使用，使得个人生活可以定制。智能设备可通过智能板，收集个人的健康数据、生活习惯数据、工作习惯数据等，通过数据的科学分析，然后不断优化个人的健康、生活、工作的数据，定制出适合人们健康生活的数据和模式，以此来指导人们健康美好的生活，满足自身的个性化需求，让我们的生活更加健康、快乐、美好！

经济效益：
本产品未来3年内预计利润附加值比原来增加30%，经济效益良好。

社会效益：

耀东华公司的红棉花精准对纹智能导电板，再现木材纹理，理化性能优异，融合供电、通信和装饰于一身，美观实用，为设计师和家装市场提供更多的选择空间。

红棉花精准对纹智能导电板，性价比高，产品竞争力强，可以满足客户和市场需求。本产品促进了产业的技术革新，降低了生产成本，节省了人力资源，改善了家具的制造工艺，改善了装修的施工流程，解决了传统柜体、墙体布线不美观，加工难、人工成本高、空间利用率低等问题，为行业的技术发展和社会经济健康发展做出了重要贡献。

57. 成果名称：具有三维装饰纹理结构的强化木地板（3D地板）

主要完成人	余钢、苏雪瑶
主要完成单位	四川升达林产工业集团有限公司
成果等级	中国林业产业创新奖（地板业）二等奖、四川省职工技术创新成果三等奖
获奖时间	2014年，2015年

成果主要内容：

本发明的（中国发明专利号：ZL 201010534261.3）具有三维装饰纹理结构的强化木地板——3D同步浮雕地板，其特征在于木材纹理图案对应的纹理（6）相邻两侧的上表面（5）之间存在0.01~0.20mm高度差，且纹理（6）为上表面（5）之间的圆弧过渡区域。

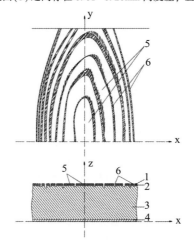

该地板的表面能充分展现出天然木材纹理的立体属性及其美学特征，不仅提供了视觉上更逼真的天然木材纹理及其细节（木刺、结疤等）的装饰效果，还能显示出凹凸不平的立体感，在触觉上更加贴近于实木。从不同的视角观看，天然木材的纹理美感栩栩如生，活灵活现，将木材的美学呈现得淋漓尽致——这是普通平面浮雕地板不能到达的艺术及装饰效果。属于公司自主创新强化木地板饰面技术的重大突破，成为木质地板表面"纹理再造"的技术平台。获得2014年中国林业产业创新奖（地板业）二等奖、2015年四川省职工技术创新成果三等奖。

主要技术创新点：

(1) 国内外原创3D同步浮雕对纹方式，获得更逼真的天然木材纹理装饰效果。
(2) 构造了强化木地板表面"纹理再造"平台，将强化木地板表面仿真木纹工艺技术发挥到极致。

技术指标：

执行林业行业标准LY/T 1859—2009《仿古木质地板》。

推广应用情况：

自2013年进行规模化生产推广以来，升达公司率先在国内推出3D同步浮雕地板，深受高端消费者青睐，开启了3D家装新时代。

经济效益：

自2013年进行规模化生产推广以来，每年保持3000万元以上的销售收入。

(续)

社会效益：

升达3D同步浮雕木纹工艺丝丝入扣，凸显原木独有的层次感和立体感，拂去平淡，镌刻精彩，让每一块地板都流露出厚重的文化韵味，为强化木地板饰面技术的重要突破，已成为升达公司强化木地板新的核心竞争力，引领木地板行业技术革命及消费新趋势。

58. 成果名称：抗菌强化木地板

主要完成人	余钢、江昌政、向中华
主要完成单位	四川升达林产工业集团有限公司
成果等级	中国木地板行业科技创新一等奖、四川省科学技术进步三等奖
获奖时间	2006年

成果主要内容：

本成果为我国木地板行业第一个原创发明专利成果（专利号：ZL01128990.2）。抗菌地板是一类具有抗细菌和抗霉菌（防霉）功能的新型环保产品，主要通过在木质地板饰面加工工艺过程中添加组装广谱长效的抗菌防霉活性组分，在保持地板原有装饰功能的基础上，使其表面具有抗细菌和抗霉菌的作用，从而防止由微生物侵蚀引起的制品性能劣化和细菌霉菌传播，改善环境质量及微生物安全性。从预防疾病的角度来看，社会公众选择和使用抗菌制品，在全社会营造一个安全、卫生、健康的生活环境，也是一种防患于未然的有效途径。

制定了国内抗菌地板第一个企业标准（标准号：Q/62160525—6.5—2002）作为组织生产和销售的依据；对常见典型细菌的抗菌率可达90%以上、对常见霉菌的防霉程度可达1~0级。2005年获得"国家重点新产品"称号（项目编号：2005ED810028），2006年获得日本抗菌制品技术协议会（SIAA）颁发的抗菌制品登录认证证书（登录番号：JP0122121A0007R），并获得四川省科技进步三等奖（证书号：2006-3-0041）及中国木地板行业科技创新一等奖；2010年，作为主要单位制定的林业行业标准LY/T 1926—2010《抗菌木（竹）质地板抗菌性能检验方法与抗菌效果》颁布实施。

主要技术创新点：

(1) 国内外原创将对人体安全的、具有较强抗菌能力的新型载银无机抗菌超细粉体复合材料均匀分散、固定/组装在强化木地板的表面层，赋予木质地板表面抗菌防霉功能；

(2) 由于超细无机抗菌材料的小粒径特性（纳米—微米级）、缓释特性以及强化木地板的表面特性（含有较大粒径的三氧化二铝耐磨成分，因此抗菌材料被组装在三氧化二铝颗粒之间的间隙中而不易被磨损掉，从而能够使强化木地板表面持续、长期地保持抗菌防霉作用（可以做到与地板的使用寿命同步）。

技术指标：

抗菌率：≥90%（合格），抗菌率：≥99%（优等）。

防霉等级：Ⅰ级（合格），防霉等级：0级（优等）。

推广应用情况：

自2003年起至今规模化生产销售，升达公司自产的强化木地板，一直采用本专利技术，标配抗菌防霉功能。在公司或行业内具有显著价值影响和共知效果，为提升公司品牌形象、提高经济效益及增强核心竞争力等方面做出显著贡献。

经济效益：

自2003年起至今规模化生产销售，累计销售收入超过24.5亿（按升达强化木地板历年年均销量500万m²、抗菌地板平均占比50%、平均销价70元/m²计算），创造纯利润2.45亿元。

社会效益：

自2002下半年以来，升达公司率先在国内外推出抗菌强化木地板产品，深受广大消费者青睐，成为升达地板的品牌及买点"标志"，并在行业引起巨大轰动与跟风，掀起并引领了国内市场"健康地板"的新潮流，为抗击"非典"做出了突出社会贡献，推动了我国木地板行业的产品升级换代与技术创新。

59. 成果名称：复合负离子基元材料生态板

主要完成人	陆铜华
主要完成单位	千年舟新材科技集团有限公司
成果等级	浙江省新产品（国内领先）

(续)

获奖时间	2018 年 4 月 21 日

成果主要内容：
1) 采用技术手段
（1）采用纳米硅钛、纳米二氧化钛、电气石等为主要原料制成负离子基元材料，通过配给改性，提高了净醛剂与胶黏剂的相容性。
（2）结合生态板传统的制造工艺，采用两种工艺设计，将负离子基元材料加入生态板中。方法一：背衬纸涂胶后，固化前进入一个相对密闭的空间（该空间特点是：①进口处有设计的喷头；②负离子基元材料的用量可以通过调节传送带的速度或是喷头与背衬纸表面之间的距离或是喷头压力的大小来控制，利用胶水的粘附性将负离子基元材料均布在背衬纸表面）（亦或者是这样一个空间特点是：①该空间是个相对密闭的、粉体雾化的空间；②负离子基元材料的用量可以通过调节传送带的速度来控制），这样负离子材料便可以均布在背衬纸表面，不影响胶水品质。背衬纸与正常生产的三聚氰胺浸渍纸通过压辊粘合在一起，其中均布负离子基元材料的那一层位于二者之间，将复合三聚氰胺浸渍纸用于生态板的正常生产，其他工艺不变或必要时做调整。方法二：负离子基元材料加入一次背涂后的三聚氰胺浸渍纸面，直接进入一个相对密闭的空间（特点见方法一），固化（必要时辊压），二次浸胶、固化，负离子基元材料层位于两次浸胶胶层中间，添加负离子基元材料的三聚氰胺浸渍纸用于生态板的正常生产，其他工艺不变或必要时做调整。
2) 解决哪些行业问题
（1）解决了无机负离子基元材料与胶黏剂的相容性问题。通过配比与工艺的改进，是无机负离子基元材料均匀分散在胶体中，避免了对板材力学性能的影响。
（2）解决了甲醛释放量过高的问题，净醛剂不但能净化空气中的甲醛，同时也能将醛类胶黏剂中的游离甲醛进行分解。
（3）解决了负离子基元材料发生水解显酸性影响碱性三胺胶的品质问题。
（4）解决了现有净醛剂净化效果低，不稳定的问题。通过协同净化，不仅降低了净醛剂的成本，同时净醛效果稳定，持续性长，且放射性符合国家标准 GB 6566—2010《建筑材料放射性核素限量》。
3) 重大突破及行业贡献
（1）千年舟集团首次在行业内将负离子概念引入人造板中，赋予人造板具有负离子释放、净醛、抗菌等功能，引领了行业人造板发展潮流。
（2）区别于传统的净醛、抗菌材料，负离子基元材料更加安全、无毒。
（3）在细木工板和胶合板年产不断减少的趋势下，引入的负离子功能为细木工板和胶合板开创了新的发展渠道，同时缓解了当前库存压力。

主要技术创新点：
（1）制备以纳米级电气石粉为主要原料的负离子基元材料。
（2）生态板以细木工板和胶合板为板芯进行制造，在基材表面贴三聚氰胺浸渍纸。浸渍纸由两层构成，分别是上层印花素纸和底层无印花底纸，复合负离子基元材料喷涂在底纸上表面，两层纸浸胶后挤压、干燥复合为 1 张含负离子基元材料的复合浸胶纸，该纸贴于基材的上下表面，制成复合负离子基元材料生态板。由于负离子材料位于浸胶纸内部，既保障了表面花纹的清晰度，又保障了浸胶纸与基材更高的胶合性能。产品负离子释诱生量可 2000 ions/$(s \cdot cm^2)$ 以上。此外，负离子基元材料不在浸渍纸最表面，不会使负离子材料因使用磨损丢失，确保负离子基元材料长期发挥作用，诱生负离子。

技术指标：
1) 项目计划达到的主要技术指标
（1）含水率：4%~12%。
（2）浸渍剥离：合格。
（3）甲醛释放量：$E_0 \leq 0.5$ mg/L。
（4）负离子增量 ≥ 2000 ions/$(s \cdot cm^2)$。
（5）内照射指数 ≤ 1.0，外照射指数 ≤ 1.3。
2) 产品检测后实际技术指标建筑材料工业环境监测中心
（1）负离子诱生量 2710 ions/$(s \cdot cm^2)$ 国家建筑材料监测中心。
（2）内照射指数 0.2，外照射指数 0.4。

推广应用情况：
（1）继复合负离子基元材料生态板后，千年舟集团又以复合负离子基元材料为基础，陆续开发出了负离子多层板、负离子石膏板、负离子饰面板等产品，其中采用净醛环保细木工板又获得了省级工业新产品认证，该技术被专家认定为国内领先。
（2）采用复合负离子基元材料与纳米银等抗菌剂再次进行复合，千年舟集团又成功开发出新型新型抗菌素类抗菌板，抗菌效果可达 99.99%，并被认定为省级工业新产品，该技术被专家认定为国内领先。

(续)

(3) 自新型复合负离子基元材料生态板成功推出上市之后，行业内纷纷跟进推出相关负离子系列的木质人造板产品。如湖北省林业科学研究院利用负离子技术成功研发出一款新型负离子生态板并获得了国家专利授权。

(4) 千年舟运用该产品与市场营销和企业文化相结合，公司借助该产品，推出了绿色抗菌板。该产品符合"品牌、环保、品质"的创业初心，以"缔造健康居家·引领品质生活"崇高使命。公司借助该产品进一步向社会推广了绿色供应、绿色设计、绿色智造、绿色产品、绿色服务、绿色公益的品牌理念，并借此提升了在人造板领域中的地位。

经济效益：
(1) 以千年舟集团为例，2017年全年生产负离子生态板3万张，即1.6万 m^3，年销售收入达2000万元，年利润400万元，税收68万元。
(2) 以胶合板为例，传统的胶合板利润低于3%，但通过负离子改性后，附加值显著提升，最高利润可达20%。

社会效益：
(1) 千年舟借助该产品，进一步向社会推广了绿色供应、绿色设计、绿色智造、绿色产品、绿色服务、绿色公益的品牌理念，在行业中起到了带头作用。
(2) 模拟大自然天然的氧吧，为消费者提供了一个健康舒适的环境，特别是游离甲醛对人体的危害，提高了人民的生活水平。
(3) 带动了千年舟近3000家供应商和销售商的经济效益，提升了就业率。
(4) 拓展了人造板新的发展渠道，缓解了当前人造板产能过剩，同时提高了人造板的附加值。

60. 成果名称：负氧离子浸渍胶膜纸饰面人造板

主要完成人	略
主要完成单位	云南新泽兴人造板有限公司
成果等级	云南省新产品
获奖时间	2018年6月

成果主要内容：
负氧离子浸渍胶膜纸饰面人造板就是在普通浸渍胶膜纸饰面人造板生产过程中，在三聚氰胺胶黏剂调制时按一定比例加入亚纳米级的负氧离子助剂，使浸渍胶膜纸表面具有持续、长期释放负氧离子的功能，使用胶膜饰面的人造板两表面也具有持续、长期释放负氧离子的功能的饰面板材。负氧离子具有较高的活性，有很强的氧化还原作用，能破坏细菌的细胞膜或细胞原生质活性酶的活性，从而达到抗菌杀菌的目的。所以负氧离子浸渍胶膜纸饰面板也是一款具有抗菌性能的环保健康型板材。
该工艺操作性强，工艺稳定性好，对设备改造较少，投资少，见效快。该新产品云南首创，工艺、生产技术达到国内先进水平。

主要技术创新点：
(1) 研发了基于光触媒（二氧化钛）、稀土、碧玺（电气石）等为原材料的负氧离子助剂。
(2) 优化了助剂的添加工艺、浸渍纸浸胶工艺，在原有浸胶生产线上，对胶膜纸采用上下表层分别调胶、涂胶，使其表层具备释放负氧离子功能，不影响里层与基材之间的胶合性能，也不改变原有的压贴工艺，生产出的负氧离子三聚氰胺浸渍胶膜纸饰面人造板各项性能指标在符合国标 GB/T 15102 的基础上，其表面具有持续释放负氧离子的功能，且负氧离子释放量大于 2000个/cm^3。
(3) 制定并备案了负氧离子浸渍胶膜纸饰面人造板企业标准能较好地指导生产。

技术指标：
(1) 产品满足浸渍胶膜纸饰面人造板执行的标准中：GB/T 15102—2006《浸渍胶膜纸饰面人造板》规定了产品的物理力学性能，包括外观质量、规格尺寸、理化性能。
(2) 产品满足 GB 18580—2017《室内装饰装修材料人造板及其制品中甲醛释放限量》规定了产品的甲醛释放限量。
(3) 产品表面负氧离子释放要求 F≥2000 个/cm^3。

推广运用情况：
到目前为止我公司负氧离子浸渍胶膜纸饰面板已销售了10万多张，销售收入1300万元，产品深受用户的好评。

经济效益：
负氧离子浸渍胶膜纸饰面人造板销售价格在普通浸渍胶膜纸饰面人造板的基础上增加10元/张，减去负氧离子助剂添加增加的费用，可新增利润为5元/张。若每年能生产并销售负氧离子浸渍胶膜纸饰面人造板20万张，年增加利润为100万元。

（续）

社会效益：

（1）在 2013 年 9 月 国家林业局发布的《推进生态文明建设规划纲要（2013—2020）》中，将空气中负氧离子含量作为生态文明建设的重要指标之一。通过负氧离子监测能很好地反应空气、人居环境质量和生态建设，为社会提供生态产品的价值。负氧离子浸渍胶膜纸饰面板的研发既符合人们对美好生活追求，对环保、健康、生态产品的追求，同时也符合调整产业结构的需求。

（2）通过技术创新拓宽了饰面板领域的发展空间，充分体现了科技创新是发展的第一动力。

（3）项目的研发成功在行业内具有一定的示范作用，对行业的发展也具有一定的推动作用。

61. 成果名称：斜口门

主要完成人	王春梅
主要完成单位	北京闼闼同创工贸有限公司
成果等级	技术发明奖、科技进步奖

成果主要内容：

自成立以来就以"改变行业，服务社会"为目标的 TATA 木门，在分析和研究了家庭环境声音分贝和睡眠环境需求等数据之后，独创 45°斜口，门扇与套口齐平，套线缩至 3cm，将门扇厚增至 45mm，另外融入新型软磁吸，使门的吸附力和密封性更好，只要关上门，便可感受睡眠状态的安静时刻。静音门一经上市，就获得了消费者的广泛青睐。

主要技术创新点：

独创 45°斜口软磁吸。

技术指标：

独创 45°斜口软磁吸。

推广应用情况：

2017 年 3 月 21 日，TATA 木门宣布放开"磁吸静音门'实用新型'专利"技术，所有企业都可以自由无偿使用这一专利，一定程度上推动了整个木门行业的进步。

经济效益：

自 2012 年静音门问世以来，已经累计销售近 1000 万樘，为千万家庭带去了安静生活。

社会效益：

噪声污染是城市四大污染之一，对人的身体健康和精神健康都有极大的危害，而静音门的问世，缓解了居室噪音和睡眠环境问题，在某种程度上也是在减弱噪声污染。

62. 成果名称：BQK1626/8 数控液压双卡轴旋切机

主要完成人	宋修财、邵广智、王成瑞、徐伟、王术进
主要完成单位	山东百圣源集团有限公司
成果等级	山东省科技进步三等奖
获奖时间	2011 年 1 月 12 日

成果主要内容：

BQK1626/8 数控液压双卡轴旋切机是胶合板（三合板或多层胶合板）生产中单板旋切生产的重要设备。其旋切原木规格小、剩余木芯小、旋切速度快、性能稳定、技术先进；具有集成技术先进，创新点多，自动化程度高的特点，切削效率较普通机械液压式旋切机可提高 25%以上。BQK1626/8 数控液压双卡轴旋切机于 2005 年开始立项研发，2007 年试制成功并投入批量生产，2009 年 11 月 12 日通过威海市科技局成果鉴定。

BQK1626/8 数控液压双卡轴旋切机设计首次将数理论和技术应用到液压双卡轴旋切机上，实现自动测速、根据旋切过程自动设定参数和进给，自动装刀、调整刀具后角和刀门值，防弯装置带动力，并实现空间三点同时环抱，防弯效果好，加工质量高。在以下技术领域取得重大突破。

（1）数控技术。采用先进的 SIMATIC S7—300 可编程序控制器，主要完成数据采集，旋切计算，实时控制，数据存储等功能。该控制器处理速度快，指令集功能强大（350 多条指令）。数控技术的应用实现了刀具角度、刀门、液压系统、防弯装置的自动调整，提高了 BQK1626/8 数控液压双卡轴旋切机的自动化技术水平。发明专利：数控液压双卡轴旋切机刀架进给装置（ZL200810139581.1）。

(续)

(2) 刀门自动调整技术。普通液压双卡轴旋切机的刀门调整是靠人工在静态情况下调整的，操作麻烦，工作效率低，满足不了连续化生产的要求。

BQK1626/8 数控液压双卡轴旋切机是在工作状态下调整刀门，实现不同板厚的切削。发明专利：数控液压双卡轴旋切机刀门调整装置（ZL200810139582.6）。

(3) 木段防弯技术。木段在旋切过程中，随着木段半径的逐渐减小，其刚度、强度也逐渐减小，切削稳定性逐渐下降。

数控液压防弯装置是一套可在三维空间移动、实现小径木旋切更平稳，旋切单板质量更高的技术装备。该装置主要是在机体上设有提升架，提升架装有提升油缸、防弯棍回旋油缸、上下防弯棍。上下防弯棍分别设有液压马达，带动防弯棍转动，防弯辊带动木芯转动，减小木芯的运动阻力，使旋切过程不易跳刀，单板不易撕裂，提高了旋切单板的质量和木材的利用率。发明专利：数控液压双卡轴旋切机防弯装置（ZL200810139580.7）。

主要技术创新点：

BQK1626/8 数控液压双卡轴旋切机设计首次将数控理论和技术应用到液压双卡轴旋切机上，实现自动测速，根据旋切过程自动设定参数和进给，自动装刀、调整刀具后角和刀门值，防弯装置带动力，并实现空间三点同时环抱，防弯效果好，加工质量高。

关键技术主要有：①数控技术；②刀门自动调整技术；③木段防弯技术。

技术指标：

1) 主要技术性能指标

控制方式：自动/半自动；板厚控制精度：±1%；板厚设定分辨率：0.01mm。

最高旋切速度：300m/min；回零误差：0.01mm；人机界面规格：10.4寸液晶显示器；故障自诊断：人工智能；手动速度调节：0~300m/min 无级调速；原木转速检测：自动（或人工设定）；压榨率：5%~10%；驱动方式：交流伺服驱动。

2) 主要设计参数

旋切原木直径：200~800mm；旋切原木长度：2500~2700mm；最终木芯直径：80mm；旋切单板厚度：0.35~3.0mm；轴直径：大卡 φ160mm，小卡 φ70mm 主轴转数：0~400r/min；主电机功率：160kW；进给伺服电机：11kW；刀门伺服电机：3.7kW；后角调整电机：3kW；出板速度：最大旋切速度 300m/min，恒线速旋切速度 100m/min。

推广应用情况：

2010 年 7 月在"山东省重点领域首台（套）项目"评选中，BQK1626/8 数控液压双卡轴产品被评为"国内首台（套）"产品，新产品具有清晰的知识产权，创新程度高，主要技术性能指标取得标志性突破，填补国内空白，达到国际先进水平。

项目产品可替代芬兰的劳特公司、意大利的克里蒙娜公司、日本的名南制作所同类产品进口，先后出口到印尼、越南、土耳其、俄罗斯、美国、南美洲、非洲等几十个国家和地区。

经济效益：

BQK1626/8 数控液压双卡轴产品与同类相近产品相比，木材利用率提高 20% 以上，生产效率提高 25% 以上，空间占用节省 50% 以上，是较理想的人造板机械成套设备。2007 年投放市场，受到用户的好评。用户普遍认为该产品具有自动化水平高，旋切单板精度高，切削速度快，切削过程稳定，机床的刚度大、适应性好，旋切的效率高，操作方便。

BQK1626/8 数控液压双卡轴产品年生产、销售 5 台，每台均价为 150 万元，年销售 750 万元，年可实现利税 90 万元。产品的性能指标达到国际先进水平，填补国内空白。产品已经出口越南、印尼、俄罗斯、土耳其等亚欧国家，深受国内外用户好评。

社会效益：

BQK1626/8 数控液压双卡轴产品的研发、生产、销售，推动了我国胶合板生产向规模化、自动化方向发展。

63. 成果名称：BQK1913/4 数控有卡无卡一体旋切机

主要完成人	宋修财、邵广智、王成瑞、徐伟、王术进
主要完成单位	山东百圣源集团有限公司
成果等级	中国林业产业创新奖
获奖时间	2013 年 11 月 14 日

成果主要内容：

2011 年以前，国内旋切单板生产线是由 4~5 台主机 3 台辅机组成的，生产线呈单机分布，制造成本和生产占用空间大，各部分采用单独或联动控制方式，主要控制手段是机械液压或通过 PLC 控制系统控制各单机的动作，控制范围涉及 6 台单机。有卡旋切、无卡旋切是在 2 台单机上完成的，无卡旋切后，通过运输上木机将有卡旋切剩余木芯输送到无卡轴旋切上再旋切，存在旋切单板厚度不均匀的问题，约有一米长的单板无法使用，造成木材的浪费。针对上述问题进行研究开发和攻关，在以下技术领域取得重大突破。

（续）

（1）数控有卡无卡一体旋切机数控技术。数控有卡无卡一体旋切机数控系统采用日本三菱QnU系列可编程控制器、运动控制器、FR—F700变频速器、伺服放大器、GOT1000系列触摸屏组成的功能强大，处理速度快，性能稳定的控制系统，实现全集成自动化。该软件实现了运动控制系统和驱动控制系统的完美结合。

（2）原木自动定心技术。定心装置设有底座、左立柱、右立柱、横梁和V形托板装置，V形托板装置包括V形板和托架，托架与V形板固定连接。本机构具有结构新颖、使用方便、自动检测定位、定心、定位精度高、生产效率高等优点。本机构申请了一项发明专利和一项实用新型专利，发明专利有卡无卡旋切机的原木定心装置受理号为：200910254083.6。

（3）自动组合旋切技术。有卡无卡一体旋切机的旋切装置，解决了单机旋切的诸多不足。有卡无卡旋切转换时，伺服系统通过计算机控制，其主要加工参数不变，保证了转换的连续性和单板厚度不变。这是本机床的核心技术。该装置申请了一项发明专利和一项实用新型专利，实用新型专利：有卡无卡一体旋切机的旋切装置授权号为：ZL200910254084.0。

（4）组合防弯技术。防弯机构是由有卡旋切机构中的单辊与无卡旋切机构的双辊组成的。该机构在有卡旋切时可对旋切过程提供动力，随着被旋切原木直径的减小，三辊逐渐起到防弯作用，无卡旋切时三辊起到自动定心和提供动力的作用。该机构防弯效果好，动作由伺服系统控制，防弯动力平稳，防弯精度高。

（5）碎板自动剪切处理技术。碎板机构由光电扫描系统、启动剪切系统、碎板运输系统组成。光电扫描系统与计算机处理系统结合，实现剪切、碎板输送、碎板堆垛的有效处理。

主要技术创新点：
①集自动定心上木、有卡无卡旋切、碎板剪切与一体的多功能旋切机，自动化程度高，能源消耗低，生产占用面积小；②有卡到无卡旋切连续不间断转换，旋切单板厚度不变，旋切效率和精度高，木材利用率提高25%以上；③采用伺服电机驱动滚珠丝杠副带动V形托板装置沿线性导轨上下移动，原木定心的速度快，定心准确；④采用双压辊通过伺服电机控制，使无卡旋切进给更准确，防弯效果好，切削过程更平稳；⑤采用碎板自动剪切处理技术，提高了检板的效率和有效性。

技术指标：
1) 技术性能指标及设计参数
最大旋切直径：φ400mm；最小旋切直径：φ150mm；最大旋切长度：1450mm；最小旋切长度：950mm；最终木芯直径：φ40mm；卡轴直径：φ95mm；出板速度：90m/min；旋切单板厚度：0.8~3.2mm；旋切最小径木工作效率2~3根/min。
2) 主要性能指标
控制方式：自动/半自动；控制内容：速度控制、速度位置控制、位置跟踪控制、同步控制；板厚控制精度：±1%；板厚设定分辨率：0.01mm；回零误差：0.01mm；人机界面规格：10.4寸液晶显示器；故障自诊断：人工智能；原木转速检测：自动（或人工设定）；压榨率：5%~10%；驱动方式：交流伺服驱动。

推广应用情况：
BQK1913/4数控有卡无卡一体旋切机具有自主知识产权，创新程度高，主要技术性能指标达到国际先进水平，是节约型木材单板生产线配套的主要产品，集原木定心上木、有卡无卡旋切功能于一体，大大简化了生产线单板配套产品设计，更适合小径木的旋切加工，机床具有适应性强、性能稳定、技术先进、功能多等特点。与同类相近产品相比具有更广泛的适用性、稳定性、准确性和高效率性。产品已经出口越南、印尼、俄罗斯、土耳其等亚欧国家，深受国内外用户好评。

经济效益：
项目产品与同类相近产品相比，产品成本降低5成以上，木材利用率提高20%以上，效率提高25%以上，空间占用节省50%以上，是较理想的人造板机械成套设备。2010年4月投放市场，受到用户的好评。用户普遍认为该产品具有自动化水平高，旋切单板精度高，切削速度快，切削过程稳定，机床的刚度大、适应性好，旋切的效率高，操作方便。
BQK1913/4数控有卡无卡一体旋切机产品年生产、销售5台，每台均价为258万元，年销售1290万元，年可实现利税130万元。产品的性能指标达到国际先进水平，填补国内空白。产品已经出口越南、印尼、俄罗斯、土耳其等亚欧国家，深受国内外用户好评。

社会效益：
BQK1913/4数控有卡无卡一体旋切机产品的研发、生产、销售，推动了我国胶合板生产向规模化、自动化方向发展。

64. 成果名称：BDD1113—1单板自动堆垛机

主要完成人	许伟才、宋修财、王成瑞、王术进、徐伟
主要完成单位	山东百圣源集团有限公司
成果等级	中国林业产业创新奖
获奖时间	2013年11月14日

(续)

成果主要内容：
BDD1113—1单板自动堆垛机是胶合板生产中单板旋剪生产线（旋切一体机）的最新配套设备。该设备研制成功，结束了我国单板生产厂家单板旋剪后的单板依靠人工堆垛的历史，大大地提高了我国单板旋剪生产线的机械化、自动化水平。

目前，国内单板堆垛主要是输送带输送人工堆垛。输送带输送过程中，单板受环境和气流的影响发生漂移，甚至脱离输送带。原因是单板在输送带上无法固定，因此输送带输送单板速度不能太高，运输效率较低，满足不了高速剪切输送单板的要求。针对高速单板旋剪生产线的设计要求，研发单板输送堆垛设备的关键技术。在以下技术领域取得重大突破。

(1) 真空吸附技术。真空吸附技术的应用，实现高速输送过程单板不漂移、不滑动。真空吸附技术主要通过风机形成一个负压区，将单板吸附在输送带上，由风量、风压和吸附区几个参数来满足输送单板的技术要求。

(2) 光眼检测传感技术。单板输送过程的定位，利用光眼传感检测定位单板，并将定位信息通过数字信号传给PLC控制系统，实现定位卸板，较机械定位准确，便于实现自动化。

(3) 变梯度吸附卸板技术。变梯度吸附卸板技术是BDD1113—1单板自动堆垛机的核心技术之一。控制系统根据定位数字信号，由气动系统实现倾斜逐渐卸板，确保单板卸板过程不受损坏。

主要技术创新点：
(1) 真空吸附技术。真空吸附技术的应用，实现高速输送过程单板不漂移、不滑动。真空吸附技术主要通过风机形成一个负压区，将单板吸附在输送带上，由风量、风压和吸附区几个参数来满足输送单板的技术要求。

(2) 光眼检测传感技术。单板输送过程的定位，利用光眼传感检测定位单板，并将定位信息通过数字信号传给PLC控制系统，实现定位卸板，较机械定位准确，便于实现自动化。

(3) 变梯度吸附卸板技术。变梯度吸附卸板技术是BDD1113—1单板自动堆垛机的核心技术之一。控制系统根据定位数字信号，由气动系统实现倾斜逐渐卸板，确保单板卸板过程不受损坏。

技术指标：
主要技术性能指标：
控制方式：自动/半自动。
堆垛单板位置精度：单板长度方向±25mm，宽度方向：±10mm。
堆垛尺寸：4′×8′。
最大宽度：1350mm；最小宽度：1100mm。
堆垛单板厚度：1.0~4mm；最快输送速度：100m/min。
堆垛最大高度：1000mm。
机床总功率：22.8kW。

推广应用情况：
BDD1113—1单板自动堆垛机广泛使用于胶合板、单板、多层板的生产线，是单板旋切生产线不可缺少的主机生产设备，属于国家重点扶持的产业项目。目前国内在用的旋切单板生产线配套的单板输送设备结构类型比较多，但大多都是单层人工接料堆垛的简易型运输线，其特点是单板通过无压输送带带动不能固定，易产生漂移，运输速度不能很高，影响了输送效率，满足不了高速旋切单板输送线的要求，必须使用人工堆垛，其劳动强度相当高，堆垛质量不稳定，生产线人员配备多等。

BDD1113—1单板自动堆垛机的成功研发、生产、销售，实现了数控化，高速自动化输送。其产品其性能优良，操作简便，稳定性好，生产效率高，与同类产品相比更具有更高的输送速度，高质量堆垛，提高人造板生产线的自动化水平。

推广该产品：①进一步加强产学研交流，不断地完善产品的核心技术与性能；②进一步完善制造手段和方法，降低成本，提高产品的性价比；③进一步开拓国际市场，参与国际市场竞争，提高企业的经济效益和社会效益。

经济效益：
BDD1113—1单板自动堆垛机是单板旋剪生产配套的主要设备，集单板输送、定位、卸板、堆垛功能于一体，大大提高了单板旋剪生产线的生产效率。该产品具有技术先进、功能多、操作简便、性能稳定、生产效率高等特点，与同类相近设备相比具有更广泛的适用性、稳定性、准确性和高效率性，适合各类单板的输送与堆垛。在同类产品中，该产品的性价比较高，已经出口多家企业使用，并出口越南、印度尼西亚、俄罗斯、土耳其等亚欧国家，深受国内外用户好评。

BDD1113—1单板自动堆垛机产品年生产、销售10台，每台均价为23.8万元，年销售238万元，年可实现利税28万元。产品的性能指标达到国际先进水平，填补国内空白。产品已经出口越南、印尼、俄罗斯、土耳其等亚欧国家，深受国内外用户好评。

社会效益：
BDD1113—1单板自动堆垛机产品的研发、生产、销售，推动了我国胶合板生产向规模化、自动化方向发展。

65. 成果名称：DBX26/13Q5 大径材数控旋切线

主要完成人	许伟才、宋修财、王成瑞、王术进、邵广智
主要完成单位	山东百圣源集团有限公司
成果等级	中国林业产业创新奖
获奖时间	2015 年 10 月

成果主要内容：

DBX26/13Q5 型大径材薄单板数控旋切生产线由 BD1510/26 光环定心机、BQK1226/13 数控液压单卡轴旋切机、BJG1326 数控滚切单板剪切机、BDD1126/4—1 单板自动堆垛机组成，主要用于直径 350~1300mm 原木的旋切单板生产加工，是目前胶合板、贴面板、细木工板生产企业技术改造和设备选型的理想设备。

DBX26/13Q5 型大径材薄单板数控旋切生产线集自动控制、新型电机、计算机及现代制造技术于一体，是一种数控化、智能化的机械产品。主要研发了原木定心、有卡轴旋切、单板剪切、单板堆垛、新型电机和数字控制等技术。

（1）原木定心：针对大径材旋切单板的原木定心，目前主要采用光环定心设备。光环定心机的定心原理是利用光源放大的同心圆环投影在原木端部，使光环套住最大的出材率位置。新产品 BD1513/26 光环定心机是大径木薄单板数控旋切生产线的主要设备之一。

（2）有卡轴旋切：采用新产品 BQK1226/13 数控液压单卡轴旋切机，旋切机的研发获得国家授权发明专利 2 项、实用新型专利 2 项。发明专利：旋切机单板生产线自动输出装（ZL201410246268.3）；旋切机的剪碎板装置（ZL201010243149.4）。

（3）单板剪切：BJG1326 数控滚切单板剪切机，刀轴旋转和单板输送采用伺服电机驱动，可自动剪切规格单板。BJG1326 数控滚切单板剪切机的核心技术是数控技术，采用计算机控制系统，解决运动控制的准确性和灵敏性。

（4）单板堆垛：DD1126/4—1 单板自动堆垛机是在专利产品 BDD1113/8—1 单板自动堆垛机的基础上研发的，将剪切后高速输送的规格单板送至单板自动堆垛机，实现单板自动堆垛。BDD1126/4—1 与 BDD1113/8—1 单板自动堆垛机主要区别是：堆垛单板最大宽度由 1300mm 增加到 2600mm，真空吸附电机垛数由 8 台减少到 4 台，工作稳定性更好，堆垛精准性更高，工作噪音更小。

（5）整线控制技术：生产线采用可编程控制器（PLC）、电流矢量变频器、位置传感器、中文显示屏等进行原木定心、单板旋切、单板剪切、单板堆垛及辅助输送机械的控制。

采用高品质的控制元件及低压电气，加上独特的先进的通讯软件，使得单板输送速度及光眼定位信息均为数据显示及控制，从而保证生产线加工性能更加可靠，功能更加完善。

主要技术创新点：

（1）建立了有卡轴旋切单板生产线控制数字模型，实现了原木定心、有卡轴旋切、单板剪切、单板堆垛智能连续控制，实现了单板旋切生产自动化、高精度、高效能。

（2）开发了拥有自主知识产权的碎单板剪切技术和剪切机对刀装置，以及恒线速单板旋切技术和旋切卷板剪切同步技术。

（3）旋切机刀架进给、刀门开合调整、剪切机刀轴和单板输送采用了数控伺服电机驱动系统，并采用计算机控制系统对旋切生产线进行控制。

该生产线关键技术和创新点的研发，已经获得国家授权发明专利 3 项、授权实用新型专利 4 项。

技术指标：

1）技术性能指标

生产线各输送装置与加工运动位置同步响应时间小于 0.01s。

生产线设备加工过程动态显示，故障报警监视（人工智能）。

人机界面规格为 10.4 寸液晶显示屏。

2）主要技术参数

加工原木直径 350~1300mm，加工原木长度 1900~2700mm。

加工单板厚度 0.35~3.90mm，单板输送速度 0~100m/min。

生产线总功率 226kW。

推广应用情况：

2014 年 12 月，DBX26/13Q5 型大径材薄单板数控旋切生产线通过威海市科学技术局成果鉴定，鉴定结论是该产品拥有自主知识产权，为胶合板和细木工板生产企业转型升级提供了先进的装备，在国内外具有广阔的市场前景。

鉴定委员会认为该生产线填补国内空白，达到国内领先水平。

经济效益：

目前，国外芬兰、意大利、日本等国单板生产线设备技术水平较高，价格一般在 350 万~500 万元以上，一次性投资成本较高，国内用户难以接受。国内研制生产木材单板生产线整套设备的厂家只有山东百圣源集团一家，该产品目前定价每套 240 万元，在同类产品中性价比最高。产品已经出口多家企业使用，并出口越南、土耳其等亚欧国家，用户普遍反映使用效果很好，市场前景非常广阔。

（续）

DBX26/13Q5型大径材薄单板数控旋切生产线产品年生产、销售5台，每台均价为226万元，年销售1130万元，年可实现利税150万元。产品的性能指标达到国际先进水平，填补国内空白。产品已经出口越南、印尼、俄罗斯、土耳其等亚欧国家，深受国内外用户好评。

社会效益：

胶合板生产一直以来都依赖使用大量人力，工人劳动强度很大，生产效率不高，胶合板加工技术的进步依赖于机械制造业的技术进步，DBX26/13Q5型大径材薄单板数控旋切生产线产品的研发、生产、销售，将助推我国胶合板生产向规模化、自动化方向发展。

66. 成果名称：GBX2600/5×5（8英尺）高速智能无卡轴旋切单板生产线

主要完成人	许伟才、宋修财、王成瑞、王术进、邵广智
主要完成单位	山东百圣源集团有限公司
成果等级	中国林业产业创新奖（人造板业）一等奖
获奖时间	2017年9月

成果主要内容：

GBX2600/5×5（8英尺）高速智能无卡轴旋切单板生产线项目，是2016年山东省第一批技术创新计划项目，项目编号：201610110005。项目产品用于直径500mm以下原木旋切单板生产加工，是目前胶合板、贴面板、细木工板产品生产企业技术改造和设备选型较理想的生产线设备。

GBX2600/5×5（8英尺）高速智能无卡轴旋切单板生产线项目，集自动控制、电力电子、新型电机、计算机及现代制造技术于一体，是一种数控化、智能化的技术成果。主要研发原木剥皮、无卡旋切、单板剪切、单板堆垛、新型电机和数字控制等技术，解决了以下环节的技术问题：

（1）原木剥皮：新产品BBP2600E原木剥皮机，在同类木工机床的关键技术性能上有较大的突破，其原理主要采用无卡轴旋切技术，新产品BBP2600E原木剥皮机，已申请发明专利（受理专利号：201510912981.1）。

（2）无卡旋切：山东百圣集团是国内研发、生产无卡轴旋切机较早厂家之一，目前已经形成系列产品。新产品SL2600/5A数控无卡轴旋切机已获得国家发明专利：可自动控制变刀门和后角的旋切机（ZL201510701756.3）。

（3）单板剪切：针对高速输送单板剪切加工，公司自主研发了BJG1326、BJG1320、BJG1313数控滚切单板剪切机。其刀轴和单板输送采用伺服电机控制系统，可自动剪切规格单板。数控滚切单板剪切机的研发获得国家发明专利：数控滚切单板剪切机的对刀装置（ZL201110134592.2）。

（4）单板堆垛：剪切后的规格单板经输送装置送至单板自动堆垛机，实现数控化单板自动堆垛。目前已经形成系列产品BDD1113/4—2、BDD1120/4—2、BDD1126/4—2单板自动堆垛机。单板自动堆垛机的研发已获得国家发明专利：全自动单板堆垛机（ZL201310561277.2）。

（5）整线控制技术的研究与开发：高速智能无卡轴旋切单板生产线采用PLC可编程控制器、真正意义上的电流矢量型变频器、位置传感器、中文显示屏等原件进行原木剥皮、旋切单板、单板剪切、单板堆垛的控制。

采用高品质的控制元件及低压电气，加上独特的先进的通讯软件，使得单板输送速度及光眼定位信息均为数据显示及控制，从而保证生产线加工性能更加可靠，功能更加完善。

主要技术创新点：

①建立了无卡轴旋切单板生产线控制数字模型，实现了原木剥皮、无卡旋切、单板剪切、单板堆垛智能连续控制；②原木剥皮机上增设的动力托辊机构，解决了原木卡死技术难题，提高出材率；③双辊工作台移动，刀架不移动，保证了高速旋切与剪切同步，有效提高旋切单板质量；④刀架体上增加回转支架和凸轮机构，实现刀门随直径变化自动调节；⑤增加刀具自动变后角装置，提高了单板表面光洁度；⑥智能变速传动辊，提高了旋切单板精度。

该项目关键技术和创新点的研发，共申请发明专利8项、实用新型专利12项，其中已经获得国家受理发明专利5项、授权实用新型专利9项。

技术指标：

1）技术性能指标

生产线各输送装置与加工运动位置同步响应时间小于0.01s。

生产线设备加工过程动态显示，故障报警监视（人工智能）。

人机界面规格：10.4寸液晶显示屏。

2）主要技术参数

加工原木最大直径480mm；加工原木最大长度2600mm。

（续）

旋切最终木芯直径 40mm；加工单板厚度 0.5~3.0mm。
单板输送速度 30~80m/min；单板堆垛最大高度 1000mm。
生产线总功率：150.7kW。

推广应用情况：
2016 年 11 月，GBX2600/5×5(8 英尺) 高速智能无卡轴旋切单板生产线通过中国林业机械协会成果鉴定，鉴定结论是该产品拥有自主知识产权，为胶合板和细木工板生产企业转型升级提供了先进的装备，鉴定委员会认为该生产线整体技术达到国际先进水平。
项目产品每套定价 238 万元，在同类产品中性价比最高。产品出口越南、印尼、南非等国家，用户普遍反映设备噪音小、性能稳定，单板加工质量好、效率高，使用效果很好，市场前景看好。

经济效益：
目前，国外芬兰、意大利、日本等国旋切单板生产线设备技术水平较高，价格一般在 550 万~750 万元以上，一次性投资成本较高，国内用户难以接受。项目产品，每套定价 238 万元，在同类产品中性价比最高。
GBX2600/5×5(8 英尺) 高速智能无卡轴旋切单板生产线产品年生产、销售 6 台，每台均价为 238 万元，年销售 1428 万元，年可实现利税 180 万元。产品出口越南、印尼、俄罗斯、土耳其等亚欧国家，深受国内外用户好评。

社会效益：
胶合板生产一直以来都依赖使用大量人力，工人劳动强度很大，生产效率不高，胶合加工技术的进步依赖于机械制造业的技术进步，GBX2600/5×5(8 英尺) 高速智能无卡轴旋切单板生产线产品的研发、生产、销售，将助推我国胶合板生产向规模化、自动化方向发展。

67. 成果名称：木门柔性加工生产线

主要完成人	姚遥、许亚东、张海建、黄海涛、范进、周娟、陈金鼎、邵小路、丁仁杰
主要完成单位	南通跃通数控设备股份有限公司
成果等级	中国林业产业创新奖二等奖、中国林业产业创新奖(木门业)一等奖、江苏省新产品成果鉴定(国内领先、国际先进水平)、江苏省首台套重大装备认定
获奖时间	2016 年 12 月，2016 年 3 月，2017 年 10 月，2017 年 12 月

成果主要内容：
我国木门市场需求区别于欧美发达国家的最显著特征是定制化生产，基于标准门市场需求的欧洲木门设备不适应我国定制化木门生产需求，国内定制化木门专用加工装备又长期空白，木门制造企业只能采用木工通用机械分工序加工，堆垛作业的生产方式，整个行业生产效率低、质量差、成本高。
本成果由自主研发的数控门扇四边锯、全自动封边机(顾客提供)、数控锁铰孔槽加工机、双面雕刻机、装卸料机器人、自动运送装置等设备组成，通过自主开发的嵌入式控制软件将其集成为自动识别与调整、自动输送与定位、自动装夹与加工、生产效率相互匹配的高效、高可靠性连续自动加工系统。在生产线上，加工尺寸自动识别调整，加工误差自动修正，每一樘木门的规格、造型和尺寸都可以按照订单要求任意在线自动变化，同时实现生产线的远程操作与维护，真正实现了"批量为一"的木门全过程自动化柔性制造。
本成果的实施符合《中国制造 2025》国家战略以及《国家"十三五"规划纲要》中倡导的实施制造强国战略要求，颠覆了我国木门生产单机加工、堆垛作业、断续生产的传统方式，解决了定制木门连续柔性生产的国际难题，2017 年获得江苏省首台套重大装备认定，2018 年获得江苏省科技成果转化项目立项(编号：BA2018096)。

主要技术创新点：
(1)研发了具有自主知识产权的门扇四边锯、双面雕刻机、五金件安装位置加工机、挡条式和主副套式门框组装机等 20 多款数控木门加工机械，填补了国内空白。所有单机产品都能柔性自动加工。
(2)创新研发了定制化木门全自动柔性加工生产线，颠覆了行业单机加工、堆垛生产的传统方式，实现了自动化连续柔性生产。
(3)攻克了木门多规格尺寸在线快速与多点测量、设备自动调整与修偏、余料均分切割等关键技术，显著提高了定制化木门的生产效率和质量。
(4)自主研发了木门柔性加工嵌入式控制系统，实现了木门生产全过程的智能控制和数字化管理。

(续)

技术指标：
生产线主要工序：定尺锯切、封边、开槽、五金件安装位置铣削、钻孔、扇面铣型、静音条/密封条安装等。
生产线加工节拍：1扇/min。
生产线输送速度：40m/min。
生产线加工尺寸范围(长×宽×厚)：(1800~2400)mm×(500~1100)mm×(30~60)mm。
生产线适用范围：免漆门、油漆门、夹板门、镶板门。

推广应用情况：
2013年以来为欧派家居、TATA、梦天、江山欧派、河南恒大大自然、安徽富煌、碧桂园、好莱客、中意等木门龙头企业提供生产线139条。同时该产品还出口到加拿大、以色列、捷克、越南、新加坡等国际市场。

经济效益：
木门柔性加工生产线占企业总销售的比重由2013的4%提高到2018的72%，2018年销售达到1.35亿元，利润3500万元，税收1438万元，预计2019年销售达到2亿元，利润超过5000万元，经济效益显著。

社会效益：
公司研发的木门柔性加工生产线，彻底颠覆了我国木门生产单机加工、堆垛作业、断续生产的传统方式，破解了定制木门难以自动化的国际难题，弥补了我国木工机械行业无木门自动化生产线的短板，多项核心技术填补国内空白，推动了我国木门产业的发展，提升了我国定制化木门柔性智能加工生产线在国际上的核心竞争力。

68. 成果名称：人造板复合降醛技术

主要完成人	张焕兵、叶昌海
主要完成单位	成都市美康三杉木业有限公司
成果等级	中国林业产业创新(橱柜)三等奖
获奖时间	2018年11月

成果主要内容：
1) 项目概述
复合降醛技术，主要是对公司研发的专利技术进行转化，主要运用的是公司的3项专利技术和北京林业大学热处理降甲醛技术：一种纤维板的除醛工艺及其在强化木地板和贴面板中的应用(专利号ZL201610365163.9)，一种二次模压技术强化复合地板(专利号ZL201220412710.1)，一种纳米净醛地板(专利号201810114223.9)，3项专利由公司自主研发并获得授权。该复合降醛技术于2018年6月在北京通过中国林产工业协会专家组鉴定达到"国内领先水平"，2018年11月荣获首届林业产业(橱柜)创新三等奖，2019年3月在四川省科技厅进行了科研成果登记备案。

2) 解决行业问题及重点突破
公司通过深入的调研，结合市场情况，研发出了一套具有一定先进性的环保型木地板生产工艺及流程，大大降低了成品强化木地板中的甲醛释放量，而且能够优化使用环境中的VOC以及甲醛，有利于保护顾客的健康和环境安全。
(1) 强化地板即使使用的是无醛纤维板，其上下面热压粘接的两层装饰纸和平衡层，无法做到无醛；三杉复合降醛工艺将压贴后的半成品，进行高温降解甲醛处理，降低了上下表层热压后的甲醛释放量50%~86%。
(2) 普通强化地板自身释放甲醛时间长达3~10年或随着使用时间延长甲醛释放量逐渐升高(因为面层保护层磨穿后露出基材)，三杉复合降醛技术采用高温彻底"赶尽"了饰面人造板内的甲醛，而且表面附着有纳米氧化剂，可以净化分解使用环境中的甲醛。

主要技术创新点：
(1) 在纤维板表面辊涂氧化除醛液在板材纤维内部产生高分子聚合反应和氧化还原反应，把纤维板内甲醛分解成西佛碱吸附在木纤维上。
(2) 采用200℃的两次模压让其纤维板直接暴露在空气中，板内的水分和甲醛浓度呈梯度状即板内高于板面，受热分子运动(紊乱运动)原理，物理量由浓度大的地方输送至浓度小的地方，板内芯层的水分和甲醛在物理量的作用下快速向板面层移动，板中的甲醛从内到外得到进一步的逐渐释放。
(3) 将半成品地板放进"高温窑"对地板基材纤维板和压贴的装饰层、平衡层进行热处理，加速了甲醛分子的热运动，促进了生产过程中留在板材中的游离甲醛向外界释放；一方面有效的驱除纤维板内部的甲醛；另一方面热循环处理可直接驱除上下层胶合层中的大量甲醛。
(4) 成品地板表面涂布纳米氧化硅、纳米氧化锌等，对装饰层、耐磨层、平衡层、以及纤维板内部紊乱运动溢出到表面的微量残余甲醛进行不可逆的长效纳米分解，将甲醛分解为水和二氧化碳。纳米氧化剂附着在凹凸不平的三氧化二铝耐磨颗粒中，可以长时间祛除或净化顾客使用环境中的部分甲醛。

(续)

技术指标：
(1) 外观质量：GB/T 18102 优等品。
(2) 型位偏差、理化性能：满足 GB/T 18102 要求。
(3) 甲醛释放量：≤0.045mg/m³（优于国标 E_1 级≤0.124mg/m³）。
(4) TVOC 释放量：≤0.50mg/(m²·h)(72h)。

推广应用情况：
1) 公司层面
本项目作为公司主要的专利技术转化项目，目前公司集中主要的人力、财力、物力支持本项目的实施。在人力方面，公司目前主要的研发技术人员有 12 人，保证为项目的开展提供全方位的技术支持。公司还与北京林业大学材料科学与技术学院开展了产学研合作，能为本项目的进行技术外部技术支持。生产上目前有 30 人左右，公司组织主要生产人员参与到产品的生产工作中，保证产品量满足市场需求。同时还有行政、财务方面的人员加入本项目，协助实施项目管理，为项目的顺利进行提供有力的后勤保障；在财力方面，公司具有健全的财务管理制度，为了保障本项目的顺利进行，划拨专项资金以保障本项目的顺利进行，保证实施专款专用；在物力方面，公司拥有自己的生产车间及先进的生产研发设备，配套设施齐全，有能够有效地保障项目的实施。
2) 市场层面
三杉利用企业网站、微信公众号、中华地板网、四川省室内装饰协会年会演讲、年会报道、e 商家、建材商场户外广告、抖音、中央 CCTV 品质栏目、《中国人造板》杂志软文等平台，进行大力推广宣传，目前在西南地区三杉复合降醛地板家喻户晓，受到业界和政府单位好评。

经济效益：
2018 年该项目新产品年销售约 30 万 m²，销售额 2400 万元，创税约 36 万元。
2019 年该项目新产品年销售预计 50 万 m²，销售额 4000 万元，创税约 72 万元。
2020 年该项目新产品年销售预计 80 万 m²，销售额 6500 万元，创税约 135 万元。

社会效益：
技术水平上，通过对现有专利技术的转化，产品技术水平达到国内领先水平，并提高市场占有率。随着市场效益的增加，公司人员需求也将增加，在项目实施周期内，预计新增加就业人员 30~60 人。另外，在项目实施过程中，通过持续的技术研发与改进，新增知识产权 3 项，其中发明 2 项以上，增强公司的知识产权竞争力。

69. 成果名称：泛美地热实木地板

主要完成人	杨建忠
主要完成单位	上海泛美木业有限公司
成果等级	中国地板行业科技创新奖二等奖
获奖时间	2010 年 11 月 21 日

成果主要内容：
泛美地板于 2007 年推出的珍实木地暖地板，该地板主要采用"隐蔽缝拼接技专利术"及"免龙骨粘扣直铺专利技术"，不改变实木的自然属性，让实木地板能够直接在地暖环境中使用。
原木随湿度变化都会产生一定程度的胀缩，在地暖环境下使用，地板和地板之间则易出现缝隙、曲翘等变形现象。业内也有一些其他技术来解决这些问题，比如炭化，但经过炭化处理，改变了木材自然属性，失去了这一珍贵品性。原木虽具有湿胀干缩特性，但同时它的优点在于能够调节室内湿度变化，具有养生宜人的品性。泛美地板，通过隐蔽缝拼接专利技术，既保留了木材原生的优良品性，同时又解决了纯实木地板在地暖环境中使用干缩离缝问题。
泛美地板另一个铺装方面的技术，专利名为"免龙骨粘扣直铺技术"。粘扣直铺技术，地板通过粘扣带连成整体，带来的好处是：①彻底摒弃龙骨铺装所导致地面受潮发霉，给居室造成污染的可能；②粘扣带铺装不钻孔，不会损坏地板，轻便安装拆卸的特性，不会对地板造成任何损伤害。
泛美地板攻克纯实木地板耐地热的难题，"隐蔽缝拼接技术"和"粘扣带直铺技术"是两项关键技术，它们分别从拼接工艺和铺装两方面对纯实木地板进行了技术创新。这两项专利举措，恰好满足了当前高端消费者的家居地暖之需。

主要技术创新点：
隐蔽缝拼接专利技术（专利号：ZL 2007 2 0175996.5）是泛美地板从工艺方面提出的创新，经过对实木地板的榫槽改造，以独特的隐蔽缝拼接榫槽技术，从而有效避免实木地板随环境湿度变化缩胀产生的缝隙问题，地板与地板之间能够自由伸缩但缝隙仍然隐蔽。此技术不改变木质本身的结构，实木地板的天然特质得到保持，铺装后的干缩缝隙也得以避免。

(续)

免龙骨粘扣直铺专利技术（专利号：ZL 2007 2 0154286.5）是泛美地板对铺装方面进行的创新，这是实木地板直铺技术中最简捷而有效的技术，通过无龙骨、对地板无任何破坏的方式给地板粘了一个神奇"双面胶布"，完全通过力学原理，无任何化学黏胶，使环保粘扣带贴合于地板与地板之间建立紧密而有机的连接系统，粘扣带的伸缩性，完美解决实木地板的胀缩性。

技术指标：
1）隐蔽缝拼接专利技术
本实用新型涉及一种具有隐蔽拼接缝榫槽的木地板块，在木地板块的两端及两侧分别对应设置用于拼接的公榫、母槽，木地板块靠近使用表面一侧的边缘均设有倒角，该倒角面的上缘与木地板块的使用表面相连成一倾角，即使地板产生干缩时，拼接缝亦隐蔽且明显小于目前常规拼接法，从而使木地板整体表面更为美观，同时可避免拼接缝的积尘。
2）免龙骨粘扣直铺专利技术
本实用新型涉及一种带有粘扣的可拆卸木地板块及其拼接的木地板，能够免除木地板铺装过程中木龙骨的使用，能够免除木地板铺装过程中地板钉对木地板榫槽的损伤，能够免除木龙骨受潮霉变可能带来的污染问题，以及能够方便的拆卸及再铺装的木地板，可以在更方便、更快捷铺装木地板的同时，达到木地板的无损伤铺装和更佳的木地板胀缩自适应性。

推广应用情况：
目前，泛美地板的营销网络已遍及全国各地，并在80多个城市设有专营门店进行产品展示及销售，以此为十多万使用泛美产品的用户家庭提供优质服务。
2007年，泛美领袖级实木地板在全国人大会议中心盛大发布。领袖系列超长宽实木地板的成功上市，泛美带领实木地暖地板迈入长宽板时代。
2008—2019年期间，泛美地板多次亮相上海国际地材展，国际化的产品及展示陈设，得到业内的高度评价。
2010—2019年期间，泛美地板通过新浪家居、腾讯家居及百度进行了线上的产品发布，而在2018年，泛美地板的视频广告也于央视7套投播，更引起了广泛的社会关注。

经济效益：
泛美品牌主要服务于中高端消费群体，从投产初期的年产值上千万元，2017年已突破3亿，目前仍在稳定增长中。

社会效益：
现代地暖起源于19世纪，最早国内是用火炕、暖气片、水暖管的墙面取暖方式。随着人们生活水平的提高，2001年，地面辐射供暖开始推广，起初用的是普通的四面企口实木地板。开启地暖后，地板变形收缩严重，售后量大，人们普遍认为实木不能用在地暖上。
在地暖上使用纯实木地板最健康环保，也更舒适养生宜人，满足人民群众追求高品质生活的需求。泛美经过了多年的研发试验，于2007年推出了实木地暖地板，当时有很多否定的声音，都说实木地板怎么能用在地暖上呢？因为泛美的坚持和推广，喜欢实木的消费者使用了泛美的产品，并通过铺装实践证明了泛美实木地板在不改变实木的自然属性的同时，更能用在地暖之上，得到了专家和消费者的普遍认可，为我国高端消费者创造家居地暖之需。

70. 成果名称：低游离醛三聚氰胺浸渍纸

主要完成人	刘宏伟、张发、杜永良
主要完成单位	天津市盛世德新材料科技有限公司
成果等级	天津市"杀手锏"产品
获奖时间	2018年12月

成果主要内容：
低游离醛三聚氰胺浸渍纸采用 $18\sim25g/m^2$ 的原纸，上胶量为原纸克重的450%～550%，浸渍纸的挥发物为6%～8%，预固化度为40%～60%，耐磨三氧化二铝混合物的添加量视所选耐磨转数的多少而定，一般三氧化二铝添加量为 $15\sim40g/m^2$。
（1）通过调整甲醛与三聚氰胺反应的聚合程度，并适当加入交联剂及改性剂对低聚物分子进行交联改性，得到有较多羟基、氨基，羟甲基等较多的反应基团。
（2）严格控制反应后水数在150～250范围内。
（3）选用反应活性较高的三氧化二铝粉末与胶水进行充分混合分散，保证压贴后的清晰度。喷涂前调配三氧化二铝需注意：耐磨转数的高低要通过增减三氧化二铝的数量来控制；喷涂使用前按比例将三氧化二铝耐磨物进行混合搅拌，使用专用搅拌机搅拌30分钟以上，喷涂干燥温度为110～130℃，循环风机转数800～100r/min。
（4）经过改性后的三聚氰胺浸渍纸，成膜丰满，透明度高，可获得与实木纹理逼真程度。

(续)

主要技术创新点：

（1）引入了莫氏硬度为 9.0 的三氧化二铝微粉，细度佳、分散好、硬度高，喷涂法后的浸渍纸耐磨程度均匀，耐磨转数大大提高，并可以根据客户要求调整工艺参数开发出不同耐磨转数的浸渍纸产品，使此产品系列化。

（2）先一面涂胶后二次呼吸工艺——让树脂分子从原纸一面进入纸纤维中把纤维中的空气排出纸内，然后经过二次呼吸使树脂分子能完全充分填充满原纸纤维中的空隙。

（3）在浸渍工艺调胶阶段加入偶联剂、流平剂、改性混拼树脂，使无机物与有机物能有效地互融并结合在一起的同时保证压贴后平整度、逼真度及油亮效果。

（4）采用干喷涂法氧化铝粉末的工艺，公司是国内第一家。

技术指标：

产品的游离甲醛稳定控制在 0.5mg/L 以下，项目执行期内申请发明专利 5 项，实用新型 10 项，外观设计 6 项。

推广应用情况：

公司生产的低游离醛三聚氰胺浸渍纸是一种低成本、高性能的复合材料，因其绿色环保、清晰度强、耐磨性能好、抗菌性强，已被国外广泛使用。目前本产品主要应用于地板表面，以提高耐磨转数和控制甲醛含量稳定在 0.5mg/L 以下。低游离醛三聚氰胺浸渍纸和液体耐磨装饰纸相比，在制造费用中有明显的降低，并简化了下道工序的工艺，因喷涂表层纸在压贴使用时有氧化铝的面不和压贴钢板直接接触，从而大大降低了对钢板的磨损，明显地提高了钢板使用的寿命，同时还降低了很多直接返修钢板的费用，降低了因更换钢板和返修钢板的间接费用。公司研究出能够彻底代替进口产品的浸渍纸产品，这样不仅能够满足国内市场的迫切需求，降低木地板的成本，而且还对我国特种纸的开发研究将起到推动作用。

经济效益：

项目完成当年企业销售收入达到 3 亿元，纳税总额 1800 万元。

社会效益：

增加就业 20 人。

71. 成果名称：科技重组木皮热压直贴工艺

主要完成人	段成才、李朋、吉军、马万军、朱振刚
主要完成单位	山东爱格装饰材料有限公司
成果等级	山东省企业技术创新优秀成果二等奖
获奖时间	2021 年 9 月 30 日

成果主要内容：

本项目研制的科技重组木皮热压直贴工艺迎合了技术发展趋势和市场需求，通过浸渍设备的改造，开发一种适合重组装饰薄木浸渍的生产工艺，同时调整及优化压贴工艺，使得新型重组木热压直贴饰面板的表面效果到达或者优于重组装饰薄木贴面板。采用优化的复卷重组装饰薄木生产工艺、浸渍生产工艺，缩短了板材贴皮的整个工序完成时间，提高了生产效率，实现了科技重组装饰薄木的高品质、长寿命的目标。该项目的科技重组木皮热压直贴工艺具有非常广阔的生产应用前景，有着极其广泛的行业影响。

主要技术创新点：

（1）采用柔性重组装饰薄木的生产工艺，普通重组装饰薄木易断裂，不利于浸渍生产，而柔性重组装饰薄木的生产工艺提高了浸渍生产效率，而且减少了热压过程中表面裂纹的产生。

（2）利用重组装饰薄木浸渍树脂的改性工艺，通过改性增强了树脂的韧性，减少了在浸渍生产过程中的难度，同时保证了在热压生产过程中表面胶层的固化质量。

（3）重组装饰薄木浸渍生产工艺，改变了重组装饰薄木装饰贴面的方式，极大简化生产工艺，适合工业化、批量化生产。

技术指标：

浸渍纸甲醛释放量：≤0.5mg/L。

表面耐水蒸气：不允许有凸起、变色龟裂。

表面耐龟裂：1 级。

表面耐干热：无龟裂、无鼓包。

耐化学性：面无变化(除了碘酒)。

（续）

推广应用情况：
为装饰薄木的生产提供了一种新的热压直贴工艺选择，且研究成果在多个项目中进行了工程实践，实现了新技术的推广应用，提升了科技重组装饰薄木的质量，促进了本行业的科技进步和发展。该项目的推广应用处于公司中等规模化生产及销售推广阶段，随着不断的推广和普及，进一步完善相关的技术和应用。

经济效益：
本项目经济效益评价，主要依据国家发改委、建设部公布的现行《建设项目经济评价方法与参数》及相关财税规定，并结合项目工程技术方案和设计参数等值。本项目预计投入300万元，项目完成后，新增销售收入1000万元，产生利税120万余元。

社会效益：
本项目提高了科技重组装饰薄木的品质质量、承压能力、安全性能、耐磨性能，以及使用寿命，对结构形式、加工方式和材料材质进行了优化设计，解决了目前普通的装饰薄木存在的诸多问题。目前，该项目的科技重组木皮热压直贴工艺在装饰薄木、板材的规模化生产中运行和应用良好，所制得的装饰薄木在市场中销售较好，颇受市场欢迎。预计新型科技重组装饰薄木规模化量产和销售之后，将大幅增加公司的经济收入和利税，为公司带来较好的经济效益和社会效益。

72. 成果名称：MF-石墨烯复合材料制备工艺

主要完成人	曹书川、吉军、潘燕伟、赵佶、王超
主要完成单位	山东爱格装饰材料有限公司
成果等级	山东省企业技术创新优秀成果优秀奖
获奖时间	2021年9月30日

成果主要内容：
本项目研发的MF-石墨烯复合材料完美解决了传统的氧化石墨烯材料存在的弊端，通过研究工艺简便、产率较高的氧化石墨烯的制备方法，对氧化石墨烯表面功能化改性、复合材料制备、复合材料改性机制进行了技术创新，实现了MF-石墨烯的耐磨性、耐刮性、耐热性、耐老化性、抗静电性、电磁屏蔽性和阻燃等性能提升的目标。MF-石墨烯复合材料具有非常广阔的市场应用前景，有着极其广泛的行业影响。

主要技术创新点：
（1）石墨烯和三聚氰胺树脂(MF)复配后制成的复合材料可充分发挥两者的优势，表现为复合材料的导热性、电磁性、拉伸强度和模量等显著提高，对三聚氰胺树脂本身透光性也无影响。
（2）石墨烯的引入，可增强、增韧三聚氰胺树脂，有效提升三聚氰胺树脂涂层的耐磨、耐刮性、耐热性、耐老化性、抗静电性、电磁屏蔽性和阻燃等性能。
（3）新型的MF-石墨烯复合材料的研究，进一步提高了三聚氰胺树脂的性能，为社会提供更加优质产品，同时提高了产品的附加值，增加了企业的额外利润，为企业的进一步发展，提供了科技保障。

技术指标：
密度：$0.7g/cm^3$。
弹性模量：2915MPa。
静曲强度：14.2MPa。
含水率：6.7%。
内胶合强度：0.56MPa。
表面胶合强度：1.23MPa。

推广应用情况：
为高端石墨烯材料市场提供了一种新的MF-石墨烯复合材料，且研究成果在多个项目中进行了工程实践，实现了新技术的推广应用，提升了科技重组装饰薄木的质量，促进了本行业的科技进步和发展。该项目的推广应用处于公司中等规模化生产及销售推广阶段，随着不断的推广和普及，将进一步完善相关的技术和应用。

经济效益：
本项目经济效益评价，主要依据国家发改委、建设部公布的现行《建设项目经济评价方法与参数》及相关财税规定，并结合项目工程技术方案和设计参数等值。本项目预计投入200万元，项目完成后，新增销售收入800万元，产生利税100万余元。

社会效益：
本项目研发了一种MF-石墨烯复合材料，通过研究工艺简便、产率较高的氧化石墨烯的制备方法，加强对氧化石墨烯表面功能化改性的研究，发展复合材料新的制备技术，以改善其在MF中的均匀分散性，并进一步提高相应复合材料的综合性能，解决了传统的石墨烯生产工艺存在的诸多问题。目前，该项目生产的MF-石墨烯复合材料在市场中销售良好，颇受市场欢迎。预计MF-石墨烯复合材料规模化、标准化生产和推广之后，将大幅增加产品产量，将为公司带来更多的经济收入和利税，为公司带来较好的经济效益和社会效益。

第三篇

中国林产工业协会新产品鉴定成果集锦

一、实木地板

序号	企业名称	新产品名称	产品简要说明及主要技术性能指标	鉴定意见	鉴定时间
1	上海菱格木业有限公司、浙江菱格木业有限公司	天格悬浮式地采暖实木地板	天格悬浮式地采暖实木地板通过采用自主研发的虎口榫连接、六面涂饰、静音膜、插接式墙壁踢脚线、加盖7字压条等多项国家专利技术，系统集成了树种选择、低温干燥和长时间养生等多项工艺，解决了地采暖用实木地板通常容易出现的开裂、变形、缝隙过大和声响等难题。该产品具有尺寸稳定性好，静音效果明显，安装拆卸方便，免龙骨免胶免钉和可循环使用的特点。该产品扩大了实木地板使用范围，为消费者提供了一种新的地采暖用高档铺地材料	国际领先	2011.3.18
2	大自然家居（中国）有限公司、广东盈然木业有限公司、河北爱美森木业有限公司	重杨木实木地板	采用有机/无机混配改性剂、通过满细胞法并辅以机械震荡对速生杨木进行增重改性处理和地板表面擦色处理，加工成重杨木实木地板。该产品密度增加20%，达到0.5g/cm³以上，产品弦向和径向热收缩率均低于0.12%，木材抗弯弹性模量达到4200Mpa，物理力学性质和装饰效果显著提高。采用速生杨木制造的实木地板，有利于为国家节约稀有木材资源，对缓解木材资源危机，减少珍贵木材进口，具有明显的社会效益与环保效益	国内领先	2011.12.29
3	广东盈然木业有限公司、中山市国立木业有限公司	刺槐集成实木地板	刺槐集成实木地板采取含有增强填充效果的地板底漆碎末、具有高效粘合性的α-氰基丙烯酸乙酯、耐水性较强的丙烯酸/苯乙烯共聚物乳液和稳定剂苯并三唑木材修补剂，提高柔韧性的软性树脂以及用于干燥和防霉的碱性碳酸盐。刺槐属于低等级木材，木材表面的缺陷比较多，刺槐木木质较硬，常规橡胶胶辊机械强度较弱，滚压刺槐时，表面容易磨损，通过胶辊硬度、速度的调整，使其在凹凸面的涂布效果更好，解决了凹陷处油漆涂覆和油漆表面气泡的问题。采用多个相互交错接合的木块之间的拼接缝彼此错开，呈"工"字型的新型无齿拼接方式，增加木块间的整体粘合强度，提高了地板的整体强度	国内领先	2015.5.25
4	中山市大自然木业有限公司	烙印地板	烙印地板将自主设计或根据消费者要求设计出地板表面花色图案，通过烙印方式在实木地板表面烙印图案，可以制造不同纹理花色的实木地板。烙印处理还可以应用在颜色较浅或木纹不明显的木材上，通过表面烙印处理，扩大了适用于实木地板生产的木材材种，提高了实木地板生产的适应性。外观质量、规格尺寸与偏差、含水率、漆板表面耐磨、漆膜附着力、漆膜硬度等指标均符合GB/T 15306—2009《实木地板》标准要求。该产品已批量生产并投入市场，具有广阔的市场前景	国内领先	2018.10.27
5	中山市大自然木业有限公司	压干法高尺寸稳定性白橡实木地热地板	压干法高尺寸稳定性白橡实木地热地板采用热压干燥、平衡处理和钢夹连接等综合处理技术，大大改善了白橡实木地热地板普遍存在的变形、开裂问题。产品平衡含水率6%条件下，产品耐热尺寸稳定性长度方向收缩率0.10%，宽度方向收缩率0.14%。耐湿尺寸稳定性长度方向膨胀率0.11%，宽度方向膨胀率0.20%，大大提高了白橡实木地热地板的尺寸稳定性。产品已批量生产并投入市场，产品具有广阔的市场前景	国内先进	2017.11.12

二、实木复合地板

序号	企业名称	新产品名称	产品简要说明及主要技术性能指标	鉴定意见	鉴定时间
6	大自然家居（中国）有限公司、广东盈然木业有限公司	APG天然大豆胶实木复合地板	大自然家居（中国）有限公司经过多年的产品研制，实现了APG天然大豆胶实木复合地板的规模化生产，产品已经投放市场。以再生资源豆粕为原料，胶黏剂的生产过程不含甲醛。可利用现有人造板的加工设备和加工工艺进行无醛胶合板的生产，产品性能达到优质实木复合地板水平，其中甲醛释放量达到国际先进标准要求，产品具有良好的市场前景	国际先进	2013.7.10
7	圣象集团有限公司、南京林业大学	柳杉芯板三层实木复合地板	柳杉芯板三层实木复合地板将柳杉木材应用于三层实木复合地板芯板，调整了剖分热压工艺和榫槽加工工艺，开发以柞木为表板、柳杉木材为芯板、松木为背板的三层实木复合地板。制定企业标准Q/321181 KYD 002—2015《三层实木复合地板用柳杉锯材》和Q/TNXL 03—2015《柳杉三层实木复合地板》，产品已开始批量生产并投入市场，经用户使用反应良好，具有广阔的市场前景	国内领先	2015.5.25
8	上海热丽电热材料有限公司	低温发热实木复合地板	低温发热实木复合地板采用了"碳纤维复合发热"技术，是适用于地采暖环境的多层实木复合地板的电采暖新产品，主要将浸渍固化后的碳纤维导电纸复合于多层实木复合地板单板之间，具有电功率稳定、发热均匀、热辐射转换效率高等特点。最高发热温度为50~55℃，其持续发热时，属于低温状态，不会使木地板产生变形、开裂和烧焦。该产品低频磁感应强度符合IEC 62233：2005标准规定。该产品已开始批量生产并投入市场，效果良好，具有广阔的市场前景	国际先进	2014.3.18
9	南京明霖木业有限公司、南京欧创环境技术研究院	一体化低温发热线缆电加热地板	以合金丝低温发热线缆为主要加热材料，镶嵌于地采暖用实木复合地板背面，采用双温双控技术和即插即用欧洲标准接插件，自主研发了发热线缆冷热线转换技术和双导低温发热技术。产品经检测，地采暖性能和甲醛释放量分别符合LY/T 1700—2007《地采暖用木质地板》和GB 18580—2001《室内装饰装修材料人造板及其制品中甲醛释放限量》标准要求	国内领先	2015.3.19
10	南京林业大学、中国林业科学研究院木材工业研究所、江苏肯帝亚木业有限公司	快装电热实木复合地板	快装电热实木复合地板由装饰表板、次表板、具有发热功能的电热基材以及用于两端安装连接电路的快接插片组成，通过自主研发的快接插片可实现施工现场快速连接组装，通过设置隔热层实现了自下而上定向传热功能。产品耐热尺寸稳定性、耐湿尺寸稳定性、甲醛释放量均达到LY/T 1700—2007《地采暖用木质地板》标准要求。表面平均温度、工作温度下的泄漏电流、冷态绝缘电阻、热态绝缘电阻符合GB 4706.1—2005《家用和类似用途电器的安全》要求，该产品已生产并投入市场	国内先进	2018.4.20
11	临沂优优木业股份有限公司、泗阳力欧木业新材料有限公司	净醛负氧离子实木复合地板	净醛负氧离子实木复合地板采用活化木质素（木素磺酸盐）和秸秆粉末制备改性脲醛树脂胶黏剂，提高了胶合质量，缩短了热压周期，有效降低了游离甲醛的产生，降低了产品生产成本，不使用面粉添加剂。在胶黏剂中加入自主研发的负氧离子降醛混合物，生产出具有负氧离子释放功能的多层实木复合地板，使多层实木复合地板既具有净醛又具有释放负氧离子的功能。产品静曲强度36.2~38.2MPa，弹性模量4200MPa，甲醛释放量0.1mg/L（干燥器法），甲醛净化效率（24h）76%，该产品已批量生产并投入市场，效果良好	国际先进	2016.7.31

(续)

序号	企业名称	新产品名称	产品简要说明及主要技术性能指标	鉴定意见	鉴定时间
12	圣象集团有限公司	耐磨高硬度水性涂料实木复合地板	耐磨高硬度水性涂料实木复合地板使用快干高性能水性光固化（UV）木器涂料进行表面涂饰，采用微波、红外、热风组合干燥，实现了快干高性能水性光固化（UV）木器涂料在木地板的工业化应用，制备出了耐磨高硬度水性涂料实木复合地板。漆膜硬度5H，表面耐磨0.04g/100r，总挥发性有机化合物（TVOC）释放率0.13mg/($m^2 \cdot h$)（72h）。该产品已批量生产，用户使用效果良好，具有广阔的市场前景	国内领先	2019.1.26
13	中山市大自然木业有限公司	稳定芯层结构三层实木复合地板	稳定芯层结构三层实木复合地板通过制备稳定结构的芯板来提升三层实木复合地板的稳定性，产品芯板由正三棱柱型或底面为梯形的直四棱柱形木质构件依次以类插嵌的方式沿水平方向拼接构成，芯板尺寸稳定性优于实木复合地板用胶合板标准30%以上。该产品尺寸稳定性为0.08%，外观质量、浸渍剥离、静曲强度等指标均符合GB/T 18103—2013《实木复合地板》标准技术要求。产品已批量生产并投入市场，反映效果良好	国内先进	2018.10.27
14	浙江富得利木业有限公司、中国林业科学研究院木材工业研究所、南京林业大学	微波膨化木装饰表板实木复合地板	微波膨化木装饰表板实木复合地板以微波膨化木为基材，采用快速均匀浸渍染色强化处理技术，制备具有木材天然纹理、剖面密度均匀、尺寸稳定性高、力学强度优的实木复合地板用表板。用该新型表板制备的实木复合地板，具有优良的表面装饰性能。产品浸渍剥离、含水率、漆膜附着力、表面耐磨、漆膜硬度和表面耐污染等各项指标均达到GB/T 18103—2013规定要求，其中静曲强度和弹性模量分别比GB/T 18103—2013要求提高100%和30%以上。该产品已小批量生产，用户使用效果良好，具有广阔的市场前景	国际先进	2018.12.23
15	圣象集团有限公司、圣象实业（江苏）有限公司	隔声降噪保温木质地板	隔声降噪保温木质地板通过改变传统木质地板的结构、调整地板背部表面几何结构以及在地板背部复合吸音隔声垫，达到隔声降噪保温的效果，将其铺装在120mm水泥混凝土上撞击隔声≤65dB，空气隔声>45dB；导热系数≤0.0815W/($m \cdot K$)、蓄热系数2.224~2.824W/($m^2 \cdot K$)。铺装后不仅具备隔声降噪保温的功能，同时增加了建筑室内空间，降低了楼板荷载。产品经检测，理化性能指标、撞击隔声和空气隔声指标、导热系数与蓄热系数指标均满足相关标准要求。该产品已批量生产并投入市场，用户使用效果良好，具有广阔的市场前景	国内领先	2019.9.29
16	湖州尚上采家居有限公司、南京林业大学、广州精陶机电设备有限公司、南京雷牧数码科技有限公司	数码喷印装饰实木复合地板	采用数字化木纹立体仿真印和UV树脂油墨LED灯紫外光固化等技术，研制出数码喷印装饰实木复合地板。产品将国家人造板与木竹制品质量监督检验中心检测，符合Q/SSC 01—2019《数码喷印装饰实木复合地板》及GB/T 18103—2013《实木复合地板》的要求，实现批量生产和销售，用户使用效果良好。产品具有天然木纹装饰效果，可替代传统实木复合地板，并提高了生产效率，降低了生产成本，具有明显的经济和社会效益，市场前景广阔	国内领先	2019.12.18
17	圣象集团有限公司、北京林业大学、湖南绿达新材料有限公司	木质素胶无醛多层实木复合地板	研制单位采用无添加甲醛木质素胶黏剂作为实木复合地板基材和贴面用胶，采用五段式热压工艺和严控施胶量等措施，降低了产品分层和鼓泡等缺陷，提高了产品耐水性。产品实现了批量生产并投入市场，用户使用效果良好。产品经国家人造板与木竹制品质检中心检测，各项性能满足GB/T 18103—2013《实木复合地板》要求，甲醛释放量满足T/CNFPIA 3002—2018《无醛人造板及其制品》要求，挥发性有机化合物（72h）和可溶性重金属总含量满足GB/T 35601—2017《绿色产品评价 人造板和木质地板》要求。产品通过北京绿林认证有限公司的无醛人造板及其制品认证	国际先进	2020.11.14

(续)

序号	企业名称	新产品名称	产品简要说明及主要技术性能指标	鉴定意见	鉴定时间
18	北美枫情木家居（江苏）有限公司、浙江农林大学	表面化学变色实木复合地板	针对柚木、柞木和桦木等珍贵树种木材特性，开发了亚铁离子复配化学调色剂配方及调色方法和专用设备，利用不饱和蒸气熏蒸和UV涂饰提高了实木复合地板颜色均匀度、稳定性和色彩饱和度，研制了珍贵树种表面化学变色实木复合地板，实现了珍贵树种木材的高效增值利用。产品经上海市建筑材料及构件质量监督检验中心检测，浸渍剥离、静曲强度、弹性模量、含水率、漆膜附着力、表面耐磨、漆膜硬度、表面耐污染指标均符合 GB/T 18103—2013 要求，甲醛释放量 $0.012mg/m^3$。产品已批量生产并投入市场，用户使用效果良好	国内领先	2021.6.5
19	浙江裕华木业股份有限公司	人工林柚木实木复合地板	针对国产人工林柚木薄木特性，添加改性壳聚糖和2-咪唑烷酮混合物，开发了低醛三聚氰胺改性脲醛树脂胶黏剂，解决了人工林柚木薄木易变形、脆性大等问题；通过向水性漆中添加聚丙烯酸酯、云母粉、三氧化二铝和纳米陶瓷粉，提高了漆膜的光泽度、硬度和耐磨性，开发了人工林柚木实木复合地板。产品经浙江省林产品质量检测站检测，性能指标均符合 GB/T 18103—2013 要求；甲醛释放量、VOC 含量及可溶性重金属指标均符合 GB/T 35601—2019 要求。申请国家发明专利1件；产品已批量生产并投入市场	国内领先	2021.6.5
20	圣象集团有限公司、广东希贵光固化材料有限公司、珠海采筑电子商务有限公司、北京林业大学	高耐污实木复合地板	采用氟/硅类抗污复配剂改性丙烯酸树脂，作为实木复合地板涂饰材料，使地板表面具有疏油基团，液体污染物表面接触角θ>90°，提高了地板表面耐污性能，可直接使用干纸巾擦除地板表面油性等污渍。创新采用快干酮基荧光油墨喷涂进行防伪处理，自然光不可见，波长为 200～400nm 紫外灯下清晰显示防伪标识。产品经国家人造板与木竹制品质量监督检验中心检测，各项性能符合 GB/T 18103—2013《实木复合地板》要求。表面耐污染性能参照 GB/T 17657—2013（4.40）测试，污染物为指甲油、圆珠笔油、红药水，待接触16h测试结束后直接采用干纸巾擦拭，耐污染等级达到5级。制订企业标准2项，申请实用新型专利1件。产品已批量生产并投入市场，用户使用效果良好	国际先进	2021.10.29

三、强化地板

序号	企业名称	新产品名称	产品简要说明及主要技术性能指标	鉴定意见	鉴定时间
21	成都市美康三杉木业有限公司	复合降醛强化木地板	复合降醛强化木地板采用基材涂覆处理、二次高温模压、纳米材料和热处理降醛等技术进行复合降醛处理，经国家建筑材料及装饰装修材料质量监督检验中心检测，产品甲醛释放量为 $0.02mg/m^3$，TVOC（72h）为 $0.24mg/(m^2·h)$，产品外观质量、尺寸偏差、内结合强度、含水率、密度、吸水厚度膨胀率、表面胶合强度等指标均符合 GB/T 18102—2007《浸渍纸层压木质地板》要求。产品已生产并投入市场，广泛用于地板、家居领域	国内领先	2018.6.18
22	中山市大自然木业有限公司、广东盈然木业有限公司	零醛添加（MDI）基材强化地板	零醛添加（MDI）基材强化木地板以MDI高密度纤维板为基材，浸渍纸中添加8%～12%的甲醛抑制剂，降低浸渍纸中的甲醛释放量。产品研发重点解决了MDI高密度纤维板基材含水率过低、表面硬度高，常规工艺无法保证其表面效果等技术难点，开发出零醛添加（MDI）基材强化木地板。产品甲醛释放量 0.04mg/L，静曲强度平均值 36.3MPa，内结合强度平均值 2.06MPa，吸水厚度膨胀率 8.1%，产品检测项目均达到 LY/T 1859—2009《仿古木质地板》中技术指标要求，该产品已批量生产并投入市场，效果良好	国内先进	2016.12.3

序号	企业名称	新产品名称	产品简要说明及主要技术性能指标	鉴定意见	鉴定时间
23	中山市大自然木业有限公司	客厅专用木质地板	客厅专用木质地板将木质单板和牛皮纸经改性三聚氰胺树脂胶黏剂饱和浸渍后，按照层间交错的铺装方式，在高温高压条件下制备出一种高压缩比的类玻璃纸木复合板材，在基材表面辅以喷墨打印和釉面油漆处理工艺，实现了地板表面装饰图案定制化以及饱和釉面效果，制备出高防水、高耐磨的釉质方形客厅地板。该产品密度1.28g/cm³、24h吸水厚度膨胀率1.9%、弹性模量11530MPa，静曲强度146.3MPa，产品性能优良，目前已批量生产并投入市场	国内领先	2018.10.27
24	德尔未来科技控股集团股份有限公司、浙江农林大学	高仿真数码打印装饰纸强化木地板	通过珍贵树种木材高清图像数字化扫描采集与处理，采用高清数码打印技术实现了高仿真复制；优化了浸渍胶黏剂配方和工艺，制造了清晰度和耐磨度更高的数码打印浸渍胶膜纸；采用低温延时压贴工艺制造了高仿真数码打印装饰纸强化木地板。产品经国家建筑材料及装饰装修材料质量监督检验中心检测，表面耐磨、表面耐划痕、吸水厚度膨胀率、密度、含水率及静曲强度等指标均符合GB/T 18102—2007要求。甲醛释放量0.016mg/m³	国内领先	2021.6.5
25	大自然家居（中国）有限公司、广西丰林木业集团股份有限公司、广西柏景地板有限公司	高防潮性能强化木地板	该产品以自主研发的α-纤维素等改性MDI树脂制备高性能零醛添加防水纤维板为基材，采用固体颗粒石蜡、液体膏状石蜡和防水木蜡油制备防水改性封边材料，通过专用装置进行封边处理；同时安装接触面采用单边倾角设计，表面紧致密封，通过以上技术集成制备高防潮性能强化木地板。产品经国家人造板与木竹制品质量监督检验中心检测，密度、吸水厚度膨胀率、内结合强度、表面耐划痕、表面耐冷热循环、表面耐磨、表面耐香烟灼烧、抗冲击性能指标均符合GB/T 18102—2020《浸渍纸层压木质地板》标准要求，其中涂蜡试件吸水厚度膨胀率3.7%。制定企业标准1项，申请实用新型专利4件。产品已经批量生产并应用	国内领先	2021.8.18

四、木质门

序号	企业名称	新产品名称	产品简要说明及主要技术性能指标	鉴定意见	鉴定时间
26	福江集团有限公司、华中科技大学	整体成型防火门板	采用整体成型和阻燃技术，以农林剩余物为原料，生产整体成型防火门板，用于防火门扇生产时无需传统木质框架结构件，可直接装配五金构件，有利于提高生产效率和节约成本。生产的钢木质隔热防火门和木质隔热防火门分别达到甲级和乙级防火门标准，防火性能稳定可靠。产品已批量生产并投入市场，经用户使用，效果良好	国内先进	2015.10.16
27	河北北方绿野居住环境发展有限公司	PVA胶实木复合门	PVA胶实木复合门自主研发的水基聚乙烯醇胶黏剂（PVA），替代传统PVAC、UF等胶黏剂，用于实木复合门生产，解决了甲醛污染问题。产品以桐木、松木等速生材为芯材，杨木多层单板为表层，各层采用相互垂直结构和联排式冷压工艺，提高了实木复合门的稳定性和环保性。总挥发性有机化合物（TVOC）释放率(72h)指标为0.03mg/(m²·h)，符合HJ 571—2010《环境标志产品技术要求 人造板及其制品》要求。该产品已批量生产并投入市场，具有广阔的市场前景	国际先进	2018.2.10

（续）

序号	企业名称	新产品名称	产品简要说明及主要技术性能指标	鉴定意见	鉴定时间
28	吉林兄弟木业有限公司、中国林业科学研究院木材工业研究所	室内实木复合隔声门	室内实木复合隔声门利用中密度纤维板和阻尼橡胶材料，采用异氰酸酯作为胶黏剂，对材料参数和结构进行优化，制备出木质阻尼隔声复合材料；选取多孔性吸声材料，根据隔声—吸声—隔声的复合层隔声原理，对木质阻尼复合材料及吸声材料填充方式进行优化和设计，制备一种隔声性能优良的室内木质门。研发的隔声木质门经水曲柳、蒙古栎、柚木等珍贵木材薄木贴面后，改善了木门表面装饰性能和美观性。产品的计权隔声量达到32dB，与普通木质门相比，计权隔声量提高了17dB，隔声性能优良，具有广阔的市场前景	国内先进	2018.10.20
29	三帝家居有限公司	儿童用木门	儿童用木门从0~6岁儿童使用的环保和人身安全方面进行设计：表层采用环保饰面胶膜，门芯采用纯实木优化结构，门框采用燕尾形榫式锁扣结构，使用安全童锁，高密度纤维板防潮技术，立面边缘采用圆弧角设计，无胶锁扣物理T型封边。经国家人造板与木竹制品质量监督检验中心检测，隔声性能、甲醛释放限量、TVOC（72h）等指标达到Q/SDJJ 001—2019《儿童用木门》标准规定要求；经国家家具质量监督检验中心（沈阳）检测，外观、理化性能达到LY/T 1923—2010《室内木质门》标准规定要求。该产品已批量生产并投入市场，用户使用效果良好，具有广阔的市场前景	国内领先	2019.9.29
30	重庆星星套装门（集团）有限公司、中国林业科学研究院木材工业研究所	国产人工林珍贵材薄木饰面模压浮雕门	国产人工林珍贵材薄木饰面模压浮雕门，以国产人工林楸木、柚木、西南桦、红椎四种珍贵木材为原料，采用直接刨切或小径材集成后刨切制备装饰薄木，通过外观、表面粗糙度的对比和分析，评价了装饰薄木的质量，制定了《柚木/楸木刨切薄木》企业标准。模压板坯以竹材和木材为原料，将竹木刨花按重量比为1:1混合，利用竹材强度大的优点，提高了模压板坯的浮雕表面强度，同时利用自主研发的专利设备将模压细表面置于面层，满足了国产人工林珍贵木材刨切薄木对模压浮雕工艺的要求。通过增大板坯和薄木的含水率，采用自主研发的湿贴和一次模压两步覆贴技术，降低了薄木热压压延撕裂的缺陷，实现了国产人工林珍贵材刨切薄木在凹凸起伏较大的表面覆贴	国内领先	2019.11.15
31	广东盈然木业有限公司、中国林业科学研究院木材工业研究所	国产人工林珍贵材薄木饰面木质复合门	针对国产人工林柚木、水曲柳、栎树和楸树等珍贵材薄木特性，开发了两次热激活改性胶黏剂，增强了薄木韧性，解决了人工林珍贵材薄木变形、脆性大等问题；采用改性聚氨酯丙烯酸树脂为主剂，添加优选助剂，制备了水性面漆，在实现良好漆膜性能的同时，提升了木质复合门的装饰效果和环境友好性。研制产品经国家建筑工程质量监督检验中心检测，外观质量、漆膜附着力、启闭力、抗垂直载荷性能、抗静扭曲性能及耐软重物撞击性能均符合GB/T 29498—2013要求	国际先进	2021.3.26
32	德华兔宝宝装饰新材股份有限公司、中国林业科学研究院木材工业研究所	人工林珍贵材薄木饰面防火门	采用植酸/胞嘧啶/维C生物质协效阻燃体系处理人工林装饰薄木，薄木阻燃性达到UL-94V0级，解决了火灾早期门扇表面火蔓延问题，且阻燃薄木不卷曲装饰木门表面美观；采用可溶性蛋白生物质基膨胀性阻燃体系处理实木框架，氧指数达到61.7%，有效降低了木材的燃烧速度，保留了燃烧完整性。开发了气凝胶/硅酸铝陶瓷纤维板防火门用轻质填充材料，门扇重量下降20%以上，有效解决了木门在高温燃烧状态下门扇易脱落、变形蹿火等问题；采用无缝卡槽和框架结构，创新了室内防火门分层阻燃结构设计，耐火时间可达82min，提高防火门的耐火隔热性和耐火完整性。产品经德清鼎森质量技术检测中心检测，表面胶合强度、漆膜附着力、漆膜硬度等性能均满足	国际先进	2021.5.15

（续）

序号	企业名称	新产品名称	产品简要说明及主要技术性能指标	鉴定意见	鉴定时间
32	德华兔宝宝装饰新材股份有限公司、中国林业科学研究院木材工业研究所	人工林珍贵材薄木饰面防火门	LY/T 71923—2010《室内木质门》标准要求；产品经国家防火建筑材料质量监督检验中心检测，耐火性能满足 GB 12955—2008《防火门》A1.00（乙级）要求。授权和申请国家发明专利 5 件；制订企业标准 1 项；建成年产 3000 樘国产人工林珍贵材薄木饰面防火门示范生产线 1 条，产品已批量生产并投入市场，用户使用效果良好	国际先进	2021.5.15

五、纤维板

序号	企业名称	新产品名称	产品简要说明及主要技术性能指标	鉴定意见	鉴定时间
33	济宁三联木业有限公司	超薄高密度纤维板	超薄高密度纤维板生产原料以阔叶材为主，利用特殊结构的磨片制备高质量纤维，采用高初黏性的改性脲醛树脂，联合设备厂家开发了适合超薄高密度纤维板生产的板坯铺装、预热预压、连续平压、辊刀裁板等设备和工艺，在线生产速度超过 110m/min，稳定批量生产厚度低于 1.5mm 的超薄高密度纤维板，最小厚度达 1.0mm，突破了纤维板产品国家标准定义生产厚度极限。产品密度 0.95g/cm^3，静曲强度 53.4MPa，弹性模量 4098 MPa，表面结合强度 1.41 MPa，吸水厚度膨胀率 25.7%，甲醛释放量 3.2mg/100g。目前该产品主要应用于饰面人造板基材复贴，饰面人造板尺寸稳定性较高，具有广阔的市场前景。产品经国家人造板与木竹制品质量监督检验中心检测，质量达到《室内木质门》LY/T 1923—2010 和《室内装饰装修材料 人造板及其制品中甲醛释放限量》GB 18580—2017 标准要求。该产品已批量生产并投入市场，用户使用效果良好，具有广阔的市场前景	国际领先	2016.12.26
34	山东泰然集团东营正和木业有限公司	超低 TVOC 装饰专用纤维板	超低 TVOC（总挥发性有机物）装饰专用纤维板采用水性聚氨酯胶黏剂合成技术和外脱模技术，降低了产品的有机物释放率和生产成本，提高了产品附加值。该产品的 TVOC 释放率 0.08mg/（m^2·h），达到 HJ 571—2010 环境标志产品技术要求；物理力学性能指标达到国标 GB/T 11718—2009 相关要求。是一种新型的汽车内饰、家具和装饰材料，应用前景广阔	国际先进	2013.8.3
35	山东泰然集团东营正和木业有限公司	高防潮薄型密度板	高防潮薄型纤维板主要针对出口客户开发，可以大量减少客户对价格昂贵防潮板材的进口，降低成本并提高竞争力。采用苯酚、三聚氰胺改性脲醛树脂合成技术和异氰酸酯为主的固化体系，实现了产品的高防潮性能，降低了生产成本，提高了产品附加值。厚度 2.7mm 产品的吸水厚度膨胀率达到 5.0%，沸腾试验后内结合强度 0.86MPa，物理力学性能均达到 GB/T 11718—2009 高湿度状态下使用的中密度纤维板性能的要求，是一种新型的家具和装饰材料，应用前景广阔	国内领先	2013.8.3
36	中国林业科学研究院林产化学工业研究所、广西丰林木业集团股份有限公司	儿童家具用豆粕胶中密度纤维板	产品以双组份豆粕胶黏剂、木纤维为原料，利用异相分解施胶技术，提高了豆粕胶黏剂体系与木纤维混合均匀性；采用多阶段可控、表面增湿、梯级热压调控等手段，增强了豆粕胶中密度纤维板产品质量的稳定性，实现了儿童家具用豆粕胶中密度纤维板的连续化可控生产。经第三方检测，产品性能指标符合 GB/T 11718—2009、GB 18580—2017、HJ 571—2010 和 Q/GXFL 14—2020 相关要求。甲醛释放为未检测出，TVOC 达到 A$^+$级（法国 2011-321 号法令）。制订企业标准 1 项。在广西丰林木业集团股份有限公司年产 15 万 m^3 和 20 万 m^3 纤维板连续平压生产线上实现批量化生产，市场反馈良好	国际先进	2021.1.20

（续）

序号	企业名称	新产品名称	产品简要说明及主要技术性能指标	鉴定意见	鉴定时间
37	中国林业科学研究院林产化学工业研究所、广西丰林木业集团股份有限公司	吸音板用豆粕胶中密度纤维板	产品针对吸音型家具产品加工性能要求，利用多形态多组分物料可控混合、柔性增韧、梯级热压调控等手段，优化了热压因子、施胶量、纤维流量等工艺参数，创制了低密度均质吸音板用豆粕胶中密度纤维板。经第三方检测，产品性能指标符合GB/T 11718—2009、GB 18580—2017和Q/GXFL 16—2020相关要求。制订企业标准1项。在广西丰林木业集团股份有限公司年产15万m^3和20万m^3纤维板连续平压生产线上实现批量化生产，市场反馈良好	国际先进	2021.1.20

六、胶合板

序号	企业名称	新产品名称	产品简要说明及主要技术性能指标	鉴定意见	鉴定时间
38	临沂优优木业股份有限公司、泗阳力欧木业新材料有限公司	净醛负氧离子胶合板	净醛负氧离子胶合板生产过程保持传统胶合板生产工艺不变，采用活化木质素和秸秆粉末制备改性脲醛树脂胶黏剂，提高了胶合质量，缩短了热压周期，有效降低了游离甲醛的产生，降低了产品生产成本，不使用面粉添加剂。在胶黏剂中加入自主研发的负氧离子降醛混合物，生产出具有负氧离子释放功能的胶合板，使胶合板既具有净醛又具有释放负氧离子的功能。产品胶合强度0.75~0.90MPa，甲醛释放量0.1mg/L；产品应用样板间室内空气质量测试结果显示，甲醛0.04mg/m^3，TVOC 0.32mg/m^3，空气负离子25800icon/cm^3。该产品针对当前人们普遍关心的甲醛、有机挥发物等室内空气污染问题具有重要的改善作用，该产品已批量生产并投入市场，具有广阔的市场前景	国际先进	2016.7.31
39	临沂山大木业有限公司、中国林业科学研究院木材工业研究所、山东旋金机械有限公司、山东省林业科学研究院、山东永利木业有限公司	实木厚芯胶合板	该产品通过在单板松面辊压线段状沟槽，采用自主研发的湿热协同调控稳定技术和超厚单板混杂复合结构设计，解决了产品的变形问题；研发了异氰酸酯纳米粉体复合胶黏剂和多元豆基蛋白胶黏剂，生产出不同环保等级的实木厚芯胶合板。产品经国家人造板与木制品监督检验检测中心检测，顺纹曲强度36.6MPa，横纹静强度49.2MPa，顺纹弹性模量5890MPa，横纹静强度6100MPa，尺寸稳定性0.12%，板材的甲醛释放量为0.019mg/m^3，总挥发性有机化合物TVOC含量为87μg/m^3，达到了《绿色产品评价人造板和木质地板》（GB/T 35601—2017）相关要求。阻燃处理产品经国家消防及阻燃产品质量监督检验中心检测，燃烧性能符合GB 8624—2012标准B_1（C）级要求。	国际领先	2021.3.30

七、刨花板

序号	企业名称	新产品名称	产品简要说明及主要技术性能指标	鉴定意见	鉴定时间
40	易县圣霖板业有限责任公司、中国林业科学研究院木材工业研究所	连续平压难燃刨花板	连续平压难燃刨花板筛选复配了耐高温阻燃剂，根据板材对火焰燃烧及蔓延规律，研发了分层阻燃技术，在芯层定量施加促进成炭类阻燃剂，在表层定量施加抑制火焰蔓延类阻燃剂，在连续平压生产线上实现了难燃刨花板批量生产。研制的连续平压难燃刨花板产品经国家防火建筑材料质量监督检验中心和北京理工大学阻燃材料检测中心检测，燃烧性能等级均达到难燃B_1（B-s1，d0，t1）级；经国家人造板与木竹制品质量监督检验中心和河北省产品质量监督检验研究院检测，板内密度偏差、	国际先进	2019.8.4

(续)

序号	企业名称	新产品名称	产品简要说明及主要技术性能指标	鉴定意见	鉴定时间
40	易县圣霖板业有限责任公司、中国林业科学研究院木材工业研究所	连续平压难燃刨花板	含水率、静曲强度、弹性模量、内胶合强度、表面胶合强度、2h吸水厚度膨胀率、握螺钉力等各项指标均达到 GB/T 4897—2015 规定要求，甲醛释放量达到 GB 18580—2017 规定要求。连续平压难燃刨花板已批量生产并投入市场，用户使用效果良好，具有广阔的市场前景。	国际先进	2019.8.4
41	宁丰集团股份有限公司、中国林业科学研究院林业新技术研究所、中国林业科学研究院木材工业研究所	轻质刨花板	该产品通过制备厚度均匀的超薄大片刨花做板材芯层，细刨花置于表层提高表面平整度，制得的轻质刨花板产品轻质高强，达到国家刨花板标准要求。该产品经国家人造板与木竹制品质量监督检验中心检测，密度 0.50g/cm³ 的轻质刨花板物理力学性能符合干燥状态下使用的家具型刨花板（P2型，GB/T 4897—2015《刨花板》）指标要求。该产品已在国内首条年产 40 万 m³ 的生产线批量化生产，产品经用户使用，效果良好，具有广阔的市场前景	国际先进	2020.11.20
42	中国林业科学研究院林产化学工业研究所、广西丰林木业集团股份有限公司	改性豆粕胶无醛低气味刨花板	产品以高初粘性豆粕胶黏剂、木质刨花等为主要原料，采用流变调控、多元协同交联、表层增韧防黏、多管道可施胶、梯级工艺调控、氧化除味等技术，创新了表/芯层胶黏剂同步固化技术，创制了改性豆粕胶无醛低气味刨花板。经第三方检测，产品性能指标符合 GB/T 4897—2015、GB 18580—2017、HJ 571—2010 和 Q/GXFL 17—2020 相关要求。制订企业标准 1 项。建立了世界最大规模（年产 30 万 m³）的豆粕胶无醛刨花板连续平压生产线	国际领先	2021.1.20
43	寿光市鲁丽木业股份有限公司、山东省林业科学研究院、中国林业科学研究院木材工业研究所、山东旋金机械有限公司、山东菏泽茂盛木业有限公司	轻质可饰面定向刨花板	该产品采用连续化旋切超薄单元刨花制备技术制备芯层刨花；采用多铺装头组合的铺装技术，实现了多层结构定向均匀铺装精准控制，通过多项技术集成，生产出密度 0.58g/cm³ 轻质可饰面定向刨花板。产品经国家装饰装修材料质量监督检验中心检测，18mm 产品密度为 0.58g/cm³，平行加载静曲强度 19MPa，垂直加载静曲强度 14MPa，平行加载弹性模量 2810MPa，垂直加载弹性模量 1960MPa，内结合强度 0.47MPa，表面胶合强度 1.18MPa	国际先进	2021.3.30
44	山东新港企业集团有限公司、中国林业科学研究院木材工业研究所	抗蠕变防潮难燃刨花板	通过提高芯层大刨花比例并优化铺装技术，提高了刨花板抗蠕变性能；复配了非离子、分散反应型乳化石蜡，协同使用耐水型改性脲醛树脂胶黏剂，提高了刨花板防潮性能；采用分层阻燃技术，在表、芯层分别施加抑焰型阻燃剂、膨胀成炭型阻燃剂，同时优化表、芯层阻燃剂添加量的比例，充分发挥协效阻燃作用；通过技术集成研制了抗蠕变防潮难燃刨花板。产品经浙江省林产品质检站检测，含水率、静曲强度、弹性模量、内胶合强度、表面胶合强度、24h 吸水厚度膨胀率、握螺钉力等各项指标均达到 GB/T 4897—2015 潮湿状态下使用的家具用板规定要求；经国家阻燃材料与制品质量监督检测中心检测，燃烧性能等级达到难燃 $B_1(C)$ 级；经山东新港企业集团有限公司检测中心检测，抗蠕变性能和防潮性能达到 Q/371302-XGJ1.2—2021 企业标准要求。授权发明专利 3 件、实用新型专利 1 件；制订企业标准 1 项；建成年产 25 万 m³ 抗蠕变防潮难燃刨花板示范生产线 1 条，产品已批量生产并投入市场，用户使用效果良好	通过鉴定	2021.12.21

八、生态板

序号	企业名称	新产品名称	产品简要说明及主要技术性能指标	鉴定意见	鉴定时间
45	德华兔宝宝装饰新材股份有限公司、德兴市兔宝宝装饰材料有限公司	高表面性能生态板	高表面性能生态板以细木工板或胶合板为基材，采用1.0～1.2mm HDF作为平衡层、高温高压短周期与低温低压长周期相结合的热压工艺，有效改善其表面耐龟裂性能和表面耐污性能，提升其厚度均匀性和平整度，扩大了生态板的应用领域。产品平整度0.2%、表面耐龟裂5级、表面耐香烟灼烧5级、甲醛释放量、表面耐冷耐热循环等指标均符合Q/TBB 0022—2017《浸渍胶膜纸饰面人造板》的要求。该产品已生产并投入市场，用户使用效果良好	国际先进	2018.10.11
46	德华兔宝宝装饰新材股份有限公司、德兴市兔宝宝装饰材料有限公司	难燃生态板	难燃生态板是将普通的生态板赋予其阻燃性能，扩宽了生态板的应用范围，该生态板游离甲醛含量低、表面理化性能好、制备过程简单。以阻燃处理的胶合板或细木工板为基材，阻燃处理采用自主研发的阻燃剂对表面单板进行浸渍处理（厚度≥3mm），再覆贴阻燃浸渍处理的平衡层和表面装饰层后，制备的生态板具有阻燃功能，拓展了生态板的应用领域。该产品燃烧性能达到难燃B_1（B-s1, d0, t1）级，目前已生产并投入市场，具有广阔的市场前景	国内先进	2018.10.11

九、其他人造板类

序号	企业名称	新产品名称	产品简要说明及主要技术性能指标	鉴定意见	鉴定时间
47	广东耀东华装饰材料科技有限公司	内置导体饰面人造板	内置导体饰面人造板将外覆绝缘漆的导体嵌入到饰面人造板中，为人造板智能应用提供导电、通讯平台，拓展了饰面人造板的功能和属性，为促进我国人造板产品智能化应用提供了新的方向。该产品嵌入导体能够承载36V及以下电源和4A的电流；经SGS检测，负载300W，通电3h，表面温升不大于1℃；经500V绝缘电压测试，极间绝缘电阻≥0.5MΩ；24h水浸泡后，经500V绝缘电压测试，极间绝缘电阻≥0.1MΩ，可在湿度大于99%的情况下保证良好的绝缘性能。产品已批量生产并投入市场，反映效果良好	国际先进	2017.6.4
48	秦皇岛裕源木业有限公司	木丝结构板	采用有机/无机混配改性剂、通过满细胞法并辅以机械震荡对速生杨木进行增重改性处理和地板表面擦色处理，加工成重杨木实木地板。该产品密度增加20%，达到0.5g/cm³以上，产品弦向和径向热收缩率均低于0.12%，木材抗弯弹性模量（MOE）达到4200MPa，物理力学性质和装饰效果显著提高。该产品经国家人造板与木竹制品质量监督检验中心检测，漆膜附着力、漆膜表面耐磨和漆膜硬度技术指标均达到了GB/T 15036—2009《实木地板》的要求，用户使用效果较好	国内领先	2012.8.1
49	浙江仕强竹业有限公司、浙江农林大学	新型稻壳板材	该产品采用有机酯催化剂、有机复合催化剂、竹木质素和尿素复合改性酚醛树脂胶黏剂，研制了新型稻壳板材并进行了中试。按照GB/T 17657—2013《人造板及饰面人造板理化性能试验方法》，该新型稻壳板材经浙江省林产品质量检测站检测，密度达到1.07~1.08g/cm³、24h厚度吸水膨胀率达到3.0%~5.0%、平均静曲强度22.8~23.3MPa、平均弹性模量3780~3978MPa、平均内结合强度0.97~1.32MPa、甲醛释放量达到0.008mg/m³	国内领先	2019.12.18

(续)

序号	企业名称	新产品名称	产品简要说明及主要技术性能指标	鉴定意见	鉴定时间
50	北京林业大学、东北林业大学、联邦家私（山东）有限公司、简木（广东）定制家居有限公司	小径材多界面实木拼接板	该产品以桉树等人工林速生小径材为原料，通过自主研发的小径材沿中线对称剖分—高焓微压处理—干燥—高温热处理—多界面成型及结合一体化处理技术，解决了产品制造过程中出材率低、干燥降等损失大、易变形开裂以及产品尺寸稳定性差等问题，制备出小径材多界面实木拼接板；产品经国家人造板与木制品监督检验检测中心检测，含水率 5.3%，纵向抗弯强度 92.1MPa，纵向弹性模量 12780MPa，侧拼抗剪强度 7.1MPa，试件均无剥离，甲醛释放量为 0.02mg/L	国内领先	2021.3.30
51	华南农业大学、广东益利安消防材料有限公司	抗菌防霉饰面再生人造板	产品以废旧胶合板、纤维板为原料，通过废旧人造板筛选、分等，制备人造板再生板条单元，按照细木工板生产工艺制备再生人造板；胶黏剂采用自主研发的无醛蛋白胶黏剂，研发了覆面材料抗菌防霉处理技术，创制了具有抗菌防霉功能的再生人造板。产品经广东省质量监督木材及木制品检验站检测，含水率、胶合强度、握螺钉力等理化性能指标和抗菌率、防霉率均符合 Q/YLA01—2020《抗菌防霉再生人造板》企业标准。申请发明专利 4 件，制订企业标准 1 项；胶合板芯再生产品已批量生产并应用，用户反馈使用效果良好	国内领先	2021.6.7
52	浙江省宁波朴锐环保科技有限公司、中国林业科学研究院木材工业研究所、黑龙江省林业科学院木材科学研究所	建筑模板用再生纺织纤维木竹基复合板	开发了无差别纺织剩余物再生纤维制备技术、再生纤维界面调控技术、木竹纤维与再生纺织纤维均匀混合技术，实现了一次覆面热压成型建筑模板用再生纺织纤维木竹基复合板制备。经国家林业局林产品质量检验检测中心检测，产品静曲强度 22.8MPa，弹性模量 1420MPa，达到了《建筑模板用木塑复合板》（GB/T 29500—2013）要求；参照《人造板及饰面人造板理化性能试验方法》（GB/T 17657—2013）检测，产品内结合强度 1.81MPa，密度 1.23g/cm^3，24h 吸水厚度膨胀率 0.49%。产品已产业化应用	国际领先	2021.7.26
53	德华兔宝宝装饰新材股份有限公司、南京林业大学	装配式 OSB 复合墙板	采用非对称反向 45° 结构增强技术以及层状复合技术，将 OSB 与 XPS 挤塑板和石膏板等材料制备 OSB 复合墙板，具有优良的保温隔声功能；对墙板进行模块化、装配化构造和连接设计，实现墙板可装配式组装。产品经江苏省建筑工程质量检测中心有限公司检测，传热系数为 0.39W/(m^2·K)，优于建筑墙体材料隔热要求；计权隔声量为 47dB。申请发明专利 1 件。已实现批量化生产并投入市场，用户使用效果良好	国际先进	2021.12.18
54	德华兔宝宝装饰新材股份有限公司和中国林业科学研究院木材工业研究所	阻燃保温 OSB 复合板	发明了新型阻燃改性脲醛树脂胶黏剂，采用柔性纤维毡浸渍阻燃胶黏剂，将 OSB 与酚醛泡沫板进行冷压层状复合成型，实现了 OSB 与酚醛泡沫板阻燃轻质保温复合板快速工厂化预制，产品具有优良的阻燃、轻质、保温、隔声等性能。产品经国家人造板与木竹制品质量监督检验中心检测，密度、含水率、弯曲强度、压缩强度、甲醛释放量等性能均满足 Q/TBB 0051—2021《OSB 基轻质保温复合板》标准要求；经国家化学建材质量检验检测中心检测，燃烧性能满足 GB 8624—2012《建筑材料及制品燃烧性能分级》的 B_1(B-s2, d0) 等级要求；经江苏省建筑工程质量检测中心有限公司检测，当量导热系数（平均温度 25℃）为 0.031W/(m·K)，计权隔声量为 31dB。获授权国家发明专利 3 件，申请国家发明专利 1 件；制订企业产品标准 1 项；产品已批量生产并投入市场，用户使用效果良好	国际先进	2021.12.18

（续）

序号	企业名称	新产品名称	产品简要说明及主要技术性能指标	鉴定意见	鉴定时间
55	山东新港企业集团有限公司、中国林业科学研究院木材工业研究所	刨花板腹板复合木工字梁	创新采用刨花板为腹板，研制了新型木质复合工字梁；研发了复合工字梁翼缘和刨花板腹板的"双指型梯形齿"连接方式，利用有限元方法研究了不同翼缘和腹板材料、连接齿深度、齿顶宽度和嵌合度以及接口胶合强度。产品经国家建筑材料测试中心检测，抗剪承载力、抗弯承载力矩和承压承载力均达到GB/T 31265—2014P20-Ⅱ型号结构性能特征值要求。获实用新型专利2件；制订企业标准1项；发表论文1篇；培养博士后1名；建立年产160万延米示范生产线1条，产品已批量生产并应用于混凝土浇筑的模板体系，用户使用效果良好	通过鉴定	2021.12.21

十、胶黏剂

序号	企业名称	新产品名称	产品简要说明及主要技术性能指标	鉴定意见	鉴定时间
56	中国科学院宁波材料技术与工程研究所、宁波中科八益新材料股份有限公司	大豆基无醛木材工业用胶黏剂	采用豆粕为原料，以水为分散介质，通过绿色环保的加工工艺制备得到一种完全不含甲醛的大豆基无醛木材胶黏剂。该胶黏剂价格低廉，可以代替现有的甲醛基（脲醛胶，酚醛胶和三聚氰胺—甲醛胶）胶黏剂应用于木材加工行业。不需要对生产设备进行改造和更新，可以利用现有人造板的加工设备和加工工艺进行无醛胶合板的生产，操作简单，容易推广，该技术已经在国内率先实现工业化生产，它的推广应用将根本解决人们长期面对的室内甲醛危害问题，同时也将极大地提升我国人造板行业国际竞争力	国际先进	2011.7.30
57	东营市盛基环保工程有限公司	单板类人造板用改性EPI无醛胶黏剂	单板类人造板用改性EPI无醛胶黏剂选用高保水性聚丙烯酸盐及其聚合物为主要粘结材料，与异氰酸酯复合制备出双组份EPI无醛胶黏剂，使单板涂饰后胶黏剂的开放时间最长达到90min以上，可以满足胶合板、细木工板等单板类人造板生产工艺对胶黏剂开放时间的要求。该产品浸渍剥离、胶合强度、甲醛释放量、TVOC（72h）等指标符合GB/T 18103—2013《实木复合地板》、HJ 571—2010《人造板及其制品》、T/CNFPIA 3002—2018《无醛人造板及其制品》要求。该产品已批量生产并投入市场，用户使用效果良好	国际先进	2019.6.1
58	中国林业科学研究院林产化学工业研究所、广西丰林木业集团股份有限公司	纤维板用双组份豆粕胶黏剂	产品采用大分子协同交联固化技术，以改性豆粕为固体组份，水性大分子和多官能度化合物为液体组份，创制了纤维板用双组份豆粕胶黏剂，用该胶黏剂生产纤维板热压因子达到6s/mm，解决了蛋白胶黏剂反应活性低、储存期短等难题，提升了豆粕胶黏剂及其制品的适用性和稳定性。产品获授权发明专利2件；制订Q/3201LHS01—2020《双组份豆粕胶黏剂》企业产品标准1项。产品经第三方检测机构测试，性能指标满足Q/3201LHS01—2020要求。在广西丰林木业集团股份有限公司建成了年产5000吨纤维板用双组份豆粕胶黏剂生产线，产品已规模化应用于中密度纤维板生产	国际先进	2021.1.20
59	北京林业大学	环氧改性植物蛋白胶黏剂	以柔性长链环氧化合物为增韧改性剂，通过内/外和多重网络增韧方法，开发了环氧改性植物蛋白胶黏剂产品。胶黏剂胶膜强度8.1MPa，断裂伸长158%，韧性8.15MJ/m^2。该胶黏剂制备的胶合板，经国家人造板与木竹制品质量监督检验中心检测，胶合强度1.71MPa，木破率90%以上，甲醛释放量0.012mg/m^3，满足Ⅱ类胶合板标准要求	国内领先	2021.8.19

（续）

序号	企业名称	新产品名称	产品简要说明及主要技术性能指标	鉴定意见	鉴定时间
60	北京林业大学	高耐水植物蛋白胶黏剂	采用"核—壳"反应型硅丙乳液协同填料杂化技术，以纤维素为增强中心，构建了致密交联网络，开发了高耐水性植物蛋白胶黏剂。测试表明，制备的胶合板水煮3h后，胶合强度达到1.20 ± 0.11MPa。产品已规模化生产并在单板类人造板企业应用，用户反应良好	国际领先	2021.8.19
61	北京林业大学	集成材用植物蛋白胶黏剂	采用硅丙烯酯乳液和环氧高效交联剂作为增强剂改性植物蛋白，开发出集成材用长活性期、常温固化植物蛋白胶黏剂。应用时通过压力作用，使胶黏剂中活性成分破乳释放，实现快速固化，操作工艺简单。较常用双组份水性异氰酸酯胶黏剂成本大幅降低，适用期长达36h。经测试，制备的集成材产品通过10个"水煮—冷冻—水煮—干燥循环"不开胶。产品已规模化生产并在集成材生产企业应用，用户反应良好	国内领先	2021.8.19
62	北京林业大学	复合植物蛋白胶黏剂	采用大豆分离蛋白残渣或菜粕与豆粕复配制备植物蛋白胶黏剂，以无机凹凸棒土或海泡石等作为无机填料，开发出低成本植物蛋白胶黏剂。该胶黏剂保持了良好胶接性能。该胶黏剂生产的多层胶合板地板基材，经上海市质量监督检验研究院检验，静曲强度60.6MPa，弹性模量5710MPa，浸渍剥离合格率100%，甲醛释放量0.014mg/m^3。产品已规模化生产并在单板类人造板企业应用，用户反应良好	国内领先	2021.8.19
63	北京林业大学	防霉植物蛋白胶黏剂	基于无机防霉剂、氨基防霉剂和多酚类防霉剂的防霉机理，采用聚乙烯亚胺、金属离子与单宁酸复配防霉剂，通过化学和配位作用将防霉剂与大豆蛋白键合，开发出长效防霉植物蛋白胶黏剂。产品委托科学指南针生物技术研发中心检测，大肠杆菌抑菌圈直径≥4mm，金黄色葡萄球菌抑菌圈直径≥15mm。产品已规模化生产并在单板类人造板企业应用，用户反应良好	国内领先	2021.8.19
64	北京林业大学	低黏度植物蛋白胶黏剂	采用超声波技术和生物酶水解预处理蛋白质，与环氧类交联剂协同改性植物蛋白胶黏剂，降低胶黏剂黏度、提高胶黏剂流动性，涂布和渗透性能显著改善，开发出低黏度植物蛋白胶黏剂，黏度较常规植物蛋白胶黏剂降低30%以上。该胶黏剂制备的多层实木复合地板产品，经国家人造板与木竹制品质量监督检验中心检测，静曲强度≥39.7MPa，弹性模量5470MPa，浸渍剥离合格率100%，甲醛释放量0.011mg/m^3	国内领先	2021.8.19
65	北京林业大学	多元醇/聚酰胺环氧氯丙烷水性交联剂	采用多元酸和多元胺制备预聚体，与多元醇和环氧氯丙烷反应，开发出改性聚酰胺环氧氯丙烷树脂水性高反应活性交联剂。交联剂添加量为常规聚酰胺环氧氯丙烷交联剂50%时，即可满足胶合强度要求。经测试，该交联剂制备胶黏剂胶接的胶合板胶合强度达1.12MPa，满足Ⅱ类胶合板强度要求。产品已规模化生产并在单板类人造板企业应用，用户反应良好	国内领先	2021.8.19
66	北京林业大学	木糖醇/环氧氯丙烷交联剂	利用木糖醇和环氧氯丙烷在碱催化下合成生物基环氧交联剂，开发出木糖醇/环氧氯丙烷交联剂产品。通过环氧化木糖醇的柔性长链和多官能度结构增强增韧植物蛋白胶黏剂，可改善胶黏剂耐水性差和脆性大的缺陷。经测试，该交联剂制备胶黏剂胶接胶合板的胶合强度1.36±0.06MPa。产品已规模化生产并在单板类人造板企业应用，用户反应良好	国内领先	2021.8.19

（续）

序号	企业名称	新产品名称	产品简要说明及主要技术性能指标	鉴定意见	鉴定时间
67	北京林业大学	单宁改性植物蛋白胶黏剂	采用单宁等类儿茶酚物质改性植物蛋白，定向调控胶黏剂的界面水合效应，构建邻苯二酚类多巴结构增强交联体系，开发出高初粘性植物蛋白胶黏剂。经测试，预压时间大幅缩短，板坯胶合强度 0.54 ± 0.05MPa，修补及运输不散坯。该胶黏剂制备的胶合板经国家人造板与木竹制品质量监督检验中心检测，胶合强度 0.88MPa，甲醛释放量未检出。产品已规模化生产并在单板类人造板企业应用，用户反应良好	国内领先	2021.8.19
68	北京林业大学	聚氨酯预聚物改性植物蛋白胶黏剂	自主研发了聚氨酯预聚物改性植物蛋白胶黏剂。采用微相分离技术及互穿交联网络设计，将高活性的聚氨酯单体预聚物引入纤维素纤维骨架表面，提高在蛋白基质中的分散稳定性，开发出强韧植物蛋白胶黏剂，固化胶膜不开裂。该胶黏剂制备的浸渍胶膜纸饰面细木工板，经临沂市产品质量监督检验所检测，浸渍剥离、静曲强度等 9 项指标均符合 GB/T 34722—2017 指标要求。产品已规模化生产并在单板类人造板企业应用，用户反应良好	国内领先	2021.8.19

十一、涂　料

序号	企业名称	新产品名称	产品简要说明及主要技术性能指标	鉴定意见	鉴定时间
69	湖北万利环保节能材料有限公司、武汉万利耐水工贸有限公司	地板企口用固体有色防水涂料	地板企口用固体有色防水涂料是结合强化木地板性能特点和市场需求，通过多年的技术积累而研发成功的新一代环保型防水材料，该涂料是以固态树脂和天然油脂复合体为基料，通过原料配比调整，加以适量颜料和助剂，通过预混合、挤出、压片（或造粒）工序而制得的无溶剂、成膜性和耐水性优异的新型有色热熔性防水涂料。与传统防水涂料相比，具有防水性能明显，成膜速度快；可按板面颜色要求调色，固态产品，便于包装储运	国际先进	2011.2.22
70	江苏海田技术有限公司、中国林业科学研究院林业新技术研究所	快干高性能水性光固化（UV）木器涂料	快干高性能水性光固化（UV）木器涂料采用高固体含量的水性聚氨酯丙烯酸酯树脂，优化筛选出高效光引发剂、消泡剂、触变剂、润湿分散剂等，通过对比研究添加次序、分散工艺、助剂的施加方法等，研制出了具备高耐磨、高硬度的快干水性光固化（UV）木器涂料。产品固体含量 80%～90%，在涂膜厚度为 $20\mu m$ 的情况下，干燥时间不超过 30s，漆膜硬度 ≥3H，产品可辊涂或喷涂，性能优于普通水性木器涂料产品。产品经 SGS 检测，总挥发性有机化合物、游离甲醛、重金属含量等各项指标均达到 HJ 2537—2014 规定要求。产品应用于家具和地板，具有广阔的市场前景	国内领先	2019.1.26
71	苏州市明大高分子科技材料有限公司	紫外光（UV）固化负离子木器涂料	紫外光（UV）固化负离子木器涂料是将紫外光固化涂料与负离子纳米材料相结合，通过添加自主研发的含卤素丙烯酸酯低聚物解决负离子粉体相容性问题，采用纳米级离子浆提高漆膜透明度及负离子释放效率，利用原有 UV 固化涂装工艺，可以生产出具有释放负氧离子功能的木地板、家具等木器产品。该产品涂饰在实木复合地板表面，负离子发生量达到 4510 个/cm^3。该产品已批量生产并投入市场，效果良好	国内先进	2016.11.4

十二、木工机械

序号	企业名称	新产品名称	产品简要说明及主要技术性能指标	鉴定意见	鉴定时间
72	上海人造板机器厂有限公司	BY74系列平压式人造板连续压机	BY74系列平压式连续压机包括4英尺和8英尺幅面两种系列，是上海人造板机器厂有限公司在消化吸收国际先进技术的基础上开发研制成功的。设备具有更灵活有效的压力和位置控制手段，创新设计的钢带托辊驱动系统，保证钢带与托辊的同步运行无滑移摩擦，可有效降低钢带磨损和提高纠偏能力。连续压机的开发，比普通多层压机节省原料10%以上，节省热能50%以上，节省电能60%以上，广泛应用于纤维板、刨花板等各类大型人造板的生产线，将平均年产量由5万m³以下提升到12万m³以上，为实现我国由世界人造板生产大国到强国的转变创造了有利条件	国际先进	2010.9.26
73	敦化市亚联机械制造有限公司	双钢带连续平压纤维板生产线（DBP—4C系列）	双钢带连续平压纤维板生产线（DBP—4C系列）的辊杆穿针技术可靠性高，环境适应性强，优于国内外同类产品；具有原创的机架移动定位机构保证了压机整体的稳定；压机的柔性入口结构利于适应不同原料的高速生产；铺装精度≤±8/$\sqrt{t}$%，面密度均匀；断面密度分布合理，板材机械性能好；运行速度可达到1.2m/s；可用于2.5~35mm的中/高密度纤维板的生产，原材料消耗少，节省能源；成品板砂光余量小或免砂光	国际先进	2011.4.15
74	肇庆力合技术发展有限公司	人造板生产用石蜡在线分散及自动施加装置	采用自主研发的石蜡纳米化微球分散技术，研制了人造板生产用石蜡在线分散及自动施加装置，该装置由存储系统、石蜡分散液制备系统、精准计量施加系统、自动分区清洗系统和控制系统组成。石蜡纳米化微球分散配方组分通过单独管道瞬间高速剪切、高速搅拌进行预分散混合，再经过分散主机在高压喷射、缝隙挤出的机械外力作用下，形成均匀稳定的分散悬浊液，实现了全自动在线施加。采用该装置施加防水剂生产的高密度纤维板经国家人造板与木竹制品质量监督检验中心检测，吸水厚度膨胀率等物理力学性能指标符合GB/T 31765—2015《高密度纤维板》要求。节耗降本效果明显。该装置已批量投入市场，用户使用效果良好	国际先进	2020.7.19
75	株洲新时代宜维德环保科技有限公司	人造板工业干燥尾气湿法静电除尘系统	该系统提供湿法静电除尘系统净化人造板工业干燥尾气，采用两级处理技术路线，利用多孔弯曲的均风装置使尾气均匀上升，采用蜂窝型阳极增大静电吸附有效面积；提供旋转辊筛和溶气高效气浮水处理循环系统，系统运行清洁。处理后颗粒物排放浓度可低于10mg/Nm³，颗粒物去除效果明显。该系统研制中获授权实用新型专利4件，产品已应用于多个人造板工程，经第三方检测验证，运行效果良好	国内领先	2020.8.23
76	安吉县孝丰天友竹木机械制造厂、中国林业科学研究院木材工业研究所	重组竹用疏解单元连续整张化制备装备	开发了输送机构差速异步、纤缝机构铺缝控制和整张化自适应裁解控制技术，实现了重组竹用疏解单元的连续整张化精准制备。经国家木工机械质量监督检验中心检测，拼接速度82针/min，线迹长度0.05~20.00mm（调节精度0.05mm），疏解单元长度1.8~2.6m，厚度5~20mm，最大进料速度8.3m/min。产品已产业化应用，功能、性能、质量等特性在实际使用中得到客户广泛认可，技术就绪度达到9级	国际领先	2021.7.26
77	安吉县孝丰天友竹木机械制造厂、中国林业科学研究院木材工业研究所	竹材重组单元连续化精准疏解机	发了双弹簧加压结构，实现了竹材重组单元厚度自适应加压和连续化生产；开发了跳刀结构，实现了不同厚度竹片青黄面的精准去除和切削；开发了竹片自动翻面系统，实现了竹材重组单元的连续化制备。经国家木工机械质量监督检验中心检测，疏解速度66m/min，最大疏解宽度120mm，最大疏解高度20mm，工作效率12吨/班(8h)。产品已产业化应用，功能、性能、质量等特性在实际使用中得到客户广泛认可，技术就绪度达到9级	国际领先	2021.7.26

十三、竹 材

序号	企业名称	新产品名称	产品简要说明及主要技术性能指标	鉴定意见	鉴定时间
78	安徽宏宇竹木制品有限公司、中国林业科学研究院木材工业研究所	户外用竹基纤维复合材料	户外用竹基纤维复合材料以酚醛树脂为胶黏剂,以毛竹为主要原料,在不去竹青和竹黄的条件下,采用点裂和线裂纤维分离技术,将半圆竹筒疏解形成由竹纤维束交织而成的网状结构纤维化竹单板,经过炭化、浸胶、热压等工序制造本色和炭化色室外地板用竹纤维复合材料。该产品采用了纤维化单板制造技术,解决了竹材不去竹青竹黄的胶合问题,使竹材一次利用率从50%提高到90%以上。产品具有强度高、耐候性强、防腐性强和难燃等性能,是一种新型的户外建筑和装饰材料,应用范围广,进入市场后得到消费者的普遍认可	国际先进	2012.10.25
79	杭州大索科技有限公司、江大庄实业集团有限公司、福建省庄禾竹业有限公司	户外高耐竹材	户外高耐竹材是在传统竹重组材的工艺基础上成功开发的户外高耐竹材,首次使用了竹材单元的优化处理技术和高温改性处理技术,改善了户外竹材耐久性差等问题。产品达到强耐腐Ⅰ级、抗白蚁级、阻燃性能难燃级、甲醛释放量E_0级。户外高耐竹材产品具有胶合强度好、尺寸稳定性高、干缩湿胀率低、生物耐久性佳等优点,是一种优良的户外景观用材。目前产品已经得到大规模的应用,得到国内外用户的广泛认可,具有良好的经济效益和社会效益	国际领先	2014.10.26
80	杭州庄宜家具有限公司、南京林业大学、江西庄驰家居科技有限公司	宽幅竹展平板	通过自主研发的竹材高温高湿软化、应力释放展平、整形刨削展平、竹展平板冷压与干燥协同定型的竹材无裂纹展平成套技术,以及竹材去内节机、去青机、展平机、冷却定型机等关键装备,实现了圆竹宽幅(大于1/2直径)无裂纹高效展平,制备出宽幅竹展平板,竹材出材率达到60%~70%,展平生产效率提高30%以上。产品经国家林业和草原局人造板及其制品质量检验检测中心(南京)检验,含水率、静曲强度均符合LY/T 3204—2020标准要求。创制的竹筒去内节机、竹筒去青机、竹材纵向展平机经浙江方正轻纺机械检测中心有限公司按照GB/T 14253—2008标准检测,竹材去内节机速度达到15m/min,合格率达到94%;竹材高效浮动式定量去青机去竹青速度达7.5m/min,去青厚度范围为0.3~0.5mm;竹材展平机展平速度达25.9m/min,得率达93%	国际领先	2021.6.12
81	江西奔博科技发展有限公司、南京林业大学、国际竹藤中心、杭州庄宜家具有限公司、龙泉市大展竹科技有限责任公司、洞口县海之龙竹制品加工专业合作社	无刻痕竹展平板	通过自主研发的竹材高温高湿软化、整形刨削展平、竹展平板冷压与干燥协同定型的竹材无裂纹展平成套技术,以及竹筒开片机、竹材展平机、冷却定型机等关键装备,实现了弧形竹片无裂纹高效展平,制备了无刻痕竹展平板,竹材出材率达到60%~70%。产品经国家林业和草原局人造板及其制品质量检验检测中心(南京)检验,含水率、静曲强度性能指标均符合LY/T 3204—2020标准要求	国际领先	2021.6.12
82	杭州庄宜家具有限公司、南京林业大学、江西庄驰家居科技有限公司	展平竹地板	通过自主研发的竹材高温高湿软化、应力释放展平、整形刨削展平、竹展平板冷压与干燥协同定型的竹材无裂纹展平成套技术,以及竹材去内节机、去青机、展平机、冷却定型机等关键装备,制备出宽幅(大于1/2直径)竹展平板。以宽幅竹展平板为单元材料开发了表面无胶线的展平竹地板,产品清新自然、绿色环保,产品附加值提高30%以上。产品经浙江省林产品质量检测站检验,含水率、静曲强度、浸渍剥离性能、表面漆膜耐磨性、表面抗冲击性能等指标符合GB/T 20240—2017标准要求;甲醛释放量0.11mg/L	国际先进	2021.6.12

(续)

序号	企业名称	新产品名称	产品简要说明及主要技术性能指标	鉴定意见	鉴定时间
83	杭州庄宜家具有限公司、南京林业大学、江西庄驰家居科技有限公司	展平竹砧板	通过自主研发的竹材高温高湿软化、应力释放展平、整形刨削展平、竹展平板冷压与干燥协同定型的竹材无裂纹展平成套技术，以及竹材去内节机、去青机、展平机、冷却定型机等关键装备，制备出宽幅（大于1/2直径）竹展平板，以宽幅竹展平板为单元材料开发了表面无胶线的展平竹砧板，产品清新自然、绿色环保。产品经浙江省林产品质量检测站检验，产品含水率为9.2%，使用面硬度5080N，累计剥离长度25mm，提手无松动、无脱落，符合GB/T 38742—2020标准要求	国际先进	2021.6.12
84	杭州和恩竹材有限公司、南京林业大学、杭州庄宜家具有限公司	展平竹刨切单板	通过自主研发的竹材高温高湿软化、应力释放展平、整形刨削展平、竹展平板冷压与干燥协同定型的竹材无裂纹展平成套技术，以及竹材去内节机、去青机、展平机、冷却定型机等关键装备，制备出无裂纹竹展平板。以无裂纹展平板为单元开发了展平竹刨切单板，产品清新自然、绿色环保，丰富了饰面用竹材材料。产品经国家林业和草原局人造板及其制品质量检验检测中心（南京）检测，外观质量、含水率符合LY/T 2222—2013标准要求，甲醛释放量未检出	国际先进	2021.6.12
85	国际竹藤中心	竹OSB型材构件	研发了竹OSB型材构件：工字梁和型材柱。经南京工大建设工程技术有限公司、苏州昆仑节能建筑研究有限公司木结构检测中心和中国林业科学研究院木材工业研究所的检测与评估，竹OSB工字梁的剪切强度212.8kN，刚度12.6kN/mm，最大压缩承载力为426.3kN/m，弯曲模量12.9GPa，刚度$3.12E+12N \cdot mm^2$；竹OSB五芯型材柱抗压强度50.0MPa	国际先进	2021.6.17
86	国际竹藤中心	竹展平复合规格材	开发了圆竹尺寸和性能分级技术和立式高频压机，研制了结构平衡对称、尺寸规格和性能稳定的竹展平复合规格材。产品经国家人造板与木竹制品质量监督检验中心检测，静曲强度125.1MPa，弹性模量11.89GPa，顺纹抗压强度65.2MPa，顺纹抗拉强度18.9MPa，胶层剪切强度10.0MPa，24h吸水厚度膨胀率0.5%	国际领先	2021.6.17
87	安徽农业大学	竹OSB插接式家具	开发了扣板插接和夹板插接两种新型连接件，研发了插接式竹OSB家具，按照ASTMD1037—1993检测，扣板插接式结构悬臂弯曲强度达133.88MPa，角部压缩强度为86.82MPa，角部张力为117.69MPa；夹板插接式结构悬臂弯曲强度达87.21MPa，角部压缩强度为57.24MPa，角部张力为79.84MPa。研发了插接式竹OSB家具，经安徽省产品质量监督检验研究院检测，其表面耐磨性能、耐久性、稳定性等各项性能均达到GB/T 3244—2015的标准要求	国际先进	2021.6.17
88	国际竹藤中心	竹编安全帽	开发了竹帽壳编织技术和安全帽辅助装置技术，研发了竹编安全帽。经国家安全生产徐州劳动防护用品检测检验中心检测，经高温（50±2℃）、低温（-10±2℃）、浸水（水温20±2℃）条件，测试冲击吸收性能数值分别为：2862N、2578N、3024N；三种条件下的耐穿刺性能均为：不触顶，帽壳无碎片脱落；侧向刚性最大变形为30mm，残余变形为8mm。产品质量合格，各项指标均达到GB 2811—2019《头部防护安全帽》标准的规定	国际领先	2021.6.17
89	安徽鸿叶集团生态竹纤维科技有限公司、国际竹藤中心、无锡平舍智能科技有限公司	竹吸管	产品以资源丰富的竹材为原料，经锯断、剖分、拉丝、烘干、抛光、钻孔等工艺开发出纯天然的竹吸管，具有无添加、可降解特性。经SGS检测，去离子水浸取法（150°F，2h）、8%酒精浸取法（150°F，2h）和正庚烷浸取法检测氯仿可溶萃取物含量均低于$0.1mg/inch^2$（许可值$0.5mg/inch^2$），符合食品接触材料FDA认证要求。授权实用新型专利6件，申请发明专利8件；制定企业标准1项。产品已实现批量生产，出口欧美、东南亚等国，客户反映良好	国际领先	2021.10.12

(续)

序号	企业名称	新产品名称	产品简要说明及主要技术性能指标	鉴定意见	鉴定时间
90	龙竹科技集团股份有限公司、国际竹藤中心、福建省林业科学研究院、中国林业科学研究院木材工业研究所	缠绕式竹吸管	缠绕式竹吸管新产品利用自然竹资源为材料，开展了工艺创新和设备研发，创制出环境友好、安全性高食品吸管新产品，对生态资源的开发、循环利用和可降解材料的研发等方面具有重要产品开发价值和意义。将软化后的竹片无刻痕展开，采用自主研发的专用刨切机制备出厚度为 0.25±0.05mm 的刨切薄竹片，采用热浸提、超声、臭氧等技术协同去色、防霉处理后拼宽、接长，沿竹纤维方向同向缠绕胶接形成连续圆筒，根据预设间距截断、斜切后，制备出缠绕式竹吸管。产品经莱茵技术监护（深圳）有限公司检测，五氯苯酚、四氯苯酚、三氯苯酚均未检出，杀虫剂低于检测限，色牢度合格；经福建中凯检测技术有限公司检测，志贺氏菌、沙门氏菌、金黄色葡萄球菌、溶血性链球菌均未检出，铅（Pb）迁移量未检出（检测限：0.0006mg/L）、甲醛迁移量 0.07mg/dm^2、大肠菌群（MPN/50cm^2）<0.03、霉菌 35CFU/g；经实验室检测，径向抗压强度 18.07Kgf，轴向抗弯强度 3.92Kgf，80℃热水浸泡 10min 无形变、无分层。获授权发明专利 1 件、实用新型专利 3 件、外观设计专利 2 件，制定企业标准 1 项，鉴定科技成果 1 项。产品已规模化生产，并在餐饮领域应用，用户反馈良好市场前景广阔	国际领先	2021.11.23

十四、装饰纸

序号	企业名称	新产品名称	产品简要说明及主要技术性能指标	鉴定意见	鉴定时间
91	肇庆高新区大正新型材料有限公司	环保聚丙烯（PP）装饰膜	环保聚丙烯（PP）装饰膜是以热熔压延丙烯为基底材料，底面复合耐高温背涂层，表面经过化学修饰附着印刷油墨和耐磨层，克服了聚丙烯材料不易粘接和印刷的缺陷，制备形成多层复合结构的贴面用装饰薄膜。产品耐水性强、耐污染、耐干热、耐冷热变化，力学性能稳定，可用蒸汽消毒；表面耐磨、耐刮擦、色泽稳定。产品经 SGS 检测通过欧洲化学品管理署 2006 号 REACH 法规中提及的 181 种高关注物质要求，未检出甲醛，耐光色牢度达到蓝色羊毛标准 6 级。该产品已批量生产并投入市场，经用户使用，反映效果良好	国际先进	2018.11.14
92	淄博欧木特种纸业有限公司	预浸渍饰面原纸	该产品是以木浆纤维、钛白粉、化工助剂为原料经抄纸、施胶等工序生产的饰面用预浸渍原纸，具有色泽稳定、耐光耐热、印刷性好等特点。适用冷压压贴，可以实现柔性包覆。该产品经淄博市产品质量监督检验所检测，灰分、定量、吸水性、横幅定量差、厚度、平滑度、透气度、纵向抗张强度等指标符合 370305OM—005《预浸渍饰面原纸》技术要求。该产品研发获授权实用新型专利 2 件，制订企业产品标准 1 项。该产品已批量生产并投入市场，用户使用效果良好	国内领先	2020.7.19
93	广东天元汇邦新材料股份有限公司、中国林业科学研究院木材工业研究所	无醛浸渍胶膜纸	创新研制了聚氨酯/聚丙烯酸酯系列无醛浸渍胶黏剂配方体系，分别用于一次浸渍和面、背涂布，开发了产品生产浸胶工艺，制备生产了人造板饰面用无醛浸渍胶膜纸，产品柔韧性好，可实现覆卷。该无醛浸渍胶膜纸产品经国家人造板与木竹制品质量监督检验中心检测，符合 Q/HB 0005—2021《无醛添加浸渍胶膜纸》的相关指标要求，甲醛释放量为 0.1mg/L；采用该产品的饰面人造板，表面耐磨、耐划痕、耐污染腐蚀、耐水蒸气以及表胶合强度等达到 GB/T 15102—2017《浸渍胶膜纸饰面刨花板和纤维板》的要求。获授权发明专利 2 件，制订企业产品标准 1 项。产品已实现批量生产和销售，用户使用效果良好，对促进饰面人造板绿色生产和技术升级具有重要意义	国际先进	2021.11.21

十五、林产品

序号	企业名称	新产品名称	产品简要说明及主要技术性能指标	鉴定意见	鉴定时间
94	东北林业大学	红松籽油固体冲剂	采用包合与低温沉降技术相结合的制备方法，利用β-环糊精作为包合剂，经加热搅拌、过滤、低温沉淀和干燥等工序，制备红松籽油包合物固体冲剂。解决了红松籽油不易储存和水溶性差等问题，提高了吸收速率和生物利用率。产品经农业农村部谷物及制品质量监督检验测试中心(哈尔滨)检测，其中色泽滋味、气味和状态指标符合GB 15196—2015标准要求；酸价、过氧化值、铅、砷和苯并芘指标分别符合GB 5009.229—2016、GB 5009.227—2016、GB 5009.12—2017、GB 5009.11—2014和GB 5009.27—2016标准要求。产品经大兴安岭超越野生浆果开发有限责任公司和黑龙江宏泰松果有限公司的试制使用，用户反馈效果良好	国内领先	2021.7.17
95	东北林业大学	黄芪皂苷水溶性固体饮料	采用包合与低温沉降技术相结合的制备方法，利用β-环糊精作为包合剂，经加热搅拌、过滤、低温沉淀和干燥等工序，制备黄芪皂苷水溶性固体饮料。解决了黄芪皂苷水溶性较差、溶出慢等问题，产品具有优良的抗氧化能力。产品经PONY谱尼测试检测，其中感官要求、水分、铅、山梨酸钾及其甲盐、苯甲酸及其钠盐和糖精钠指标均符合GBT 29062—2015标准要求。产品经荣成健康集团有限公司和哈尔滨圣吉药业股份有限公司的试制使用，用户反馈效果良好	国内领先	2021.7.17
96	东北林业大学	纳米白藜芦醇面霜及乳液	采用高压均质技术制备方法，通过乳化剂的筛选和制剂配方的优化，制备了水溶性纳米白藜芦醇酯质体，并将其复配制备成面霜及乳液，改善了白藜芦醇的粒径大小、增强了产品的水溶性和抗氧化功能活性。产品经PONY谱尼测试检测，外观、香气、pH值、耐热、耐寒、菌落总数、霉菌酵母菌、耐热大肠菌群、金黄葡萄球菌、铜绿假单胞菌、铅、砷和汞指标分别符合QB/T 1857—2013、GBT 13531.1—2008和《化妆品安全技术规范》(2015年版)要求。产品经大兴安岭超越野生浆果开发有限责任公司和哈尔滨圣吉药业股份有限公司的试制使用，用户反馈效果良好	国内领先	2021.7.17
97	国际竹藤中心、湖北药姑山生态产品有限公司、深圳市金色盆地科技有限公司	黄酮竹酒	该产品将基酒微孔注入活立竹，通过优化基酒、竹龄和酿制时间等关键参数，富集多糖、矿物质等成分后，添加竹叶黄酮提取物，制备黄酮含量不低于5mg/mL的黄酮竹酒，解决了传统竹筒酒产品酒精度和容量差异大、活性成分含量低等质量问题。产品经安徽国科检测科技有限公司检测，酒精度为32.9°，总酸(以乙酸计)、总糖(以葡萄糖计)、总酯(以乙酸乙酯计)、干浸出物、甲醇均符合Q/YGX0001S—2019《楠竹仙酒》和Q/GSPD0001S—2019《竹筒酒(配制酒)》企业标准要求。其中荭草苷为1.06mg/mL，异荭草苷为5.13mg/mL，牡荆苷为0.82mg/mL，异牡荆苷为5.18mg/mL，钾离子278mg/L，锰离子2.38mg/L。制定企业标准2项。产品已批量生产并投入市场，用户反馈良好	国内领先	2021.8.3
98	宜宾林竹产业研究院、浙江农林大学、国际竹藤中心、宜宾尚竹农业科技有限公司	蒸馏竹酒	通过对比不同竹叶活性成分含量差异，筛选出适宜酿造竹叶原料，采用自主研发的两段发酵法，以水、高粱、小麦、大米、糯米、玉米、糠壳及竹叶为原辅料，经配料、蒸料、发酵、蒸馏、窖藏、勾调等工艺，制备出蒸馏竹酒新产品。产品经四川省食品发酵工业研究设计院检测，黄酮类物质含量达0.15mg/100mL，多酚含量0.067%；经国家酒类及加工食品质量监督检验中心检测，总酸、总酯、固形物、乙酸乙酯、甲醇、氰化物等均符合Q/WGF0001S—2020《蒸馏酒》质量要求。生产工艺经科学技术部西南信息中心查新中心查新，未见相关报道。获授权发明专利1件、申请发明专利1件，制定企业标准2项。产品已规模化生产，用户反响良好，市场前景广阔	国内首创	2021.12.17

(续)

序号	企业名称	新产品名称	产品简要说明及主要技术性能指标	鉴定意见	鉴定时间
99	国际竹藤中心、成都市三禾田生物技术有限公司	无患子除草助剂	该产品以无患子外种皮为原料,采用减压提取、逆流色谱分离技术提取纯化无患子皂苷活性成分,与二甲戊灵等除草剂复配,用于除草剂减量增效,产品具有高效、环境友好和不易产生抗性等优点。产品经北京中科光析化工技术研究所检测,总皂苷水分(质量分数)2.13%,总皂苷含量(质量分数)53.93%,pH值(1%水溶液):4.17,水不溶物含量(质量分数)≤0.98%,指标均符合 Q/CDSH001—2020《除草剂助剂》企业标准要求。制定企业标准1项。产品已经批量生产并应用,用户反馈良好	国内领先	2021.8.3
100	中国林业科学研究院资源昆虫研究所	载单宁酸多孔微球气调鲜果保鲜剂	以载单宁酸壳聚糖多孔微球作为漂白紫胶保鲜剂的气体通路和调控"开关",调控保鲜剂的 H_2O、CO_2、O_2 渗透性和对 CO_2/O_2 的选择渗透性,开发出载单宁酸多孔微球气调鲜果保鲜剂,产品可用于水果涂层保鲜和自发性气调包装保鲜。产品经江苏微谱检测技术有限公司检测,固形物含量12%,黏度 0.0077Pa·s,灼烧残渣 0.016%,总砷未检出,铅 0.024mg/kg,通过了耐冷稳定性试验。制订企业标准1项。产品分别在贝思帝诺生物科技(昆明)有限公司和墨江县洪森虫胶有限公司试生产,在广西、云南等地用于水果保鲜,效果良好	通过鉴定	2021.9.4
101	中国林业科学研究院资源昆虫研究所	沉锗用固定化单宁	以五倍子单宁为原料,通过戊二醛和壳聚糖交联,制备了固定化单宁,利用单宁活性点位与金属离子络合,可高效吸附锗离子。产品经江苏微谱检测技术有限公司检测,锗饱和吸附量1.77g/100g,水分含量 8.4%,灰分含量 0.36%,单宁酸含量 59.3%。制订企业标准1项。产品已批量生产并投入市场,效果良好	通过鉴定	2021.9.4
102	中国林业科学研究院资源昆虫研究所	高活性余甘子粉	通过集成高温蒸汽瞬时钝酶预处理、低温压榨、薄膜闪蒸快速浓缩、喷雾干燥等技术,制备了高活性余甘子粉。产品经北京中科光析化工技术研究所和昆明海关技术中心检测,氧化自由基吸收能力(ORAC)5326μmolTE/g,铅未检出,总砷 0.019mg/kg,铜 1.62mg/kg,菌落总数<10CFU/g。制订行业标准1项,企业标准1项。产品已批量生产并投入市场,用户使用效果良好	通过鉴定	2021.9.4
103	中国林业科学研究院资源昆虫研究所	高活性余甘子原汁	通过集成高温蒸汽瞬时钝酶预处理,低温压榨、薄膜闪蒸快速浓缩工艺,制备了高活性余甘子原汁,较好的保留产品的氧化自由基吸收能力,延缓产品在贮藏过程中的氧化褐变。产品经北京中科光析化工技术研究所检测,氧化自由基吸收能力(ORAC)2862μmolTE/g。制订行业标准1项,企业标准1项。产品已批量生产并投入市场,用户使用效果良好	通过鉴定	2021.9.4
104	中南林业科技大学	鞣花酸抑菌除臭剂	通过优选分散乳化剂,实现了鞣花酸分散乳化,同时运用高速均质强化分散技术,制备了鞣花酸抑菌除臭剂。经五峰赤诚生物科技股份有限公司进行小试生产和质量检测,产品外观、色泽、pH 值、耐热、耐寒、菌落总数及鞣花酸、铅、镉含量均满足产品企业标准;经广州市微生物质有限公司抑菌检测,产品金黄色葡萄球菌抑菌率 99.9%以上;经广州莱德璞检测技术有限公司的除臭功效检测,抑菌除臭效果明显。申请国家发明专利1件,制订企业标准1项	通过鉴定	2021.9.4
105	中国林业科学研究院资源昆虫研究所、五峰赤诚生物科技股份有限公司	饲用鞣酸蛋白	以五倍子加工剩余物为原料,采用间歇破壁粉碎、超声处理、过滤干燥等技术,制备出饲用鞣酸蛋白。该产品屏蔽了单宁酸涩口性,提高了饲料的适口性。产品经上海微谱化工技术服务有限公司检测,水分含量 5.6%,粗蛋白含量 26.72%,粗脂肪含量28.0%,粗纤维含量 8.2%,粗灰分含量 4.9%,细菌总数 $1.1×10^4$CFU/g,鞣酸含量 10%。申请实用新型专利1件,制订企业标准1项	通过鉴定	2021.9.4

(续)

序号	企业名称	新产品名称	产品简要说明及主要技术性能指标	鉴定意见	鉴定时间
106	中国林业科学研究院林产化学工业研究所	五倍子单宁啤酒澄清剂	以五倍子单宁和丙烯酸二甲氨基乙酯单体为原料,采用微波聚合和共聚物互穿网络技术合成水凝胶材料,开发出五倍子单宁啤酒澄清剂,可显著提高啤酒发酵液中杂质蛋白的吸附量。产品经青岛科创质量检测有限公司检测,啤酒发酵液中残留杂质蛋白的紫外吸光度数值 0.15577,经计算杂质蛋白吸附量 210.56mg/g。制订企业标准 1 项。产品在江苏雷鳗家居科技有限公司和上海修远化工有限公司小试生产,用户使用效果良好	通过鉴定	2021.9.4
107	南京林业大学、黄山巨龙生物能源科技有限公司	调香杉木精油	以杉木油为对象,对杉木油进行精制、调整和复配,创制出调香杉木精油产品;对该产品进行调香应用,设计制备出 4 款香水产品。经南京欧亚香精香料有限公司评价,该产品香气类似柏木油,适用于高档香水、洗护等高端日化产品中,有很好的增香、和合及留香效果。产品经国家香料香精化妆品质量监督检验中心检测,符合 Q/341024JLSW001—2019 标准要求。申请国家发明专利 2 件,其中获授权 1 件;制订企业标准 1 项;获香水应用产品 4 个。产品已经进入市场销售,用户使用效果良好	通过鉴定	2021.9.4

十六、林产化学

序号	企业名称	新产品名称	产品简要说明及主要技术性能指标	鉴定意见	鉴定时间
108	中国林业科学研究院林产化学工业研究所	葡萄糖五没食子酸酯	以五倍子单宁酸为原料,利用单宁酸在热的甲醇中醇解制备得到 1,2,3,4,6-O-五没食子酰葡萄糖粗品,并通过冷冻结晶、水洗等工艺获得了高纯度的葡萄糖五没食子酸酯产品。经五峰土家族自治县公共检验检测中心检测,产品纯度达到 99.3%。制订企业标准 1 项。产品在南京赛谱特科技有限公司等单位小试和应用,效果良好	通过鉴定	2021.9.4
109	中国林业科学研究院林产化学工业研究所	固定化单宁重金属吸附剂	以五倍子单宁酸为原料,通过单宁酸与己二胺在常温下进行聚合反应,制备出固定化单宁重金属吸附剂,可用于处理水中的铬(Ⅵ)。经青岛斯坦德检测股份有限公司对产品的铬吸附能力进行了质量检验,铬吸附能力达到 150mg/g。制订企业标准 1 项。产品在上海修远化工有限公司小试和应用,效果良好	通过鉴定	2021.9.4
110	中国林业科学研究院资源昆虫研究所、五峰赤诚生物科技有限公司	单宁增强型环氧树脂防蚀剂	将单宁酸与水性环氧树脂复配,制备出单宁增强型环氧树脂防蚀剂。通过单宁酸自由酚羟基与锈蚀基材表面的金属离子发生络合,水性环氧树脂协同增效,提高了金属表面防锈蚀性能。产品经上海微谱检测技术有限公司检测,结果表明,产品耐中性盐水和耐中性盐雾时间≥240h,去除涂层金属基材未锈蚀。申请实用新型专利 1 件,制订企业标准 1 项。产品在陕西艾德文生物科技有限公司等应用,使用效果良好	通过鉴定	2021.9.4
111	东北林业大学	落叶松树皮多酚/PVA复合材料	以落叶松树皮为原料,通过多酚催化解聚,降低聚合度,并与聚乙烯醇(PVA)共混制备出复合材料,提高了 PVA 膜的抗紫外、抗氧化性能,具有制备工艺简单,成本低廉的特点。产品经泛锐云智科技(郑州)有限公司(e测试)测试中心检测,200~400nm 紫外光透过率小于 20%,DPPH 自由基清除率达到 56.52%。申请发明专利 3 件,制订企业标准 1 项。在绍兴绿景新材料有限公司等应用,效果良好	通过鉴定	2021.9.4

（续）

序号	企业名称	新产品名称	产品简要说明及主要技术性能指标	鉴定意见	鉴定时间
112	东北林业大学、上海汉景化工有限公司	落叶松树皮单宁螯合肥	通过落叶松树皮单宁降解及亲水化处理，与铁、锰、锌、铜离子螯合制备出落叶松树皮单宁螯合肥，可用作灌溉施肥、叶面施肥、无土栽培等微肥。产品经青岛科创质量检测有限公司检测，水不溶物5.65%，pH值（1∶250倍稀释）7.97，锰0.10%，铁0.23%，铜0.27%。申请发明专利2件，制订企业标准1项。产品在湖北省枣阳市兴隆镇农业技术推广服务中心应用，效果良好	通过鉴定	2021.9.4
113	华南农业大学	桉叶多酚	采用低温连续相变提取技术，避免提取过程中反复过滤、浓缩及长时间加工带来的活性多酚的过度失活现象，制备了桉叶多酚提取物。产品能有效改善畜禽抗氧化性能、肉色、肉品质及肠道菌群。经广州金至检测技术有限公司、中国广州分析测试中心及广东省微生物分析检测中心检测，总多酚含量≥25%，桉叶多酚中OEB含量≥11%、PGG含量≥1.2%、汞≤1mg/kg、铅≤40mg/kg、砷≤10mg/kg、菌落总数≤1000CFU/g。申请国家发明专利3件，制订企业标准1项。产品在广东温氏佳润食品有限公司应用，效果良好	通过鉴定	2021.9.4
114	中国林业科学研究院林产化学工业研究所	化香果提取物化妆品添加剂	以化香果序为原料，经提取分离，开发出富集多酚活性成分的化香果提取物产品，具有良好的抗氧化、抗菌、保湿、美白、祛斑等功效。经江苏省理化测试中心检测，化香果多酚提取物单宁含量79.8%，铅、镉、砷的含量分别为1.33mg/kg、0.060mg/kg、0.34mg/kg，汞未检出，菌落总数和霉菌指标小于10CFU/g。产品应用于开发化妆品乳液和精华产品，应用性能检测结果显示：化香果多酚焕颜乳液无皮肤刺激性；具有8h保湿效果；能够显著提高黑色素重建3D皮肤模型的L值，达到美白肤色的作用。化香果多酚焕肤精华细胞在1.25%的浓度范围内未表现出明显的细胞毒性，并且在1.25%的暴露剂量下，对UVA刺激产生的活性氧（ROS）有显著的抑制作用	通过鉴定	2021.9.4
115	广西民族大学	食品工业用松香基吸附微球树脂	以松香为原料，通过D-A加成、酯化、自由基悬浮聚合及食用酒精抽提等步骤，开发了一种食品工业用松香基吸附微球树脂产品，可用于药物、食品添加剂的吸附分离及饮用水净化领域。产品经北京市理化分析测试中心检测，粒径20～60目，平均孔径19.36nm，重金属（以Pb计）<0.0015%，苯、1,2-二氯乙烷、丙烯腈、氯苯、二乙烯基苯、甲苯、苯乙烯、二甲苯均未检出，符合国家标准GB/T 24395《食品工业用吸附树脂》要求。申请专利5件，授权专利2件，制订企业标准1件。产品在杭州唯泰生物药业有限公司等应用，效果良好	通过鉴定	2021.9.4
116	西北农林科技大学、杨凌林大生物科技有限公司	脱铅用单宁炭吸附材料	以单宁和碱木素为原料，通过集成碱性活化交联反应、混合溶剂低温界面驱水、常压干燥等技术，制备了脱铅用单宁炭吸附材料。产品经西安锐思博创应用材料科技有限公司检测，碘吸附值1124mg/g，亚甲基蓝吸附值149mg/g，铅离子吸附容量356mg/g。申请发明专利1件，制订企业标准1项。经陕西仲兴生态科技有限公司应用，效果良好	通过鉴定	2021.9.4
117	南京林业大学	松节油改性光固化水性聚氨酯	以松节油为原料，利用活性基团耦合技术，将丙烯酸酯等活性基团引入松节油结构中，合成了多活性位点松节油基聚合单体；采用乳液聚合及光固化技术，制备了硬度高、光泽度好的松节油改性光固化水性聚氨酯。经宁波市纤维检验所检测，产品硬度2H，光泽度92°，固体含量52%。产品经常州市永祥漆业有限公司等应用，效果良好。授权国家发明专利1件，发表论文2篇，制订企业标准1项	通过鉴定	2021.9.4

(续)

序号	企业名称	新产品名称	产品简要说明及主要技术性能指标	鉴定意见	鉴定时间
118	中国林业科学研究院林产化学工业研究所	食用级水性松香树脂	以松香为原料,利用亲水基团高效引入、多元醇适度催化酯化及水蒸气吹蒸除臭、减压蒸馏等技术,创制了食用级水性松香树脂产品。产品经宁波海关技术中心等检测,溶解性、酸值、软化点、重金属、总砷等性能指标均满足食品安全国家标准要求。申请发明专利3件,制订企业标准1项。经安徽果乐美贸易有限公司等应用,使用效果良好	通过鉴定	2021.9.4
119	常州大学	木本油脂基MES表面活性剂粉剂	选用富含C12-C16脂肪酸组分的山苍子油为原料,采用水性抗乳脱水分散介质,通过加热熔融、分散、溶解、萃取和冷冻结晶、吸附、制粒、团聚等过程强化和技术集成,得到了木本油脂基MES表面活性剂粉剂产品。经浙江公正检验中心的检测,活性物含量93.1%、石油醚可萃取物2.0%、pH值5.0、二钠盐含量2.95%,符合企业标准要求。在通化克恩日化用品有限公司、上海麦伦日化有限公司、杭州雅威化工有限公司等试用,效果良好。获授权发明专利1件,制订企业标准1项	通过鉴定	2021.9.4
120	中国林业科学研究院林产化学工业研究所	木本油脂基极压乳液润滑剂	以橡胶籽油分离提纯的不饱和脂肪酸为原料,采用木本油脂定向结构调控、本体化学修饰、功能基团嵌入等关键技术,制备含硼橡胶籽油基极压自乳化酯;与大蒜油、脂肪酸聚醚酯等复合,利用物理协同增效、超分子可控设计等技术,创制出木本油脂基极压乳液润滑剂新产品。经青岛斯坦德检测股份有限公司、陕西石油产品质量监督检验二站有限公司检测,产品HLB值6.82,用其配置的微乳化液摩擦学最大无卡咬载荷(PB)1256N。申请国家发明专利2件,国际专利1件,其中授权国际专利1件、国家发明专利1件;制订企业标准1项。产品经昆山炫威工业润滑科技有限公司等初步应用,使用效果良好	通过鉴定	2021.9.4
121	中国林业科学研究院林产化学工业研究所	木本油脂基聚氨酯丙烯酸酯光固化树脂	采用橡胶籽油、光皮树果油等木本油脂为原料,通过环氧基团开环和丙烯酸酯功能基团嵌入技术制备了木本油脂基光固化树脂,实现了低碘值木本油脂转化为高性能光固化树脂产品。产品经国家涂料质量监督检验中心检测,涂膜附着力达到1级,柔韧性达到1mm,玻璃化温度达到113.7℃。申请国家发明专利2件,国际PCT专利1件。授权国家发明专利1件;制订企业标准1项;产品经珠海展辰新材料股份有限公司等初步应用,使用效果良好	通过鉴定	2021.9.4

十七、家 具

序号	企业名称	新产品名称	产品简要说明及主要技术性能指标	鉴定意见	鉴定时间
122	南京林业大学、梦天家居集团股份有限公司	纤维增强层积异型胶合木椅	对层积异型胶合木椅进行了力学分析和优化设计,采用常温等离子体改性玻璃纤维对层积弯曲的受力薄弱点进行局部增强,利用人工林杨木单板通过高频热压制成异型木构件,解决了异型木构件局部强度低和易变形等问题。在梦天家居集团股份有限公司开展了批量生产,产品经国家林副产品质量监督检验中心(湖南)检验,力学性能、单板层积材浸渍剥离性能和单板层积材弯曲部件耐久性均符合Q/330421mtjt001—2020要求,具有广阔的市场前景	国内领先	2021.2.7

（续）

序号	企业名称	新产品名称	产品简要说明及主要技术性能指标	鉴定意见	鉴定时间
123	西南林业大学、梦天家居集团股份有限公司	整体顺纹弯曲柚木椅	全面深入研究分析了我国人工林柚木特性，创制了含氨软化剂，开发了适用于柚木的水热软化处理和弯曲定型的装置与工艺，利用人工林柚木制成整体弯曲木构件，制作了整体顺纹弯曲柚木椅，解决了人工林柚木整体弯曲定型的难题。在梦天家居集团股份有限公司开展了批量生产，产品经云南省产品质量监督检验研究院检验，各项性能指标均符合 Q/330421mtjt002—2020《顺纹弯曲柚木椅》要求，具有广阔的市场前景	国际先进	2021.2.7
124	廊坊华日家具有限公司、南京林业大学、中南林业科技大学、北京林业大学	人工林水曲柳实木家具	以人工林中小径水曲柳为原料，采用自主研发的人工林水曲柳高效干燥与弯曲成型技术、珍贵树种小径木集成复合制造家具构件关键技术，开发了人工林水曲柳实木家具系列产品，实现了人工林中小径水曲柳高值化利用和规模化生产，产品市场前景广阔。经河北省家具产品质量监督检验中心检测，产品符合 GB/T 3324—2017《木家具通用技术条件》和 GB 18584—2001《室内装饰材料木家具中有害物质限量》的要求	国内领先	2021.5.11
125	宜华生活科技股份有限公司、中南林业科技大学、南京林业大学、北京林业大学	人工林柚木实木家具	以人工林中小径柚木为原料，采用自主研发的人工林柚木高效干燥与弯曲成型技术、珍贵树种小径木集成复合制造家具构件关键技术，开发了人工林柚木实木家具系列产品，实现了人工林中小径柚木高值化利用和规模化生产，产品市场前景广阔。经广东省汕头市质量计量监督检测所和上海市建筑材料及构件质量监督检验站检测，产品符合 GB/T 3324—2017《木家具通用技术条件》和 GB 18584—2001《室内装饰材料木家具中有害物质限量》的要求	国内领先	2021.5.11

十八、重组材

序号	企业名称	新产品名称	产品简要说明及主要技术性能指标	鉴定意见	鉴定时间
126	中国林业科学研究院木材工业研究所	重组木梁柱	经国家人造板与木竹制品质量监督检验中心检测，顺纹抗弯强度 120.6MPa，弹性模量 17.0GPa，顺纹抗压强度 132.0MPa，顺纹抗拉强度 93.2MPa，顺纹抗剪强度 15.2MPa，抗冲击性能 8.6mm，改善了杨木、桉树等速生人工林木材的力学、开裂、变形等性能。研发了重组木梁柱。经同济大学木结构工程技术研究中心评估，其设计值：顺纹抗弯强度 37.6MPa，顺纹抗压强度 28.8MPa，顺纹抗拉强度 32.0MPa，顺纹抗剪强度 3.5MPa，横纹抗压强度 10.4MPa，弹性模量 16.0GPa，优于 CT40 胶合木、TC17 方木、C40 欧洲进口结构材、SG15 新西兰进口结构材等现有结构材；防腐性能达到强耐腐等级，防火性能达到难燃 B_1 级。产品已经在装配式建筑、景观建筑等领域规模化生产和应用，具有绿色、低碳、环保、可再生等特点，市场前景广阔	国际领先	2021.5.29
127	中国林业科学研究院木材工业研究所	重组木窗	通过定向大片纤维束疏解度、树脂的添加量、铺装方式、密度等工艺参数的优选，制造了窗用重组木，改变了杨木、桉木等人工速生林木材孔隙构造，提高了强度、尺寸稳定性、机械加工等性能。研发了重组木窗。经国家建筑材料测试中心检测，气密性能达到 GB/T 7106—2008 规定的 8 级；水密性能达到 GB/T 7106—2008 规定的 6 级；抗风压性能达到 GB/T 7106—2008 规定的 9 级；热传导性能为 $1.7^+ W/(m^2 \cdot K)$，保温性能	国际领先	2021.5.29

（续）

序号	企业名称	新产品名称	产品简要说明及主要技术性能指标	鉴定意见	鉴定时间
127	中国林业科学研究院木材工业研究所	重组木窗	达到 GB/T 8484—2008 规定的 7 级；空气隔声性能达到 GB/T 8485—2008 规定的 3 级；反复启闭性能：样品经 1 万次反复启闭试验后，启闭力变化率为 9%，锁闭系统使用正常，窗扇启闭无异常，使用无障碍，达到 GB/T 29739—2013 标准要求。产品已经规模化生产和应用，具有绿色、低碳、环保、可再生等特点，具有良好的市场前景	国际领先	2021.5.29
128	中国林业科学研究院木材工业研究所	户外重组木地板	创新了表层定向大片纤维束防霉剂浸渍和酚醛树脂涂胶、芯层定向大片纤维束酚醛树脂浸渍、分层铺装等工艺，制造了户外用重组木，提高了桉树、杨木等人工速生林木材的力学性能、耐候性能、抗生物耐久性等性能。研发了户外重组木地板。经国家人造板与木竹制品质量监督检验中心检测，户外重组木地板的密度为 1.01g/cm^3，含水率 10.6%，吸水厚度膨胀率 4.6%，吸水宽度膨胀率 1.7%，静曲强度 120.6MPa，弹性模量 17.0GPa，顺纹抗压强度 132.0MPa，水平剪切强度 9.0MPa，达到了《重组木地板》(LY/T 1984—2011) 的相关要求；表面为小沟槽、小波浪、大波浪槽型的户外重组木地板的抗滑值分别达到 52、43、56，防滑性能达到了国家标准 (GB/T 24508—2009) 规定的抗滑值指标要求；经广东省质量监督检验站检验，防腐性能达到强耐腐等级，抗白蚁性能达到 9.5 级	国际领先	2021.5.29
129	中国林业科学研究院木材工业研究所	重组木家具	发明了异氰酸酯喷雾施胶、热压罐成型固化等技术，制备了家具用重组木，经国家人造板与木竹制品质量监督检验中心检测，甲醛释放量为 0.008mg/m^3，达到《人造板及其制品甲醛释放量分级》(GB/T 39600—2021) 标准中规定的 E_{NF} 等级；总挥发性有机化合物 TVOC 含量为 87μg/m^3，达到了《绿色产品评价人造板和木质地板》(GB/T 35601—2017) 相关要求，提高了桉木、杨木等速生人工林木材尺寸稳定性、环保性、表面性能、机械加工性能。研发了重组木家具。经国家、河北、山东等家具产品质量监督检测中心检测：学习桌、餐桌、餐椅、床头柜等家具产品达到了《木家具通用技术条件》GB/T 3324—2017 标准要求	国际领先	2021.5.29
130	中国林业科学研究院木材工业研究所	重组木挂板	自主研发了挂板用重组木。创新了表层定向大片纤维束防霉浸渍和酚醛树脂涂胶、芯层定向大片纤维束酚醛树脂浸渍、分层铺装等工艺，解决了重组木霉变问题。研发了重组木挂板。经国家人造板与木竹制品质量监督检验中心检测，含水率、板面握螺钉力、抗冲击性能、尺寸稳定性、吸水厚度膨胀率等指标达到了《建筑装饰用木质挂板通用技术条件》(JG/T 569—2019) 中重组材挂板的相关技术要求；导热系数（平均温度 25℃）为 0.12W/(m·K)；防霉性能达到 0 级，防蓝变性能达到 1 级	国际领先	2021.5.29
131	中国林业科学研究院木材工业研究所	重组木护栏	自主研发了护栏用重组木。发明了弱相细胞选择性增强、防腐、防白蚁等处理技术，通过定向大片纤维束疏解度、防腐剂添加量、酚醛树脂的浸渍量、铺装方式、密度等工艺参数的优选，制造了护栏用重组木，经国家人造板与木竹制品质量监督检验中心检测，景观用重组材料的吸水宽度膨胀率 1.7%，吸水厚度膨胀率 4.6%，防腐性能达到强耐腐等级Ⅰ，抗白蚁性能达到抗白蚁等级，提高了杨木、桉树等人工速生林木材的开裂变形、抗冲击、尺寸稳定性、抗生物耐久性等性能。研发了重组木护栏。经国家交通安全设施质量监督检验中心检测，相关指标符合交通行业标准《公路护栏安全性能评价标准》(JTGB 05-01—2013) 的要求	国际领先	2021.5.29

(续)

序号	企业名称	新产品名称	产品简要说明及主要技术性能指标	鉴定意见	鉴定时间
132	井冈山安竹科技有限公司、江西安竹科技有限公司、中国林业科学研究院木材工业研究所	大规格定向重组竹集成材	该产品研制了竹片单元复碳热处理技术,提高了竹片单元的尺寸稳定性和耐候性;研发了酚醛树脂二次涂胶技术,实现了竹材的稳定胶合;采用钩形接口技术解决竹片单元无限接长难题。通过多项技术集成,生产出 10000mm×700mm×30mm 的大规格定向重组竹集成材。产品经国家人造板与木制品监督检验检测中心检测,静曲强度 110~122MPa,弹性模量 9400~9860MPa,胶层剪切强度 12~16MPa,浸渍剥离试验结果各胶层均无剥离,甲醛释放量为 0.1mg/L,具备良好的力学和环保性能	国际领先	2021.3.28
133	井冈山安竹科技有限公司、江西安竹科技有限公司、中国林业科学研究院木材工业研究所	大规格重组竹	该产品通过研发的纤维定向分离技术和单辊驱动六角锥形齿面疏解机,将竹材加工成面密度较均匀的梯形大片纤维束,采用斜立式定向组坯技术,形成定向重组板坯,通过自主研发的大幅面多层热压机和热压成型参数调整,选择性增强了薄壁细胞、导管等薄弱组织,提高了重组竹的尺寸稳定性和强度,生产出 6000mm×2300mm×70mm 的大规格重组竹。产品经国家人造板与木竹制品监督检验检测中心检测,理化性能指标符合《结构用重组竹》LY/T 3194—2020 规定。产品经广东省质量监督林产品检验站检测,防腐性能达到强耐腐等级 I;对白蚁有较强的抗性,平均蚁蛀等级为 0.3	国际领先	2021.3.28
134	洪雅竹元科技有限公司、中国林业科学研究院木材工业研究所	结构用重组竹(竹钢)	通过自主研发的竹材连续化疏解、浸渍等装置,实现了产品连续规模化生产;开发了树脂精准导入控制系统、竹材弱相细胞选择性增强等技术,提高了产品的物理力学性能,可应用于建筑结构领域。经国家人造板与木竹制品监督检验检测中心和广东省质量监督林产品检验站检测,产品符合《结构用重组竹》LY/T 3194—2020 中 28E-165f 型各项力学性能指标要求;防火性能达到了 GB 8624—2012 规定的难燃 B_1(B-s1, d0, t1)级指标要求;防腐性能达到强耐腐等级 I;平均蚁蛀等级为 0.3	国际领先	2021.4.18
135	洪雅竹元科技有限公司、中国林业科学研究院木材工业研究所	模压重组竹地板	通过自主研发的模压成型技术,实现了重组竹地板一次模压成型,提高了产品的材料尺寸稳定性、耐候性和抗滑性能,解决了重组竹地板开裂、跳丝等技术难题,研制了全竹和竹麻复合两款模压重组竹地板。经国家人造板与木竹制品监督检验检测中心、四川省建筑工程质量检测中心有限公司和广东省质量监督林产品检验站检测,产品物理力学性能符合《重组竹地板》GB/T 30364—2013 中各项指标要求;抗滑性能达到 GB/T 24508—2009 规定的防滑值指标要求;燃烧性能达到 GB 8624—2012 规定难燃 B_1(B-s1, d0, t1)级;防腐性能达到强耐腐等级 I;平均蚁蛀等级为 0.3	国际领先	2021.4.18
135	国家和林业草原局北京林业机械研究所	竹材弧形原态重组材	利用竹材的圆形中空生物学特征,将竹片竹青面和竹黄面加工成内弧曲率与外弧曲率相等的弧形曲面,弧形重组单元经施胶、组坯后,通过研发的专用热压成型设备制成板材或方材,最大重组厚度达 50mm,保持了竹材原态性和天然纹理,竹材利用率比传统矩形重组提高 15% 以上,加工性能优异。产品经国家人造板与木竹制品质量监督检验中心检测,静曲强度、弹性模量、24h 吸水厚度膨胀率等指标均符合 Q/ZY 001—2021《家居用竹弧形原态等曲率层积材》要求。获发明专利 1 件,实用新型专利 2 件;制定企业标准 1 项。在湖南省益阳市和福建省建瓯市分别建设生产线各 1 条	国际领先	2021.6.29

十九、木质纳米材料

序号	企业名称	新产品名称	产品简要说明及主要技术性能指标	鉴定意见	鉴定时间
136	东北林业大学、哈尔滨君晖科技有限公司	木质素基荧光纳米材料	品以木质素为原料，经过精制处理，采用控制解聚、超分子自组装、纳米复合等方法，制备出木质素基荧光材料；将其与桐油、水性漆等复配后，通过吸收紫外光、发射荧光实现木材抗紫外老化保护，开发出一种用于木材涂饰保护的木质素基荧光纳米材料，为木质素在木材涂饰保护领域应用提供了新途径。产品经上海猎谱化学技术服务中心检测，木基 CQDs/$Ce_{0.7}Zr_{0.3}O_2$ 复合荧光材料量子产率为 32.23%；应用于木材涂饰后，经国家人造板与木竹制品质量监督检验中心检测，涂饰木材耐光色牢度性能由灰色样卡 3 级提高至 4.5 级	国内领先	2021.6.7
137	中南林业科技大学、长沙联美生物科技有限责任公司	pH 响应木质素纳米级缓释材料	以木质素磺酸盐为原料，通过丙烯酰化改性和甲基丙烯酸自由基接枝共聚，实现酸敏定向修饰，利用分子自组装和溶剂交换等技术，开发了 pH 响应木质素纳米级缓释材料，材料应用于农药、活性成分等缓释控释。产品经北京中科光析化工技术研究所检测，产品平均粒径为 165.8nm，粒径分布集中；应用于 IBU 缓释调控，经弗元（上海）生物科技有限公司检测，pH = 2.0 时，72h 后释药率不超过 25%，pH = 7.4 时，90%的 IBU 在 72h 内释放，释放率远大于 pH = 2.0 时，表明材料具有优异的 pH 响应释放性能。制定企业标准 1 项，申请发明专利 1 件，产品已实际应用，用户使用效果良好	国内领先	2021.6.7

二十、炭材料

序号	企业名称	新产品名称	产品简要说明及主要技术性能指标	鉴定意见	鉴定时间
138	国际竹藤中心	酚醛树脂/竹质电容炭	采用酚醛树脂改性竹质活性炭电极材料的技术，开发出酚醛树脂/竹质电容炭新产品。经信息产业化学物理电源产品质量监督检验中心检测，该产品振实密度 0.34g/cm³，比表面积 1880m²/g，总孔容 0.86cm³/g、器件质量比电容 21F/g。制定企业标准 1 项，产品已经批量生产，并应用于双电层电容器规模化生产，用户反馈良好	国际先进	2021.8.3
139	国际竹藤中心	甲醛净化用竹质活性炭	该产品以竹材加工剩余物为原料，采用自主研发的氯化亚铁一步法工艺制备竹质活性炭，通过锰氧化物改性或氨基修饰，制备竹质活性炭产品。经广东省微生物分析检验中心检测，锰氧化物改性活性炭甲醛的净化效率为 96.3%，锰氧化物改性活性炭滤网对于甲醛的净化效率为 90.3%，氨基修饰竹质活性炭甲醛的净化效率 90.9%。制定企业标准 1 项，产品已经批量生产并应用，用户反馈良好	国际先进	2021.8.3
140	北京化工大学、国际竹藤中心	锰氧化物/竹质电容炭	采用溶胶-凝胶法结合超临界—动态界面聚合技术，创制了锰氧化物/竹质电容炭。经北京中科光析化工技术研究所检测，该产品在电流密度 2A/g 下比容量 278F/g，进行 1000 次充放电后电容量保持率 90.8%；在电流密度 50mA/g 下比容量 670F/g，进行 1000 次充放电后电容量保持率 92.4%。制定企业标准 1 项，产品已经批量生产并应用于纽扣器件，用户反馈良好	国际先进	2021.8.3

二十一、其他

序号	企业名称	新产品名称	产品简要说明及主要技术性能指标	鉴定意见	鉴定时间
141	浙江帝龙新材料股份有限公司	装饰纸饰面纤维水泥板（冰火板）	装饰纸饰面纤维水泥板（冰火板）以100%无石棉纤维水泥板为基材，采用冷进冷出、高温高压高效复合工艺，在表面压贴三聚氰胺浸渍装饰纸制成。与传统木质建筑装饰装修材料相比，具有防火、防潮、防腐、尺寸稳定和不开裂等特点，燃烧性能达到 GB 8624—2006 A_2 级要求。是一种具有阻燃、防潮、防霉、抗菌、耐磨、耐龟裂等特点的新型建筑装饰装修材料，应用前景广泛，产品已开始批量生产并投入市场，效果良好	国内领先	2013.12.1
142	圣象集团有限公司、南京林业大学	层间增强型杨木单板层积材	层间增强型杨木单板层积材采用层间增强方式对杨木单板层积材进行增强，扩大了杨木单板层积材的应用范围。提出不同单板厚度的最佳组合方式，将碳纤维布分别置于单板之间进行复合增强，开发了层间增强型杨木单板层积材。产品外观、尺寸偏差、组坯要求、物理力学性能均符合 GB/T 20241—2006《单板层积材》的技术要求，物理性能远远高于一般层积材。该产品已用于多层实木复合地板试产，具有广阔的市场前景	国内先进	2015.5.25
143	中国林业科学研究院木材工业研究所、南京林业大学	微波膨化木	该产品采用连续式高强度微波处理木材技术，通过调控木材含水率、微波强度及微波辐照时间等工艺参数，获得了渗透性显著提高，具有均匀裂隙的膨化木，实现了功能体导入通道的可控化，解决了木材浸渍难和不均匀等问题，为我国人工林木材高质利用开辟了新途径。产品经广东省质量监督林产品检验站检测，吸水增重率、吸胶增重率显著增加。该产品制备的樟子松浸渍改性木材经国家人造板与木竹制品质量监督检验中心检测，木材顺纹抗压强度为84.7MPa、木材顺横纹抗压强度为19.2MPa（弦向）、木材顺横纹抗压强度为15.0MPa（径向），比对照材均有显著提高。该产品已批量生产，用户使用效果良好，具有广阔的市场前景	国际先进	2018.6.24
144	广东省林业科学研究院、山东林业科学研究院	ZJCZ 有机木材防腐剂	该产品优选了戊唑醇、丙环唑等多种不含重金属成分的有机化合物，基于亲水亲油平衡理论和三元相图分析乳化制备技术，通过复配协同增效作用，提升了产品防治效力，制备的环保防腐剂具有良好稳定性和安全性。产品经宁波海关技术中心检测，对 ICR 小鼠的急性经口 $LD_{50}>5014.4$mg/kg，对 SD 大鼠的急性经口 $LD_{50}>2000$mg/kg，属于低毒安全型。处理后的实木厚芯胶合板经广东省质量监督林产品检验站检测，处理板失重率低于10%，防腐效果达到强耐腐等级 I 级，白蚁蛀蚀完好等级为9.5，理化性能指标符合《胶合板》（GB/T 9846—2015）规定	国内领先	2021.3.30
145	南京林业大学	木基缠绕压力输送管	产品采用木基柔性缠绕带制备技术、曲相胶合界面定量施胶、3D同步缠绕和低温固化酚醛树脂胶改性技术，实现了木质缠绕单元的连续化和定量施胶，制备出木基缠绕压力输送管；产品经国家建材产品质量监督检验中心（南京）检测，DN300（压力等级1.0MPa）产品的初始环刚度为 27.7kN/m^2，邵氏硬度为78，1.5倍水压2min测试管体及连接部位无渗漏	国际先进	2021.3.30

第四篇
中国林业产业创新奖集锦

1. 首届中国林业产业创新奖 (人造板业) (2011 年 1 月 8 日)

奖项	项目名称	研发单位
一等奖	BY74 平压式连续压机	上海人造板机器厂有限公司
二等奖	高性能防潮型刨花板及胶黏剂开发研制	昆明新飞林人造板有限公司
	环保型杨木集装箱底板的研制	山东新港企业集团有限公司
	环保型中/高密度纤维板生产关键技术开发与推广应用	永港伟方(北京)科技股份有限公司
	城市废旧木材综合利用示范项目	浙江丽人木业集团
	BM1111/15/30 热磨机	镇江中福马机械有限公司
三等奖	BC2400 规格锯生产线	苏州苏福马机械有限公司
	厚型中密度纤维板制造技术	南京林业大学
	E_0PB 甲醛捕捉剂技术	吉林森工通化胶黏剂分公司
	环保 E_1 级阻燃中密度纤维板的研制	广西丰林木业集团股份有限公司
	刨切微薄竹生产技术与应用	浙江大庄实业集团有限公司
	农作物秸秆综合利用技术	万华生态板业(荆州)有限公司

2. 首届中国林业产业创新奖 (地板业) (2011 年 4 月 28 日)

序号	项目名称	研发单位
1	记忆功能木质地板	久盛地板有限公司
2	锁扣式企口实木地板	上海菱格木业有限公司、浙江菱格木业有限公司
3	钛晶面实木地板、实木复合地板	浙江世友木业有限公司
4	F☆☆☆☆强化地板	圣象集团有限公司
5	环保型覆面秸秆板的制造工艺与标准制定	江苏洛基木业有限公司
6	一种活性生态漆的生产方法	大自然地板(中国)有限公司
7	仿古立体绘画地板	巴洛克木业(中山)有限公司
8	强化木地板用低醛防潮型高密度基材生产工艺研究	福建福人木业有限公司
9	纳米晶砂面地板	浙江永吉木业有限公司
10	强化木地板用高清晰耐磨装饰纸	成都建丰装饰纸有限公司
11	高耐竹材	浙江大庄实业集团有限公司
12	"一拍即合"锁扣地板技术	深圳市燕加隆实业发展有限公司
13	具有条槽板料的定位装置总成	江苏德威木业有限公司
14	地板样板上色一体机	吉林新元木业有限公司
15	纳米稳固科技	江苏锦绣前程木业有限公司
16	惠尔优能木塑锁扣地板	南京罗伦特地板制品有限公司
17	新型复合结构热压成型数码地板	广东富林木业科技有限公司
18	高耐磨防火实木复合地板	江苏辛巴地板有限公司
19	一种耐候多层复合木地板的生产方法	广东省宜华木业股份有限公司
20	特殊结构实木复合地板	德尔国际地板有限公司
21	实木硬质聚氯乙烯合成地板	广州广洋富格丽环保地板有限公司
22	一种基材带有通气孔结构的实木复合地板	浙江富得利木业有限公司

(续)

序号	项目名称	研发单位
23	木地板及其制造方法、安装方法	滁州扬子木业有限公司
24	泛美地热实木地板	上海泛美木业有限公司
25	荣德图文DIY地板	武汉荣德实业有限公司
26	金银片幻彩饰面纸	山东齐峰特种纸业股份有限公司
27	干法喷涂装饰纸	滁州润林木业有限公司
28	环保F☆☆☆☆三层实木复合地板	杭州明成木业有限公司
29	立体结构实木复合地板	杭州森佳木业制造厂
30	真空氨处理技术制造环保型强化地板	湖南康派木业有限公司
31	地板企口用固体有色防水涂料	湖北万利环保节能材料有限公司、武汉万利耐水工贸有限公司
32	功能型重组复合地板关键技术及产业化开发	浙江天振竹木开发有限公司
33	"黄金眼"系列实木多层复合地板	沈阳邦迪木业有限公司
34	大面积实木拼花地板生产和铺装技术	吉林森工金桥地板集团有限公司
35	竹炭吸附环保型地热地板	湖北巨宁森工股份有限公司

3. 首届中国林业产业创新奖（木门业）（2011年8月22日）

序号	申报项目名称	单位名称
1	木制品高效环保涂装关键技术研究与产业示范	浙江梦天木业有限公司
2	竹木复合欧式门皮和装饰套装门规模化生产成套技术	重庆星星套装门有限责任公司
3	吉林兄弟组装实木门项目	吉林兄弟木业集团有限公司
4	原木门的工艺结构创新	淄博万家园木质防火制品有限公司
5	静音门	北京瑞嘉欧亚木业有限公司
6	钢木结构环保防火防盗门	黑龙江省华信家具有限公司
7	高匀度高遮盖浸胶素色纸开发及应用	天津市鑫源达新材料科技有限公司
8	快速万能调配门套及制造方法	成都千川木业有限公司
9	热固木皮及其生产方法	大连盛友门业有限公司
10	可调式木门套	杭州华海木业有限公司
11	绿色环保型建筑隔声木质门	德华兔宝宝装饰新材股份有限公司
12	华鹤木门"凯撒罗"系列	华鹤集团金鹤门业发展有限公司
13	静音"非对称结构"实木复合门制造技术	佩高门业（上海）有限公司
14	环保高效耐磨木门油漆制备与涂装技术	广东汇龙涂料有限公司
15	MDK4120D数控木门综合加工机	南通跃通数控设备有限公司
16	标准化木门的生产经营模式引领行业标准化	江苏合雅木门有限公司
17	凹版热压技术及高耐磨处理	广州蓝白木业有限公司
18	美通木门	天津美通木业有限公司
19	实木复合门	浙江美诺（开开木门）有限公司
20	钢化双玻璃夹花门	北京今朝英迈木业有限公司
21	可派生态门	青岛彬圣木业有限公司

(续)

序号	申报项目名称	单位名称
22	木门产品低碳环保材料应用项目	沈阳赛斯家具有限公司
23	德式C型门	北京黎明文仪家具有限公司
24	连锁分公司商业模式	天华木业有限公司
25	门套的防潮处理	吉林省鸿乔木业有限责任公司
26	产品工艺设计新技术	沈阳三峰木业有限公司
27	贴纸修色门	重庆豪迈家具有限公司
28	霍尔茨双T型口木门的研发与应用	吉林森林工业股份有限公司北京门业分公司
29	卡尔凯旋原木门	秦皇岛卡尔凯旋木艺品有限公司
30	提高企业生产效率创新技术	长春市大明木业有限公司
31	采用EB涂层技术PP材料包覆,提高环保水平	大连锦源木业有限公司
32	套装门修色烤漆工艺	重庆名风家俱有限公司
33	木门装饰中实木拼花工艺的改进	廊坊市大唐木业有限公司
34	门套,子母套	北京博亮木业有限公司
35	折装、扣线工艺相结合	嘉华建材(福建)有限公司
36	龙甲生态烤漆门	天津龙甲特种门窗有限公司
37	模块式拼装木装饰钢制安全门	杭州安鲁莱森实业有限公司
38	新型环保复合木门	广东润成创展木业有限公司
39	环保节能干漆装产品化项目	黑龙江三和木业集团有限公司
40	实木欧式压线门 组装工艺创新项目	鸡西市华伟木业有限公司
41	实木复合模压镶嵌门	齐齐哈尔市红鹤木业有限公司
42	综合利用"三剩材"年产84万套纤维模压制品项目	四川爱心木业股份有限公司
43	实木复合门套三聚氢胺饰面材料	北京安居益园工贸有限公司
44	低碳环保新产品	北京闵闵饰佳工贸有限公司
45	美步金麒麟原木门标准化生产	连云港美步楼梯制造有限公司

4. 首届中国林业产业创新奖(装饰纸业)(2012年10月28日)

奖项	申报项目名称	单位名称
一等奖	环保型高清晰仿真木纹装饰纸绿色制造工艺开发	浙江帝龙新材料股份有限公司
	IMC0115型人造板饰面专用纸浸涂生产线	苏州市益维高科技发展有限公司
	强化地板用高清晰耐磨装饰纸	成都建丰林业股份有限公司
二等奖	化纤无纺布壁纸原纸	山东新凯电子材料有限公司
	近无醛高性能饰面胶膜纸制造技术研制	佛山市天元汇邦装饰材料有限公司
	干喷三氧化二铝制造复合地板表层耐磨浸渍纸的方法	天津市鑫源森达新材料科技有限公司
	HOYO 3D纸	大连好友装饰材料有限公司
	同步木纹纸的印刷工艺技术	天津市中源装饰材料有限公司
	MGY—FL2250W自动凹版印刷涂布机	浙江美格机械有限公司
	TAZJ系列(PRD型)无轴传动机组式纸张凹版印刷涂布机	北人印刷机械股份有限公司

(续)

奖项	申报项目名称	单位名称
三等奖	低油墨耗用型印刷用装饰原纸项目	杭州华旺新材料科技有限公司
	高亮光家具饰面板专用浸渍纸	成都建丰林业股份有限公司
	三氧化二铝浸渍纸(液体耐磨浸渍纸)	临安银杏装饰材料有限公司
	增亮耐磨纸	天津市永鑫达木业有限公司
	纳米氧化铝饰面耐磨装饰纸技术开发	临安福马装饰材料有限公司
	高档耐晒防伪仿真木皮装饰纸项目	临安福马装饰材料有限公司
	出口环保型高速浸渍装饰纸	杭州添丽装饰纸有限公司
	高亮光浸渍胶膜纸饰面人造板及其制作工艺	深圳市拓奇实业有限公司
	液态耐磨表层胶膜纸	上海贝辉木业有限公司
	低醛三聚氰胺浸渍树脂的工艺技术	天津市中源装饰材料有限公司
	印刷大幅面大单元无重复图案木纹装饰纸	临安南洋纸业有限公司
	装饰纸专用纳米级水性油墨	浙江盛龙装饰材料有限公司
	烘缸蒸汽回收系统项目	山东群星纸业有限公司
	有机废气吸附回收装置	杭州大伟装饰材料有限公司

5. 第二届中国林业产业创新奖(人造板业)(2013年11月9日)

奖项	申报项目名称	单位名称
一等奖	大豆基无醛木材胶黏剂	宁波中科朝露新材料有限公司
二等奖	DBP系列纤维板、刨花板生产双钢带连续平压机	敦化市亚联机械制造有限公司
	BQK1913/4数控有卡无卡一体旋切机	山东百圣源集团有限公司
	BSG2626系列、BSG2726系列8呎宽幅砂光机	苏州苏福马机械有限公司
	BM1114/15/45大型热磨机研究与开发	东北林业大学、镇江中福马机械有限公司
	热塑性树脂无醛胶合板生产技术及其在地板基材中的应用	徐州美林森木业有限公司、中国林业科学研究院木材工业研究所
三等奖	应用玉米淀粉基胶黏剂生产无醛胶合板新工艺技术开发	浙江升华云峰新材料股份有限公司
	高亮光三聚氰胺浸渍纸饰面板	成都建丰林业股份有限公司
	科技木用单板漂白脱色工艺创新	德华兔宝宝装饰新材料股份有限公司
	BDD1113—1单板自动堆垛机	山东百圣源集团有限公司
	阻燃中密度纤维板的研发与生产	柯诺(北京)木业有限公司
	木质加工剩余物制备刨花板成套设备的研发	临沂市新天力机械有限公司、临沂大学
	抗菌防霉负离子功能细木工板	湖南福湘木业有限责任公司
	紫外线光固树脂漆薄木饰面刨花板项目	黑龙江好家木业有限公司
	一种低成本尾气循环法制高浓度甲醛的生产方法及设备	桂林东方远大木业设备有限公司
	竹材弧形原态重阻材料制造关键技术与设备开发应用	国家林业局北京林业机械研究所
	26层竹木混和重组材高强度集装箱底板	福建和其昌竹业有限公司

6. 首届林业产业创新奖(松香业)(2013年11月9日)

奖项	申报项目名称	单位名称
二等奖	无色松香及无色松香酯产业化项目	广西梧州日成林产化工股份有限公司
三等奖	中层脂液及溶解废渣综合回收利用技术研究与应用	云南茂森林化科技开发有限公司
三等奖	利用天然落地松脂生产红松香	吉安市青原区东固林产化工厂

7. 第二届中国林业产业创新奖(地板业)(2014年1月26日)

奖项	申报项目名称	单位名称
一等奖	竹展平地板	浙江大庄实业集团有限公司
一等奖	速生材表层密实化增强实木地板技术开发与应用	浙江世友木业有限公司
二等奖	一种数码喷墨影印软木砖	西安乐得软木科技有限公司
二等奖	具有三维装饰纹理结构的强化木地板(3D地板)	四川升达林业产业股份有限公司
二等奖	内置电热层木地板及其制造方法	江苏尚兰格暖芯热能科技有限公司
二等奖	低温热处理实木地热地板	久盛地板有限公司
二等奖	地采暖用实木复合地板	圣象集团有限公司
二等奖	APG天然大豆胶实木复合地板	大自然(家居)中国有限公司
二等奖	木塑基/实木复合地板	汕头市欣源低碳木业有限公司
二等奖	低温热处理复合地板项目	长白山森工集团珲春森林山木业有限公司
三等奖	表面具有颗粒和突条的保健地板	浙江永吉木业有限公司
三等奖	超耐磨实木复合地板研发与应用	安徽扬子地板股份有限公司
三等奖	优盾王超耐磨实木地板	浙江居安宝木业有限公司
三等奖	强化地板装饰纸喷涂技术的开发及应用	圣象集团有限公司
三等奖	宏耐色彩地板	南京宏耐木业有限公司
三等奖	阻燃高耐磨技术在地板中的应用与产业化	江苏辛巴地板有限公司
三等奖	兔宝宝·汤豪斯专业地暖地板	浙江兔宝宝地板销售有限公司
三等奖	上臣·炭晶地热地板	浙江上臣地板有限公司
三等奖	创新型除醛木质地板的研发与应用	巴洛克木业(中山)有限公司
三等奖	利废环保碳化多层板地板	抚松金隆木业集团有限公司
三等奖	浸渍纸层压高耐磨草木复合地板(CM)研发与产业化	江苏洛基木业有限公司
三等奖	IN艺术波普创意抗光污染地板	广州比嘉木业有限公司
三等奖	双拼的实木地板	广东富林木业科技有限公司
三等奖	防虫杀虫地板膜	济南丽芳洁环保材料有限公司
三等奖	一种双平衡结构实木复合地板	浙江富得利木业有限公司
三等奖	一种木地板	苏州富绅木业有限公司
三等奖	防潮地板开发	福建省永安林业(集团)股份有限公司永林蓝豹分公司
三等奖	竹木天然纤维多层复合装饰板(竹麦地板)	湖南省林业科学院
三等奖	强化木地板生产设备自动化智能改造	上海傲胜木业有限公司

8. 第二届中国林业产业创新奖（木门业）（2014年3月3日）

奖项	申报项目名称	单位名称
一等奖	木质复合门新型薄木涂装工艺研发应用	浙江梦天木业有限公司
	木门自动化专用加工装备研发与应用	上海跃通木工机械设备有限公司
二等奖	藤艺饰面木门	长春琢轮木业有限公司
	木门表面雕刻技术	吉林市长兴江城木业有限公司
	组合式钢木门框	广东圣堡罗门业有限公司
	木质材料剩余物综合利用技术	山东霞光实业有限公司
	装饰单板饰面模压门生产技术	重庆星星套装门集团有限责任公司
	木门数控定尺加工装备	北京铭隆世纪科技有限公司
	新型结构木门制造技术	淄博万家园木业有限公司
三等奖	难燃单板层积材在防火门中的应用	吉林省正全木业有限公司
	木门丝印涂饰技术	重庆三唐家具有限公司
	木门表面镂纹加工技术	青岛彬圣木业有限公司
	木门表面雕花技术	重庆市豪迈家具有限公司
	一种饰面工艺	广州蓝白木业有限公司
	木门涂饰技术	滕州市华益木业有限责任公司
	复合门材料碳化工艺	牡丹江龙健木业有限公司
	木材剩余物模压门板生产技术	四川爱心木业股份有限公司
	木门隔声加工工艺	重庆坤秀门窗有限公司
	一种木门压线技术	香港鑫凯帝国际家居装饰发展有限公司
	复合门防水处理工艺	新民市胡台镇舒朗家装饰材料加工厂
	木门覆膜机自动调轮技术	北京市物佳攀士科技贸易有限公司
	主副分体式门套	北京润成创展木业有限公司
	木门环保生产工艺	北京紫月城家居装饰有限公司
	推拉门缓冲技术	广州欧派门业有限公司
	竹单板在木质门中的应用	唐山润新门业有限公司
	钢木门生产工艺	天津龙甲特种门窗有限公司
	钢木门表面碳化技术	秦皇岛卡尔·凯旋木艺品有限公司

9. 首届中国林业产业创新奖（木结构业）（2014年3月18日）

奖项	申报项目名称	单位名称
二等奖	高强度剪力墙系统产业化开发与应用	苏州皇家整体住宅系统股份有限公司
	集成空心木柱	大兴安岭神州北极木业有限公司
三等奖	有效节省木结构房屋生产建造成本	吉林森工金桥地板集团木结构房屋有限公司
	重型木结构柱脚植筋+金属连接件组合连接	山东立晨集团有限公司
	易泽思木蜡油对户外木材保护技术创新	北京双弛同达科技发展有限公司
	木结构拼方自动生产线	烟台黄海木工机械有限责任公司
	木结构产品的废料处理	博海威玛（烟台）机械有限公司
	胶合木双侧圆弧重型木屋	优尼克芬兰木屋制造（天津）有限公司

10. 第三届中国林业产业创新奖(人造板业)(2015年10月8日)

奖项	申报项目名称	单位名称
一等奖	连续压机高强度不锈钢精密传动钢带	敦化市拜特科技有限公司、吉林大学材料科学与工程学院
二等奖	IMC0715型平压喷射浸涂生产线	苏州市益维高科发展有限公司
二等奖	BCD2400系列砂光锯切线	苏州苏福马机械有限公司
二等奖	环保防潮中密度纤维板	广西丰林木业集团股份有限公司
二等奖	超高密度钻孔专用纤维板	湖北吉象人造林制品有限公司
二等奖	树脂型植物蛋白木材胶黏剂	郑州佰沃生物质材料有限公司、河南佰沃新材料有限公司
二等奖	生物质重组材卧式冷压机组	青岛国森机械有限公司
三等奖	EPI类木材胶黏剂研发与应用	东营市盛基环保工程有限公司
三等奖	无机胶黏剂秸秆人造板	连云港保丽森实业有限公司、中南林业科技大学
三等奖	DBX26/13Q5大径材数控旋切线	山东百圣源集团有限公司
三等奖	龙旋切生产线	陆特(上海)机械有限公司

11. 2014—2015年度中国林业产业创新奖(木门业)(2016年3月2日)

奖项	申报项目名称	单位名称
一等奖	木门柔性加工生产线制造技术与应用	南通跃通数控设备有限公司
二等奖	应用于免漆门的预涂装PVC装饰膜	海宁帝龙永孚新材料有限公司
二等奖	鲁班榫卯构	山东艺格实业有限公司
二等奖	新工艺复合贴板门	重庆名风家俱有限公司
二等奖	造纸废渣和废旧塑料生产木塑门关键技术	山东霞光实业有限公司
二等奖	木门静电喷涂生产技术	广东润成创展木业有限公司
二等奖	一种复合涂装木制品的生产方法	浙江梦天木业有限公司
二等奖	木质隔声门	吉林兄弟木业有限公司
二等奖	隐藏式室内门工艺	重庆坤秀门窗有限公司
三等奖	高端免漆色彩新工艺——北欧风情	北京闼闼同创工贸有限公司
三等奖	新型结构实木门	山东万家园木业有限公司
三等奖	霍尔茨生态体系木门	北京霍尔茨股份有限公司
三等奖	连体式实木百叶门窗的叶片不开裂露白	石家庄动动佳家居用品有限公司
三等奖	可调式锁挡装置	广州欧派门业有限公司
三等奖	中式组框门(胡杨之恋)	吉林省万商美华木业有限公司
三等奖	木皮饰面模压浮雕门工艺	重庆星星套装门(集团)有限责任公司
三等奖	负离子生态木门	沈阳瀚丰木业有限公司
三等奖	家居制品自动化生产关键技术研究	河北康洁家居制品有限公司
三等奖	木制暗门(隐形门)设计	北京润成创展木业有限责任公司
三等奖	3D木门纳米钛晶面(表面材料)	广州蓝白木业有限公司

12. 第三届中国林业产业创新奖(2016年12月20日)

奖项	申报项目名称	单位名称
一等奖	年产27.5万 m^3 集装箱底板用定向结构板项目	康欣新材料股份有限公司
	桉木碳化指接板技术开发与应用	广西贺州市恒达板业有限公司
	异形承载木梁拼板制造技术与应用	大兴安岭神州北极木业有限公司
二等奖	木门柔性加工生产线	南通跃通数控设备有限公司
	一种聚氨酯丙烯酸酯预聚物及其制备方法及用其制得的油漆	久盛地板有限公司
	竹重组型材及其制造方法	杭州大索科技有限公司
	炭化处理工艺	阜阳市金木工艺品有限公司
	规模化磷酸法活性炭清洁生产新技术	福建元力活性炭股份有限公司
	重竹板关键技术集成与开发	福建省庄禾竹业有限公司
	高性能低密度纤维板工业化生产技术的研发	永安林业(集团)股份有限公司
	重竹集成材新工艺研究与开发	江西崇义华森竹业有限公司
	高防潮薄型中密度纤维板	东营正和木业有限公司
	造纸工艺优化改进系列技术研究	中冶纸业银河有限公司
	竹复合制造工艺	盈汉泰竹复合制造有限公司
	OSB实木复合地板项目	湖北宝源装饰材料有限公司
	竹木玻纤制的运动滑板的踏板及其生产方法	湖南省丰源体育科技有限公司
	竹质复合材料制造方法	湖南桃花江竹材科技股份有限公司
	节能环保型优质胶合板模板制造关键技术研发	湖南风河竹木科技股份有限公司
	轮转数码喷墨印刷纸技术研究及应用	岳阳林纸股份有限公司
	环保防潮纤维板的研究与生产应用	广西丰林木业集团股份有限公司
三等奖	定向刨花箱板项目	快乐木业集团有限公司
	耐磨含花香型实木复合地板	江苏辛巴地板有限公司
	铁皮石斛良种选育和栽培	浙江森宇实业有限公司
	一种加热材片涂胶机等3项工艺	安徽省阜阳市庆霖木业有限责任公司
	仿古器具、制造仿古地板	宿州市东大木业有限公司
	改变林产品粗加工模式	安庆永大体育用品有限公司
	解决单板与聚丙烯纺布LVL层积的生产工艺	福建南平市元乔木业有限公司
	降低净荃负氧离子多层胶合板产生游离甲醛量	临沂优优木业股份有限公司
	香柏木产品开发	湖南百山洁具有限责任公司
	竹板材不变形技术开发	湖南银山竹业有限公司
	国产桉木差异化溶解浆粕研发	湖南骏泰新材料科技有限责任公司
	环保防潮橱柜用纤维板的开发	广西华峰林业集团股份有限公司
	生态体系木门技术开发	北京霍尔茨门业股份有限公司
	无醛胶实木复合地板技术	吉林森工金桥地板集团有限公司
	聚酯饰面三层实木复合地板推广	长白山森工集团珲春森林山木业有限公司

13. 第三届中国林业产业创新奖(地板业)(2017年9月6日)

奖项	申报项目名称	单位名称
二等奖	三层实木复合框架结构地板	吉林新元木业有限公司
	阻燃型多层实木复合地热地板关键技术研发及产业化	浙江良友木业有限公司
	喷涂高耐磨防潮强化地板	圣象集团有限公司
	弹性漆面木质地板	久盛地板有限公司
	非醛胶黏剂实木复合地板	吉林森工金桥地板集团有限公司
	数码彩绘实木复合地板	中山市创意玩家家居有限公司
	净醛实木复合地板	巴洛克木业(中山)有限公司
	低等级木材复合地热地板	浙江世友木业有限公司
	刺槐集成实木地板	中山市大自然木业有限公司
三等奖	无醛生物质胶黏剂制备及其在实木复合地板中的加工应用技术研究	书香门地(上海)新材料科技有限公司
	防污抗菌复合地板	浙江百利达木业有限公司
	一种多层强化实木复合地板	哈尔滨市德力达装饰材料有限公司
	一种防潮实木地板	苏州富绅木业有限公司
	大豆胶实木复合地板	南星家居科技(湖州)有限公司
	无缝拼接实木地板	宁波天一阁地板有限公司
	高耐磨耐湿阻燃强化木地板	湖南圣保罗木业有限公司
	一种软木玻镁板复合地板及制备方法	山东乐得仕软木发展有限公司
	除醛实木复合地板	苏州联丰木业有限公司
	化学调控色彩仿古实木复合地板	北美枫情家居(江苏)有限公司
	错位双拼实木复合地板	上海菲林格尔木业股份有限公司
	低强度损失的槽型强化木地板制造方法	四川升达林产工业集团有限公司
	智热地板	安徽扬子地板股份有限公司

14. 第四届中国林业产业创新奖(人造板业)(2017年9月5日)

奖项	申报项目名称	单位名称
一等奖	GBX2600/5X5(8英尺)高速无卡轴旋切单板生产线	山东百圣源集团有限公司
	超薄高密度纤维板	济宁三联木业有限公司
二等奖	互联网人造板材超市——牛材网	阜阳大可新材料股份有限公司
	非甲醛豆粕制造环保纤维板的研究	广西丰林木业集团股份有限公司
	浮雕模压专用纤维板	湖北吉象人造林制品有限公司
	超低醛高防潮防霉纤维板关键技术研究及产业化	大亚人造板集团有限公司
	内置导体饰面人造板	广东耀东华装饰材料科技有限公司
三等奖	竹青砭板生产关键技术与装备	湖南城市学院、益阳市远益竹青砭板有限公司
	林产加工原材料采购全自动监控系统研究与应用示范	广西丰林木业集团股份有限公司、广西慧云信息技术有限公司
	环保阻燃纤维板成果推广及产业化	广西丰林木业集团股份有限公司
	镂铣纤维板基材的研究和应用	广西丰林木业集团股份有限公司
	除醛家具板——甲醛净化浸渍胶膜纸饰面人造板	德华兔宝宝装饰新材股份有限公司

(续)

奖项	申报项目名称	单位名称
三等奖	MDI胶刨花板	广东始兴县华洲木业有限公司
	基于三维激光快速扫描的新一代体积计量收货系统	广西我的科技有限公司
	农作物秸秆人造板生产工艺及产业化	万华生态板业股份有限公司
	杨树集装箱底板用定向刨花板(COSB)生产技术	德国迪芬巴赫机械设备有限责任公司北京代表处、湖北康欣新材料科技有限责任公司
	无醛添加防潮纤维板	大亚人造板集团有限公司
	潮湿状态或高湿度状态下使用的家居型 E_1/E_0 级中密度纤维板	广西三威林产工业有限公司
	可饰面定向刨花板关键技术研究与产业化	寿光市鲁丽木业股份有限公司
	改性聚乙烯胶膜生产工艺	福州翰扬环保科技有限公司
	连续辊压薄型中、高度密度板生产线	东北林业大学、敦化市亚联机械制造公司
	大豆胶规模化制造中密度纤维板应用示范	江苏新沂沪千人造板制造有限公司
	大豆胶制造刨花板关键技术	福人木业(福州)有限公司、宁波中科朝露新材料有限公司、林产工业规划设计院
	跑步机板及其连续式平压法生产工艺和应用	漳州中福木业有限公司

15. 第二届中国林业产业创新奖(红木类)(2018年3月10日)

序号	申报项目名称	单位名称
1	善品堂整体书房产品设计	北京松林军杰家具厂
2	古典红木家具独板插肩榫画案系列设计和制作	宜之德古典红木家具有限公司
3	紫檀及阴沉木制老北京城门模型的设计与制作	北京中国紫檀博物馆
4	高耐污面大果紫檀地板制作工艺	大自然家居(中国)有限公司
5	PLC控制的木材微波干燥设备设计与制作	广东红运家具有限公司
6	八角官帽紫檀椅设计与制作	中山市波记家具有限公司
7	大果紫檀地板稳定性制造工艺	巴洛克木业(中山)有限公司
8	红木家具工业4.0生产流水线技术改造	中山市太兴家具有限公司
9	热泵节能干燥技术在红木产业中的应用研究	中山市大涌镇生产力促进中心、中国科学院理化技术研究所、河南佰衡节能科技股份有限公司、中山市鸿发家具有限公司
10	多功能大圆桌设计与制作	中山市集古韵今家具有限公司
11	二维码防伪技术在红木家具质量检验中的应用研究	中山市盛世志成家具有限公司
12	盛世年华系列红木家具的设计与制作	中山市地天泰家具有限公司
13	红木的干燥工艺应用	中山市伍氏大观园家具有限公司
14	红木家具涂饰方法及工艺改造	中山市红古轩家具有限公司
15	红木家具的新型防滑脱抽屉结构设计	中山市东成家具有限公司
16	红木古玩产品设计研发	湖北金楠房文化传播有限公司
17	红木艺术家具造型设计与金漆透丝雕刻技法研究与运用	瑞丽市志文木业有限公司
18	东式檀雕技艺	浙江省东阳市王为权木雕工艺品工作室
19	控制红木家具在北方干燥环境使用时开裂的工艺应用	东阳市东艺工艺品有限公司
20	东非黑黄檀回纹画案设计	东阳市南马艺福红木家具厂

(续)

序号	申报项目名称	单位名称
21	梅开五福圆桌设计	浙江兰福家俱有限公司
22	提升红木尺寸稳定性的处理工艺	东阳市荣轩工艺品有限公司
23	素面明式苏作镂花小柜的工艺设计	杭州檀缘堂红木家具有限公司
24	基于互联网技术的红木家具可视化透明工厂工艺流程	东阳市旭东工艺品有限公司
25	G20杭州峰会主会场会议椅的设计	东阳市明堂红木家俱有限公司
26	仿古环保红木家具系列设计与制作	东阳市御乾堂宫廷红木家具有限公司
27	花梨地板高温热处理技术示范与应用	浙江世友木业有限公司
28	卢氏黑黄檀和谐明式圈椅的设计	杭州木典泓运家具有限公司

16. 第四届中国林业产业创新奖(木门业)(2018年3月18日)

奖项	申报项目名称	单位名称
一等奖	隔音防火木质门	大自然家居(中国)有限公司
	门框柔性加工生产线制造技术与应用	南通跃通数控设备有限公司
	木门智能制造技术	梦天木门集团有限公司
二等奖	T型结构音乐门	大连金桥木业有限公司
	定制3D打印装饰木质门	重庆双驰门窗有限公司
	弧形门套木质门	北京霍尔茨门业股份有限公司
	模压V形填芯材料及应用	重庆星星套装门(集团)有限责任公司
	木质静音门	闽闽木门(北京)有限公司
	木质门粉尘废气处理装备	邹平越华环保设备有限公司
	木质门异形砂光机	青岛建诚伟业机械制造有限公司
	三聚氰胺纸图案成形装饰木门	安徽顶间木业有限公司
	无醛实木复合门	河北北方绿野居住环境发展有限公司
三等奖	AR木质门	信阳百德实业有限公司
	硅藻土添加剂木质门	沈阳乾丰木业有限公司
	环保实木复合工艺木门	广东润成创展木业有限公司
	空气过滤木质门	沈阳海阔木业有限公司
	镭射转印木质门	沈阳瀚丰木业有限公司
	木塑复合门	浙江金迪控股集团有限公司
	木制品生产VOCs处理系统	山东万家园木业有限公司
	木质门双面同步加工技术	三帝家居有限公司
	养生透气孔木质门	山东艺格实业有限公司

17. 首届中国林业产业创新奖(橱柜与定制家家居业)(2018年11月8日)

奖项	申报项目名称	单位名称
一等奖	智能化整体定制家居集成技术	浙江升华云峰新材股份有限公司、南京林业大学
	定制家居用聚丙烯装饰薄膜	肇庆高新区大正新型材料有限公司、深圳市大正新型材料有限公司

(续)

奖项	申报项目名称	单位名称
二等奖	基于RFID技术的智能仓储管理系统	山东安信木业有限公司
	护墙挂件组件	青岛海尔全屋家居有限公司
	全屋定制CPL柜门360°包覆技术	大连金桥木业有限公司
	定制家具产品数字化设计技术	江苏德鲁尼智能家居有限公司、中南林业科技大学
	定制家居绿色材料研发与产业化应用	南宁科天众宜定制家具有限公司、南宁科天水性科技有限责任公司、兰州科天水性科技有限公司
	一种Lighthouse整体橱柜	上海菲林格尔木业股份有限公司
	康纯板的研发与应用	索菲亚家居股份有限公司
	远红外功能衣柜	杭州柏菲伦定制家居有限公司
	三聚氰胺模压线条	临沂悦川新材料有限公司
	家具环保水性漆工艺技术开发与应用	北京金隅天坛家具股份有限公司
	一种半抛盆浴室柜	北美枫情木家居(江苏)有限公司
三等奖	纤维板除醛工艺在定制家居中的应用	成都市美康三杉木业有限公司
	智能化全屋定制家具生产供应链管控技术	广东劳卡家具有限公司
	一种橱柜与定制家居用新型环保UV漆	广东百川化工有限公司
	家居板材的集成数控裁板机	广州市亚丹柜业有限公司
	现代筑美家居工程配套管理系统	肇庆市现代筑美家居有限公司
	家具除醛净味饰面材料的技术	欧派家居集团股份有限公司、汕头市优森活新材料科技有限公司、东莞市贝辉装饰材料有限公司
	一种多功能层板抗弯条	佛山市科凡智造家居用品有限公司
	柜门铰链座	苏州市佳汇木业营造有限公司
	环保型易装卸木饰面技术	图森木业有限公司
	一种全屋定制配套设计	北京康洁家具有限公司
	一种定制家居的MES管理系统	山东万家园家居有限公司、金鹊软件、WCC软件
	橱柜钻石形转角吊柜	广州市德维尔家具有限公司
	新型折线门	上海菲林格尔木业股份有限公司
	一种组合式角码及其移动式门架	浙江耐思迪家居有限公司
	智能家居数字化双创服务平台技术	客来福家居股份有限公司
	可收纳窗帘的便携式衣柜	江苏福庆家居有限公司
	接待台	佛山市南海盈康创建家居制造有限公司
	定制家居前后端一体化解决方案	广东三维家信息科技有限公司
	橱柜钻石形转角吊柜	广州市德维尔家具有限公司
	新型折线门	上海菲林格尔木业股份有限公司
	一种组合式角码及其移动式门架	浙江耐思迪家居有限公司
	智能家居数字化双创服务平台技术	客来福家居股份有限公司

18. 第二届中国林业产业创新奖(饰面板业)(2018年11月19日)

奖项	申报项目名称	单位名称
一等奖	高渗透专用纸	齐峰新材料股份有限公司
二等奖	多层型绒面复合装饰纸	浙江盛龙装饰材料有限公司
	低游离醛三聚氰胺浸渍纸优化工艺	天津市盛世德新材料科技有限公司
	清醛抗菌生态板	浙江升华云峰新材股份有限公司
	薄型防透底装饰材料	浙江帝龙新材料有限公司
	高表面稳定性生态板	德华兔宝宝装饰新材股份有限公司
	新型抗菌防霉饰面装饰材料	广东天元汇邦新材料股份有限公司
	TAZJ401400A(EL)装饰纸自动凹版印刷机	浙江美格机械股份有限公司
三等奖	夜光装饰纸	临安福马装饰材料有限公司
	具有负离子释放功能的浸渍纸及其制备方法	江苏佳饰家新材料有限公司
	能释放负离子的饰面人造板材	禹城福润德木业有限公司
	净味浸渍胶膜纸	东莞市贝辉装饰材料有限公司
	高压装饰板集成创新	常州鑫德源恒耐火板装饰材料有限公司
	新型环保饰面CPL材料	北京霍尔茨门业股份有限公司
	新型环保EPF(石头纸)装饰材料	广东天元汇邦新材料股份有限公司
	三维多层扫描凹版木纹印刷版辊	广东省南方彩色制版有限公司
	视觉V型槽地板生产方法	上海菲林格尔木业股份有限公司
	免喷胶吸塑胶膜	上海承功实业有限公司

19. 第四届中国林业产业创新奖(2019年9月30日)

序号	申报项目名称	单位名称
1	连续平压法生产难燃刨花板项目	易县圣霖板业有限责任公司
2	生物气化多联产技术	承德华净活性炭有限公司
3	沙柳重组木技术	鄂尔多斯市华林沙柳科技有限公司
4	杨柳木材纤维增强沙柳材中密度纤维板关键技术	内蒙古大学、鄂尔多斯东达林沙产业开发有限公司
5	发明地采暖用实木地板(锁扣型)	天格地板有限公司
6	实木石塑复合地板	江苏森茂竹木业有限公司
7	防开裂柔性面实木地热地板	久盛地板有限公司
8	微波膨化木装饰表板实木复合地板	浙江富得利木业有限公司
9	竹重组材生产技术研究	福建省吉兴竹业有限公司
10	有机溶剂回收柱状活性炭	福建省鑫森炭业股份有限公司
11	重组竹板防霉工艺的应用与研究	福建省庄禾竹业有限公司
12	竹木复合集装箱底板	福建省闽清双棱竹业有限公司
13	直贴饰面实木生态板研发	福建省格绿木业有限公司
14	竹材雕刻设备及竹材加工方法	福建省碧诚工贸有限公司
15	装配式集成竹多层建筑结构关键技术与示范	邵武市兴达竹业有限责任公司
16	有机固体废弃物好氧发酵技术及其应用	厦门市江平生物基质技术股份有限公司

（续）

序号	申报项目名称	单位名称
17	定向重组竹集成材	江西安竹科技有限公司
18	冰鲜竹笋制取	井冈山惊石农业科技有限公司
19	板材生产无人化智能化车间	赣州爱格森人造板有限公司
20	年产16万m^3以竹代木无公害生态复合板产业化项目	江西南丰振宇实业集团有限公司
21	实木家具制造行业先进企业	江西省润华教育装备集团有限公司
22	可饰面定向刨花板制造关键技术研究与产业化示范	寿光市鲁丽木业股份有限公司
23	大小工件往复式喷涂的Ω线型工艺	深圳长江家具有限公司
24	生态环保刨花板	广西祥盛木业有限责任公司
25	竹编的产业化技术的集成与综合利用	四川省青神县云华竹旅有限公司
26	斑布竹本色纸品及其制备方法	四川环龙新材料有限公司
27	系列推拉门外观创新设计	四川依恋家居用品有限公司
28	高性能防潮型刨花板及胶粘剂开发研制	昆明新飞林人造板有限公司
29	异形承载木梁拼版制造技术与应用	大兴安岭神州北极木业有限公司

20. 第二届中国林业产业创新奖（橱柜与定制家居业）（2020年7月24日）

奖项	申报项目名称	单位名称
一等奖	建筑智能家居与装配式内装集成部品一体化关键技术的研究与应用	浙江亚厦装饰股份有限公司
二等奖	现代轻奢产品研发	索菲亚家居股份有限公司
二等奖	多功能柜体收纳门	亚丹生态家居（荆门）有限公司
三等奖	低气味饰面刨花板定制家居	北美枫情木家居（江苏）有限公司
三等奖	系统化定制墙景板	菲林格尔家居科技股份有限公司
三等奖	机器人喷胶系列浴室柜产品	江山花木匠家居有限公司
三等奖	耐湿热模块化入墙式环保衣柜	图森木业有限公司
三等奖	室内吊顶扣板及其包覆工艺	广东森诺家居有限公司

21. 第三届中国林业产业创新奖（装饰纸与饰面板业）（2020年8月4日）

奖项	申报项目名称	单位名称
一等奖	PVC膜印刷水性油墨	杭州海维特化工科技有限公司
二等奖	PRD350ELS型机组式高速凹版装饰纸印刷机	陕西北人印刷机械有限责任公司
二等奖	低游离醛高耐磨抗菌环保浸渍纸	天津市盛世德新材料科技有限公司
二等奖	鼎力自动化橱柜门板生产线	南京帝鼎数控科技有限公司
二等奖	高清凹版木纹印刷版辊	广东省南方彩色制版有限公司
二等奖	环保新型素色装饰纸用高填充性水性油墨	浙江帝龙新材料有限公司
二等奖	环保阻燃型饰面装饰材料	广东天元汇邦新材料股份有限公司
二等奖	一种装饰纸及其制备方法	天津华彩顺成装饰材料有限公司
二等奖	预浸渍饰面原纸	齐峰新材料股份有限公司
二等奖	装饰纸印刷缺陷在线检测控制技术及应用	杭州中润华源装饰材料有限公司

(续)

奖项	申报项目名称	单位名称
三等奖	UV LED 低能量紫外光固化装饰材料涂料	佛山阳光逸采涂料科技有限公司
	3D 立体水性涂布油漆纸	浙江盛龙装饰材料有限公司
	PVC、PP 装饰膜多层无胶复合压纹机	浙江美格机械股份有限公司
	超深压纹同步饰面纸	临安福马装饰材料有限公司
	低醛不燃树脂板	浙江瑞欣装饰材料有限公司
	环保型低醛高流动性脲醛树脂胶粘剂	浙江帝龙新材料有限公司
	胶黏剂制备自动控制系统	东莞市贝辉装饰材料有限公司
	浸渍胶膜纸挥发物自动恒定装置	天津市中源装饰材料有限公司
	三聚氰胺饰面板短周期纵向智能双面同步对纹压贴生产线	中科佑铭智造科技(沈阳)有限公司
	数码喷印家居产品定制工艺	索菲亚家居股份有限公司
	同步纹理免油漆竹木饰面板	浙江瑞欣装饰材料有限公司
	无醛新实木饰面板	临沂优优木业股份有限公司
	一种持久抗菌耐刮抗污的功能装饰膜	无锡特丽斯新材料科技有限公司
	一种双收双放六色印刷机	百晟新材料有限公司

22. 第四届中国林业产业创新奖(地板业)(2020 年 8 月 4 日)

奖项	申报项目名称	单位名称
一等奖	低电压驱动石墨烯发热地板	江苏洛基木业有限公司
	发明地采暖用实木地板	天格地板有限公司
二等奖	快速侧滑安装实木地热地板	安徽扬子地板股份有限公司
	石塑地板(PVC 金刚板)及其制备方法	江苏贝尔家居科技有限公司
	四层实木复合地板	圣象集团有限公司
	速生材实木基材直接转印技术研究与示范	浙江世友木业有限公司
	压干法高尺寸稳定性实木地热地板	大自然家居(中国)有限公司
三等奖	超薄干式墙地砖	安徽扬子地板股份有限公司
	复合降醛强化木地板	成都市美康三杉木业有限公司
	快速散热节能环保地暖地板	江苏南洋木业有限公司
	绿色环保型诱导变色地板	浙江裕华木业有限公司
	水性漆地板关键技术开发及产业化研究	浙江云峰莫干山地板有限公司
	无醛添加地板	德尔未来科技控股集团股份有限公司
	新型水性亲肤实木复合地板	巴洛克木业(中山)有限公司
	一种 EB 固化的聚丙烯膜饰面多层复合地板	圣象集团有限公司
	一种表面色彩随环境温度变化的环保型木质地板	浙江森林之星文化地板有限公司
	一种高效、高透性厚面层化学诱导变色实木复合地板技术	北美枫情木家居(江苏)有限公司
	一种隔声降噪保温的新型抗菌木质地板	圣象集团有限公司
	一种软木地热地板及其生产制备方法	山东乐得仕软木发展有限公司
	一种透明水晶元素镶嵌地板的工艺与其制备方法	书香门地(上海)美学家居股份有限公司
	在线倒角涂漆生产线	江苏豪福伟业智能装备有限公司
	珍贵树种实木地热地板增值加工技术	久盛地板有限公司

23. 第五届中国林业产业创新奖(木门业)(2020年10月17日)

奖项	申报项目名称	单位名称
二等奖	仿阴沉木系列免漆门	江山欧派门业股份有限公司
二等奖	双面木质门	云南瑝玛木门有限公司
二等奖	矿芯与稻壳/木粉复合结构木质防火门	安必安新材料(广东)有限公司
二等奖	模块化组装套装门制造技术及生产线智能化升级改造	泰森日盛集团有限公司
二等奖	木门用环保型蜂窝结构集成材	江西兴创木业有限责任公司
二等奖	木门数控横梃生产线	南通跃通数控设备股份有限公司
三等奖	隔音门	浙江海博门业有限公司
三等奖	CPL装饰室内阻燃门	北京霍尔茨家居科技有限公司
三等奖	环保型木质复合门	江苏金迪木业股份有限公司
三等奖	复合填充结构实木复合门	浙江雅迪乐木业有限公司
三等奖	珍贵树种静音门增值加工技术	吉林兄弟木业有限公司
三等奖	高耐黄变水性漆木门涂装方法	梦天家居集团股份有限公司
三等奖	LED-UV联合固化涂料在木门涂装中的应用	广东润成创展木业有限公司

24. 第五届中国林业产业创新奖(人造板业)(2020年11月12日)

奖项	申报项目名称	单位名称
一等奖	人造板生产用石蜡在线分散技术	肇庆力合技术发展有限公司
二等奖	大容积密闭式自动存储木片料仓系统	株洲新时代输送机械有限公司
二等奖	GBX2600/5×6(8英尺)型小径材薄单板智能生产技术与装备	山东百圣源集团有限公司
二等奖	卷筒装饰纸高速凹版印刷机	浙江美格机械股份有限公司
二等奖	快速齿接纵向单板连续拼接机	山东长兴木业机械有限公司
二等奖	基于云物联的人造板自动化生产监控系统开发与应用	广西丰林木业集团股份有限公司、广西慧云信息技术有限公司
二等奖	高性能健康家居生态板	德华兔宝宝装饰新材股份有限公司
二等奖	隔声降噪保温地板基材关键技术研究及产业化	大亚人造板集团有限公司
二等奖	纤维板、刨花板生产干燥尾气及废水处理超低排放技术	福人集团有限责任公司、福州宇澄环保工程设计有限公司、福建气好克环保科技有限公司
二等奖	无醛基材饰面人造板	湖南福湘木业有限责任公司
二等奖	竹刨花板工艺优化及产业化应用	福人集团森林工业有限公司
二等奖	连续平压聚氨酯无醛芦苇刨花板生产工艺研发及产业化应用	盘锦积葭生态板业有限公司、林产工业规划设计院、亚联机械股份有限公司
三等奖	竹木天然纤维多层复合板材关键技术研究与产业化	湖南恒信新型建材有限公司
三等奖	瓷态户外竹材	杭州大索科技有限公司
三等奖	阻燃型浸渍胶膜纸饰面细木工板	浙江升华云峰新材股份有限公司
三等奖	负氧离子浸渍胶膜纸饰面人造板	云南新泽兴人造板有限公司
三等奖	4呎日产1200 m³砂光锯切生产线	苏州苏福马机械有限公司
三等奖	单板自动旋切生产线	河北千晖机械有限公司、邢台职业技术学院
三等奖	高性能脲醛树脂胶黏剂的研制及产业化	扬州捷高新材料科技有限公司

(续)

奖项	申报项目名称	单位名称
三等奖	多层压机智能控制系统	东北林业大学、镇江中福马机械有限公司
	无醛阻燃纤维板关键技术研究及产业化	大亚木业(茂名)有限公司
	BX4614/5、BX4616/5型环式刨片机技术创新及应用	镇江中福马机械有限公司
	人造板全自动包装线	枞阳立太智能装备有限公司
	厚芯单板旋切生产线	山东旋金机械有限公司、国家林业局北京林业机械研究院、山东省林业科学研究院
	人造板甲醛释放控制技术	中南林业科技大学、大连龙华木业有限公司、江苏德鲁尼木业有限公司
	节能高效环式刨片机专用刀环和叶轮研发及产业化应用	南京灏洲机械制造有限公司
	饰面人造板智能制造系统	广东耀东华装饰材料科技有限公司
	精准对纹环保型饰面板	广东耀东华装饰材料科技有限公司